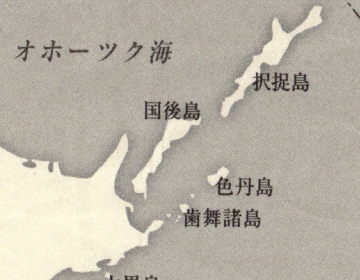

オホーツク海
択捉島
国後島
色丹島
歯舞諸島
大黒島
海道

出島
貫島

太平洋

小笠原諸島
聟島
西之島
父島
母島
硫黄列島
北硫黄島
硫黄島
南硫黄島

トカラ列島

奄美諸島
喜界島
奄美大島
沖永良部島
徳之島
与論島
沖縄諸島
久米島
沖縄本島

尖閣諸島

先島諸島
与那国島
西表島
伊良部島
沖縄
仲ノ神島
石垣島
宮古島
竹富島
波照間島

北大東島
南大東島
大東諸島
沖大東島

ネイチャーガイド

日本の鳥550
水辺の鳥　増補改訂版

桐原政志／解説
山形則男・吉野俊幸／写真

文一総合出版

目次

- この本の使い方 ……………………………………… 3
- 用語解説 ……………………………………………… 6
- 鳥体各部の名称 ……………………………………… 9
- 日本産鳥類リスト …………………………………… 13

コラム
- サイズを表す数値について ………………………… 21
- 学名の話（その1）…………………………………… 35
- 学名の話（その2）…………………………………… 39
- 種とは？ ……………………………………………… 57
- 亜種とは？ …………………………………………… 123
- 亜種の問題点 ………………………………………… 171
- トキの話 ……………………………………………… 337
- DNA分析による系統分類 …………………………… 341

- 参考文献 ……………………………………………… 345
- 和名索引 ……………………………………………… 347
- 学名索引 ……………………………………………… 353
- 英名索引 ……………………………………………… 360
- 写真提供者一覧 ……………………………………… 366

扉写真：シベリアオオハシシギ　愛知県一色町　1997年4月24日　Y

この本の使い方

●収録種

日本鳥学会が編集する『日本鳥類目録』は，1922年に最初の版が出版された。現在最も新しい版は2000年に出版された第6版である。これには日本産鳥類として542種が収録され，別に外来種として26種が，また検討中のものとして32種2亜種があげられている。

本図鑑は初版では日本国内で記録された水辺の鳥類272種，外来種6種を収録したが，この増補・改訂版ではその後記録された13種を新たに加えている。一方で，初版で収録したキタホオジロガモは同定に問題があると判断し，今回，紹介しているが，リストからは外すことにした。また，分類や同定にさまざまな問題を含むセグロカモメ群に関しては他のものと分けて扱い，初版でキアシセグロカモメ・ニシセグロカモメとして扱っていたものは，その中で紹介している。なお，初版では収録していなかったトキは，日本産は絶滅したが，2008年より人工飼育されたものの一部が野生復帰のために試験放鳥され，今後野外で目にする可能性が出てきたため，今回はコラムで紹介することにした。よって，今回正式に取り扱った種は282種，外来種6種となった。姉妹編である『山野の鳥』増補・改訂版は292種，外来種は20種が収録されており，2冊を合わせると574種，外来種26種ということになる。

収録種は主な生息場所に基づき，『水辺の鳥』と『山野の鳥』で次のように分けた。

『水辺の鳥』：アビ目・カイツブリ目・ミズナギドリ目・ペリカン目・コウノトリ目・カモ目・ツル目（ミフウズラを除く）・チドリ目

『山野の鳥』：タカ目・キジ目・ミフウズラ・ハト目・カッコウ目・フクロウ目・ヨタカ目・アマツバメ目・ブッポウソウ目・キツツキ目・スズメ目

収録種については，写真が入手できたものを掲載した。また，「日本産鳥類リスト」（以下，単に「リスト」と表記）で「検討中の種・亜種」にあげられている種（インドガン・アメリカズグロカモメ・キョクアジサシ・ヒメウミスズメなど）や，「リスト」にあげられていない種（ミカヅキシマアジ・カナダカモメなど）も収録した。これらはいずれも日本において撮影された写真が必ず1枚は掲載してある。また，「リスト」の「外来種」は，繁殖が認められるものに限っているが，この本では，野外で観察される機会の多い外来種は繁殖の有無に関係なく収録した。

●分類と掲載順

和名・目名・科名・種や亜種の学名は「リスト」に基づいた。英名はBeaman（1994）に従った。分類の考え方の違いにより，学名と英名に食い違いが生じる場合には英名を適宜選択した。また，普及している別の英名，あるいは米名を併記した場合もある。「リスト」に掲載されていない種の和名は山階（1986）に従い，種の学名及び英名はdel Hoyoら（1992-1996）に従っている。ただし，ミズナギドリ目に関しては新しい知見に基づいたBrooke（2004）に従った。なお，文法上，国際動物命名規約に示されている名前の構成の必要条件に一致させるために学名の変更がなされるもの（ササゴイ・クロハラアジサシなど）があるので，それらは変更しておいた。

種の配列は，それぞれの巻の中で原則として「リスト」の順としたが，比較の便や編集上の都合により変更した部分も多い。「リスト」に収録されていない種の配列は，Vaurie（1959; 1965）やDickinson（2003），Clements（2007）などを参考に適宜考えた。

●見出し

左上に種の和名，中央上に種の学名，中央下に種の英名を記した。右上にTL（total lengthの略。全長）とWS（wing spanの略。翼開長）を示した。全長と翼開長の数値は参考文献によった。

この本の使い方

　和名の前に付した記号（◎○◇△×）は，その種の出現頻度を表している。観察時の参考にされたい。もちろん，全ての種の出現頻度を5段階で表すことは難しく，あくまで目安として考えていただきたい。記号の定義は次のとおり。

◎：日本全土～半分以上の地域で繁殖ないし越冬するか渡りの途中に通過し，個体数も多い種。カルガモ・ヒドリガモ・キアシシギ・ウミネコなど。

○：日本全土～半分以上の地域で繁殖または越冬するか，渡りの途中に通過するが，個体数は◎の種より少ない種。クロサギ・ヨシガモ・ケリ・ウズラシギ・シロカモメなど。

◇：日本の半分以下の地域で繁殖ないし越冬するか，渡りの途中に通過する種。カツオドリ・コオリガモ・メリケンキアシシギ・ズグロカモメなど。

△：①毎年，あるいはほぼ毎年日本のどこかに飛来する程度で，出現頻度が◇の種ほど高くない種。ヒメハジロ・カナダヅル・カラフトアオアシシギ・オオズグロカモメなど。②ごく狭い地域でのみ繁殖し，数も少ない種。セグロミズナギドリ・アカオネッタイチョウなど。

×：日本にはごくまれにしか飛来せず，現在までの記録が10回以下しかない種。メジロガモ・ノガン・アシナガシギ・ゾウゲカモメなど。

●カラー・インデックス

　種解説部のページの外側には，目名と科名を記したインデックスを付した。表見返し右側にある色分けした科名から種解説のページを引き出せるようになっている。

●見られる時期

　ページの最下段においた1から12までの数字が並んだ横棒で，その種が観察しやすい時期を示した。また，どこで見られるかについても枠の左端に記した。枠全体に色が付いている部分は，その時期に普通に見られること，枠内の下半分だけ色が付いているものはやや少ないが見られることを示している。記録の少ない種については，記録のある月の数字を青くして示した場合がある。

●解説

特徴　羽色を中心に，その種を見分けるときに重要な情報に限るよう心がけて記述した。雌雄同色の場合は特に断っていない。まず，雄，夏羽，成鳥の特徴について記すようにし，雌，冬羽，幼鳥の特徴はその後に，雄，成鳥，夏羽と異なる点のみを記した。

鳴き声　さえずりと地鳴きを中心に，主に日本で聞かれることの多い，ディスプレイの声，ぐぜり，警戒声，威嚇声などを述べた。

分布　まず世界における分布（繁殖地や越冬地など。原則として日本を含まない）について記し，次に日本での分布と留鳥・夏鳥・冬鳥・旅鳥・迷鳥などの区分を示した。複数の亜種を収録している場合（詳しくは「野外で区別可能な亜種」の項参照）は，亜種ごとに分布や渡りの区分を記した。亜種の分布については，「野外で区別可能な亜種」の項で触れた場合もある。

生息場所　日本においてその種が好むと思われる場所を記した。しかし，鳥類は本来適応性の高い生物であり，移動の途中や天候の影響等で思わぬ環境に出現することがあることに留意いただきたい。迷鳥では本来の生息場所を記した場合と，日本に出現したときの生息場所を記した場合とがある。

類似種　似ている種がある場合この項で取り上げ，その種との識別点を記した。

この本の使い方

野外で区別可能な亜種　種には，亜種が認められていない種と，複数の亜種が認められている種がある。後者はさらに，日本に限って言えば，日本に1亜種のみが分布する（日本から1亜種のみの記録がある）種と，日本に2亜種以上が分布する（日本から2亜種以上の記録がある）種に分けられる。この本では，亜種が認められている種のうち，野外観察による亜種の識別が容易と判断され，日本国内で複数の亜種を観察する機会があると考えられる種は亜種について触れ，この項で識別点を記した。ただし，日本に2亜種以上が分布するとされていても，野外での識別が困難と考えられた種（オオソリハシシギ・クロアジサシなど）は，亜種ごとの見分けについて触れていない。つまり，この本に亜種に関する記述がないからといって，その種に亜種が認められていないということではないので注意されたい。

写真　雄と雌，成鳥と幼鳥，夏羽と冬羽，亜種，型などにより羽衣が異なり，野外で見分けることが可能な種は，できるだけ写真を掲載するようにした。順序は雄の次に雌，成鳥の次に幼鳥，夏羽の次に冬羽，全体の次に部分，静止の次に飛翔（ミズナギドリ目ではこの逆），上面の次に下面となるようにした。

この本では外国で撮影された写真も使用している。この場合，亜種に分けられている種では，亜種により羽衣や各部の大きさおよび色などが異なる場合を考慮し，日本で記録されている亜種と同一亜種の写真を使用した。

写真キャプション　キャプションの頭には，移入種を除いて丸数字を付し，キャプションと写真の対応が容易なようにした。掲載した写真からわかる場合のみ，雄と雌，成鳥と幼鳥，夏羽と冬羽などの別を記すようにした。標識調査で捕獲された際の写真は，捕獲時に年齢と性別が判定されている場合が多いので，判明している場合にはそれを記した。複数の亜種の写真を掲載し，「野外で区別可能な亜種」の項で触れている場合のみ，頭に「亜種」を冠して亜種和名を記した。

次に撮影地を記した。撮影地は原則として都道府県名＋市町村名のみとした。市名が県名と同じ場合と，政令指定都市については，県名は略した（例：静岡市，北九州市）。また，島の場合は都道府県名の次に島名を記し，行政区分は省いた（例：長崎県対馬，沖縄県与那国島）。撮影地がバードウォッチャーによく知られた探鳥地の場合は，市町村名の代わりに地名ないし探鳥地としての通称を記した（例：新潟県瓢湖，千葉県谷津干潟，愛知県汐川干潟）。なお，合併等による市町村名の変更については，2007年10月現在のものとした。

次に撮影年月日を記した。その鳥の羽衣の状態を判断する一助となるよう，また，記録としての意味をもたせるよう，日まで記すようにしたが，旬までや月までの写真もある。

次に撮影者を記した。撮影者名は山形はY，吉野はYoと略記し，その他の撮影者名は混同のおそれがない場合は姓名のみを記した。写真提供者一覧は351ページに掲載してある。

続いて，写真の個体の羽衣や裸出部の色を中心に，識別に役立つと思われる点を記した。類似種との違いについて記した場合もある。雄と雌，成鳥と幼鳥，夏羽と冬羽などの別がわかる場合には，その特徴を記した。

その他　この本で採用している「リスト」の分類と，海外における近年の分類の趨勢が異なる場合，ここにその考え方を記した種がある。

用語解説

学名（がくめい）　万国共通の学術上の名称。『水辺の鳥』38・53ページのコラム参照。

属（ぞく）　分類単位の1つ。種と科の間に置かれる。『水辺の鳥』38ページのコラム参照。

種（しゅ）　分類単位の1つ。生物の分類の基準となる最も重要なカテゴリー。『水辺の鳥』69ページのコラム参照。

亜種（あしゅ）　種の下に位置する分類単位。地理的品種。『水辺の鳥』320・324ページのコラム参照。

型（かた）　同一種内の判然と区別できる同所性、同時性の互いに交配可能ないくつかの集団。淡色型・暗色型・赤色型・灰色型などがあり、フルマカモメ・サシバ・トウゾクカモメ類・コノハズクなどで知られる。

♂　雄を意味する記号。この本では、本文中では雄、写真キャプション中では♂を用いた。

♀　雌を意味する記号。この本では、本文中では雌、写真キャプション中では♀を用いた。

全長（ぜんちょう）　鳥を上向きに寝かせて嘴を水平に置いたときの、嘴の先端から尾の先端までの長さ。この本ではTLで示した。

翼開長（よくかいちょう）　翼の前縁をまっすぐにしたときの、両翼の先端から先端までの長さ。この本ではWSで示した。全長・翼開長ともに、『水辺の鳥』34ページのコラム参照。

換羽（かんう）　古い羽毛が抜け、新しい羽毛が生えて伸びること。一般に年周期で繰り返されるが、1年未満、または1年以上の周期で換羽を行う種もある。『山野の鳥』226ページのコラム参照。

羽衣（うい）　鳥類の体に生える羽毛全体のこと。雌雄・年齢・季節などにより異なることがある。定期的で規則的な換羽によって、抜け落ち、新しい羽衣へと更新される。羽装（うそう）ともいう。

夏羽（なつばね）　繁殖に関係のある羽衣。生殖羽。一般に冬羽より鮮やか。カモ類のように、冬羽が生殖羽、夏羽が非生殖羽に当たるものもある。コサギ・シロチドリ・ウミスズメ類のように、12月には夏羽になっている種もある。

冬羽（ふゆばね）　繁殖に関係のない羽衣。非生殖羽。

ひな　孵化後、幼綿羽（孵化後、最初に生える羽毛）が生えてから、幼羽が生えそろうまでの鳥。十分に飛ぶ力のないもの。

幼羽（ようう）　孵化後、最初に生える正羽（せいう）。多くの鳥類では、幼羽を得て初めて飛べるようになる。

第1回冬羽（だいいっかいふゆばね）　孵化後、最初の換羽によって得られる羽衣。ヒバリ・ヒヨドリ・メジロ・スズメなど、第1回冬羽が成鳥冬羽とほとんど異ならない種もある。

第1回夏羽（だいいっかいなつばね）　生まれた翌年の春の換羽によって得られる羽衣。第1回夏羽への換羽がない種もある。

第2回冬羽（だいにかいふゆばね）　生まれた翌年の秋の換羽によって得られる羽衣。

第2回夏羽（だいにかいなつばね）　生まれた翌年の春の換羽によって得られる羽衣。

幼鳥（ようちょう）　この本では、成鳥羽（せいちょうう）でも幼羽でもないが、写真からはそれ以上のことはわからないという場合、幼鳥という語を用いて示した（アホウドリを除く）。現在では幼羽の鳥を幼鳥と呼び、第1回冬羽以降、成鳥の羽衣（成鳥羽）になるまでの羽衣の鳥は、若鳥（わかどり）と呼ぶのが一般的であるが、本来、幼鳥とは上記の若鳥も含む呼称であった。

成鳥（せいちょう）　成長による羽衣の変化が起きない年齢に達した鳥。スズメ目の大部分の種では、第2回冬羽が成鳥冬羽、第2回夏羽

が成鳥夏羽である。アホウドリ類・大形のタカ類・大形のカモメ類などでは，成鳥羽に達するのに数年を要する種もある。成鳥羽と性的な成熟とは関係がなく，成鳥羽に達する前に繁殖を開始する種もある。

エクリプス（eclipse）　カモ科・サンショウクイ科・ハタオリドリ科などの一部の種の雄に生じる特殊な羽衣。また，その羽衣をもつ鳥。カモ類の雄成鳥は，繁殖終了後に体羽を換羽し，雌と同じような地味な羽衣になる。この羽衣をエクリプスと呼ぶ。カモ類が日本に渡来したばかりのころ，雌だけのように見えるのは，雄がエクリプスになっているためである。

婚姻色（こんいんしょく）　繁殖期の一時期，嘴・眼先・足・趾などの裸出部が一時的に変化した，鮮やかな色彩。

渡り（わたり）　季節的な往復移動。北方の繁殖地と南方の越冬地とを往復する，南北の渡りが一般的。

留鳥（りゅうちょう）　同じ地域に一年中生息する鳥。カルガモ・スズメ・ハシブトガラスなど。ただし，ある地域で一年中同じ種がそこにいても，実際には個体が季節によって入れ替わっていたり，別の場所から移動してきた個体が含まれていることがある。また，ヒヨドリ・ルリビタキ・アカハラなど，標高の高い地域や北の地域で繁殖し，冬は低地や南方に移動する種もある。標高の高い地域と低い地域との移動を行う種を，漂鳥（ひょうちょう）と呼ぶこともある。

夏鳥（なつどり）　春に日本より南の地域から渡ってきて日本で繁殖し，秋には南の地域へ渡って冬を過ごす鳥。ハチクマ・コアジサシ・カッコウ・キビタキなど。ツバメは日本ではほとんどが夏鳥であるが，一部の地域では越冬する。

冬鳥（ふゆどり）　春から夏に日本より北の地域で繁殖し，秋に日本へ渡ってきて越冬し，春には北の地域へ戻る鳥。オオハクチョウ・ユリカモメ・タヒバリ・ツグミなど。ヨシガモは北海道で少数が繁殖するが，日本には冬鳥として渡来するものの方が多い。

旅鳥（たびどり）　日本より北で繁殖し，日本より南で越冬し，日本には春の北上と秋の南下の際に立ち寄る鳥。オオソリハシシギ・チュウシャクシギ・ムギマキ・エゾビタキなど。ヤツガシラやアジサシのように旅鳥とされていて繁殖が知られるようになった種もあるし，ムナグロのように一部が越冬する種もある。

迷鳥（めいちょう）　台風に巻き込まれたり，他種の群れに混じったりして，本来の分布域から遠く離れた場所に渡来した鳥。ハグロシロハラミズナギドリ・クビワキンクロ・アシナガシギ・ナンヨウショウビン・ノハラツグミなど。

上面（じょうめん）　頭上・後頸・体上面・翼上面・尾の上面を合わせた部分。

体上面（たいじょうめん）　上面のうち，頭部と翼上面を除いた部分。

下面（かめん）　腮・喉・前頸・体下面・翼下面・尾の下面を合わせた部分。

体下面（たいかめん）　下面のうち，頭部と翼下面を除いた部分。

飾り羽（かざりばね）　頰・頸・背などに生える，長く目立つ羽毛。サギ類などにある。

冠羽（かんう）　頭に生える長い羽毛の束。1年中あるもの（ウミアイサ・タゲリ・ヒバリなど）と，季節によりあるもの（コサギ）とがある。警戒や求愛など，興奮したときに立てる種が多い。

縦斑（縦線）（じゅうはん，じゅうせん）　脊椎に対して平行な斑や線。鳥が水平に静止している場合，腹や脇の縦斑は水平に走ることになる（横斑に見える）ので注意が必要。

横斑（横縞）（おうはん，よこじま）　脊椎に直交

する斑や縞。鳥が水平に静止している場合、腹や脇の横斑は垂直に走ることになる（縦斑に見える）ので注意が必要。

翼帯（よくたい）　翼の基部と先端を結ぶ線と同じ方向に帯状にある模様。

サブターミナルバンド（subterminal band）　羽毛の縁近くにある，濃い線でできた帯状の模様。コオバシギ・オジロトウネン・モズの幼羽などにある。『山野の鳥』319ページのコラム参照。

初列風切の突出（しょれつかざきりのとっしゅつ）　鳥が翼を閉じている状態では，三列風切の下に初列風切が畳まれている。このとき，最も長い三列風切の先端から初列風切の先端が突出している長さは種によって異なり，識別点として用いられることがある。『山野の鳥』195ページのコラム参照。

滑翔（かっしょう）　数回羽ばたいた後，翼を広げて滑るように飛ぶこと。

ホバリング（hovering）　翼と尾を高速で動かし，空中の一点に止まる飛翔。獲物をねらうときなどに使われる。ミサゴ・ノスリ・チョウゲンボウ・アジサシ・カワセミなどがよく行う。停空飛翔（ていくうひしょう）。

ディスプレイ・フライト（display flight）　ディスプレイ（誇示行動）の一つとして，輪を描いたり，急降下したり，追いかけ合ったりする飛翔。オオジシギやタカ類が行う。

托卵（たくらん）　自分では抱卵・育雛を行わず，他の鳥の巣に卵を産み込み，ひなを育てさせる行動。育てさせられる鳥を仮親という。カッコウ類で有名であるが，世界のカッコウ科の鳥類のうち半数以上の種は自分でひなを育てる。托卵行動は，カモ科・ミツオシエ科・ハタオリドリ科・ムクドリモドキ科などの一部の種でも知られる。

さえずり　主に繁殖期に，雄が雌に求愛するときやなわばりの宣言をするときの鳴き声。

地鳴き（じなき）　さえずり以外の鳴き声。さえずりよりも単純な声が多い。

聞きなし（ききなし）　さえずりを人間のことばに置き換えたもの。ホオジロの「一筆啓上仕り候」，センダイムシクイの「焼酎一杯グイーッ」，イカルの「お菊二十四」などがある。

鳥類標識調査（ちょうるいひょうしきちょうさ）　主に金属製の足環により鳥を個体識別する調査方法。足環をつけられた鳥を再び捕獲することにより，移動状況などが実証される。日本では現在，環境庁の委託を受けて山階鳥類研究所が実施している。バードバンディング。

かご抜け（かごぬけ）　動物園や個人の家などで飼育されていた鳥が，何らかの理由で逃げ出し，野外で観察されること。また，その鳥。フラミンゴ・ソウシチョウ・ベニスズメなど。実際には，繁殖を繰り返し，野外に定着（帰化）している鳥もこう呼ぶ場合が多い。

日本海の離島（にほんかいのりとう）　この本では，バードウォッチャーが渡りの時期によく訪れる飛島・粟島・舳倉島・見島・対馬といった日本海にある島をまとめて呼ぶとき，こう称した。

鳥体各部の名称

作画／佐野裕彦（12ページの尾形を除く）

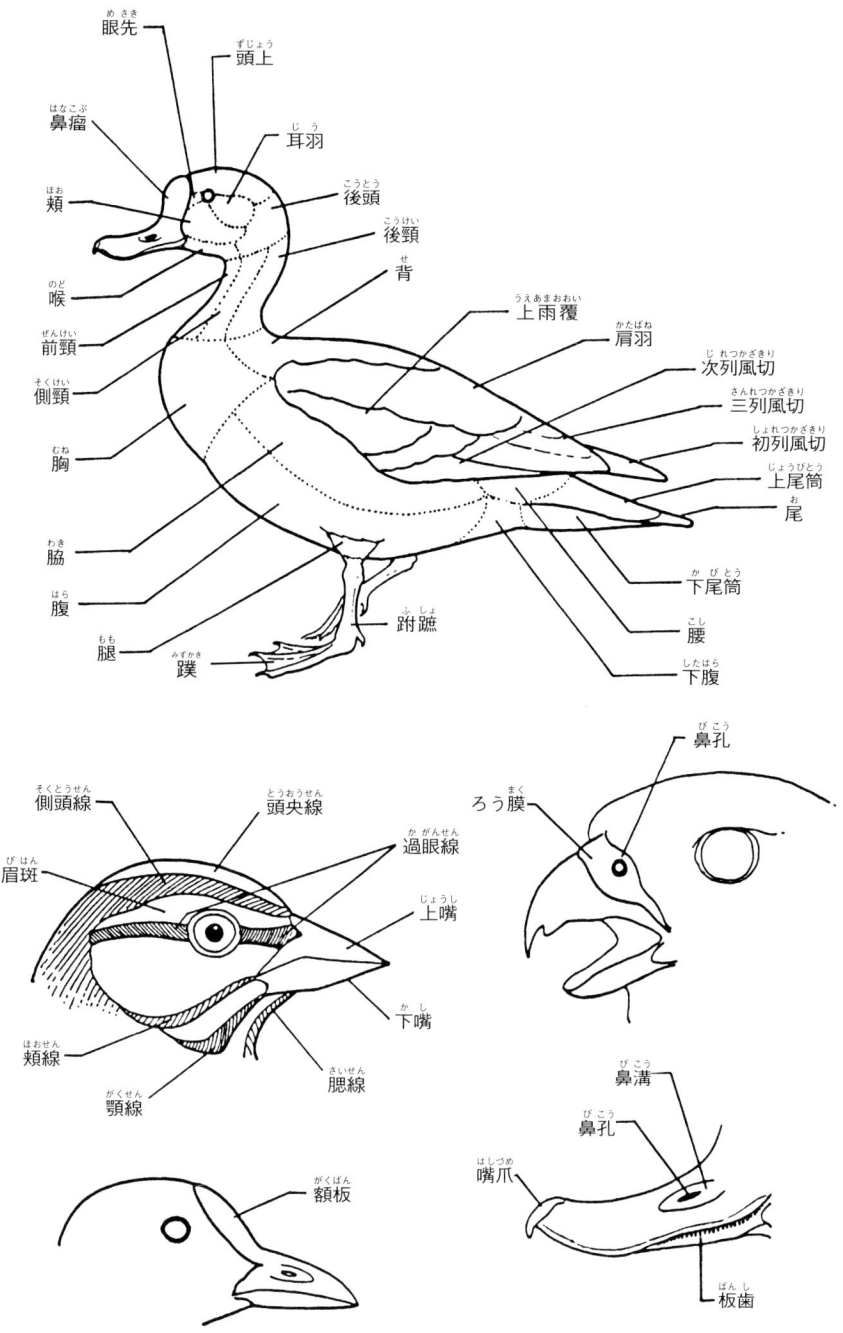

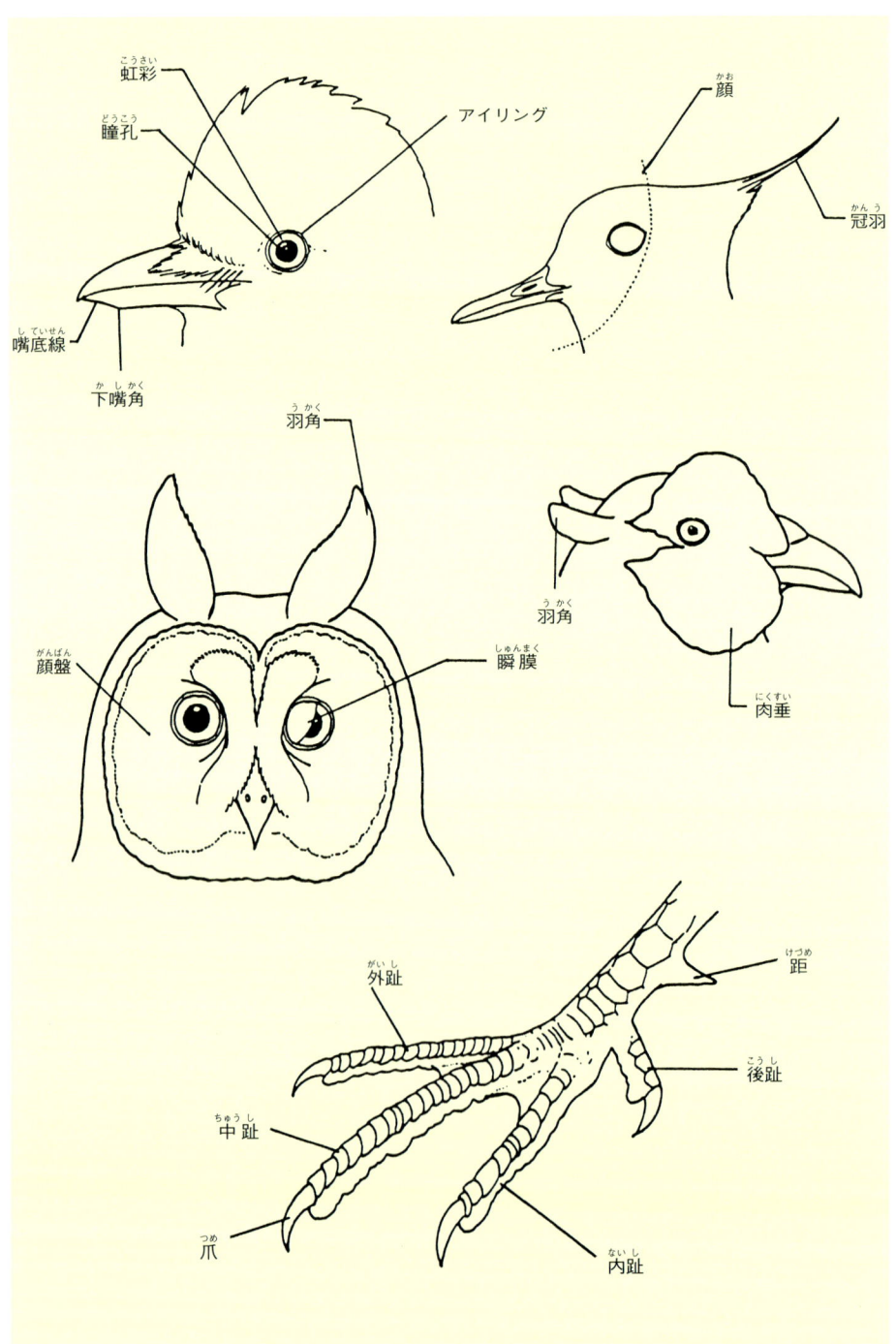

小翼羽
中雨覆
初列(大)雨覆
P10
P9
P8
P7
P6
P5
P4
P3
P2
P1
小雨覆
中雨覆
大雨覆
三列風切
次列 風切
初列風切

上面

腋羽
下部 小 雨 覆
下部 中 雨 覆
下部 大 雨 覆

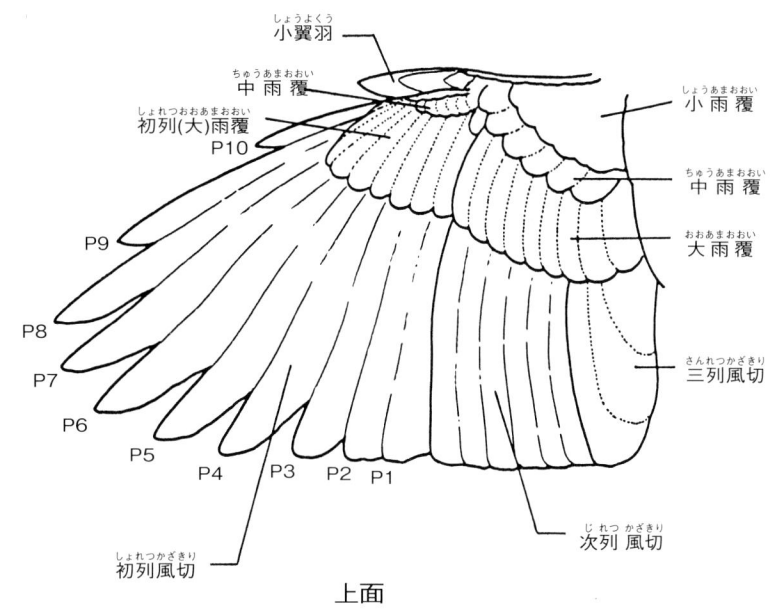

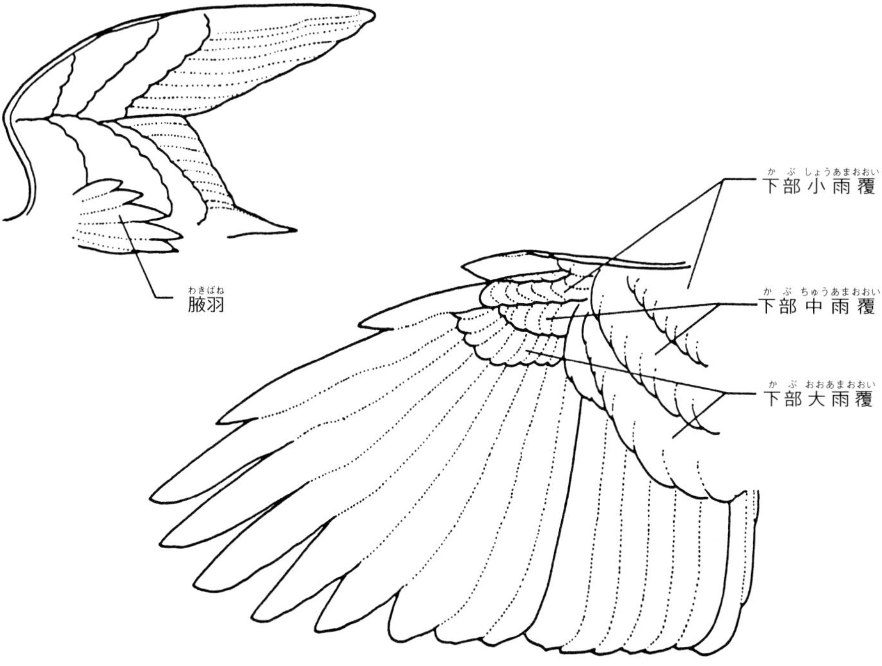

下面

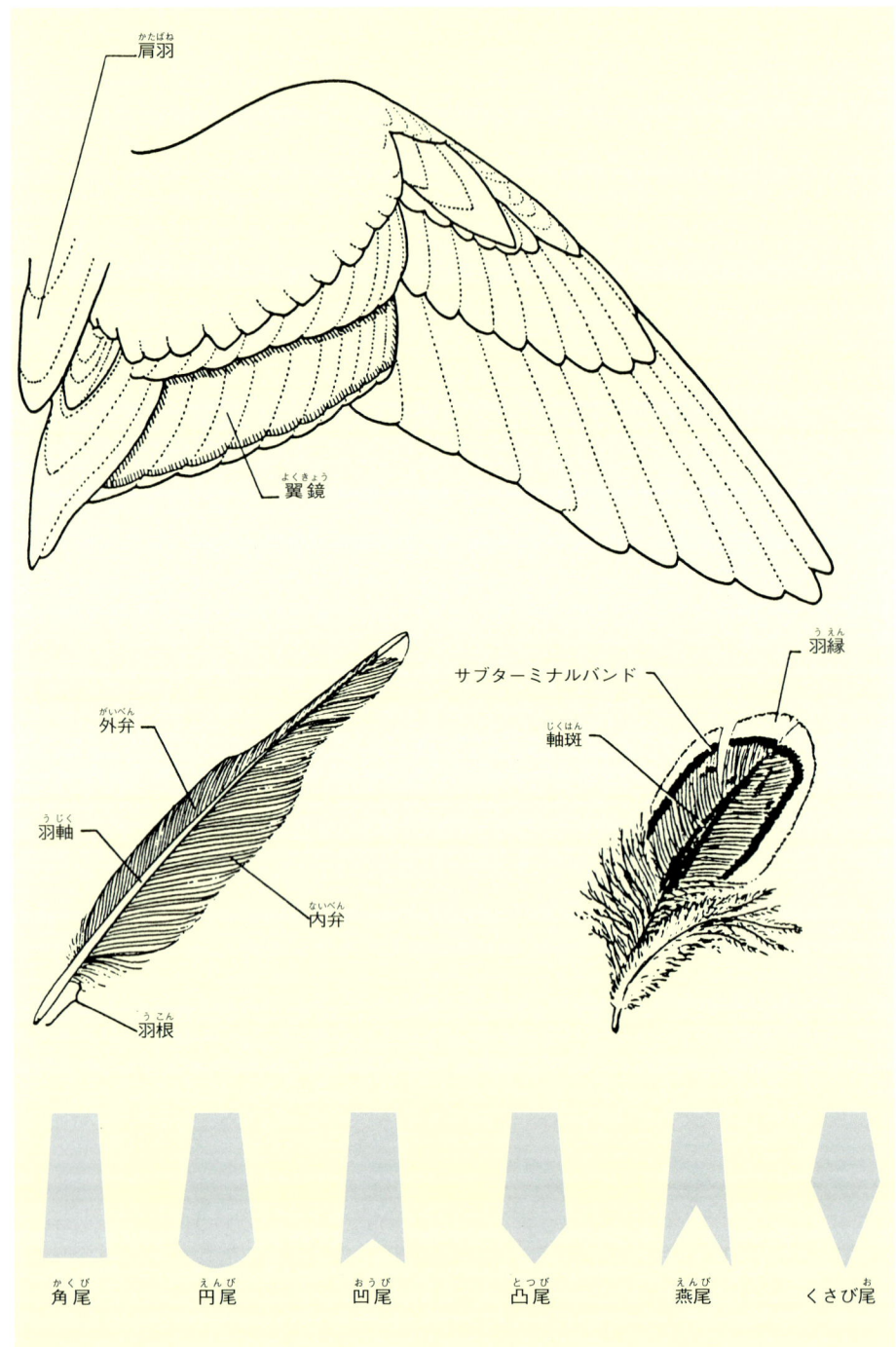

日本産鳥類リスト

本リストは、「日本産鳥類リスト」（日本鳥学会、2000。以下、「リスト」と表記）をもとに作成した。「リスト」には542種、外来種として26種が収録されているが、本リストではこれらに加え、「リスト」に収録されていなくても『日本の鳥550』で扱った種（コシジロウズラシギ・クロワカモメなど）や「リスト」発行後に『日本鳥学会誌』・『山階鳥類学雑誌』・『Strix』で報告された種（コウテンシ・ヒメウタイムシクイなど）も掲載した。本書の姉妹編である『山野の鳥 増補改訂版』のリストには、これらの印刷物で公表されたものでなく、『日本の鳥550』にも写真が掲載されていない種も載せていたが、本リストではこのような種は除いてある。なお、本リストでは初版と同様にニシセグロカモメ・キアシセグロカモメを載せているが、これらの分類については「セグロカモメ群の分類について（280ページ）」で示したように諸説ある。また、外来種は「リスト」収録種をそのまま掲載したため、『日本の鳥550』では扱っていない種（メンハタオリなど）や、『日本の鳥550』で扱っているのに、本リストに載せていない種（エジプトガンなど）がある。目名に付した丸印とアンダーラインは、ページ外側のインデックスの色と合致している。

和名に付した記号の意味は次のとおり。
†：日本国内で絶滅したとされている種。
＊：「リスト」で扱われていないが、『日本の鳥550』で扱っている種。または、「リスト」で「検討中の種・亜種」にあげられている種。
△：『日本鳥学会誌』・『山階鳥類学雑誌』・『Strix』に報告された種で、『日本の鳥550』で扱っていない種。

●アビ目
アビ科
＿＿＿アビ
＿＿＿オオハム
＿＿＿シロエリオオハム
＿＿＿ハシグロアビ＊
＿＿＿ハシジロアビ

●カイツブリ目
カイツブリ科
＿＿＿カイツブリ
＿＿＿ハジロカイツブリ
＿＿＿ミミカイツブリ
＿＿＿アカエリカイツブリ
＿＿＿カンムリカイツブリ

●ミズナギドリ目
アホウドリ科
＿＿＿ワタリアホウドリ＊
＿＿＿アホウドリ
＿＿＿コアホウドリ
＿＿＿クロアシアホウドリ

ミズナギドリ科
＿＿＿フルマカモメ
＿＿＿ハジロミズナギドリ
＿＿＿カワリシロハラミズナギドリ
＿＿＿マダラシロハラミズナギドリ
＿＿＿オオシロハラミズナギドリ
＿＿＿ハワイシロハラミズナギドリ
＿＿＿シロハラミズナギドリ
＿＿＿ハグロシロハラミズナギドリ
＿＿＿ヒメシロハラミズナギドリ
＿＿＿アナドリ
＿＿＿オオミズナギドリ
＿＿＿オナガミズナギドリ
＿＿＿ミナミオナガミズナギドリ
＿＿＿アカアシミズナギドリ
＿＿＿ハイイロミズナギドリ
＿＿＿ハシボソミズナギドリ
＿＿＿コミズナギドリ
＿＿＿マンクスミズナギドリ＊
＿＿＿ハワイセグロミズナギドリ＊
＿＿＿ヒメミズナギドリ＊
＿＿＿セグロミズナギドリ

ウミツバメ科
＿＿＿アシナガウミツバメ
＿＿＿ハイイロウミツバメ
＿＿＿コシジロウミツバメ
＿＿＿ヒメクロウミツバメ
＿＿＿クロコシジロウミツバメ
＿＿＿オーストンウミツバメ
＿＿＿クロウミツバメ

●ペリカン目
ネッタイチョウ科
＿＿＿アカオネッタイチョウ
＿＿＿シラオネッタイチョウ

ペリカン科
＿＿＿モモイロペリカン
＿＿＿ハイイロペリカン

カツオドリ科
＿＿＿カツオドリ
＿＿＿アオツラカツオドリ
＿＿＿アカアシカツオドリ

ウ科
＿＿＿カワウ
＿＿＿ウミウ
＿＿＿ヒメウ
＿＿＿チシマウガラス

グンカンドリ科
＿＿＿オオグンカンドリ
＿＿＿コグンカンドリ

●コウノトリ目
サギ科
＿＿＿サンカノゴイ
＿＿＿ヨシゴイ
＿＿＿オオヨシゴイ
＿＿＿リュウキュウヨシゴイ
＿＿＿タカサゴクロサギ
＿＿＿ミゾゴイ
＿＿＿ズグロミゾゴイ
＿＿＿ゴイサギ
＿＿＿ハシブトゴイ†
＿＿＿ササゴイ
＿＿＿アカガシラサギ
＿＿＿アマサギ
＿＿＿ダイサギ
＿＿＿チュウサギ
＿＿＿コサギ
＿＿＿カラシラサギ
＿＿＿クロサギ
＿＿＿アオサギ
＿＿＿ムラサキサギ

コウノトリ科
＿＿＿コウノトリ
＿＿＿ナベコウ

トキ科
＿＿＿ヘラサギ
＿＿＿クロツラヘラサギ
＿＿＿トキ
＿＿＿クロトキ

●カモ目
カモ科
＿＿＿シジュウカラガン
＿＿＿コクガン
＿＿＿ハイイロガン
＿＿＿マガン
＿＿＿カリガネ
＿＿＿ヒシクイ

13

___インドガン*
___ハクガン
___ミカドガン
___サカツラガン
___コブハクチョウ
___ナキハクチョウ
___オオハクチョウ
___コハクチョウ
___リュウキュウガモ
___アカツクシガモ
___ツクシガモ
___カンムリツクシガモ†
___オシドリ
___マガモ
___カルガモ
___アカノドカルガモ*
___コガモ
___トモエガモ
___ヨシガモ
___オカヨシガモ
___ヒドリガモ
___アメリカヒドリ
___オナガガモ
___シマアジ
___ミカヅキシマアジ*
___ハシビロガモ
___アカハシハジロ
___ホシハジロ
___アメリカホシハジロ
___オオホシハジロ
___クビワキンクロ
___メジロガモ
___アカハジロ
___キンクロハジロ
___スズガモ
___コスズガモ
___コケワタガモ
___ケワタガモ
___クロガモ
___ビロードキンクロ
___アラナミキンクロ
___シノリガモ
___コオリガモ
___ホオジロガモ
___ヒメハジロ
___ミコアイサ
___ウミアイサ
___コウライアイサ
___カワアイサ

● タカ目
タカ科
___ミサゴ
___ハチクマ
___カタグロトビ*
___トビ
___オジロワシ
___オオワシ
___オオタカ
___アカハラダカ
___ツミ
___ハイタカ
___ケアシノスリ
___オオノスリ
___ノスリ
___サシバ
___クマタカ
___カラフトワシ
___ソウゲンワシ*
___カタシロワシ
___イヌワシ
___クロハゲワシ
___カンムリワシ
___ハイイロチュウヒ
___マダラチュウヒ
___ヨーロッパチュウヒ*
___チュウヒ

ハヤブサ科
___シロハヤブサ
___ハヤブサ
___チゴハヤブサ
___コチョウゲンボウ
___アカアシチョウゲンボウ
___ヒメチョウゲンボウ
___チョウゲンボウ

● キジ目
ライチョウ科
___ライチョウ
___エゾライチョウ

キジ科
___ウズラ
___コジュケイ
___ヤマドリ
___キジ

● ツル目
ミフウズラ科
___ミフウズラ

ツル科
___クロヅル
___タンチョウ
___ナベヅル
___カナダヅル
___マナヅル
___ソデグロヅル
___アネハヅル

クイナ科
___クイナ
___ヤンバルクイナ
___ハシナガクイナ*
___オオクイナ
___コウライクイナ
___ヒメクイナ
___ヒクイナ
___シマクイナ
___マミジロクイナ†
___シロハラクイナ
___バン
___ツルクイナ
___オオバン

ノガン科
___ノガン
___ヒメノガン

● チドリ目
レンカク科
___レンカク

タマシギ科
___タマシギ

ミヤコドリ科
___ミヤコドリ

チドリ科
___ハジロコチドリ
___ミズカキチドリ*
___コチドリ
___イカルチドリ
___シロチドリ
___メダイチドリ
___オオメダイチドリ
___オオチドリ
___コバシチドリ
___ムナグロ
___アメリカムナグロ*
___ダイゼン
___ケリ
___タゲリ

シギ科
___キョウジョシギ
___ヒメハマシギ
___ヨーロッパトウネン
___トウネン
___ヒバリシギ
___オジロトウネン
___コシジロウズラシギ*
___ヒメウズラシギ
___アメリカウズラシギ
___ウズラシギ
___チシマシギ
___ハマシギ
___サルハマシギ
___コオバシギ
___オバシギ
___ミユビシギ

日本産鳥類リスト

___アシナガシギ
___ヘラシギ
___エリマキシギ
___コモンシギ
___キリアイ
___アメリカオオハシシギ
___オオハシシギ
___シベリアオオハシシギ
___ツルシギ
___アカアシシギ
___コアオアシシギ
___アオアシシギ
___オオキアシシギ
___コキアシシギ
___カラフトアオアシシギ
___クサシギ
___タカブシギ
___メリケンキアシシギ
___キアシシギ
___イソシギ
___アメリカイソシギ*
___ソリハシシギ
___オグロシギ
___アメリカオオグロシギ*
___オオソリハシシギ
___ダイシャクシギ
___ホウロクシギ
___シロハラチュウシャクシギ
___チュウシャクシギ
___ハリモモチュウシャク
___コシャクシギ
___ヤマシギ
___アマミヤマシギ
___タシギ
___ハリオシギ
___チュウジシギ
___オオジシギ
___アオシギ
___コシギ

セイタカシギ科
___セイタカシギ
___ソリハシセイタカシギ

ヒレアシシギ科
___ハイイロヒレアシシギ
___アカエリヒレアシシギ
___アメリカヒレアシシギ

ツバメチドリ科
___ツバメチドリ

トウゾクカモメ科
___オオトウゾクカモメ
___トウゾクカモメ
___クロトウゾクカモメ
___シロハラトウゾクカモメ

カモメ科
___オオズグロカモメ
___ワライカモメ*
___アメリカズグロカモメ*
___ヒメカモメ*
___チャガシラカモメ*
___ユリカモメ
___ボナパルトカモメ*
___ハシボソカモメ
___ニシセグロカモメ*
___セグロカモメ
___キアシセグロカモメ*
___オオセグロカモメ
___ワシカモメ
___アイスランドカモメ*
___カナダカモメ*
___シロカモメ
___カモメ
___クロワカモメ*
___ウミネコ
___ズグロカモメ
___ゴビズキンカモメ
___クビワカモメ
___ミツユビカモメ
___アカアシミツユビカモメ
___ヒメクビワカモメ
___ゾウゲカモメ
___ハジロクロハラアジサシ
___クロハラアジサシ
___ハシグロクロハラアジサシ
___オニアジサシ
___オオアジサシ
___ベンガルアジサシ*
___ハシブトアジサシ
___アジサシ
___キョクアジサシ*
___ベニアジサシ
___エリグロアジサシ
___コシジロアジサシ
___ナンヨウマミジロアジサシ
___マミジロアジサシ
___セグロアジサシ
___コアジサシ
___ハイイロアジサシ
___クロアジサシ
___ヒメクロアジサシ
___シロアジサシ

ウミスズメ科
___ヒメウミスズメ*
___ウミガラス
___ハシブトウミガラス
___ウミバト
___ケイマフリ
___マダラウミスズメ
___ウミスズメ
___カンムリウミスズメ
___エトロフウミスズメ
___シラヒゲウミスズメ
___コウミスズメ
___ウミオウム
___ウトウ
___ツノメドリ
___エトピリカ

● ハト目
サケイ科
___サケイ

ハト科
___ヒメモリバト*
___カラスバト
___リュウキュウカラスバト†
___オガサワラカラスバト†
___シラコバト
___ベニバト
___キジバト
___キンバト
___アオバト
___ズアカアオバト
___クロアゴヒメアオバト△

● カッコウ目
カッコウ科
___オオジュウイチ△
___ジュウイチ
___セグロカッコウ
___カッコウ
___ツツドリ
___ホトトギス
___カンムリカッコウ*
___オウチュウカッコウ*
___オニカッコウ△
___バンケン*

● フクロウ目
フクロウ科
___シロフクロウ
___ワシミミズク
___シマフクロウ
___トラフズク
___コミミズク
___コノハズク
___リュウキュウコノハズク
___オオコノハズク
___キンメフクロウ
___アオバズク
___フクロウ

メンフクロウ科
___ミナミメンフクロウ*

● ヨタカ目
ヨタカ科
___ヨタカ

●アマツバメ目
アマツバメ科
___ヒマラヤアマツバメ*
___ハリオアマツバメ
___ヒメアマツバメ
___アマツバメ

●ブッポウソウ目
カワセミ科
___ヤマセミ
___アオショウビン*
___ヤマショウビン
___アカショウビン
___ミヤコショウビン†
___ナンヨウショウビン
___カワセミ

ハチクイ科
___ハチクイ

ブッポウソウ科
___ブッポウソウ

ヤツガシラ科
___ヤツガシラ

●キツツキ目
キツツキ科
___アリスイ
___アオゲラ
___ヤマゲラ
___ノグチゲラ
___クマゲラ
___キタタキ†
___チャバラアカゲラ△
___アカゲラ
___オオアカゲラ
___コアカゲラ
___コゲラ
___ミユビゲラ

●スズメ目
ヤイロチョウ科
___ズグロヤイロチョウ
___ヤイロチョウ

ヒバリ科
___クビワコウテンシ
___コウテンシ△
___ヒメコウテンシ
___コヒバリ
___ヒバリ
___ハマヒバリ

ツバメ科
___タイワンショウドウツバメ△
___ショウドウツバメ
___ツバメ

___リュウキュウツバメ
___コシアカツバメ
___イワツバメ

セキレイ科
___イワミセキレイ
___ツメナガセキレイ
___キガシラセキレイ
___キセキレイ
___ハクセキレイ
___セグロセキレイ
___マミジロタヒバリ
___コマミジロタヒバリ
___ヨーロッパビンズイ
___ビンズイ
___セジロタヒバリ
___マキバタヒバリ*
___ムネアカタヒバリ
___タヒバリ

サンショウクイ科
___アサクラサンショウクイ
___サンショウクイ

ヒヨドリ科
___シロガシラ
___ヒヨドリ

モズ科
___チゴモズ
___モズ
___アカモズ
___オリイモズ*
___タカサゴモズ
___オオモズ
___オオカラモズ

レンジャク科
___キレンジャク
___ヒレンジャク

カワガラス科
___カワガラス

ミソサザイ科
___ミソサザイ

イワヒバリ科
___イワヒバリ
___ヤマヒバリ
___カヤクグリ

ツグミ科
___ヨーロッパコマドリ*
___コマドリ
___アカヒゲ
___シマゴマ
___ノゴマ

___オガワコマドリ
___コルリ
___ルリビタキ
___クロジョウビタキ
___シロビタイジョウビタキ*
___ジョウビタキ
___ノビタキ
___クロノビタキ*
___ヤマザキヒタキ
___イナバヒタキ
___ハシグロヒタキ
___セグロサバクヒタキ
___サバクヒタキ
___コシジロイソヒヨドリ*
___イソヒヨドリ
___ヒメイソヒヨ
___トラツグミ
___オガサワラガビチョウ†
___ハイイロチャツグミ△
___マミジロ
___カラアカハラ
___クロツグミ
___クロウタドリ
___アカハラ
___アカコッコ
___シロハラ
___マミチャジナイ
___ノドグロツグミ
___ツグミ
___ノハラツグミ
___ワキアカツグミ
___ウタツグミ*
___ヤドリギツグミ*

チメドリ科
___ヒゲガラ
___ダルマエナガ*

ウグイス科
___ヤブサメ
___ウグイス
___オオセッカ
___エゾセンニュウ
___シベリアセンニュウ
___シマセンニュウ
___ウチヤマセンニュウ
___マキノセンニュウ
___セスジコヨシキリ*
___コヨシキリ
___イナダヨシキリ*
___オオヨシキリ
___シベリアヨシキリ△
___ハシブトオオヨシキリ
___ヒメウタイムシクイ△
___コノドジロムシクイ*
___キタヤナギムシクイ
___チフチャフ
___キバラムシクイ*

日本産鳥類リスト

___モリムシクイ
___ムジセッカ
___カラフトムジセッカ
___キマユムシクイ
___カラフトムシクイ
___メボソムシクイ
___エゾムシクイ
___センダイムシクイ
___イイジマムシクイ
___ヤナギムシクイ*
___キクイタダキ
___セッカ

ヒタキ科
___マダラヒタキ
___マミジロキビタキ
___キビタキ
___ムギマキ
___オジロビタキ
___オオルリ
___サメビタキ
___エゾビタキ
___コサメビタキ
___ミヤマビタキ*

カササギヒタキ科
___サンコウチョウ

エナガ科
___エナガ

ツリスガラ科
___ツリスガラ

シジュウカラ科
___ハシブトガラ
___コガラ
___ヒガラ
___ヤマガラ
___ルリガラ
___シジュウカラ

ゴジュウカラ科
___ゴジュウカラ

キバシリ科
___キバシリ

メジロ科
___チョウセンメジロ*
___メジロ

ミツスイ科
___メグロ

ホオジロ科
___レンジャクノジコ*
___キアオジ
___シラガホオジロ
___ホオジロ

___イワバホオジロ*
___ズアオホオジロ
___コジュリン
___シロハラホオジロ
___ホオアカ
___コホオアカ
___キマユホオジロ
___カシラダカ
___ミヤマホオジロ
___シマアオジ
___シマノジコ
___ズグロチャキンチョウ
___チャキンチョウ*
___ノジコ
___アオジ
___クロジ
___シベリアジュリン
___オオジュリン
___ツメナガホオジロ
___ユキホオジロ
___ゴマフスズメ
___ミヤマシトド
___キガシラシトド
___サバンナシトド*

アメリカムシクイ科
___ウィルソンアメリカムシクイ*

アトリ科
___ズアオアトリ
___アトリ
___カワラヒワ
___マヒワ
___ゴシキヒワ*
___ベニヒワ
___コベニヒワ
___ハギマシコ
___アカマシコ
___オオマシコ
___ギンザンマシコ
___イスカ
___ナキイスカ
___ベニマシコ
___オガサワラマシコ†
___ウソ
___コイカル
___イカル
___シメ

ハタオリドリ科
___イエスズメ
___ニュウナイスズメ
___スズメ

ムクドリ科
___ミドリカラスモドキ*
___ギンムクドリ
___シベリアムクドリ
___コムクドリ

___カラムクドリ
___バライロムクドリ*
___ホシムクドリ
___ムクドリ

コウライウグイス科
___コウライウグイス

オウチュウ科
___オウチュウ*
___ハイイロオウチュウ*
___カンムリオウチュウ*

モリツバメ科
___モリツバメ

カラス科
___カケス
___ルリカケス
___オナガ
___カササギ
___ホシガラス
___ニシコクマルガラス*
___コクマルガラス
___ミヤマガラス
___ハシボソガラス
___ハシブトガラス
___ワタリガラス

●外来種
___コジュケイ
___カワラバト
___セキセイインコ
___オオホンセイインコ
___ホンセイインコ
___ダルマインコ
___カオグロガビチョウ
___ソウシチョウ
___コウカンチョウ
___ホオコウチョウ
___カエデチョウ
___ベニスズメ
___シマキンパラ
___ギンパラ
___ヘキチョウ
___ブンチョウ
___ホウオウジャク
___メンハタオリドリ
___ホオジロムクドリ
___インドハッカ
___ハイイロハッカ
___モリハッカ
___ハッカチョウ
___ジャワハッカ

17

◇ アビ

Gavia stellata
Red-throated Loon, Red-throated Diver
TL 53-69cm
WS 106-116cm

①**夏羽** 青森県六ヶ所村 1993年4月27日 蛯名
上に少し反ったように見える嘴が本種の特徴。夏羽では前頸が赤褐色となる。

特徴 ○上に反ったように見える嘴。
○細くて長めの頸。
○背と翼にわずかに白い小斑がある。
○灰褐色の頭部と赤褐色の前頸。
○冬羽では頭頂から後頸は黒褐色、喉から胸・腹は白くなる。
○雌の冬羽や幼鳥には背と翼に白斑がある。

鳴き声 グェーまたはグァーと鳴く。数声続けて鳴くことが多い。

分布 ユーラシアおよび北アメリカの北部で繁殖し、温帯北部で広く越冬する。日本には冬鳥として渡来し、九州以北で越冬する。

生息場所 海上。

類似種 オオハム・シロエリオオハム→○体が大きく太め。特に頭部が大きい。
○嘴はまっすぐで、太い。
○冬羽では前頸の白色部がアビほど大きくはない。

ハシジロアビ冬羽→○体がかなり大きい。
○嘴は太くて、黄白色。
○頭が大きく、頸も太い。
○頭と頸の灰黒色部と白色部の境界は不明瞭。

②**冬羽** 静岡県御前崎市 1996年1月14日 川田
冬羽はオオハムやシロエリオオハムの冬羽に似るが、頭が小ぶりで、顔が白っぽく見える点で識別。

③**幼羽** 愛知県知多市 1995年12月18日 Y
冬羽に似るが、顔や前頸は灰褐色を帯び、冬羽のように白く見えない。

④**冬羽はばたき** 大阪府守口市 2003年3月2日 Y
翼上面は暗褐色で、雨覆部と背には小さい白斑が散在する。

本州中部で見られる時期	1	2	3	4	5	6	7	8	9	10	11	12

○ オオハム

Gavia arctica
Black-throated Loon, Black-throated Diver

TL 58-73cm
WS 110-130cm

アビ目
アビ科

特徴 ○まっすぐでやや太めの嘴。○緑色光沢を帯びた黒色の前頸。○黒色の地に白い角斑の並んだ背。○長い頸。○冬羽では喉から前頸は白く，背は全面暗褐色で白斑はない。また，泳いでいるときに，後脇に白色部が見える。

分布 ユーラシア大陸北部・アラスカ西北部で繁殖し，やや南下して越冬する。日本では冬鳥として九州以北で見られる。

生息場所 海上。港湾や海に近い湖沼に入ることもある。

類似種 シロエリオオハム→
○体が一回り小さい。○嘴は短くて細い。○夏羽では前頸の黒色部に紫色の光沢があること，後頭から後頸の灰色部がより白味を増すことで区別。○冬羽では，喉を巻く黒い細線があること，泳いでいるとき，後脇に白斑が出ないことで区別。

アビ冬羽→○体は一回り小さく，ほっそりして見える。○嘴は細くて，上に反っているように見える。○体上面の黒褐色部がやや淡い。○前頸の白色部がより広い。

ハシジロアビ冬羽→
○一回り大きめの体。○嘴はより長くて太く，上に反って見える。色は黄白色。○頭が大きめで額がかなり盛り上がっている。○体上面の色はやや淡い。

①**夏羽** 愛知県設楽町 1994年5月28日 Y
緑色光沢を帯びた黒色の前頸と，白と黒の縦縞模様の頸が夏羽の特徴。

②**冬羽** 北海道広尾町 1999年12月29日 Y 喉に黒線はなく，泳いでいるときに後脇に白斑が出ることでシロエリオオハム冬羽と区別できる。

③**冬羽から夏羽に移行中の個体** 愛知県田原市 2005年2月5日 Y 肩羽に夏羽の白斑がいくつか見られ，側胸部に黒い縦縞が現れてきている。

④**夏羽** 設楽町 1994年5月19日 Y
飛翔時，頸はまっすぐ伸び，嘴から尾までが一直線上に位置する。足はかなり後方にある。

本州中部で見られる時期	1	2	3	4	5	6	7	8	9	10	11	12

シロエリオオハム

Gavia pacifica
Pacific Loon, Pacific Diver

TL 65cm
WS 112cm

①**夏羽** 三重県青山町 1984年6月30日 石井 オオハム夏羽に比べ，顔の暗色部と後頭から後頸にかけての灰白色部のコントラストが明瞭．

②**冬羽** 静岡県御前崎町 1996年1月20日 Y 喉に黒線があり（見えないこともある），体の側面は黒褐色で，後脇にオオハム冬羽のような白斑は出ない．

③**幼羽** 北海道根室市 1987年2月10日 Y
上面の黒褐色部は成鳥冬羽よりも褐色味が強く，まだら模様が明瞭．

特徴 ○まっすぐとがった嘴．
○長めの頸．
○紫色光沢を帯びた黒色の前頸．
○黒色の地に白い角斑の並んだ背．
○冬羽では喉から前頸は白く，背も全面暗褐色で白斑はない．喉には細い黒線がある．泳いでいるときには後脇に白斑は見られない．

鳴き声 グァインまたはグォーイ．

分布 北アメリカ北部・シベリア東北部で繁殖し，冬季は北アメリカ・アリューシャン列島・千島の沿岸に南下．日本では九州以北で越冬する．

生息場所 海上．港湾や海に近い湖沼に入ることもある．

類似種 オオハム→○体が一回り大きい．○嘴は長くて太い．○夏羽では前頸の黒色部に緑色の光沢があり，後頭から後頸の灰色部がより濃い．○冬羽では喉を囲む細い黒線がなく，泳いでいるときには後脇に白斑が出る．

アビ冬羽→○体つきがほっそりしていて，頭が小さめに見える．○嘴はより細く，上に反ったように見える．○上面の黒褐色部の色が淡い．○前頸の白色部がより大きい．

ハシジロアビ冬羽→○体がずっと大きい．○嘴はより長くて太く，上に反って見える．色は黄白色．○頭は大きく，額がかなり盛り上がっている．○体上面の色が淡い．

| 本州中部で見られる時期 | 1 | 2 | 3 | 4 | 5 | 6 | 7 | 8 | 9 | 10 | 11 | 12 |

× ハシグロアビ

Gavia immer
Great Northern Loon

TL 73-88cm
WS 122-148cm

アビ目

アビ科

特徴 ○太くてがっしりした嘴。まっすぐで、色は黒色。
○緑色光沢のある黒色をした大きな頭部。額は盛り上がっている。
○左右の側頸に大小2つの帯状の白斑がある。○体上面は黒の地に、白い角斑が並ぶ。○冬羽では体上面は灰黒色、喉から前頸・体下面は白くなる。嘴は灰白色。

鳴き声 ハシジロアビに似るが、やや高い声である。

分布 北アメリカ北部で繁殖し、冬季は北アメリカをやや南下する。日本では1992年2月岩手県、1995年5月青森県、2003年4月北海道稚内で記録がある。

生息場所 海上。港湾に入ることもある。

類似種 **ハシジロアビ**→○体はより大きい。○嘴は黄白色で、上に反ったように見える。○鼻孔の前端と嘴毛の先端はほぼ同位置にある。(ハシグロアビでは嘴毛の先端より前に鼻孔がある)○冬羽・幼羽では、後頸や体上面の色が淡い褐色。

オオハム・シロエリオオハム冬羽→○体が一回り小さい。○頭は小さく、額は大きく盛り上がらない。○嘴は細い。○前頸の白色部は、ハシグロアビのように後頸の灰黒部に食い込んでいる部分がない。

①**冬羽** 北海道稚内 2003年4月2日 川崎 体上面の色はオオハムやシロエリオオハムよりは淡く、ハシジロアビよりは幾分か暗い色をしている。

②**冬羽** 北海道稚内 2003年4月2日 川崎 冬羽や幼羽では嘴は淡い鉛色をしている。この個体は背羽や肩羽に淡色の羽縁があるように見えるので幼羽の可能性もある。

サイズを表す数値について

本書では、全長(TLと表示した数値)と翼開長(WSと表示した数値)を用いて、各種の大きさを示している。これらの数値を、よく知っている鳥のものと比較することによって、識別の手がかりとするのである。ただし、その際には次のことに注意していただきたい。

第一に、全長も翼開長もいずれも測り方や測定者により値が変わってくることが多いサイズということである。全長は鳥を上向きに寝かせて嘴を水平に置いたときの嘴の先端から尾の先端までの長さ、翼開長は翼の前縁をまっすぐにしたときの両翼の先端から先端までの長さで、どちらも鳥としては決して自然な姿勢で測ったものではない。このため、測定者によって体の伸ばし方に差が出てくるため、同じ数値になることは少ない。それ故に、図鑑ごとに数値が異なってしまうことも多い。

第二には、大きさには必ず個体差があるということである。図鑑の多くは、平均値または最頻値だけを載せているため、その比較だけでAという種はBという種よりも大きい、小さいと決めてかかりがちだ。しかし、実際には個体によっては必ずしもそうなるとは限らない。本書ではこれを考慮して、各大きさの範囲を示しておいた。

最後に、見た目の大きさの感じは、数字だけでは判断できないことも多いことを忘れてはならない。たとえば、全長は、嘴や尾の長い鳥では見た感じよりも大きな値となる。コアジサシとハジロクロハラアジサシなど、数字ではコアジサシの方が大きくても、見た様子では明らかにハジロクロハラアジサシの方が大きい。

大きさを表す数字は、以上のことを理解していないとかえって判定を狂わす要因ともなるので、注意したい。

本州中部で見られる時期	1	2	3	4	5	6	7	8	9	10	11	12

◇ ハシジロアビ

Gavia adamsii
Yellow-billed Loon, Yellow-billed Diver

TL 76-91cm
WS 137-152cm

アビ目 アビ科

①夏羽　茨城県神栖市　1994年5月22日　私市
黒色の頭，頸の白斑，白黒の格子模様の入った上面が鮮やか。

②冬羽　千葉県銚子市　1989年2月24日　私市
他のアビ類に比べ，嘴と頭が大きくがっしりして見える。体上面の色は，オオハムおよびシロエリオオハム冬羽に比べると淡い。

③夏羽　神栖市　2001年5月4日　Y
翼下面はほぼ全面が白。飛翔時，他のアビ類よりも頸や胴が太く，重たげに見える。

特徴　○太くてがっしりした嘴。上に反ったように見え，色は黄白色。
○頭が大きく，額は盛り上がっている。
○頭部は緑色光沢のある黒。
○頸の両側に白と黒の縦斑模様が出る。
○体上面は黒の地に，白い角斑が並ぶ。
○冬羽では体上面は灰黒色，下面は白くなる。

鳴き声　アァー。

分布　ユーラシア大陸極北部・北アメリカ極北部で繁殖し，冬季はやや南下する。日本では冬鳥として本州中部以北で少数が越冬。

生息場所　海上。港湾に入ることもある。

類似種　オオハム・シロエリオオハム冬羽→○体が一回り小さい。○頭は小さく，額は大きく盛り上がらない。○嘴はまっすぐで，黒い。○体上面や顔の色はより暗く見える。

アビ冬羽→○体がずっと小さく，ほっそりしている。
○嘴は細くて短い。
○頭は小さく，額は盛り上がらない。

| 本州中部で見られる時期 | 1 | 2 | 3 | 4 | 5 | 6 | 7 | 8 | 9 | 10 | 11 | 12 |

カイツブリ

Tachybaptus ruficollis
Little Grebe

TL 25-29cm
WS 40-45cm

カイツブリ目　カイツブリ科

特徴　○太くて短めの黒い嘴，基部は黄白色。
○黄白色の虹彩。
○喉・頰・前頸は赤褐色。
○体は丸く，尾は非常に短い。
○翼は短く，全面が黒褐色。
○冬羽では喉から前頸は黄褐色となり，下面の色も黄色色に変わる。嘴も基部から先端まで一様に黒灰色となる。

鳴き声　キリッキリッキリッ，キリリリリと鋭く連続して鳴き，終わりの方は尻上がりになる。ピッまたはピッと短く鳴くこともある。

分布　ヨーロッパおよびアジアの温帯部・東南アジア・インド・アフリカに分布。日本では北海道から南西諸島まで広く繁殖。北日本では夏鳥，それ以南では留鳥。

生息場所　湖沼・河川。海に出ることは少ない。

類似種　ハジロカイツブリ→○嘴はやや細く，上に反って見える。○虹彩は赤い。○夏羽では喉と前頸は黒く，眼の後方に金色の飾り羽がある。脇も赤褐色。○冬羽では喉が白い。○次列風切は白い。
ミミカイツブリ→○虹彩は赤い。○次列風切は白い。○夏羽では喉と頰は黒く，眼の後方に金色の飾り羽がある。胸と腹は赤褐色。○冬羽では喉が白い。

①**夏羽**　東京都井の頭公園　1992年3月下旬　Yo　夏羽では頰と前頸は赤褐色。嘴は黒く，基部の黄白色部とのコントラストが鮮やか。

②**第1回冬羽**　愛知県豊橋市　1990年2月2日　Y
頰と前頸は黄褐色となり，嘴の基部の黄白色斑も目立たなくなる。

④**巣卵**　豊橋市　1998年8月9日　Y　カイツブリ科の鳥は，水面に水草の葉や茎を用いた浮巣を作る。

③**親子**　豊橋市　1993年5月28日　Y　ひなは嘴が赤く，顔は白黒の縞模様が入る。親がひなを背に乗せて泳ぐ姿もよく見られる。

| 本州中部で見られる時期 | 1 | 2 | 3 | 4 | 5 | 6 | 7 | 8 | 9 | 10 | 11 | 12 |

ハジロカイツブリ

Podiceps nigricollis
Black-necked Grebe

TL 28-34cm
WS 56-60cm

特徴 ○黒くて短い，やや上に反った嘴。
○飛翔時，次列風切が白い。
○赤い虹彩。
○頭から胸にかけて・背・翼は黒い。
○眼の後方に三角形状に広がる金色の飾り羽。
○赤褐色の脇。
○冬羽では頭上・背・翼は黒褐色，喉は白，頸から脇腹は汚白色。

鳴き声 ピッまたはピィー。

分布 ヨーロッパからカザフスタンにかけてと中国東北部・ウスリー・北アメリカ中部・南アメリカ北部・アフリカ東部で繁殖し，ヨーロッパ・中東・東アジア・中南米・アフリカ南部で越冬。日本には冬鳥として九州以北に飛来する。

生息場所 内湾・大きな湖沼および河川。

類似種 ミミカイツブリ→○嘴はまっすぐ。○額は上に盛り上がらない。○夏羽では胸は赤褐色で，眼の後方から出る金色の飾り羽は三角形に広がらない。○冬羽では，頭頂の黒褐色部と喉と頬との白色部の境界がはっきりと分かれている。

カイツブリ→○嘴はまっすぐで太い。○額は大きく盛り上がらない。○虹彩は黄白色。○夏羽では喉・頬・前頸が赤褐色で，眼の後方には飾り羽はない。○冬羽では喉・頬・前頸が黄褐色。○次列風切は黒い。

①**夏羽** 宮城県奥松島 1997年3月31日 Yo 赤い眼の後方に金色の飾り羽が広がっている。嘴はやや上方に反っている。

②**冬羽** 愛知県田原市 1991年1月 Y
喉・前頸・体下面は白くなるが，黒褐色部との境界は不明瞭。

③**夏羽** 茨城県神栖市 2005年4月17日 桐原 飛翔時，白い次列風切が目立つ。この特徴は冬羽も同様である。

④**冬羽の群れ** 田原市 2004年1月9日 Y ミミカイツブリよりも波のあまり立たない開水面を好み，より大きな群れを形成する傾向がある。

本州中部で見られる時期	1	2	3	4	5	6	7	8	9	10	11	12

◇ ミミカイツブリ

Podiceps auritus
Horned Grebe

TL 31-38cm
WS 59-65cm

カイツブリ目 カイツブリ科

特徴 ○黒くてまっすぐな嘴。先端は白い。
○赤い虹彩。
○次列風切は白い。
○黒い頭と眼の後方から後頭にかけての金色の飾り羽。
○頸から脇にかけてが赤褐色。
○冬羽では頭は眼より上部が黒褐色，下部は白く，その境界ははっきりとしている。飾り羽はなく，頸から脇も白くなる。

鳴き声 ピイー。

分布 ヨーロッパからカムチャツカでユーラシア大陸の亜寒帯部・北アメリカ北部で繁殖し，ユーラシアおよび北アメリカの温帯部の沿岸部や内陸の大きな湖沼で越冬。日本には冬鳥として九州以北に飛来。

生息場所 海上・大きな湖沼・港湾。

類似種　ハジロカイツブリ→
○嘴は上に反っている。○額は上に盛り上がる。○夏羽では胸は黒く，眼の後方から出る金色の飾り羽は三角形に広がる。
○冬羽では頭頂の黒褐色部と喉・頬の下の白色部との境界がぼやけている。

カイツブリ→○虹彩は黄白色。
○次列風切は黒い。
○夏羽では喉・頬・前頸は赤褐色で，眼の後方に飾り羽はない。
○冬羽では喉・頬・前頸が黄褐色。

①**夏羽**　茨城県神栖市　1989年7月8日　石井　眼の後方にある金色の飾り羽は頬までには広がらない。嘴はまっすぐ。

②**冬羽から夏羽に移行中の個体**　愛知県矢作川河口　2003年3月30日　Y　ほぼ夏羽に変わった個体。嘴基部と眼を遠目では白く見える淡いピンク色の線が結んでいる。

④**夏羽**　神栖市　1989年7月8日　石井
翼を広げると次列風切の白が目立つのは冬羽でも同じである。

③**冬羽**　愛知県田原市　1988年3月　Y
頭の黒褐色部と白色部は，眼の位置を境に明瞭に分かれている。

| 本州中部で見られる時期 | 1 | 2 | 3 | 4 | 5 | 6 | 7 | 8 | 9 | 10 | 11 | 12 |

カイツブリ目 カイツブリ科

◇ アカエリカイツブリ
Podiceps grisegena
Red-necked Grebe
TL 40-50cm
WS 77-85cm

特徴 ○赤褐色の長い頸。○基部が黄色いとがった嘴。○頭上は黒く，頰と喉は灰白色。○飛翔時，翼の前縁と次列風切に白帯が出る。○冬羽では頸から脇は灰白色となる。

鳴き声 繁殖期にはケレケレケレ……とカイツブリに似た連続した声で鳴く。ウァー，ウァーという声で鳴き合ったりもする。冬季はあまり鳴かない。

分布 ヨーロッパ・西シベリア・シベリア東部・北アメリカ北部で繁殖し，ヨーロッパ・東アジア・北アメリカの沿岸部で越冬。日本では，北海道で繁殖し，九州以北で越冬が記録されている。

生息場所 内湾・大きな湖沼。繁殖は湖沼で行う。

類似種 カンムリカイツブリ
→○体が一回り大きい。○眼と頭頂の黒色部の間に白色部がある。○頸が白い。○夏羽では頰の後ろに赤褐色と黒色の扇形に広がった飾り羽がある。

①**夏羽** 愛知県田原市 1987年4月5日 Y
灰白色の頰と赤褐色の頸が特徴。夏羽には3月頃に変わる。

②**冬羽** 静岡県御前崎市 1995年1月20日 Y
冬羽では喉と前頸は汚白色となるが，黒色部との境界はカンムリカイツブリのように明瞭には分かれていない。

③**幼鳥** 北海道根室市 1997年1月1日 Y
幼鳥は顔に黒い縞模様が入る。

④**冬羽** 御前崎市 1995年1月20日 Y 翼を広げると，次列風切と翼前縁の白が目立つ。足は体のかなり後方にあり，弁足であることがわかる。

| 本州中部で見られる時期 | 1 | 2 | 3 | 4 | 5 | 6 | 7 | 8 | 9 | 10 | 11 | 12 |

カンムリカイツブリ

Podiceps cristatus
Great Crested Grebe

TL 46-61cm
WS 85-90cm

カイツブリ目　カイツブリ科

特徴　○頸は長く，前頸は白く，後頸は黒褐色。○嘴はピンク色。
○眼先は黒く，その上は白い。
○頭上は黒く，冠羽がある。
○頬に赤褐色と黒色の扇状に広がる飾り羽が出る。
○飛翔時，翼前縁と次列風切は白い。
○冬羽では頬の飾り羽がなく，頬全体が白くなる。

鳴き声　クワッ，クワッ，クワッ，クワッ。繁殖地以外ではあまり鳴かない。

分布　ユーラシア大陸中部・アフリカ・オーストラリア・ニュージーランドに分布。冬季は少し南下するものもいる。日本では青森県と石川県，琵琶湖で繁殖が記録されているが，ほとんどは冬鳥として九州以北に渡来する。

生息場所　湖沼で繁殖し，内湾・河口・大きな湖沼で越冬。

類似種　アカエリカイツブリ→○体が一回り小さい。○眼から上は黒い。
○嘴は黄色味がある。
○夏羽では頸が赤褐色で，頬は灰白色。
○冬羽では頸は淡褐色。

①**夏羽**　愛知県田原市　1989年3月6日　Y
夏羽では頬に赤褐色の扇状の飾り羽がある。脇も赤味を帯びる。

②**冬羽**　静岡県御前崎市　1996年2月1日　Y
アカエリカイツブリの冬羽に比べ，顔や頸はより白く見える。

③**幼鳥**　田原市　1992年11月13日　Y
冬羽に似るが，顔に黒斑がある。黒斑の大きさは個体差がある。

④**夏羽**　田原市　2003年3月30日　Y
飛翔時，白い次列風切が目立つ。この特徴は冬羽でも見られる。

本州中部で見られる時期	1	2	3	4	5	6	7	8	9	10	11	12

ミズナギドリ目 アホウドリ科

◇ アホウドリ
Diomedea albatrus
Short-tailed Albatross
TL 84-94cm
WS 213-229cm

①

②

③

④

①**成鳥** 東京都鳥島 1994年4月中旬 Yo
翼上面は先端側の半分とつけ根付近が黒く，背は白い。

②**成鳥に近い若鳥** 鳥島沖 1991年4月6日 私市
成鳥に比べると，翼の白色部が小さく，後頭にまだ茶色味がある。

③**若鳥** 鳥島沖 1991年4月6日 私市
年齢が上がるにつれて，体は白味を増してくる。この個体は4才ぐらいと思われる。

④**幼鳥** 鳥島沖 1990年3月31日 私市
幼鳥は全身が黒褐色で，体下面はやや淡い。

⑤ **成鳥** 鳥島沖 1991年4月6日 私市
後頭に褐色味が残っているが、ほぼ成鳥羽になっている。完全な成鳥羽になるまでには10年以上かかる。

⑥ **成鳥に近い若鳥** 鳥島 1995年1月 青木
かなり白くなってきているが、後頭と背にまだ褐色部が見られる。

⑦ **若鳥** 鳥島 1995年1月 青木 4〜5歳くらいと思われる。体色は体の下面から白くなっていく。

⑧ **幼鳥** 鳥島沖 1991年4月6日 私市
全身が黒褐色でクロアシアホウドリに似るが、嘴はピンク色をしている。

特徴 ○幅が狭くてとても長い翼。翼上面の先半分が黒く、基半分は白いがつけ根付近に黒斑がある。
○翼下面は白く、翼の縁は細く黒い。また初列風切の軸も黒い。
○体は上面、下面ともに白いが、後頭は黄色。
○尾は黒い。
○ピンク色の長大な嘴。
○ピンク色の足。
○幼鳥は全身が黒褐色で、翼下面も全面黒褐色。成長するに従い、顔や腹・背・翼の白色部が生じてくる。

鳴き声 繁殖地ではヴァーアーまたはヴィーアアアーと鳴く。また、嘴をカタカタカタと打ち鳴らすクラッタリングというディスプレイを行ったりもする。

分布 伊豆諸島鳥島・尖閣諸島で繁殖。10〜5月の繁殖期は繁殖地周辺および日本列島の太平洋沖に、6〜9月の非繁殖期にはベーリング海・アリューシャン列島近海・アラスカ湾などですごす。

生息場所 陸地から離れた孤島で繁殖する以外は海上を飛び回っている。

類似種 コアホウドリ→○翼上面および背は全面黒褐色。○翼下面は縁の黒色部の幅が広く、下雨覆にも黒色部がある。○眼の周囲が黒い。○後頭は白い。
クロアシアホウドリ→アホウドリ幼鳥とは次の点が異なる。
○体が一回り小さい。○嘴が黒い。○足が黒い。○嘴のつけ根付近が白い。
ワタリアホウドリ→○体が一回り大きい。○翼のつけ根付近の黒斑はない。○後頭も白い。
○幼鳥と若鳥では下雨覆は白い。

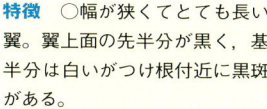

× ワタリアホウドリ

Diomedea exulans
Wandering Albatross

TL 107-135cm
WS 254-351cm

ミズナギドリ目 アホウドリ科

特徴 ○幅が狭くてとても長い翼。風切の先端は黒いが、他は白い。
○嘴は淡いピンク色で、長大。
○尾は白い（ただし雌では先端に褐色斑をもつものもいる）。
○上面も下面もほとんど白い。
○幼鳥は頭と翼の下面が白い他は全身褐色。尾も褐色。年をとるに従って羽色は白くなるため、年齢や個体による羽の模様は差がある。

分布 南半球の南緯40〜50°付近の孤島で繁殖し、繁殖期以外は南緯60°から南回帰線の間を飛翔。北半球ではカリフォルニア・ポルトガル・地中海で記録がある。日本では1970年11月に尖閣列島で2羽が捕獲された記録があるのみ。

生息場所 陸地から離れた孤島で繁殖する以外は海上を飛び回っている。

類似種 アホウドリ→○体が一回り小さい。○翼上面の先半分が黒く、翼のつけ根付近にも黒斑がある。○尾の先は黒い。○後頭部は黄色。○幼鳥と若鳥

①フォークランド諸島、東フォークランド島 1994年1月 高田 翼上面の暗色部は年齢が増すごとに小さくなり、成鳥羽では翼端を除いてほとんどが白くなる。この個体はまだ翼の白色部が小さい若鳥である。

②オーストラリア、ニューサウスウェールズ州シドニー沖 1997年9月12日 榛葉 翼下面はかなり早い段階から翼端と後縁を除いて白くなってい

③ニューサウスウェールズ州シドニー沖 1997年9月12日 榛葉 アホウドリのような後頭の黄色味はなく、頭全体が一様に白い。

| 見られる時期 | 1 | 2 | 3 | 4 | 5 | 6 | 7 | 8 | 9 | 10 | 11 | 12 |

コアホウドリ

Diomedea immutabilis
Laysan Albatross

TL 79-81cm
WS 195-203cm

ミズナギドリ目　アホウドリ科

特徴　○翼上面と背は全面が黒褐色。
○頭・腹・腰は白い。
○眼の周囲が黒い。
○黒い尾。
○ピンク色の嘴。
○ピンク色の足。
○翼下面は白く，黒い縁取りと中央付近に黒い斑がある。

分布　北西ハワイ諸島・小笠原諸島聟島の属島である鳥島で繁殖し，北太平洋に広く分布。日本近海では夏季は北海道太平洋沖，冬季は本州および四国の太平洋沖や伊豆諸島および小笠原諸島近海でよく見られる。

生息場所　陸地から離れた外洋島で繁殖する以外は海上を飛び回っている。

類似種　アホウドリ→○体が一回り大きい。○背は白く，翼上面にも白色部がある。○翼下面の縁の黒色部の幅は狭く，中央あたりは白く黒斑はない。○眼の周囲は白い。○後頭は黄色。

ワタリアホウドリ→○体がずっと大きい。○背や翼上面はほとんどが白。○翼下面も風切の先以外はほとんど白。○眼の周囲は白い。○尾は白い（雌や若鳥では黒いものもいる）。

①

③

②

①東京一釧路航路　1997年2月28日　Y
翼上面と背は，初列風切の羽軸を除いて全面が黒褐色。

②東京一釧路航路　1997年1月4日　Y
翼下面は黒い縁取りが太くて目立つ。

③東京一苫小牧航路　1998年6月21日　Y
眼の周囲の黒色部と黒褐色の背でアホウドリと区別できる。

本州北部沖で見られる時期	1	2	3	4	5	6	7	8	9	10	11	12

○ クロアシアホウドリ

Diomedea nigripes
Black-footed Albatross
TL 68-74cm
WS 193-213cm

ミズナギドリ目　アホウドリ科

①

②

③

④

特徴　○全身が黒褐色。
○嘴基部周辺と眼の下部のみ白い。
○黒い嘴。
○黒い足。
○初列風切の羽軸は白い。

鳴き声　繁殖地ではウーウォーウーと長く伸ばしたり、ウウウッと短く連続して鳴いたりする。

分布　ハワイ諸島・マーシャル諸島・ジョンストン島・小笠原諸島・伊豆諸島鳥島で繁殖し、北太平洋全域に分布。

生息場所　陸地から離れた外洋島で繁殖する以外は海上を飛び回っている。

類似種　アホウドリ幼鳥→
○体が一回り大きい。
○嘴はピンク色。
○足はピンク色。
○嘴基部周辺と喉は黒褐色。

ミズナギドリ属 *Puffinus* の黒色ミズナギドリ類→
○体がずっと小さい。
○体に対する翼の長さが短く、このためはばたきがより速い。
○顔に白い部分は全くない。
○翼上面は全面黒褐色。
○嘴は細く短め。

①東京―小笠原航路　1992年4月23日　Y
体上面は全面が黒褐色。上尾筒はこの個体のように白いものもいる。

②東京都小笠原村　1994年4月中旬　Yo
上尾筒が黒褐色の個体。上尾筒や下尾筒の白色部の有無や大きさは個体差が大きい。

③北海道苫小牧沖　2001年6月22日　Y
アホウドリ類は水上に浮いている時は、ミズナギドリ類に比べ体つきがどっぷりとして見える。

④東京―小笠原航路　1992年4月23日　Y
翼下面も全体が黒褐色。

| 小笠原周辺で見られる時期 | 1 | 2 | 3 | 4 | 5 | 6 | 7 | 8 | 9 | 10 | 11 | 12 |

◇ フルマカモメ

Fulmarus glacialis
Northern Fulmar

TL 45-50cm
WS 102-112cm

特徴 ○頸が短くずんぐりとした体形。
○幅が広くやや短めの翼。初列風切の基部は白い。
○太くて短い黄色の嘴。管鼻が大きく目立つ。
○ピンク色の足。
○羽色は全身黒褐色の暗色型と、頭部と体下面が白く、翼上面・背・腰・尾が青灰色の淡色型がある。他にまれに全身が白い白色型もいる。

分布 北太平洋・北大西洋の島々および海岸の岩壁で繁殖し、冬は南下して越冬。日本では北海道から銚子沖にかけて見られる。

生息場所 島や海岸岩棚で繁殖し、それ以外では海上を飛翔している。

類似種　大形カモメ類→○翼の先はとがっている。
○初列風切の羽軸に白斑は出ない。
○嘴は細い。
オオトウゾクカモメ→○嘴はやや長めで、黒い。
○尾はやや長く、中央尾羽は少し長くてとがっている。
○足は黒い。

①**暗色型**　八戸ー苫小牧航路　1993年7月14日　私市
翼上面は、初列風切の羽軸が白い。翼はミズナギドリ類にしては幅が広く、短め。

②**暗色型**　東京ー釧路航路宮城県沖　1999年6月24日　Y
暗色型の翼下面は、初列風切の基部に白斑が入る。嘴は太くて黄色い。

③**暗色型**　千葉県銚子市　2000年11月28日　桐原　ハイイロミズナギドリ属（*Puffinus*）のミズナギドリ類に比べ、頸が短く、ずんぐりとした体型をしている。

④**淡色型**　東京ー釧路航路　1990年7月6日　Y　首が短く、ずんぐりとした体形。単色型は暗色型に次いで見られる。

| 北海道沖で見られる時期 | 1 | 2 | 3 | 4 | 5 | 6 | 7 | 8 | 9 | 10 | 11 | 12 |

△ ハジロミズナギドリ　*Pterodroma solandri*　Providence Petrel　TL 40cm　WS 95-105cm

特徴　○全身黒褐色。下面はやや淡い。○翼下面の初列風切と下雨覆の基部に2つの白斑が出る。○嘴の基部周辺が白い。○足は黒い。○くさび形の尾。

分布　オーストラリア東部沖のロードハウ島とフィリップ島で繁殖し、夏季から秋季は北太平洋北西部の洋上でよく見られる。

生息場所　海上を飛翔している。

類似種　カワリシロハラミズナギドリ暗色型→○体がやや小さい。○翼下面の前縁が白い。○翼上面の初列風切の羽軸が白い。○尾の中央部はそれほど突き出ていない。○足はピンク色。

トウゾクカモメ類黒色型→○翼先端はよりとがって見え、初列風切後縁は直線状で、ふくらんではいない。○頭部は小さい。○尾はより長く、中央尾羽はより突き出ている。○胴はやや細め。○より高い位置を飛び、翼をより高く上げてはばたく。

①オーストラリア，ニューサウスウェールズ州シドニー沖　1997年6月14日　榛葉
翼下面に2つの白斑が見られるのが特徴。

②ニューサウスウェールズ州シドニー沖　1997年6月14日　榛葉　翼上面は全面が黒褐色。初列風切の羽軸はカワリシロハラミズナギドリのようには白くない。嘴も太い。

③東京一釧路航路金華山沖　1999年10月7日　原
全身が黒褐色をしているが、嘴基部周辺は白い。嘴はカワリシロハラミズナギドリよりは太い。

× カワリシロハラミズナギドリ

Pterodroma neglecta
Kermadec Petrel

TL 38cm
WS 92cm

特徴 ○翼上面の初列風切の羽軸が白い。
○翼下面の前縁が白い。
○翼下面の初列風切の基部に半月状の白斑がある。
○尾は角ばり，中央尾羽はやや出ている。
○足はピンク色。
○羽色は全身黒褐色の暗色型や頭部から腹部にかけて白い淡色型，およびその中間型までさまざま。

分布 オーストラリア東部沖のロードハウ島からチリ沖のファンフェルナンデス諸島まで南太平洋の島で繁殖。非繁殖鳥は北太平洋中部域まで渡る。日本では太平洋沖で見られるが，数は少ない。

生息場所 海上を飛翔している。

類似種 ハジロミズナギドリ→○体がやや大きい。○翼下面前縁は白くない。○翼上面の初列風切の羽軸は白くない。○尾はやや長く，くさび形。○足は黒い。

トウゾクカモメ類黒色型→○翼先端はよりとがって見え，初列風切後縁は直線状で，ふくらんでいない。○頭部が小さい。○尾はより長く，中央尾羽はかなり突き出ている。○胴はやや細め。○より高い位置を飛び，翼をより高く上げてはばたく。

①**中間型** オーストラリア，ニューサウスウェールズ州ウォロンゴン 1985年4月21日 カーター
羽色はいくつかの型がある。この個体は腹が白く，頭部は黒褐色の中間型。

学名の話（その1）

　本書をはじめ多くの図鑑では，和名とともに学名も表示されている。動物の学名は，国際動物会議及びその後身の国際生物学連合の総会で採択された国際動物命名規約に沿って命名された，万国共通の種を表す名前である。

　種の学名（species name）は，属名（generic name）と種名（specific name, species nameの「種名」とは意味が異なるので，「種小名」ということもある）の2語から成る。名称はラテン文字で綴ることになっているが，言語はラテン語やラテン語化した言葉でなくてもいいことになっている。

　属は，共通の祖先から分かれ出たと推定される種をまとめた分類の単位で，種と科の間に位置するものである。よって，学名を見ればある程度の類縁関係がわかる。たとえば，コガモ *Anas crecca* はオナガガモ *Anas acuta* と同じ属に属するので，スズガモ *Aythya marila* よりも類縁が近いということがわかるのである。

　図鑑によっては，*Anas crecca* Linnaeus と学名の著者名を付加したり，*Anas crecca* Linnaeus, 1758 のように著者名とその学名を最初に出版した年を入れる場合もある。年を入れるときは，必ず著者名の後にカンマをつけて並べる。

　ホシハジロのように *Aythya ferina* (Linnaeus, 1758) または *Aythya ferina* (Linnaeus) と，著者名と年の部分を（ ）で囲んであるものは，最初に出版されたときと属が変更されたことを表している。ホシハジロの場合は，リンネウス（リンネともいう）が最初に命名したときには *Anas ferina* となっていたのだが，後に別の人により，ハジロ属 *Aythya* に変更されたのである。

見られる時期 | 1 | 2 | 3 | 4 | 5 | 6 | 7 | 8 | 9 | 10 | 11 | 12

△ オオシロハラミズナギドリ　*Pterodroma externa*　White-necked Petrel　TL 43cm　WS 95-100cm

特徴 ○翼上面にM字形の黒褐色の模様。
○翼下面は白く、翼角から内側に向かって細い黒線が斜めに走る。
○頭上は黒褐色で、額は白い。
○白い腹。
○亜種クビワオオシロハラミズナギドリ *P. e. cervicalis* は後頸が白く、亜種オオシロハラミズナギドリ *P. e. externa* では後頸は頭上と続いて黒褐色。

分布 亜種クビワオオシロハラミズナギドリはオーストラリアのケルマデック諸島で繁殖し、非繁殖期は北緯35°以南の北太平洋西岸に飛来。亜種オオシロハラミズナギドリは南アメリカのファンフェルナンデス諸島で繁殖し、非繁殖期はメキシコ沖からハワイ北方海域に北上する。日本では東京－小笠原航路、東京－北海道航路でまれに亜種クビワオオシロハラミズナギドリが記録される。亜種オオシロハラミズナギドリは1982年9月に東京都で1例がある。

生息場所 海上を飛翔している。

類似種 ハワイシロハラミズナギドリ→○背および翼上面の色はより暗く、M字模様は見られない。○翼下面の縁の黒色部の幅が広い。○腋羽は黒い。○後頸は黒褐色。

シロハラミズナギドリ→○体が小さい。○翼上面と背の色はより暗い。○翼下面の黒線はずっと太くて長い。
○後頸は黒褐色。

ミナミオナガミズナギドリ→○嘴は長くて灰色。
○尾は長くてくさび形。
○額も黒い。○後頸は灰色。

① **亜種クビワオオシロハラミズナギドリ**　オーストラリア、ノーフォーク沖フィリップ島　1992年2月21日　カーター
後頸が白く、頭部と背の黒褐色部が分断されている。

② **亜種クビワオオシロハラミズナギドリ**　千葉市　1989年8月11日　桑原
頭上と眼の周辺は黒く、額は白い。背の色はシロハラミズナギドリほど暗くは見えない。

③ **亜種クビワオオシロハラミズナギドリ**　千葉市　1989年8月11日　桑原
翼下面は白く、翼角から内側に向かって黒色部が見られる。ただし、この黒線はシロハラミズナギドリより短くて細い。

見られる時期 | 1 | 2 | 3 | 4 | 5 | 6 | 7 | 8 | 9 | 10 | 11 | 12

◇ シロハラミズナギドリ

Pterodroma hypoleuca
Bonin Petrel

TL 30cm
WS 63-71cm

ミズナギドリ目
ミズナギドリ科

①小笠原航路　2007年4月29日　小山　翼下面は白く，三角形状の黒斑と翼角から斜めに走る太い黒線が目立つ。

②小笠原航路　2007年4月29日　小山　翼上面と背は灰褐色の地に黒褐色のM字模様が入る。

③ミッドウェー島　1999年4月2日　私市
頭頂から後頸は黒褐色。シロハラミズナギドリ類は太くて短めの嘴が特徴である。

特徴　○翼上面に黒褐色の不明瞭なM字模様が出る。
○翼下面は白く，翼角部分から斜めに脇に向かって黒線が走る。また，翼角付近には三角形の大きな黒斑もあるため，白色部が2つに分かれて見える。
○頭頂から後頸は黒褐色。
分布　小笠原諸島の聟島・硫黄列島・ハワイ諸島で繁殖。繁殖期以外は本州東南の亜熱帯海域からハワイ海域にかけて分布。
生息場所　海上を飛翔している。
類似種　オオシロハラミズナギドリ→○体が大きい。
○翼上面の色が淡く，M字形の黒褐色の線は明瞭。
○翼下面の黒線は細く短め。翼角付近にも三角形の黒斑はない。○日本で記録の多い亜種では後頸が白い。

ハグロシロハラミズナギドリ→
○頭頂から後頸は灰色。
○翼下面の黒線は幅広い「ヘ」の字形で，白色部が2つに分かれて見えない。

ヒメシロハラミズナギドリ→
○翼上面のM字形の模様は明瞭。○翼下面はほとんど白く，翼角付近に小さな黒斑があるのみ。○頭頂から後頸は灰褐色。

| 繁殖地周辺で見られる時期 | 1 | 2 | 3 | 4 | 5 | 6 | 7 | 8 | 9 | 10 | 11 | 12 |

ミズナギドリ目 ミズナギドリ科

× ハグロシロハラミズナギドリ

Pterodroma nigripennis
Black-winged Petrel
TL 28-30cm
WS 63-71cm

特徴 ○翼上面に黒褐色のM字模様が出る。○翼下面は白色で縁を太い黒線が囲む。前縁の黒線は翼角から脇に向かって「ヘ」の字形。
○頭頂から後頸と背は灰色。
○眼の周囲は黒い。

分布 南西太平洋の島々で繁殖。非繁殖期は北上し、太平洋中部の熱帯域と亜熱帯域で見られるようになる。日本では1980年9月に北海道函館市で記録された。

生息場所 海上を飛翔している。

類似種 シロハラミズナギドリ→
○翼下面の翼角付近に大きな三角形状の黒斑があるため、白色部が2つに分かれて見える。○頭頂から後頸は黒褐色。

マダラシロハラミズナギドリ→
○腹は暗灰色。
○翼下面の初列風切先端の黒色部分が小さい。

ヒメシロハラミズナギドリ→○翼下面はほとんどが白く、黒斑はほんのわずか。
○翼上面のM字斑はより明瞭。

①オーストラリア、ニューサウスウェールズ州ロードハウ島 1986年3月2日 カーター
眼の周辺部が黒く、側胸には灰色部がパッチ状に入る。

②オーストラリア、ノーフォーク島沖フィリップ島 1992年2月20日 カーター
翼上面には黒褐色のM字模様が入る。

③東京ー小笠原航路 2007年9月8日 清水
翼下面は前縁に「ヘ」の字形の太い黒線が入る。

| 見られる時期 | 1 | 2 | 3 | 4 | 5 | 6 | 7 | 8 | 9 | 10 | 11 | 12 |

△ ヒメシロハラミズナギドリ

Pterodroma longirostris
Stejneger's Petrel

TL 26-31cm
WS 53-66cm

ミズナギドリ目　ミズナギドリ科

特徴　○翼上面に黒褐色のM字斑。
○翼下面はほとんどが白く，翼角に細い黒線がある。
○眼の周囲に小さな黒斑。
○頭頂から後頸は灰黒色。

分布　ファンフェルナンデス諸島のマスアフェラ島で繁殖。4～9月の非繁殖期にはカリフォルニア沖から日本沖にかけての海域で見られる。日本では東京－北海道航路や小笠原航路で見られることがあるが，少ない。

生息場所　海上を飛翔している。

類似種　ハグロシロハラミズナギドリ→○翼下面の縁を囲む黒線や翼角から脇に向かう黒線はより太くて明瞭。○翼上面のM字斑はいくぶん不明瞭。

シロハラミズナギドリ→○翼下面の黒線はより太くて明瞭。
○翼上面のM字斑は不明瞭。
○頭頂から後頸は黒味が強い。

①千葉県銚子市　1989年8月　桑原
翼下面は大部分が白。翼角付近に小さな黒線があるのがわかる。

②東京―釧路航路塩屋崎沖　1999年8月14日　小澤
翼上面には黒褐色のM字形模様が見られる。

学名の話（その2）

　学名は万国共通の名前だが，学者によってどの属に分類するのか考えが違う場合があり，そのために図鑑によって異なる学名が用いられることがある。たとえばミユビシギの場合，*Calidris alba* となっていればオバシギ属 *Calidris* に分類していることになるし，*Crocethia alba* であればオバシギ属とは分けてミユビシギ属 *Crocethia* に分類していることになる。

　種小名は規約に従った適格名であれば，所属する属が変わってもそのままである。ただし，種小名が，ラテン語かラテン語化した単数主格の形容詞や分詞の場合には，組み合う属名と性（ラテン語には男性，女性，中性の語がある）を一致させなければならない。メリケンキアシシギもクサシギ属 *Tringa* に分類するときは *Tringa* が女性名詞なので *Tringa incana* となるが，キアシシギ属 *Heteroscelus* をクサシギ属から分けるときには，*Heteroscelus* が男性名詞のため，種小名の語尾を男性形に直し，*Heteroscelus incanus* としなければならないのである。

　また，学名には先取権の原則があるため，どんなに慣れ親しんできたものであっても，その学名が付けられる以前に別の学名がすでに付けられていたことがわかれば，無効になってしまう。ウミウの学名が，かつて *Phalacrocorax filamentosus* となっていたのが，最近，*Phalacrocorax capillatus* と書かれているのは，このためである。ただし，古い文献をそのまま引用して書かれた本では今でも無効になった学名を使っているので，注意する必要がある。このように同じ種に異なる2つ以上の名称がある場合，それらの学名をシノニム（同物異名）という。

本州北部沖で見られる時期	1	2	3	4	5	6	7	8	9	10	11	12

◇ アナドリ

Bulweria bulwerii
Bulwer's Petrel

TL 26-28cm
WS 68-73cm

ミズナギドリ目
ミズナギドリ科

①硫黄島航路　2007年9月10日　小山
全身黒褐色で，飛翔時，翼上面には淡褐色の逆ハの字模様が出る。

②硫黄島航路　2007年9月10日　小山
オーストンウミツバメに比べると嘴は長く，額の出っ張りは弱い。鼻孔の形も異なる。

特徴　○全身が黒褐色。
○くさび形の長めの尾。
○翼上面に淡褐色の帯が入る。
○黒くて短めの嘴。
分布　ハワイ諸島・マルケサス諸島・ジョンストン島・東シナ海南部の島々・大西洋諸島および小笠原諸島・伊豆諸島の属島・奄美大島の属島ハンミャ島・宮崎県枇榔島・八重山諸島の仲御神島で繁殖。太平洋・インド洋・大西洋の熱帯・亜熱帯海域に分布している。
生息場所　海上を飛翔している。繁殖地は外洋島。
類似種　**オーストンウミツバメ**→○尾は深い凹尾。○翼上面の淡褐色帯はより明瞭。○翼の幅はやや狭い。
クロウミツバメ→○尾は深い凹尾。○翼上面の初列風切の羽軸の基部が白い。
ヒメクロウミツバメ→○体が一回り小さい。○尾は短く浅い凹尾。○翼は短め。
クロアジサシ→○体がずっと大きい。○額が白い。○嘴は長く，先がとがる。
○翼上面の淡褐色の帯は不明瞭。

③**尾羽**　小笠原村南島　1998年6月27日　Y
ウミツバメ類とは異なり，中央尾羽が長いくさび形の尾をしている。

繁殖地周辺で見られる時期	1	2	3	4	5	6	7	8	9	10	11	12

◎ オオミズナギドリ

Calonectris leucomelas
Streaked Shearwater

TL 48cm
WS 122cm

ミズナギドリ目

ミズナギドリ科

①東京都八丈島沖　1990年3月29日　私市
飛翔時，体下面は白い。風切と下雨覆の一部は褐色。

②小笠原ー東京航路　2005年8月　桐原
上面は褐色。顔は白く，褐色の小斑が散在する。

③愛知県汐川干潟　1997年12月　Y　航路では泳いでいる姿もよく見かける。大形で頭から胸にかけてが白いので，すぐに本種だとわかる。

特徴　○大形のミズナギドリ。○額と顔は白く，褐色の小斑が散在。
○淡いピンク色または水色に見える長めの嘴。
○体上面は黒褐色で，背には淡褐色の波状斑がある。
○体下面は白。
○翼下面は下雨覆がほとんど白く，風切は褐色。
○ピンク色の足。

鳴き声　繁殖地に戻ってきたときに雄はピー，ウィー，ピー，ウィー，雌はグワーエ，グワーエと鳴く。

分布　北海道渡島大島から八重山諸島仲御神島までの日本の島々・朝鮮半島と中国およびロシア東南部の島々で繁殖。非繁殖期は東南アジアからオーストラリア北部にかけての海域およびインド洋東部域まで南下する。

生息場所　離島で集団繁殖する以外は海上を飛翔している。

類似種　**オナガミズナギドリ淡色型**→○体がやや小さい。
○尾が長い。
○体上面はより茶色味がかる。
○額および眼の周辺も褐色。
○翼下面の前縁部は黒褐色。
ミナミオナガミズナギドリ→
○体がやや小さい。
○尾が長い。○翼上面に黒褐色のM字斑が出る。○額は黒褐色。
○背は灰色味が強い。
○翼下面は，風切先端がわずかに黒褐色となっているだけで，あとはほとんど白い。

| 本州沖で見られる時期 | 1 | 2 | 3 | 4 | 5 | 6 | 7 | 8 | 9 | 10 | 11 | 12 |

◇ オナガミズナギドリ

Puffinus pacificus
Wedge-tailed Shearwater

TL 38-46cm
WS 97-105cm

①**淡色型** 東京都小笠原村母島沖　1992年4月25日　Y
翼下面はオオミズナギドリに似るが，前縁が黒い。

②**淡色型** 小笠原村母島沖　1992年4月25日　Y
尾は長くてくさび形。頭は小ぶりに見える。

③**淡色型** 小笠原村母島　1996年6月23日　Y
頭は黒褐色で，喉は白い。嘴は淡いピンク色で，先端は黒い。

④**暗色型** オーストラリア，ニューサウスウェールズ州シドニー　1997年12月13日　榛葉
暗色型は，他のミズナギドリに似るが，長めの嘴と尾で区別する。

特徴　○長いくさび形の尾。
○細くて長めの淡いピンク色の嘴。
○体下面は白い。
○体上面は黒褐色で淡褐色の波状斑がある。
○翼下面は中央が白く，それを黒色部が縁取る。
○淡いピンク色の足。
○日本では記録が少ないが，下面も一様に黒褐色で，嘴も鉛色をした暗色型のものもいる。

鳴き声　繁殖地ではウーオー，ウーオーまたはヴゥ，オー，ヴゥ，オーと鳴く。

分布　小笠原諸島・硫黄列島・ハワイ諸島からオーストラリアにかけての太平洋およびインド洋の諸島で繁殖。非繁殖期は太平洋およびインド洋の熱帯および亜熱帯海域で見られる。

生息場所　離島で繁殖し，繁殖期以外は外洋を飛翔している。

類似種　オオミズナギドリ→
○体が一回り大きい。○尾は短い。○体上面はより灰色味がかる。○額および眼の周辺は白い。○翼下面の前縁は白い。

ミナミオナガミズナギドリ→
○翼上面にM字形の黒褐色斑が出る。○背と腰は灰色。○翼下面はほとんどが白。特に初列風切の黒色部が小さい。

小笠原諸島で見られる時期	1	2	3	4	5	6	7	8	9	10	11	12

△ ミナミオナガミズナギドリ

Puffinus bulleri
Buller's Shearwater

TL 46-47cm
WS 97-99cm

ミズナギドリ目

ミズナギドリ科

特徴 ○翼上面にM字形の黒褐色斑。
○背と腰は灰色。
○翼下面は縁を除きほとんど白。
○やや長めのくさび形の尾。
○額から後頸にかけて黒褐色。

分布 ニュージーランド北部のプアー・ナイツ諸島で繁殖し、非繁殖期は北太平洋まで移動する。北は南千島からアラスカ南部までに及ぶ。日本では小笠原諸島近海や北日本の太平洋沖で観察されている。

生息場所 外洋を飛翔している。

類似種 オナガミズナギドリ
→○翼上面は一様に黒褐色で、M字斑はない。○背と腰も黒褐色。○翼下面を縁取る黒色部の幅が広く、特に初列風切の黒色部が大きい。

オオミズナギドリ→○翼上面にM字斑はない。○額と眼の周辺は白い。○翼下面の風切羽は黒褐色。○尾は短い。

オオシロハラミズナギドリ→
○嘴は短めで、黒い。
○尾は短い。
○額は白い。○後頸は白い。

①オーストラリア，ニューサウスウェールズ州ウォロンゴン 1986年1月26日 カーター
飛ぶと翼上面にM字形の太い黒褐色斑が見られる。嘴と尾はミズナギドリ類としては長め。

②千葉県谷津干潟 2004年6月19日 桐原
泳いでいる時は、背の灰色と翼の黒褐色の部分が明瞭に分かれて見える。

③千葉県谷津干潟 2004年6月19日 桐原
翼下面はほとんどが白くなっていて、風切の先端（翼の後縁部）のみ黒褐色。

①

②

③

| 北海道沖で見られる時期 | 1 | 2 | 3 | 4 | 5 | 6 | 7 | 8 | 9 | 10 | 11 | 12 |

43

○ アカアシミズナギドリ

Puffinus carneipes　TL 40-45cm
Flesh-footed Shearwater　WS 99-107cm

特徴　○全身が黒褐色。
○ミズナギドリ類にしては短めで幅広の翼。
○ピンク色で先端が黒い嘴。
○ピンク色の足。
○太めの胴。

鳴き声　繁殖地ではクィックィッアーと鳴く。

分布　ロードハウ島・ニュージーランド北島沿岸の島々・オーストラリア西南部沿岸・セントポール島で繁殖。非繁殖期は北上し、5〜6月には日本近海を通り、さらにアリューシャン列島・カナダ西南部にまで至る。インド洋ではアラビア海まで北上する。

生息場所　大洋上を飛翔している。

類似種　ハイイロミズナギドリ・ハシボソミズナギドリ→
○体が一回り小さく、細め。
○翼は幅が狭くて長い。
○嘴は黒い。
○翼下面に白または銀灰色の部分が見られる。○足は黒い。

オナガミズナギドリ暗色型→
○体が小さく細め。
○翼は幅が狭くて長い。
○嘴は鉛色で細い。
○尾は長くてくさび形。

①東京—釧路航路宮城県沖　1990年7月10日　Y
翼下面も含め、全身が黒褐色。ハイイロミズナギドリ・ハシボソミズナギドリよりも体色は濃い。

②オーストラリア，ニューサウスウェールズ州シドニー　1996年11月18日　カーター
嘴と足はピンク色をしている。嘴は遠めからでも白っぽく見え、他のミズナギドリ類との識別点となる。

③ニューサウスウェールズ州シドニー　1997年12月13日　榛葉
黒色のミズナギドリ類の中では、最も大きく、体つきもがっしりしている。

本州沖で見られる時期	1	2	3	4	5	6	7	8	9	10	11	12

○ ハイイロミズナギドリ　*Puffinus griseus* Sooty Shearwater　TL 40-51cm　WS 94-109cm

ミズナギドリ目

ミズナギドリ科

特徴　○全身黒褐色，下面はやや淡い。
○黒または鉛色の長めの嘴。
○翼下面は銀白色に光る。
○額から嘴に続く輪郭線がなだらか。
○足は黒い。

分布　ニュージーランド周辺の島々・タスマニア海域の島・南アメリカ南部の島々で繁殖。非繁殖期は北太平洋・北大西洋まで北上する。日本の太平洋側では4～6月頃に出現する。

生息場所　海洋を飛翔または泳いでいる。

類似種　ハシボソミズナギドリ→○体が一回り小さい。○嘴はより細めで短い。色も黒味が強い。○額が出ているため，額から嘴にかけての輪郭線は嘴の元の所で大きく曲がって見える。○翼下面の白色部はより小さいか，あまり目立たないことが多い。ただし個体差が大きく，ハイイロミズナギドリとあまり変わらない個体もいる。○速いはばたきを小刻みに行って飛び，滑翔はハイイロミズナギドリより少ない。急な方向転換もより多く行う。

アカアシミズナギドリ→
○やや大きく太めの体。
○嘴は太めでピンク色。
○翼は幅が広くて短め。
○翼下面も黒褐色。
○足はピンク色。
○羽色はより黒味が強い。

コミズナギドリ→○体が一回り小さい。○羽色はより黒味が強く，特に体下面や喉も上面とほぼ同じ色をしている。
○翼は短く，先もとがらない。
○翼下面は黒褐色。
○額が出ている。
○嘴はやや短く，黒味が強い。

①アメリカ，カリフォルニア州モンテレー　1991年4月20日　カーター　翼下面は銀白色に光って見える。ハシボソミズナギドリに比べ，頭や嘴は長く，額の盛り上がりも弱い。

②千葉県京葉港　1998年6月4日　桐原　嘴の基部から先端までの方が，基部から眼までよりも長くなっている。ハシボソミズナギドリではこの長さがほぼ同じ位に見える。

③東京一苫小牧航路塩屋崎沖　1998年6月23日　Y　翼上面は黒褐色で，ハシボソミズナギドリとよく似ている。

| 本州沖で見られる時期 | 1 | 2 | 3 | 4 | 5 | 6 | 7 | 8 | 9 | 10 | 11 | 12 |

ミズナギドリ目
ミズナギドリ科

◎ ハシボソミズナギドリ

Puffinus tenuirostris
Short-tailed Shearwater

TL 40-45cm
WS 95-100cm

①
②
③

①静岡県焼津市　1982年6月6日　Y　翼下面の色は個体差があり，光線の状態によってはハイイロミズナギドリと同様に見えるものもいる。

②焼津市　1982年6月6日　Y　翼上面は黒褐色。飛翔時でも近距離なら額の出っ張り方と嘴の長さでハイイロミズナギドリと区別できる。

③焼津市　1982年6月6日　Y　喉は頭に比べ，色が淡くなっている。ハイイロミズナギドリではこの違いが不明瞭。

特徴　〇全身黒褐色。下面はやや淡い。
〇黒い嘴。
〇額が出っ張っているため，額から嘴にかけての輪郭線は嘴の元の所で大きく曲がる。
〇黒い足。
〇翼下面は中央部が灰白色のものから灰褐色のものまでさまざま。

分布　オーストラリア南東部の島々で繁殖し，非繁殖期は北太平洋まで北上する。日本では5月下旬から6月に主に太平洋沿岸を北上していく。

生息場所　海洋を飛翔または泳いでいる。大風の吹いた後には港や河口部に入ることもある。

類似種　ハイイロミズナギドリ
→〇嘴は長く，色は鉛色。〇額から嘴にかけての輪郭がなだらか。〇体が一回り大きい。〇喉と頭の色の濃淡の差は小さい。
〇翼下面は銀白色で光って見える。ただしハシボソミズナギドリにも同様な個体がいる。

コミズナギドリ→〇体がやや小さい。〇全身がより黒味を帯びる。喉や体下面も体上面とほぼ同じ色合い。〇翼は短く，先も丸味がある。

| 本州沖で見られる時期 | 1 | 2 | 3 | 4 | 5 | 6 | 7 | 8 | 9 | 10 | 11 | 12 |

✕ マンクスミズナギドリ *Puffinus puffinus* Manx Shearwater　TL 30-35 cm　WS 71-83 cm

ミズナギドリ目
ミズナギドリ科

特徴　○額から頭上，後頸にかけてと体上面は一様に青みを帯びた黒褐色。
○喉から前頸・体下面は白い。
○頰の黒褐色部の所に喉からの白色部が三日月状に食い込んでいる。
○翼下面は白く，前縁部と風切のところが黒褐色。

分布　北アメリカ西部沿岸・西ヨーロッパ沿岸・アゾレス諸島・カナリア諸島・マデイラ諸島など北大西洋の温帯域の島々で繁殖。非繁殖期は南アメリカ東部及び南アフリカの大西洋中部や南部の海域にまで南下する。まれにオーストラリア・ニュージーランド・北アメリカ・南アメリカの太平洋海域にも出現。日本では2004年6～7月三重で1羽が記録されている。

生息場所　海洋を飛翔または泳いでいる。

類似種　セグロミズナギドリ→○体は少し小さい。
○翼は少し短めで，先端部がやや丸みを帯びている。
○頰の黒褐色部に食い込む三日月状の白斑は無い。
○翼下面後縁の黒褐色帯の幅がより太い。

①三重県津市　2004年7月11日　Y　暗黒褐色の頰の部分に三日月状の白い斑が食い込んでいる。

②津市　2004年7月11日　Y　翼下面は大部分が白く，前縁部と風切部のみ黒褐色。喉から腹・下尾筒にかけては白い。

③津市　2004年7月11日　Y　体上面は，額から背・尾・翼までほぼ一様に青みを帯びた黒褐色。

本州中部で見られる時期　1　2　3　4　5　6　7　8　9　10　11　12

47

ヒメミズナギドリ

Puffinus assimilis
Little Shearwater

TL 25-30cm
WS 58-67cm

ミズナギドリ目
ミズナギドリ科

特徴 ○額から頭上・後頸にかけてと体上面は一様に黒褐色。○喉と眼の周囲・前頸及び体下面は白い。○下尾筒の色は亜種によって異なるが、日本で記録されたものは褐色であった。○ミズナギドリ類としては太くて短めの翼。○翼下面は白く、前縁部と風切羽は黒褐色。○嘴は短く、青黒灰色。先端部は黒い。○足と足指は青黒灰色で、蹼はピンク色。

分布 オーストラリア・ニュージーランド周辺海域及び大西洋の島嶼で繁殖し、非繁殖期もあまり移動しない。日本では1997年4月に小笠原諸島母島で1羽の死体が拾得、2005年1月に小笠原諸島父島で1羽が保護されている。

生息場所 海洋を飛翔している

類似種 セグロミズナギドリ→○体は少し大きく、翼もより細くて長い。○頭部の黒褐色部は眼の周囲と頬付近にまで及ぶ。○嘴はより長く、色も黒味がつよい。

その他： 6〜7亜種が存在するが、日本で記録されたものがどの亜種なのかは未判定。ヒメミズナギドリと、これと近縁なセグロミズナギドリは繁殖地ごとに少しずつ形態の異なる個体群がいて、その分類については様々な考え方がある。近年の分子データによる研究では大西洋北部で繁殖するものを *P. baroli*（英名 Macaronesian Shearwater、または North Atlantic Little Shearwater）として別種とすることを支持している。

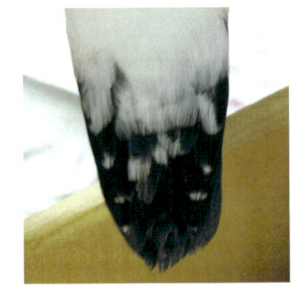

①小笠原村　2005年1月　小笠原自然文化研究所　セグロミズナギドリに比べ、眼の周辺・頬の白色部が広がっている。嘴は短い。

②小笠原村　2005年1月　小笠原自然文化研究所　翼はミズナギドリ類としては短く、先端が丸みを帯びて見える。上面はほぼ一様に黒褐色。

③小笠原村　2005年1月　小笠原自然文化研究所　翼下面は前縁と風切は黒褐色で、雨覆部は白い。

④小笠原村　2005年1月　小笠原自然文化研究所　尾は短く黒褐色。

小笠原周辺で見られる時期　1　2　3　4　5　6　7　8　9　10　11　12

△ セグロミズナギドリ

Puffinus lherminieri
Audubon's Shearwater

TL 27-33cm
WS 64-74cm

ミズナギドリ目
ミズナギドリ科

①**成鳥** 東京都小笠原村 1993年7月3日 茂田
日本産の亜種 *P. l. bannermani*は、他の亜種と異なり、後頸に灰色味があり、嘴も細長い。このため、別種オガサワラミズナギドリ（*P. bannermani*, Bannerman's Shearwater）とする考えもある。

特徴 ○体上面は一様に黒褐色。
○喉と体下面は白い。
○翼下面は白く、前縁と後縁は黒褐色。
○ミズナギドリ類としては短めの翼。
○はばたきが速く、滑空は短めに行って飛ぶ。

分布 太平洋・インド洋西部・大西洋の熱帯海域の島々で繁殖。非繁殖期もあまり移動せず、繁殖海域周辺ですごす。日本では小笠原諸島で繁殖し、周辺海域で周年見られる。

生息場所 離島で繁殖する以外は、海洋を飛翔している。

類似種 オナガミズナギドリ→○体はずっと大きい。○体上面はより褐色味が強い。○翼が長い。○嘴は長くピンク色。○尾は長くてくさび形。

シロハラミズナギドリ→○翼上面に黒褐色のM字斑が出る。○翼下面に斜めの目立つ黒線がある。○額が白い。○嘴は短くて太い。

②**成鳥** 小笠原村 1993年7月3日 茂田
翼下面は前縁と風切は黒褐色で、中央は白い。

④**成鳥** 小笠原村 1993年7月3日 茂田
同じ海域に生息するオナガミズナギドリと異なり、尾は短く、扇形。

③**成鳥** 小笠原村 1994年5月23日 茂田
翼上面は一様に黒褐色。ミズナギドリ類としてははばたきをよく行い、滑空の距離は短めにして飛んでいる。

小笠原周辺で見られる時期	1	2	3	4	5	6	7	8	9	10	11	12

ハワイセグロミズナギドリ × *Puffinus newelli* Newell's Shearwater

TL 32-35cm
WS 77-82cm

①**成鳥** 小笠原村父島 2006年 11月6日 小笠原自然文化研究所
頭上部から体上面は黒く、喉から体下面は白く、この色の境界がはっきりしている。上面の色はマンクスミズナギドリやセグロミズナギドリより黒い。頬の黒色部に喉の方から続く白色部が三日月状に食い込んでいる。このような模様はセグロミズナギドリでは見られない。

②**成鳥** 小笠原村父島 2006年 11月6日 小笠原自然文化研究所
翼上面は一様に黒い。黒い腰に脇から白色部が食い込んでいる。

③**成鳥** 小笠原村父島 2006年 11月6日 小笠原自然文化研究所
翼下面は下雨覆部や腋羽は白く、前縁部と風切羽は黒い。

特徴 ○体上面は一様に黒い。○喉から前頸と体下面は白い。○顔の黒色部と喉の白色部が明瞭に区切られている。頬の黒色部の所に喉からの白色部が三日月状に食い込んでいる。○翼下面は白く、前縁と風切羽は黒い。○黒い腰の両側に白色部がパッチ状に入る。

鳴き声：繁殖地ではアォ、オー、オーとロバのように鳴く。

分布 ハワイ諸島で繁殖。非繁殖期もあまり移動せず、繁殖海域周辺で過ごす。繁殖海域より西のマリアナ諸島やウェーク島・ジョンストン島や、より南のマルケサス諸島・サモア・オーストラリア周辺の海域で記録されたこともある。日本では2006年11月1日小笠原諸島父島で1羽が保護された記録がある。

生息場所 海上を飛翔している。

類似種 マンクスミズナギドリ→
○頭や体上面は黒褐色で、ハワイセグロミズナギドリほど暗色ではない。○顔や頸の黒褐色部と白色部の境はハワイセグロミズナギドリほどはくっきりと分かれていない。○黒褐色の腰に両脇から食い込む白色部分が小さい。

小笠原周辺で見られる時期	1	2	3	4	5	6	7	8	9	10	11	12

× アシナガウミツバメ

Oceanites oceanicus
Wilson's Storm-petrel

TL 15-19cm
WS 38-42cm

ミズナギドリ目 ウミツバメ科

特徴 ○黒褐色の体。
○腰と下尾筒は白い。
○角形の黒褐色の尾。
○足が長く、飛翔時は尾端を越える。
○蹼は黄色。
○翼のつけ根から翼角までの長さが他のウミツバメに比べ短い。
○翼上面に逆ハの字形の淡褐色の斑がある。
○はばたきのストロークが浅く、ひらひらと飛び、滑翔の程度は少なめ。両足をたらして海面をけるようにして飛んでいることも多い。

分布 南極大陸沿岸・亜南極圏の島々で繁殖。非繁殖期は太平洋ではハワイ周辺まで、大西洋ではニューファンドランド・イギリス近海まで北上、インド洋では全域に分散する。日本では太平洋岸で夏季を中心に記録があるが、少ない。

生息場所 海洋を飛翔している。

類似種 コシジロウミツバメ・クロコシジロウミツバメ→
○足は短く、飛翔時尾端を出ない。
○尾は凹形。
○翼のつけ根から翼角までが長く、飛翔時、翼前縁の翼角までの輪郭線は凹む。
○蹼は黒。
○ストロークの深いはばたきをし、よく滑翔を加えて飛ぶ。

①オーストラリア、ビクトリア州ポートランド 1989年4月16日 カーター
飛翔時は白い腰が目立つ。他のウミツバメ類と異なり、尾は角形で、足は尾端を越えているのがわかる。

②ビクトリア州ポートランド 1987年6月14日 カーター 両足をたらして海面すれすれを飛ぶことも多い。このとき、近距離ならば黄色い蹼も確認できる。

| 見られる時期 | 1 | 2 | 3 | 4 | 5 | 6 | 7 | 8 | 9 | 10 | 11 | 12 |

51

ミズナギドリ目 ウミツバメ科

△ **ハイイロウミツバメ** *Oceanodroma furcata* Fork-tailed Storm-petrel　TL 20-23cm　WS 46cm

特徴　○全身青灰色の体。体下面はやや淡い。
○尾は深めの凹形。
○眼の周辺は黒い。
○下雨覆は灰黒色。

分布　千島列島・コマンドル諸島・アリューシャン列島から北アメリカ西岸域にかけて繁殖。北太平洋・ベーリング海を飛翔している。日本では三陸沖以北の北日本の海上で見られる。

生息場所　海洋を飛翔している。海が荒れたときには港に入ることもある。

類似種　他のウミツバメ類→○全身が黒褐色。

ハイイロヒレアシシギ冬羽→○嘴はまっすぐで長い。○羽色はより淡く、特に体下面は白い。○翼下面は白。○尾は短く、中央は凹まない。

①千葉県銚子市　2001年1月16日　Y
体が白っぽく見えるウミツバメ類は北太平洋では本種だけ。

②銚子市　2001年3月2日　Y
眼の周辺・小雨覆・翼の前縁は黒っぽい。ただし、羽色の濃淡は個体差が大きい。

③銚子市　2000年12月4日　Y
ウミツバメ類はこのように海面を歩くようにして飛ぶことも多い。

52　| 北海道沖で見られる時期 | 1 | 2 | 3 | 4 | 5 | 6 | 7 | 8 | 9 | 10 | 11 | 12 |

◇ **コシジロウミツバメ**　*Oceanodroma leucorhoa*　TL 19-22cm
Leach's Storm-petrel　WS 45-48cm

ミズナギドリ目　ウミツバメ科

特徴　○全身が黒褐色。
○腰は白く、中央部に細い黒線がある（黒線はない個体もいる）。
○黒褐色でやや深めの凹尾。
○翼上面に逆ハの字形の淡褐色の斑がある。

鳴き声　繁殖地ではキ，キ，キ，キ，キュルルル…またはトッテケットッテットットと聞こえる声を出して飛び回っている。

分布　千島列島・コマンドル諸島から北アメリカ西岸にかけてと，北アメリカ北東岸・北ヨーロッパで繁殖。非繁殖期は太平洋の赤道付近や大西洋の南アフリカ沖付近まで分散する。日本では北海道の大黒島・トモシリ島で繁殖し，北海道東部の海上を飛翔している。

生息場所　海洋を飛翔している。

類似種　**クロコシジロウミツバメ**→○羽色はより黒味が強い。
○尾の切れ込みが浅い。
○下尾筒の両側の白色部がより大きい。
○腰の白色部の中央に黒線はない。
○翼上面の淡褐色斑はコシジロウミツバメほどはっきりしていない。

アシナガウミツバメ→
○足が長く，飛翔時尾端を越えて出る。
○尾は角形。○蹼は黄色。
○翼のつけ根から翼角までが短く，飛翔時，翼前縁の翼角までのラインはまっすぐ。○はばたきのストロークが浅く，滑翔をあまりしないで飛ぶ。

①北海道根室市　1982年6月28日　Y
腰付近の白色部が下尾筒にまで及ぶ個体はほとんどいない。

②根室市　1982年6月28日　Y　飛翔時，翼上面には逆ハの字形の淡褐色斑が出る。白い腰の中央には細い黒線が入る。

③根室市　1982年6月28日　Y
全身黒褐色だが，クロコシジロウミツバメほどの黒味は帯びない。

繁殖地周辺で見られる時期 | 1 | 2 | 3 | 4 | 5 | 6 | 7 | 8 | 9 | 10 | 11 | 12

◇ ヒメクロウミツバメ

Oceanodroma monorhis
Swinhoe's Storm-petrel

TL 19-20cm
WS 44-46cm

ミズナギドリ目 ウミツバメ科

特徴 ○全身が黒褐色。腰も黒褐色。
○切れ込みの浅い凹尾。
○翼上面に逆ハの字形の淡褐色の帯があるが，やや不明瞭。
○ウミツバメ類としては短めの翼。
○翼上面の初列風切基部の羽軸は白い。ただし，飛翔時は条件がよくないと確認しづらい。

分布 朝鮮半島や台湾周辺の島々，日本では青森県尻屋岬・岩手県三貫島・京都府沓島・隠岐・福岡県沖ノ島・伊豆諸島八丈小島などで繁殖。非繁殖期は中国南部沖からインド洋・紅海にまで渡る。

生息場所 海洋を飛翔し，離島で繁殖する。

類似種 オーストンウミツバメ→○体が大きく，翼が長い。
○尾の切れ込みが深い。
○翼上面の逆ハの字の帯は明瞭。○初列風切基部の羽軸は白くない。

クロウミツバメ→○体が大きく，翼が長い。○尾の切れ込みが深い。○初列風切基部の羽軸周辺の白色斑はより大きく，離れていても目立つ。

コシジロウミツバメ・クロコシジロウミツバメ→
○腰が白い。

①東京―釧路航路宮城県沖 1990年6月23日 Y
飛翔時，翼上面には淡褐色の帯が出る。クロコシジロウミツバメと同じ海域で見られるが，本種の腰は白くない。

②岩手県釜石市 1995年7月 大沢　近距離では初列風切基部の羽軸が白いことがわかるが，船の上からの観察では確認できないことが多い。

③釜石市 1995年7月 大沢
全身が黒褐色の小形のウミツバメである。

繁殖地周辺で見られる時期 | 1 | 2 | 3 | 4 | 5 | 6 | 7 | 8 | 9 | 10 | 11 | 12

◇ クロコシジロウミツバメ

Oceanodroma castro Madeiran Storm-petrel
TL 19-21cm　WS 44-46cm

ミズナギドリ目　ウミツバメ科

特徴　○全身が黒褐色。
○腰および下尾筒の脇が白い。腰の白色部は四角く見える。
○切れ込みが浅い凹尾。
○翼上面に逆ハの字形の淡褐色の帯があるが，やや不明瞭。

鳴き声　繁殖地ではクワ，クワ，ギュルルルまたはクウ，クウ，ククルクと鳴く。

分布　東太平洋および東大西洋の熱帯・亜熱帯海域に広く分布。ハワイ諸島・ガラパゴス諸島およびアゾレス・マデイラ・ケープベルデ・アセンション島などで繁殖。日本では岩手県日出島・三貫島・宮古市の小島で繁殖する。

生息場所　海洋を飛翔し，離島で繁殖する。

類似種　**コシジロウミツバメ→**
○羽色は淡い。○尾の切れ込みが深い。○下尾筒の両側の白色部は小さいかまたはない。
○腰の白色部はV字形で，中央に黒線がある個体が多い。
○翼上面の逆ハの字の帯は明瞭。

アシナガウミツバメ→○足が長く，飛翔時は尾端を越える。
○尾は角形。○蹼は黄色。
○翼のつけ根から翼角までの長さが短く，飛翔時翼前縁の翼角までのラインはまっすぐ。
○はばたきのストロークが浅く，滑翔をあまりしないで飛ぶ。

①東京－苫小牧航路　1985年7月24日　石江進
翼上面には逆ハの字形の淡褐色の帯がある。腰だけでなく下尾筒も白くなっていることがわかる。飛び方は他のウミツバメ類に比べ，直線的。

②岩手県日出島　1990年8月下旬　五百沢　体色はコシジロウミツバメより黒味の強い黒褐色である。腰は白く，四角く見える。

③日出島　1990年8月下旬　五百沢　尾の切れ込みはコシジロウミツバメほど深くない。

| 繁殖地周辺で見られる時期 | 1 | 2 | 3 | 4 | 5 | 6 | 7 | 8 | 9 | 10 | 11 | 12 |

55

ミズナギドリ目
ウミツバメ科

◇ オーストンウミツバメ
Oceanodroma tristrami
Tristram's Storm-petrel
TL 24-25cm
WS 56cm

特徴 ○全身が黒褐色。
○翼上面に逆ハの字形の明瞭な淡褐色の帯がある。
○切れ込みの深い凹尾。
○翼は長くて，先端はとがる。

鳴き声 繁殖地ではクー，コッンまたはクィー，クンと鳴く。

分布 ミッドウェー島・レーザン島・日本では伊豆諸島の蛇島・恩馳島・鳥島・小笠原群島の北ノ島・硫黄列島の北硫黄島で繁殖。非繁殖期も繁殖地周辺の海にとどまるが，4～5月には本州近くまで北上するものもいる。

生息場所 海洋を飛翔し，離島で繁殖する。

類似種 クロウミツバメ→○羽色はより黒味を帯びる。○初列風切基部に白斑がある。○翼上面の逆ハの字の帯はオーストンウミツバメほど明瞭ではない。
ヒメクロウミツバメ→○体が一回り小さい。○翼は短め。○尾の切れ込みは浅い。○翼上面の逆ハの字の帯は不明瞭。○初列風切基部の羽軸が白い（条件がよくないとわからない）。
アナドリ→○くさび形の長い尾。○翼の幅はやや広い。○翼上面の逆ハの字の帯はオーストンウミツバメほど明瞭ではない。

① 2007年4月28日　小山
飛翔時，翼上面には淡褐色の逆ハの字の帯が出る。この帯はヒメクロウミツバメやアナドリよりも明瞭。

② 2007年4月29日　小山
体下面及び翼下面はほぼ一様に黒褐色。

③ 小笠原村東島　1994年5月26日　茂田
尾はウミツバメ類の中では最も切れ込みの深い凹尾。ただし，船上からでは尾の形は意外と確認しにくい。

| 小笠原群島で見られる時期 | 1 | 2 | 3 | 4 | 5 | 6 | 7 | 8 | 9 | 10 | 11 | 12 |

△ クロウミツバメ

Oceanodroma matsudairae
Matsudaira's Storm-petrel

TL 24-25cm
WS 56cm

ミズナギドリ目

ウミツバメ科

特徴 ○全身が黒褐色。
○初列風切の基部に白斑がある。
○翼上面に逆ハの字の淡褐色の帯がある。
○やや深めの切れ込みの凹尾。

分布 北硫黄島・南硫黄島で繁殖。非繁殖期はフィリピン沖からインド洋のソマリア・ケニア沖まで南下する。繁殖地には1月中旬に戻り、6月中旬には繁殖を終え、去島する。

生息場所 海洋を飛翔し、離島で繁殖する。

類似種 オーストンウミツバメ→
○全身の黒味はやや弱い。
○初列風切基部に白斑はない。
○翼上面の逆ハの字の帯はより明瞭。

ヒメクロウミツバメ→
○体が一回り小さい。
○翼は短め。
○尾の切れ込みが浅い。
○初列風切基部は羽軸が白いが、クロウミツバメのような大きな白斑となっていない。

アナドリ→○くさび形の長い尾。
○翼の幅はやや広い。
○初列風切基部に白斑はない。

①東京都小笠原村母島沖 1992年4月25日 Y 飛翔時、初列風切基部が白く、遠めでも目立つ。逆ハの字形の淡褐色帯はオーストンウミツバメに比べると不明瞭。

①

種とは?

種は、生物の分類の基準となる最も重要なカテゴリーである。分類のカテゴリー(ランクともいう)には、界・門・綱・目・科・属・種の7つがあるが、種以外のカテゴリーは、いずれも等価値なものではない。たとえば、コウノトリ目の各科は類縁性が低く、いずれも他の鳥の目レベルの違いがあるといわれているし、スズメ目では反対に各科の類縁性が高く、他の鳥の属レベルほどの違いしかないものも多い。極端な言い方をすると、種以外のカテゴリーは人の感覚的な要素が強く反映されていて、その境界には明瞭な基準がないのである。

これに対し、種は「実際に、そして可能性も含めて、互いに交配できる集団であり、そして他の同様な集団とは生殖的に隔離されているもの」と、マイヤーが定義したように、明瞭な基準が存在する唯一のカテゴリーである。

ただし、ここでいう生殖的隔離には注意が必要だ。高校の生物の授業などでは、生殖的隔離イコール不稔性と教えられることが多いので、「異種間の雑種は繁殖能力がない」、あるいは「ある2個体が交雑して得た子に繁殖能力がなければ、その2個体は別種である」と思っている人がいる。ところが実際には、マガモとオナガガモの雑種のように異種間雑種にも繁殖能力をもつものが存在するのである。

生殖的隔離には、不稔性以外の障壁として、繁殖時期の違いや生息場所(ハビタット)の違い、求愛行動や鳴き声などの行動の違いなども含まれている。これらの障壁によって隔離されていた異種の間にできた雑種は、繁殖能力をもつ場合があるのだ。

| 繁殖地周辺で見られる時期 | 1 | 2 | 3 | 4 | 5 | 6 | 7 | 8 | 9 | 10 | 11 | 12 |

ペリカン目　ネッタイチョウ科

△ アカオネッタイチョウ

Phaethon rubricauda
Red-tailed Tropicbird

TL 78-81cm
WS 104-119cm

特徴 ○全身が白い。
○赤くて細長い2枚の中央尾羽。
○とがった赤い嘴。
○眼の前後に黒斑。
○初列風切の羽軸と三列風切の羽縁が黒い。
○幼鳥は中央尾羽が短く，上面に黒い横斑がたくさん出る。嘴も黒い。

鳴き声 キッ。

分布 太平洋およびインド洋の熱帯・亜熱帯海域の島々で繁殖し，その近海で見られる。日本では夏鳥として硫黄列島・南鳥島に飛来し繁殖。八重山諸島の仲御神島でもよく見られる。台風通過後には本州でも記録されることがある。

生息場所 繁殖地付近の海上を飛翔している。離島で繁殖する。

類似種 シラオネッタイチョウ→○中央尾羽は白い。
○嘴は黄色。
○翼上面に逆ハの字の黒斑がある。
○幼鳥では嘴が黄色く，初列風切が羽軸だけでなくかなりの部分が黒くなっていることで区別。

①**成鳥** 北マリアナ諸島ロタ島 1997年7月　Y　翼上面にはシラオネッタイチョウのような大きな黒斑は見られない。

②**成鳥** ロタ島 1997年7月　Y　嘴と細長く伸びた2本の中央尾羽は赤い。

③**成鳥** アメリカ，ミッドウェー島 1999年4月1日　私市　嘴は赤い。眼の前後と三列風切に黒斑が入る。

④**幼鳥** 愛知県一色町 2005年2月7日　Y　幼鳥は頭上から後頸・背・肩羽に黒い小斑が多数入る。嘴は黒く，シラオネッタイチョウの幼鳥では黄色い。

①北マリアナ諸島ロタ島　1997年7月　Y
翼上面にはシラオネッタイチョウのような大きな黒斑は見られない。

繁殖地周辺で見られる時期	1	2	3	4	5	6	7	8	9	10	11	12

△ シラオネッタイチョウ

Phaethon lepturus
White-tailed Tropicbird

TL 70-82cm
WS 90-95cm

ペリカン目 ネッタイチョウ科

特徴 ○全身が白い。
○白くて細長い2枚の中央尾羽。羽軸は黒い。
○とがった黄色い嘴。
○眼の前後に黒斑。
○翼上面に逆ハの字の黒斑と，外側初列風切に黒斑が出る。
○幼鳥は中央尾羽は伸びておらず，上面に黒い横斑がたくさん出る。嘴は黄色。

分布 太平洋・大西洋・インド洋の熱帯・亜熱帯海域に広く分布。日本では小笠原諸島・南鳥島・琉球列島に時々飛来する。台風通過後には本州で記録されることもある。

生息場所 離島で繁殖し，その付近の海上を飛翔している。

類似種 アカオネッタイチョウ→
○中央尾羽は赤い。
○嘴は赤い。○翼上面はほとんどが白。逆ハの字の黒斑はない。
○幼鳥では嘴が黒か黒味を帯びた黄色で，初列風切は羽軸だけが黒い。

①**成鳥** 北マリアナ諸島ロタ島 1997年7月 Y 翼上面には大きな黒斑が入る。細長い2本の中央尾羽は白い。

②**成鳥** 北マリアナ諸島サイパン島 1994年7月 Y 中央尾羽の長さは33～40cmにも及ぶ。

③**成鳥** ロタ島 1997年7月 Y 体下面は白い。眼の前後には黒斑が入る。

見られる時期 | 1 | 2 | 3 | 4 | 5 | 6 | 7 | 8 | 9 | 10 | 11 | 12

ペリカン目 / ペリカン科

✕ モモイロペリカン

Pelecanus onocrotalus
Great White Pelican

TL 140-175cm
WS 234-309cm

特徴 ○淡いピンク色味を帯びた白い体。
○強大な嘴は上嘴はピンク色で縁は青灰色，下嘴は黄色く袋がある。
○眼の周囲にピンク色の裸出部。
○翼を広げると，初列風切と次列風切が黒い。
○足は淡紅色。

分布 黒海からカスピ海・アラル海・バルハシ湖に至るヨーロッパ南東部から中央アジア・アフリカ・インダス川河口・ベトナム南部に分布。日本では1979年以降沖縄島・渡嘉敷島・石垣島・西表島で記録がある他，飼われていたと思われる個体が各地で観察されている。

生息場所 大きな湖沼・海岸。

類似種　ハイイロペリカン
→○全身は灰色味を帯びた白。○翼を広げたとき，初列風切の黒は淡く，次列風切は灰色。○足は灰色。○眼の周囲の裸出部は小さく，灰白色。

①福岡市大濠公園　1997年12月26日　五百沢
巨大な嘴がよく目立つ。眼の周囲はピンク色の皮膚が裸出している。羽色は白。

②北海道当別町　1998年7月4日　新城
足はピンク色で，ハイイロペリカンの灰色とは異なる。下嘴の下部から喉にかけて黄色い袋がある。

③当別町　1998年7月4日　新城
ハイイロペリカンと異なり，風切は翼下面でもはっきり黒く，雨覆の白との境が明瞭。このページの写真の鳥はいずれも動物園で飼育されていたものが逃げだしたもの。

見られる時期　1　2　**3**　**4**　5　6　**7**　8　9　10　11　12

✕ **ハイイロペリカン** *Pelecanus crispus* Dalmatian Pelican

TL 160-180cm
WS 310-345cm

ペリカン目

ペリカン科

①**成鳥** 中国，香港マイポー 1997年1月 五百沢
後頭部にある冠羽はモモイロペリカンより短く，ぼさぼさして見える。

②**若鳥** 茨城県涸沼 1999年2月8日 Y
羽色は灰色味を帯びた白。眼の周囲の裸出部もモモイロペリカンよりは小さい。

特徴 ○灰色味を帯びた白い体。
○強大な灰色の嘴は黄色味を帯び，下嘴には黄赤色の袋がある。
○眼の周囲に小さな灰白色の裸出部。
○後頭部にぼさぼさした冠羽。
○翼を広げると，上面では初列風切と外側次列風切が黒く見えるが，下面では初列風切と次列風切ともに灰色。
○灰色の足。

分布 黒海からカスピ海・アラル海・バルハシ湖から中国に至る北緯30～50°の範囲で繁殖。ヨーロッパ南東部・トルコからインド・中国南部にかけてで越冬。日本では迷鳥として，本州・九州・南西諸島で記録がある。

生息場所 大きな湖沼・海岸。

類似種 モモイロペリカン→
○羽色はより白味がある。
○眼の周囲の裸出部はピンク色で，より大きい。
○後頭部の冠羽は房状で下に垂れ，ぼさぼさしていない。
○翼を広げたとき，上面，下面ともに初列風切と次列風切が黒くなっている。○足は淡紅色。

③**若鳥** 涸沼 1999年2月8日 Y
翼上面では初列風切は黒く，次列風切は灰褐色。足は灰色。

④**若鳥** 静岡県富士川河口 1998年12月29日 Yo 翼下面では風切は黒っぽく見えるものの，モモイロペリカンほど明瞭に黒くなっていない。

見られる時期	1	2	3	4	5	6	7	8	9	10	11	12

◇ カツオドリ

Sula leucogaster
Brown Booby

TL 64-74cm
WS 132-150cm

特徴 ○頭部から胸と体上面が黒褐色。
○白い腹。
○太くて先がとがった黄色い嘴。
○くさび形で先のとがった黒褐色の尾。
○黄色の短い足。
○下雨覆は白い。
○顔の裸出部は雄は青く，雌は黄色。
○幼鳥は腹の白色部に黒褐色の斑が入る。

鳴き声 グワッ，グワッ，グワッまたはグウッ，グウッ，グウッ。

分布 太平洋・インド洋・大西洋の熱帯・亜熱帯海域に広く分布。日本では伊豆諸島・小笠原諸島・鹿児島県草垣島・八重山諸島の仲御神島・尖閣諸島で繁殖し，その近海で見られる。

生息場所 離島で繁殖し，それ以外は周辺海域を飛翔している。

類似種 アオツラカツオドリ幼鳥→
○体が一回り大きい。○体上面の褐色部は黒味が少なく，やや淡い。
○体下面の白色部はより大きく胸や頸の後方にも広がる。○翼下面の白色部は初列風切の基部まで伸びる。

アカアシカツオドリ幼鳥→○体上面は黒味がない褐色。○頭部は淡褐色または汚白色。

①♂ 東京都小笠原村南島 1994年4月中旬 Yo
飛翔時，下面は腹と翼中央の白色部が目立つ。♂は顔の裸出部が青い。

②♀ 小笠原村南島 1992年4月24日 Y
上面は全面が黒褐色。♀は顔の裸出部が黄色い。

③幼鳥 沖縄県仲御神島沖 1994年7月17日 Y
幼鳥は頭部の黒褐色部は成鳥より褐色味を帯び，腹には褐色斑がある。

④♀ 小笠原村南島 1996年6月22日 Y 黄色い円錐形の嘴がカツオドリ類の特徴。ひなのときは，羽色は白い。

小笠原諸島で見られる時期	1	2	3	4	5	6	7	8	9	10	11	12

△ アオツラカツオドリ　*Sula dactylatra* Masked Booby　TL 81-92cm　WS 152-170cm

ペリカン目　カツオドリ科

特徴　○白い体。
○風切は全て黒い。
○くさび形で先のとがった黒い尾。
○太くて先のとがった黄色い嘴。
○顔の裸出部は濃青色。
○青灰色の足。

分布　太平洋・インド洋・大西洋の熱帯・亜熱帯海域に広く分布。日本では尖閣諸島で繁殖が確認されているほか、伊豆諸島・小笠原諸島・南西諸島でときおり記録される。

生息場所　離島で繁殖し、それ以外は周辺海域を飛翔している。

類似種　**アカアシカツオドリ白色型**→○体が一回り小さい。○尾は白い。○嘴は青灰色。○顔の裸出部は青灰色。○三列風切は白い。○足が赤い。

カツオドリ→アオツラカツオドリ幼鳥と似るが，○体が一回り小さい。○体上面は黒味の強い黒褐色。○体下面の白色部はやや狭く，胸は黒褐色。○後頸に白色部はない。○翼下面の白色部は初列風切基部までは伸びない。

①**成鳥**　千葉県銚子市　1988年12月6日　森岡　成鳥は風切と尾を除いて全身が白い。顔には濃青色の裸出部がある。

②**幼鳥**　沖縄県宮古島　1997年9月18日　五百沢
カツオドリ幼鳥に似るが，胸と後頸は白い。

③**若鳥**　硫黄島沖　2005年9月11日　Y
成鳥羽に近いが，翼の雨覆部や頸に黒褐色の斑が見られる。

④**幼鳥**　宮古島　1997年9月18日　五百沢
幼鳥の翼下面は，カツオドリと異なり，前縁は白い。

| 繁殖地周辺で見られる時期 | 1 | 2 | 3 | 4 | 5 | 6 | 7 | 8 | 9 | 10 | 11 | 12 |

ペリカン目 カツオドリ科

△ **アカアシカツオドリ**　*Sula sula* Red-footed Booby　TL 66-77cm　WS 124-142cm

特徴　○白い体。
○初列風切と次列風切が黒い。
○赤い足。
○青灰色の嘴と顔の裸出部。
○くさび形の先のとがった白い尾。
○全身が灰褐色で，風切と尾が黒褐色をした褐色型もいるが，日本での記録はまだない。
○幼鳥は褐色型に似るが，足は黄色。

分布　太平洋・インド洋・大西洋の熱帯・亜熱帯海域に広く分布。日本では八重山諸島の仲御神島で少数が繁殖するほか，小笠原諸島・南西諸島などにときおり飛来。

生息場所　離島で繁殖し，それ以外は周辺海域を飛翔している。

類似種　**アオツラカツオドリ→**
○体が一回り大きい。○尾は黒い。
○嘴は黄色。○顔の裸出部は濃青色。
○三列風切も黒い。○足が青灰色。

①**成鳥**　北マリアナ諸島ロタ島　1997年7月　Y　三列風切と尾はアオツラカツオドリとは異なり，白い。

②**成鳥**　沖縄県仲御神島　1976年6月24日　真野　成鳥の足は鮮やかな赤。

③**成鳥**　硫黄島沖　2005年9月11日　Y　嘴と顔の裸出部は青みを帯びている。嘴の基部はピンク色。

④**幼鳥**　仲御神島　1982年7月13日　真野　白色型の幼鳥は，カツオドリやアオツラカツオドリの幼鳥と異なり，頭は白味がかっている。

⑤**幼鳥**　ロタ島　1997年7月　Y　幼鳥の翼上面は褐色。尾もいく分褐色味がかる。

| 繁殖地周辺で見られる時期 | 1 | 2 | 3 | 4 | 5 | 6 | 7 | 8 | 9 | 10 | 11 | 12 |

◎ ウミウ

Phalacrocorax capillatus
Temminck's Cormorant

TL 84-92cm
WS 152cm

ペリカン目

ウ科

①**婚姻色** 青森県八戸市 1993年3月24日 関下
繁殖期には頭部に細くて白い羽毛がたくさん生じ，足のつけ根にも大きな白斑がある。

②**成鳥** 北海道浦河町 1995年5月中旬 Yo
非繁殖期は頭上や頸も黒くなる。背と翼上面は緑色光沢のある黒色。

③**幼鳥** 三重県神島 1997年4月20日 Y
幼鳥は体上面は黒褐色。胸や腹は白味がかる。

④**成鳥** 北海道天売島 1990年6月27日 Y
カワウより尾が短いため，翼の位置が体の中央よりやや後方について見える。

特徴 ○全身光沢のある黒で，背と翼上面は緑色味を帯びる。
○先端がかぎ状に曲がった灰褐色の嘴。
○嘴の基部から眼にかけて黄色の裸出部。口角付近では三角形にとがる。
○頬から喉は白い。
○飛翔時，翼の位置は体の中央よりやや後方につく。
○繁殖期には頭部に細い白色の羽が出て，腰の両脇に白斑が入る。

○幼鳥は全身が黒褐色で，胸や腹が白くなるものがいる。
鳴き声 グワァー。繁殖地ではグワワワッまたはグルルルッと濁った震えた声で鳴く。
分布 沿海州・サハリンおよび九州以北で局地的に繁殖。繁殖地付近では1年中見られるが，それ以外の海岸では冬鳥。越冬地としては南西諸島まで記録がある。
生息場所 岩礁海岸・断崖の続く海岸。カワウのように河川や湖沼・干潟などで見られることは少ない。
類似種 カワウ→○顔の黄色い裸出部はより大きく，口角の部分では丸味があって，とがっていない。○背と翼上面は褐色味を帯びる。○尾がより長い。○飛翔時，翼の位置は体のほぼ中央。
ヒメウ→○体は一回り小さく，体形が細い。○嘴が細い。○顔に白色部はない。

| 本州中部で見られる時期 | 1 | 2 | 3 | 4 | 5 | 6 | 7 | 8 | 9 | 10 | 11 | 12 |

◎ カワウ

Phalacrocorax carbo　Great Cormorant

TL 80-101cm　WS 130-160cm

ペリカン目　ウ科

特徴　○全身光沢のある黒で、背と翼上面は暗褐色の鱗模様がある。
○先端がかぎのように曲がった灰褐色の嘴。
○嘴の基部から眼にかけて黄色の裸出部。
○頬から喉は白い。
○長めの黒い尾。
○飛翔時、翼の位置は体のほぼ中央。
○繁殖期には頭部に細い白色の羽毛が出て、腰の両脇に白斑が入る。
○幼鳥は全身が黒褐色で、胸や腹が白くなるものがいる。

鳴き声　グワッ、グワッまたはグワー。繁殖地ではグルルル、グルルル、グルルルと唸るように何度も鳴く。

分布　ユーラシア・アフリカ・オーストラリアおよび北アメリカの東海岸地域に分布。日本では本州・四国・九州で局地的に繁殖。本州中部以南から九州北部は留鳥。九州南部から南西諸島では冬鳥、本州北部では夏鳥。

生息場所　湖沼・大きな河川・内湾。

類似種　**ウミウ**→○顔の黄色の裸出部はより小さく、口角の部分では三角形にとがる。
○背および翼上面には緑色の光沢がある。
○尾はやや短い。
○飛翔時、翼の位置は体の中央よりやや後方についているように見える。

①**婚姻色**　愛知県田原市　1997年1月12日　Y
繁殖期は頭部に細い白色の羽毛が生じ、足のつけ根には白斑がある。

②田原市　1996年4月26日　Y
幼鳥や若鳥は胸や腹に白色部があるが、その大きさや位置には個体差がある。

本州中部で見られる時期	1	2	3	4	5	6	7	8	9	10	11	12

ペリカン目

ウ科

③**成鳥** 田原市 1993年5月28日 Y 非繁殖期は頭上や頸は黒くなる。翼上面は褐色の光沢を帯びた黒色。

④**婚姻色** 田原市 1992年2月2日 Y 飛翔時の翼の位置は体のほぼ中央。

カワウ（⑤）とウミウ（⑥）の顔の裸出部
カワウ：田原市 1997年1月12日
ウミウ：青森県八戸市 1993年3月24日 関下
顔の黄色い裸出部の口角の部分の形状は、カワウでは丸味があり、ウミウでは三角形にとがっている。

⑦**ひなに給餌する親鳥** 田原市 1993年5月13日 Y
給餌のとき、ひなは頭を親鳥の喉の奥まで入れる。

ペリカン目 ウ科

○ ヒメウ

Phalacrocorax pelagicus
Pelagic Cormorant

TL 63-73cm
WS 91-102cm

特徴 ○ほっそりした体形。嘴と頸が特に細い。
○全身緑色の光沢を帯びた黒。
○顔に赤い裸出部。
○頭頂と後頭部の2ヶ所に房状の冠羽。
○嘴は黒褐色。
○冬羽では顔の裸出部は小さくなり，顔全体が黒く見えるようになる。頭の冠羽も小さくなり，ほとんどわからなくなる。
○幼鳥は冬羽に似るが，全身は黒褐色。

鳴き声 グウウウーン。

分布 日本から千島列島・カムチャッカ・サハリンから北アメリカの太平洋岸にかけて分布。日本では北海道・本州北部・九州の日本海側で繁殖。繁殖地付近では一年中見られるが，本州中部以南では冬鳥。

生息場所 岩礁および断崖のある海岸。内湾に入ることは少ない。

類似種 チシマウガラス→
○やや大きく，頸や体も太め。
○嘴はやや太く，白っぽい。
○夏羽では顔の赤い裸出部はより大きく，額や眼の後方にも広がる。
○頭の冠羽はより大きい。

ウミウ→○体は一回り大きく，太めの体形。○嘴が太い。○顔に黄色の裸出部と白色部がある。

①**夏羽** 北海道浜中町 1997年3月5日 Y
夏羽個体では，顔の赤い裸出部が広がって目立つようになる。

②**夏羽** 山形県鶴岡市 1987年3月30日 Y　この個体は顔の赤い裸出部がまだ広がっていないが，羽衣は頭部に2ヶ所房状の冠羽があり，足のつけ根には大きな白斑が見られるので夏羽である。

③**幼鳥** 北海道浜中町 1989年3月6日 Y
幼鳥は全体に褐色みを帯びている。

④**冬羽** 千葉県銚子港 2007年1月27日 桐原
全身緑色光沢を帯びた黒だが，頸と翼上面には紫色の光沢も入る。

| 本州中部で見られる時期 | 1 | 2 | 3 | 4 | 5 | 6 | 7 | 8 | 9 | 10 | 11 | 12 |

△ チシマウガラス

Phalacrocorax urile
Red-faced Cormorant

TL 79-89cm
WS 110-122cm

ペリカン目

ウ科

①夏羽　アメリカ．アラスカ州セントポール島1993年6月22日　私市
夏羽は顔の赤い裸出部が広がって目立つ．頭には2つの房状の冠羽がある．

②夏羽　北海道根室市　1982年7月10日　Y
ヒメウに似るが，赤い裸出部は少し多く，頸や嘴は太めである．

③幼鳥　根室市1997年12月30日　Y
冬羽は夏羽以上にヒメウに似るが，嘴が白っぽく見える点で区別できる．

④夏羽　根室市1987年5月5日　Y
飛翔時は，ヒメウよりも頭が大きめであることがよくわかる．

特徴　○全身金属光沢のある黒色．
○先端がかぎ状に曲がった灰白色の嘴．
○顔に赤い裸出部．
○頭頂と後頭部の2ヶ所に房状の冠羽．
○冬羽では顔の裸出部はほとんどなくなり，顔全体が黒くなる．冠羽も短く，ほとんど目立たなくなる．
○幼鳥は冬羽に似るが，羽色は褐色味がかる．

鳴き声　クォーンまたはグォー．

分布　ベーリング海沿岸から千島列島・カムチャツカ・サハリン・アラスカの太平洋岸に分布．日本では北海道東部で繁殖し，冬季は北海道沿岸で見られる．まれに本州北部でも記録される．年々減少しており，現在繁殖しているのはモユルリ島だけ．

生息場所　岩礁海域．海岸の絶壁で繁殖する．

類似種　ヒメウ→○体はやや小さく，より細い体形．
○嘴はより細く，黒っぽい．
○夏羽では顔の赤い裸出部はより小さく，額にまで達しない．
○冬羽では額が丸味を帯び，チシマウガラスのように角ばっていない．

ウミウ→○体はより大きく太め．○嘴は太い．
○顔に黄色の裸出部と白色部がある．

北海道東部で見られる時期	1	2	3	4	5	6	7	8	9	10	11	12

△ オオグンカンドリ

Fregata minor
Great Frigatebird

TL 86-100cm
WS 206-230cm

ペリカン目 / グンカンドリ科

① ♂　北マリアナ諸島ロタ島　1997年7月　Y
♂は喉の赤い皮膚が裸出している。繁殖地ではこの赤い喉をふくらませてディスプレイをする姿も見られる。

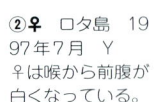

② ♀　ロタ島　1997年7月　Y
♀は喉から前腹が白くなっている。

③ 幼鳥　ロタ島　1997年7月　Y
幼鳥は頭部が白く、腹もだ円形に白色部が広がる。白色部は翼の方にまでは入り込まない個体が多い。

特徴　○全身が黒い。
○大きな燕尾形の尾。
○長くて先端がかぎ状に曲がった嘴。
○喉が赤い。
○長くて先のとがった翼。
○雌では喉から腹が白い。
○若鳥は上面は黒褐色で、頭・胸・腹は白い。

分布　太平洋およびインド洋の熱帯・亜熱帯海域および大西洋のトリニダード諸島に分布。日本では本州の太平洋岸・伊豆諸島・小笠原諸島・南鳥島などにまれに迷行する。

生息場所　海洋を飛翔している。

類似種　**コグンカンドリ→**
○体が一回り小さい。
○雄では腹の両脇に白斑がある。
○雌では喉が黒く、腹の白色部は脇から翼の方にまで入り込む。
○幼鳥は、胸に黒帯があり、腹の白色部は翼の方にまで入り込んでいる。

見られる時期　1　2　3　4　5　6　7　**8**　**9**　**10**　**11**　**12**

△ コグンカンドリ

Fregata ariel
Lesser Frigatebird

TL 71-81cm
WS 175-193cm

ペリカン目

グンカンドリ科

特徴 ○全身が黒い。
○大きな燕尾形の尾。
○長く先端がかぎ状に曲がった嘴。
○赤い喉。
○腹の両脇に白斑。
○長くて先のとがった翼。
○雌では胸から腹が白く，頭は黒い。
○幼鳥は頭と腹は白く，胸は黒い。
○雌・幼鳥ともに腹の白色部は翼の方にまで入り込む。

分布 太平洋・インド洋の熱帯・亜熱帯海域および大西洋のトリニダード諸島に分布。日本では台風通過後などに北海道から九州の太平洋岸・佐渡・伊豆諸島・大東諸島に飛来。内陸や日本海側で記録されることもある。

生息場所 海洋を飛翔している。

類似種　オオグンカンドリ
→○体が一回り大きい。
○雄では腹は黒く，白斑はない。○雌は喉が白く，腹の白色部は翼の方にまで伸びない。○若鳥は胸の黒帯はないか，あっても細い。腹の白色部は翼の方にまで伸びない。

①♂ オーストラリア，クイーンズランド州ケアンズ 1992年12月6日　Y
腹の両脇に白斑が入るのが，本種の♂の特徴。

②♀ 北海道根室市　1982年7月7日　Y　♀は喉が黒く，胸と前腹は白い。白色部は翼のつけ根にまで入り込む。

③幼鳥　根室市　1982年7月7日　Y
幼鳥は頭と腹が白く，胸は黒い。腹の白色部が翼の中にまで伸びている。

| 見られる時期 | 1 | 2 | 3 | 4 | 5 | 6 | 7 | 8 | 9 | 10 | 11 | 12 |

71

コウノトリ目 サギ科

△ **サンカノゴイ** *Botaurus stellaris* Great Bittern TL 64-80cm WS 125-135cm

特徴 ○全身が黄褐色で，黒褐色のさまざまな形の斑が散在。
○頭上は黒い。
○黒い顎線。
○太くて長めの頸。
○黄緑色の足。
○前頸から胸に褐色の縦縞。

鳴き声 繁殖期にウォー，ウォーまたはボォー，ブォーと鳴く。

分布 ユーラシア中部・北アフリカ・南アフリカで繁殖し，北方のものは冬季アフリカ・南アジア・東南アジアに渡る。日本では北海道・茨城・千葉・滋賀で繁殖。繁殖地周辺では留鳥だが，本州以南の他の所では冬鳥。北海道では主に夏鳥。

生息場所 湖沼や河川周辺の広大なアシ原・水田。

類似種 ゴイサギ幼鳥
→○体が小さく，頸はより短い。○羽色は黄色味が少ない。○頭上や顎線の黒色部がない。○飛翔時，風切は一様に暗褐色で黒斑がない。○腰と尾は暗褐色。

①♂ 千葉県本埜村 1999年6月12日 Y
繁殖期にはこのように頭を下げて，頸を膨らませて「ウォー，ウォー」とウシガエルのような声で鳴く。魚類だけでなく，カエルや昆虫，時には小鳥なども食べることがある。

②滋賀県草津市 1986年3月27日 Y
サギ類としては太くてがっしりした体形。足は短い。全身が黄褐色で，大小さまざまの黒斑が入る。

③草津市 1988年6月10日 Y 飛翔時，翼には黒と黄色の縞模様が出る。風切に縞模様が出るサギ類は，日本では本種だけ。

本州の繁殖地で見られる時期	1	2	3	4	5	6	7	8	9	10	11	12

× タカサゴクロサギ

Ixobrychus flavicollis
Black Bittern

TL 54-66cm
WS 80cm

コウノトリ目 サギ科

① 鹿児島県トカラ列島宝島　1993年5月31日　鶴添　ヨシゴイ類としては大形で，ゴイサギくらいの大きさ。頭と体上面が黒いのが特徴。

② 沖縄県具志川市　1996年3月1日　(株)沖縄環境保全研究所　喉から体下面は黄褐色で，黒色や褐色の縦斑がある。嘴は黒い。

特徴　○体上面は黒い。
○下面は黄褐色で，黒い縦斑がある。
○黒くて細長い嘴。
○暗緑色の足。
○飛翔時，翼全面が黒い。
○雌は体上面が黒褐色。

鳴き声　コォー。

分布　中国南部・東南アジア・インド・ニューギニア・オーストラリアに分布。日本では千葉県・新潟県粟島・男女群島・トカラ列島・沖縄島などで記録されている。

生息場所　アシ原・マングローブ林・水田。

類似種　特になし。

③ 若鳥　沖縄県大宜味村　2004年12月21日　Y　眼の色はこの個体のように赤いものや，黄色いものがいる。

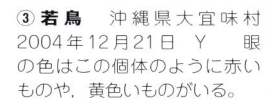

④ 若鳥　沖縄県大宜味村　2004年12月21日　Y　翼上面は一様に黒くなっている。

見られる時期	1	2	3	4	5	6	7	8	9	10	11	12

オオヨシゴイ

Ixobrychus eurhythmus
Schrenck's Bittern

TL 33-39cm
WS 55-59cm

コウノトリ目 サギ科

①♂婚姻色　茨城県浮島　1993年7月4日　私市
♂の体上面は栗褐色で，無斑。喉から胸には中央に1本の黒褐色の線があるだけ。

②♀　大阪市　1992年11月14日　石井　♀は体上面に白い斑が入り，前頸には数本の太い黒褐色の線が走る。

③♂　浮島　1990年6月17日　私市
♂の翼上面は雨覆の灰色と風切の黒色のコントラストが鮮やか。

④♀　浮島　1990年6月17日　私市
♀の翼上面は赤褐色の地に白い斑がたくさん混じるので，♂と一目で区別できる。

特徴　○体上面は栗褐色。
○体下面は淡黄褐色。
○翼は雨覆の灰色と風切の灰黒色のコントラストが鮮やか。
○喉から胸にかけて1本の黒褐色の線がある。
○虹彩の後方が黒く，瞳孔の黒とつながって見える。
○短くて黒い尾。
○雌は上面に白斑が散在する。
鳴き声　オッ，オッ，オッまたはオー，オー，オー。
分布　シベリア東部・朝鮮半島・中国・サハリンで繁殖し，冬季は東南アジア・フィリピンに渡る。日本では北海道・中部以北の本州・佐渡で繁殖。中部以南の本州・四国・九州では旅鳥。南西諸島では越冬するものもいる。
生息場所　湖沼周辺のアシ原・湿地。

類似種　ヨシゴイ→○体が小さい。○体上面は黄褐色。
○虹彩は後方も黄色なので，瞳孔の黒が丸く独立して見える。
○雄の頸は無斑。
○雌の背には白斑はない。
リュウキュウヨシゴイ→○雄の体上面は一様に赤褐色。
○飛翔時，翼は全面が赤褐色。尾も赤褐色。
○頭上も赤褐色で黒くない。

本州中部で見られる時期　1　2　3　4　5　6　7　8　9　10　11　12

◇ リュウキュウヨシゴイ　*Ixobrychus cinnamomeus*　TL 38-40cm
Cinnamon Bittern

コウノトリ目　サギ科

①♂　沖縄県石垣島　1994年7月18日　Y　♂は全身が赤褐色。喉から胸に1本の褐色の縦線が中央にある他は，無斑。

②♀　沖縄県大宜味村　1991年7月6日　Y　♀は頭に縦斑が数本走る他，体上面には白斑が点在する。

③♂　沖縄県西表島　1984年7月1日　Y　♂は飛翔時，翼上面と背は一様に赤褐色で，斑は見られない。

④♂婚姻色　沖縄県大宜味村　1986年7月5日　Y　眼先の裸出部が赤味を帯びた婚姻色を呈している。

特徴　○上面が赤褐色。○下面は淡褐色。○喉から胸に1本の褐色の縦線が入る。○嘴は黄色く，嘴峰は黒い。○虹彩の後方は黒く，瞳孔の黒とつながって見える。○飛翔時，翼全面が一様に赤褐色。○短くて赤褐色の尾。

鳴き声　カカカカカカ…あるいはココココ…，飛び立つときにはクェッ，クェッ。

分布　中国南部から台湾・フィリピン・東南アジア・インドにかけて分布。日本では奄美列島以南に留鳥として分布。まれに本州・伊豆諸島・硫黄列島・南鳥島・種子島でも記録される。

生息場所　アシ原・水田。

類似種　**ヨシゴイ**→○体は小さく，細め。○体上面は黄褐色。○飛翔時，黄褐色の雨覆と黒い風切のコントラストが鮮明。○虹彩は全て黄色く，瞳孔の黒は丸く独立して見える。○尾は黒。○雄の頸は無斑。

オオヨシゴイ→○体上面と下面との色の違いが大きく，境界が明瞭。○雨覆は灰色。風切は灰黒色。○尾は黒い。○頭上は黒い。

| 南西諸島で見られる時期 | 1 | 2 | 3 | 4 | 5 | 6 | 7 | 8 | 9 | 10 | 11 | 12 |

◎ ヨシゴイ

Ixobrychus sinensis
Yellow Bittern

TL 31-38cm
WS 53cm

コウノトリ目 サギ科

① ♂　新潟県瓢湖　1997年8月18日　Yo　♂は頭上が黒い。この個体は前頸から胸にかけて黒い縦斑が数本見られるが，中央の1本しか見られない個体が多い。

② ♀　山形県東根市　1997年6月　五百沢　♀の頭上は赤褐色。前頸から胸にかけて5本の淡褐色の縦斑が入る。

③ ♂婚姻色　愛知県名古屋市　2001年8月4日　Y　眼先の裸出部が赤味を帯びた婚姻色を呈している。

特徴
○上面が茶褐色で下面は淡黄白色。
○頭上は黒い。
○飛翔時，黄褐色の雨覆と黒い風切のコントラストが鮮明。
○虹彩は黄色く，瞳孔は丸い。
○嘴は黄色で，嘴峰は黒い。
○短くて黒い尾。
○雌は頭上が赤褐色で，体下面にぼんやりとした褐色の縦斑がある。
○幼鳥は体下面が白っぽく，上面，下面ともに褐色の縦斑がある。

鳴き声　繁殖期にはウォッ，ウォッ，ウォッまたはウォーォ，ウォーォと鳴く。

分布　東アジアから東南アジア・インドにかけてと，ミクロネシア西部・セーシェル諸島に分布。日本には主に夏鳥として飛来し，九州以北で繁殖。本州中部以南では越冬するものもいる。

生息場所　湖沼や河川周辺のアシ原・休耕田。

類似種　オオヨシゴイ→
○体はやや大きめ。
○体上面は栗褐色。
○喉から胸の中央にかけて1本の黒褐色の線がある。
○虹彩の後方は黒く，瞳孔の黒とつながって見える。
○雌では体上面に白斑が散在することも識別点。

リュウキュウヨシゴイ→
○体は大きくて太め。
○体上面は一様に赤褐色。
○飛翔時，翼は全面赤褐色。尾も赤褐色。
○虹彩の後方は黒く，瞳孔の黒とつながって見える。
○雌は背が暗赤褐色で，白斑が散在することで区別。

| 本州中部で見られる時期 | 1 | 2 | 3 | 4 | 5 | 6 | 7 | 8 | 9 | 10 | 11 | 12 |

コウノトリ目 サギ科

④**幼羽** 愛知県伊良湖岬 1994年10月23日 Y
幼鳥は体上面にも黒褐色の縦斑が入る。体下面の縦斑も成鳥より明瞭。

⑤♂ 茨城県霞ヶ浦 1991年6月中旬 Yo
翼上面は、黄褐色の雨覆と黒い風切のコントラストが鮮明。

⑥♀ 千葉県成田市 1994年7月2日 Y
♀は飛翔時も、頭部が一様に赤褐色に見えることで、♂とすぐに区別できる。

⑦**ヨシゴイ**♂ 成田市 1993年7月22日 茂田
虹彩は黄色く、瞳孔の黒とは完全に分離して見える。

⑧**オオヨシゴイ**♀ 大阪市 1992年11月14日 石井
虹彩は黄色いが、後方に黒色部があり、瞳孔の黒色とつながっている。このため、眼が「C」字状に見える。

⑨**リュウキュウヨシゴイ**♀**第1回冬羽** ベトナム、トラムチム 1996年12月17日 茂田
本種も虹彩後部に黒色部があり、「C」字形の眼をしている。

コウノトリ目 サギ科

◇ **ミゾゴイ**　*Gorsachius goisagi*　TL 49cm
Japanese Night Heron　WS 87cm

①**成鳥**　愛知県名古屋市 2002年4月23日　Y
体上面の赤褐色部は林の中では見事な保護色となっていて見つけにくい。嘴はサギ類にしては短い。

②**成鳥**　豊橋市　1983年5月1日　Y
木に止まっているときは、頸を伸ばして嘴を上に向けてじっとして木の枝に擬態する。

③**幼鳥**　東京都渋谷区 1988年11月　高嶌
幼鳥では体色は成鳥より暗く、頭や翼に白と黒の虫食い斑が散在する。

特徴　○上面が赤褐色。○下面は淡黄褐色で、黒褐色の縦斑がある。○黒くて短めの嘴。○眼の周囲と眼先は水色。○頭上は暗赤褐色で、後頭に短い冠羽がある。○翼を広げると風切は黒く、先端は赤褐色。

鳴き声　繁殖期にはボォーッ、ボォーッと鳴く。

分布　関東以南の本州・四国・九州・伊豆諸島に夏鳥として飛来し、繁殖。台湾・フィリピンで越冬。九州や南西諸島でも少数が越冬する。

生息場所　低山のうす暗い森林。沢や湖畔などで餌をあさる。

類似種　ズグロミゾゴイ→
○羽色の赤味がより強い。
○頭上が黒く、冠羽も長い。
○初列風切先端は白い。

ゴイサギ幼鳥→
○体は一回り大きい。
○羽色は褐色で、赤味がない。
○嘴は長い。○上面に黄白色の斑が散在する。○足は黄色。

本州中部で見られる時期	1	2	3	4	5	6	7	8	9	10	11	12

◇ ズグロミゾゴイ

Gorsachius melanolophus
Malayan Night Heron
TL 47-51cm

コウノトリ目　サギ科

特徴　○体上面は赤褐色。背と翼はやや暗い。
○下面は淡褐色で，黒褐色の縦斑がある。
○頭上は黒く，後頭にある冠羽も黒い。
○眼の周囲と眼先は青い。
○黒くて短めの嘴。
○翼を広げると，初列風切の先端が白い。
○幼鳥は全身が白色と黒色の斑状になっていて，頭には黒い横縞が並ぶ。

鳴き声　ボー，ボーまたはプォー，プォー。

分布　台湾・中国南部・東南アジア・インド・フィリピンに分布。日本では八重山諸島の石垣島・西表島・黒島に周年生息。徳島県で1回記録がある。

生息場所　よく茂った常緑広葉樹の林。

類似種　**ミゾゴイ**→○羽色はより褐色味がかる。特に頸と顔の赤味が乏しい。
○頭上は暗赤褐色で黒くない。○冠羽は短く目立たない。○初列風切先端は赤褐色。

リュウキュウヨシゴイ→
○体は一回り小さい。○全身はより明るい赤褐色。○嘴は長く，黄色い。
○頸はより細くて長い。○頭頂は黒くない。
○翼は全面が一様に赤褐色。

①**成鳥**　沖縄県西表島　1999年3月26日　Y
ミゾゴイに似るが，頭上が黒く，眼先はより青味が強い。

④**成鳥伸び**　西表島　2001年4月9日　Y
初列風切の先端が白い。ミゾゴイは先端が赤褐色で，白斑はない。

②**若鳥（第1回冬羽？）**　西表島　1999年3月27日　Y　頭・頸・背に赤褐色の成鳥羽が見られるが，翼はまだ幼羽である。

③**幼羽**　沖縄県石垣島　1997年3月31日　Y
幼鳥は全身に白色と黒の小斑が散在していて，成鳥のような赤味はない。

八重山諸島で見られる時期	1	2	3	4	5	6	7	8	9	10	11	12

コウノトリ目 サギ科

△ アカガシラサギ

Ardeola bacchus
Chinese Pond Heron

TL 42-45cm
WS 75-90cm

特徴 ○頭から頸・胸が赤褐色。
○後頭に房状の冠羽。
○背は黒灰色。
○翼と尾は白い。
○黄色く，先端が黒い嘴。
○橙黄色の足。
○冬羽では頭から胸にかけて淡褐色の地に黒褐色の縦斑が並ぶ。背は褐色。

鳴き声 クァッ。

分布 中国からベトナム・ビルマ東部にかけて分布。北方のものは台湾・マレー半島・ボルネオに渡って越冬。日本ではまれな旅鳥または冬鳥として記録されている。南西諸島ではよく記録される。秋田・千葉・熊本では繁殖記録もある。

生息場所 水田・湖沼畔・河川。

類似種　アマサギ→○体がやや大きい。
○頭から胸は橙黄色。
○背は白く，橙黄色の飾り羽がある。○嘴は短く，先まで黄色。○足は黒い。

ササゴイ幼鳥→冬羽と似るが，○全身はより黒味が強い。
○翼と尾は黒褐色。

ヨシゴイ幼鳥→冬羽と似るが，○より小さく，ほっそりとした体。○背の色は明るく，黒い斑がある。○翼と尾は褐色。

①**夏羽**　長崎県対馬　1985年4月29日　Y
夏羽は、赤褐色の頭，黒灰色の背，白色の翼と腹と見事に3色に区分されている。

②**冬羽**　静岡県吉田町　1984年11月　Y
冬羽は頭から胸にかけて黒褐色の縦斑が入り，背は褐色。上嘴は先端から基部までが黒い。

③**夏羽**　対馬　1985年4月29日　Y　飛翔時は，翼と尾の白が目立つ。これは冬羽でも同様である。

| 南西諸島で見られる時期 | 1 | 2 | 3 | 4 | 5 | 6 | 7 | 8 | 9 | 10 | 11 | 12 |

○ ササゴイ

Butorides striata
Striated Heron

Tl 40-48cm
WS 62-70cm

コウノトリ目 サギ科

特徴 ○頭上が青味のある黒。
○後頭に長い黒色の冠羽。
○黒い頬線。
○背と翼は青味のある黒褐色。
○黒くて細長い嘴。
○黄色くて短めの足。
○体下面は淡青灰色。

鳴き声 キューまたはピュー。

分布 アフリカ・アジアの温帯および熱帯・北アメリカ中部から南アメリカにかけてニューギニア・オーストラリアに分布。日本では主に夏鳥として本州・四国・九州で繁殖。九州南部から南西諸島では越冬するものもいる。記録は北海道を含め日本各地である。

生息場所 日中は水辺近くの林で休息し、夕方になると河川・湖沼に出て採餌。

類似種 ゴイサギ→○一回り大きく、太めの体。○背は緑黒色。○翼は灰色。○頬線はない。○額と眼の上は白い。○冠羽は白い。幼鳥は次の種類に似る。

ゴイサギ幼鳥→○羽色は褐色。○背には黄白色の斑が散在。○喉の両側に白線はない。

アカガシラサギ冬羽→○背は褐色で黒味がない。○翼と尾は白い。

ヨシゴイ幼鳥→○体がずっと小さい。
○羽色は明るい黄褐色。○頸はより細長い。

①**夏羽** 京都市 1985年8月15日 Y
背と翼の色はゴイサギのように明確に違っては見えない。虹彩は黄色く、嘴はゴイサギより細長い。

②**幼羽** 京都市 1985年8月15日 Y
幼鳥は全身が黒褐色で、顔から胸にかけて縦斑が入る。下嘴基部付近にある白斑も目立つ。

③**擬態する成鳥** 長崎県対馬 1985年5月1日 Y
危険を感じとると、写真のように頸を伸ばして嘴を上にあげてじっとして、ヨシに擬態する。

本州中部で見られる時期	1	2	3	4	5	6	7	8	9	10	11	12

コウノトリ目 サギ科

◎ ゴイサギ

Nycticorax nycticorax　TL 58-65cm
Black-crowned Night Heron　WS 105-112cm

①夏羽　愛知県豊橋市　1993年5月16日　Y　成鳥夏羽には後頭に長い白の冠羽が2本出て，足も赤味を帯びてくる。

②婚姻色　愛知県田原市　1983年3月30日　Y　足は鮮紅色，眼先は青緑色の婚姻色をした個体。虹彩の色も赤味が強くなる。

③第2回夏羽　豊橋市　1991年3月29日　Y　頭頂と背の緑黒色部にまだ褐色味が残り，嘴の基部も黄緑色。

特徴　○頭上と背は緑黒色。
○体下面・顔・頸は白い。
○翼は全面灰色。
○黒い嘴。
○黄色い足。
○繁殖羽では後頭に白い冠羽が2本出て，足は赤味を帯びる。
○幼鳥（俗にホシゴイといわれる）は，全身褐色で，上面には黄白色の斑が散在し，下面には縦斑が並ぶ。

鳴き声　ゴァまたはクワッ。

分布　ユーラシア大陸の温熱帯区・サハラ以南のアフリカ・インドネシア・カナダ南部以南の南北アメリカに分布。日本では本州・四国・九州で繁殖。留鳥のものと，冬季南下するものとがいる。南西諸島では冬鳥。北海道でも記録されることがある。

生息場所　竹林や薄暗い林で休み，湖沼・河川・海岸・水田で餌をとる。

類似種　ササゴイ→
○一回り小さく，細めの体形。
○背と翼は青味のある黒褐色。
○額から眼の上は頭頂と同様で青味のある黒。○黒い頬線がある。○冠羽は黒い。

幼鳥は次の種類に似る。
ササゴイ幼鳥→○背は一様に黒褐色で黄白色の斑はない。
○喉の両側に白線がある。
○全身がより濃い黒褐色。
アカガシラサギ冬羽→
○体はずっと小さく，ほっそりしている。○翼と尾は白い。ただし，飛翔時でないとわからないことが多い。
○背は一様に褐色で，斑はない。
ミゾゴイ→○体は小さい。
○嘴は短くて黒い。
○羽色は赤褐色で，黄白色の斑はない。

| 本州中部で見られる時期 | 1 | 2 | 3 | 4 | 5 | 6 | 7 | 8 | 9 | 10 | 11 | 12 |

コウノトリ目 サギ科

④**第2回冬羽から第2回夏羽に換羽中**　千葉県市川市　1990年2月18日　私市　胸の褐色の縦斑や翼の白斑は，第1回夏羽に比べ，ぼやけて不明瞭。頭や背に緑黒色の羽が見られ，第2回夏羽に換羽しつつある。

⑤**第1回夏羽**　豊橋市　1983年3月30日　Y　ホシゴイと呼ばれる時期のもの。翼に白斑が散在し，頭部に緑黒色の羽が生えてきている。

⑥**夏羽**　埼玉県川島町　2001年6月3日　Y　翼上面は全面が灰色。

⑦**第1回冬羽**　福岡市　1996年1月3日　Y　幼羽と第1回夏羽の間の羽衣。ホシゴイと呼ばれるもの。全身褐色で，顔から腹にかけて縦斑が明瞭。嘴から眼先にかけては黄色。

⑧**夏羽**　川島町　2001年6月3日　Y　翼下面も灰色。サギ類は，飛翔時，頭を曲げて縮めた状態になることが多いが，ゴイサギはこの状態の時ササゴイより頸が短いように見える。

⑨**幼羽**　愛知県一色町　1991年7月下旬　Y　幼羽では，翼上面の黄白色の斑が，第1回冬羽よりも多く，顔から腹にかけての縦斑は黒味が強い。

83

コウノトリ目 サギ科

◎ アマサギ

Bubulcus ibis
Cattle Egret

TL 46-56cm
WS 88-96cm

特徴 ○頭から頸・胸は橙黄色。
○背・翼・腹・尾は白い。
○嘴は黄色く，短い。
○黒い足。
○背に橙黄色の飾り羽。
○丸味のある頭。
○冬羽では全身が白い。

鳴き声 ゴァーまたはグワー。

分布 アフリカ・スペイン・アジアの温帯および熱帯・北アメリカ中部から南アメリカ・オーストラリア・ニュージーランドに分布。日本では主に夏鳥として飛来し，本州・四国・九州で繁殖。少数は冬も残り，南西諸島では冬鳥。近年，北海道でも記録が増えてきている。

生息場所 水田・草地・牧場。干潟や河川などでも採餌するが，他のシラサギ類に比べると乾燥した場所を好む傾向がある。

類似種 アカガシラサギ夏羽→○頭から胸は赤褐色。○背は黒灰色。○嘴は長く，先端が黒い。○足は橙黄色。
チュウサギ冬羽→冬羽と似るが，○体が大きく，頸・足・嘴はより長い。○頭は小さめで，丸味はアマサギほどない。

①**夏羽** 石川県舳倉島 1996年5月中旬 Yo
頭から胸にかけての橙黄色が鮮やか。背にも橙黄色の飾り羽がある。

②**婚姻色** 愛知県豊橋市 1987年5月7日 Y
嘴や足が朱赤色，眼先は赤紫色と，婚姻色が見られる個体。

84

本州中部で見られる時期	1	2	3	4	5	6	7	8	9	10	11	12

コウノトリ目 サギ科

③**冬羽**　愛知県田原市　1993年9月15日　Y
冬羽では頭から胸も白くなる。写真の個体はまだ橙黄色の羽がいくつか残っている。

④**冬羽**　沖縄県西表島　1997年3月31日　Y
眼先の色は冬羽では淡黄色。背の飾り羽も冬羽では見られない。

⑤**夏羽**　長崎県対馬　1991年5月6日　Y　飛翔時，翼の先はコサギやチュウサギよりも丸味がかって見える。

85

◎ **ダイサギ**

Egretta alba
Great Egret

TL 80-104cm
WS 140-170cm

コウノトリ目　サギ科

①**亜種チュウダイサギ夏羽**　愛知県豊橋市　1993年5月27日　Y　夏羽は嘴が黒く，眼先は青緑色．脛はピンク色を帯びている．

②**亜種ダイサギ婚姻色**　石川県舳倉島　1997年4月11日　Y　亜種ダイサギは，脛だけでなく跗蹠もピンク色もしくは黄色味が入る．

③**亜種チュウダイサギ婚姻色**　石川県かほく市　1994年5月中旬　Yo　婚姻色の出た個体では，眼先はコバルトブルー，脛や跗蹠も濃いピンク色である．

④**亜種チュウダイサギ冬羽**　福岡市　1996年3月4日　Y　冬羽では嘴は黄色，眼先は黄緑色，足は全体が黒くなる．

本州中部で見られる時期	1	2	3	4	5	6	7	8	9	10	11	12

コウノトリ目　サギ科

特徴　○全身が白い。
○黒くて長い嘴。
○眼先は青緑色。
○口角は眼の後方を越える。
○細くて長い頸。
○黒くて長い足。
○冬羽では嘴は全て黄色く，眼先も黄緑色。

鳴き声　グワァーまたはクワァッ。

分布　ユーラシア南部・アフリカ・オーストラリア・ニュージーランド・北アメリカ南部・南アメリカに分布。日本では2亜種の記録があり，亜種**ダイサギ**（**オオダイサギ**）E. a. alba は西南シベリア以西のユーラシア大陸で繁殖し，日本には冬鳥として飛来。亜種**チュウダイサギ** E. a. modesta は夏鳥として本州・四国・九州で繁殖し，一部は越冬する。

生息場所　河川・湖沼・水田・干潟。

類似種　**チュウサギ**→○体は小さく，頸・嘴・足もやや短い。
○口角は眼の後方を越えない。
○夏羽では眼先は黄色または黄緑色。
コサギ→○体はずっと小さく，頸と足もやや短い。○趾は黄色。
○夏羽では後頭に2本の長い冠羽があり，腰の飾り羽は上方にカールする。○冬羽でも嘴は黒い。

野外で区別可能な亜種　亜種ダイサギ（オオダイサギ）は体が大きく，アオサギと同大かそれ以上。冬羽でも足の上方は白っぽい。亜種チュウダイサギは体が小さく，アオサギより小さめ。冬羽では足は全体に黒い。

⑤**亜種ダイサギ冬羽**　福岡市　1998年2月13日　Y　亜種ダイサギの冬羽の脛は黄白色。体は亜種チュウダイサギより一回り大きい。

⑥**亜種チュウダイサギ冬羽**　鹿児島県出水市　1981年12月31日　Y　亜種チュウダイサギの足は，脛から趾の裏まで黒い。

⑦**亜種ダイサギ冬羽**　福岡市　1998年2月13日　Y　亜種ダイサギの冬羽は，脛だけでなく跗蹠や趾の裏が淡い色に見えるものも多い。

⑤

⑥

⑦

コウノトリ目 サギ科

◎ **チュウサギ**　　*Egretta intermedia*　TL 65-72cm
Intermediate Egret　WS 105-115cm

①**婚姻色**　岐阜県羽島市　2000年5月25日　Y　　夏羽は嘴は黒く，眼先は黄色となる．写真の個体は眼先が婚姻色の黄緑色となっている．胸と背にはレース状の飾り羽が生じる．

②**婚姻色**　愛知県豊橋市　2004年5月1日　Y　　眼先は黄緑色．眼は橙色の婚姻色を示している．

③**冬羽から夏羽に換羽中**　田原市　1995年4月24日　Y　嘴は黄色いが，胸と背に飾り羽が見られるので，換羽途中と思われる．

本州中部で見られる時期　| 1 | 2 | 3 | 4 | 5 | 6 | 7 | 8 | 9 | 10 | 11 | 12 |

コウノトリ目 サギ科

特徴 ○全身が白い。
○シラサギ類としては短めの黒い嘴。
○眼先は黄色。
○口角は眼と同じくらいの所に位置する。
○黒い足。
○冬羽では嘴は黄色。
鳴き声 グーワまたはゴーワ。
分布 朝鮮半島から中国・東南アジア・インド・オーストラリア・アフリカに分布。日本には夏鳥として飛来し、本州・四国・九州・佐渡で繁殖。九州南部から南西諸島では越冬する個体もいる。
生息場所 水田・草地・湖沼・湿地。干潟や河川にも入ることがあるが、ダイサギやコサギに比べると少ない。
類似種 ダイサギ→○体がより大きく、頸・嘴・足が長い。○口角は眼の後方を大きく越える。○夏羽では眼先が青緑色。
アマサギ→○体が小さく、頸・嘴・足は短い。○頭の丸みが強い。
コサギ→○体が小さい。○趾は黄色。○嘴はより長く、冬羽でも黒い。○夏羽では頭に長い2本の冠羽がある。
カラシラサギ夏羽→冬羽と似るが、○趾が黄色。○嘴はより長い。○眼先は水色。○後頭に房状の冠羽がある。

④**夏羽** 愛知県田原市 2001年5月19日 Y 飛翔時はダイサギに似るが、嘴と足が短い。足は脛から趾まで全て黒い。

⑤**冬羽** 静岡県麻機沼 1996年12月下旬 Yo 冬羽では嘴から眼先が黄色くなる。胸と背の飾り羽はなくなる。

④

⑤

89

コウノトリ目 サギ科

◎ コサギ

Egretta garzetta
Little Egret

TL 55-65cm
WS 90-105cm

①**夏羽** 愛知県豊橋市 1986年8月6日 Y
頭に2本の長い冠羽，胸と背にレース状の飾り羽が見られる。背の飾り羽はダイサギ・チュウサギと異なり，上方にカールしている。

②**婚姻色** 愛知県田原市 1992年4月28日 Y
眼先と趾が赤味を帯びた婚姻色を呈している。

③**冬羽** 田原市 1983年10月11日 Y
冬羽では頭の冠羽はなく，胸や背の飾り羽も目立たない。足は黒いが，趾だけは黄色い。

④**幼鳥** 愛知県汐川干潟 1998年9月5日 Y
幼鳥は下嘴が白く見える。足は黒味を帯びた黄緑色で，だんだん黒味を増していく。趾は黄緑色で，だんだん黄色味を増していく。

本州中部で見られる時期	1	2	3	4	5	6	7	8	9	10	11	12

コウノトリ目 サギ科

特徴 ○全身が白い。
○黒くて長い嘴。
○眼先は黄色。
○足は黒く、趾は黄色。
○後頭に2本の長い冠羽。
○冬羽は冠羽がない。
○婚姻色が出た個体は眼先や趾が赤味を帯びる。

鳴き声 グワッまたはゴァッ。

分布 中国・東南アジア・インド・ヨーロッパ南部・アフリカ・ニューギニア・オーストラリアに分布。日本では留鳥または夏鳥として本州・四国・九州・対馬で繁殖。記録は全国各地である。

生息場所 水田・干潟・河川・湖沼・湿地。

類似種 カラシラサギ→○夏羽では嘴は黄色く、眼先は水色、後頭の冠羽は20本くらいが束になっている。○冬羽では上嘴基部が黄色くなっている。

クロサギ白色型→○嘴は太く、色は個体差があるが、黄色味を帯びたものが多い。○足は短く、飛翔時、尾から趾は出るが跗蹠はほとんど尾を越えない。○趾と跗蹠の色の差は明瞭でない。

チュウサギ→○体は大きいが嘴は短い。○趾は黒い。○冬羽は嘴が黄色。○夏羽は冠羽がない。

⑤汐川干潟 1997年8月15日 Y 飛翔時、足はダイサギやチュウサギよりも短く見える。趾の黄色は飛んでいても目立つ。

⑥黒変 汐川干潟 1991年11月19日 Y この個体は羽が黒味がかっている。このような個体はごくまれにしか見られない。

⑦争い 東京都八王子市 1985年3月中旬 Yo 餌場をめぐる争いは、2羽で飛びはねながら行われるので、一見ダンスしているかのようである。

91

コウノトリ目 サギ科

△ カラシラサギ

Egretta eulophotes
Chinese Egret
TL 65-68cm

特徴 ○全身が白色。
○後頭に20本くらいの羽毛が束となった冠羽がある。
○黄色い嘴。
○眼先は青緑色。
○足は黒く、趾は黄色。
○採餌時に頸を斜めに伸ばして走り回り、翼をパッ、パッと半開する行動をよく行う。
○冬羽は冠羽はなく、眼先は黄緑色。嘴は基部付近以外は黒い。

鳴き声 グァッ。

分布 朝鮮半島と中国中南部で繁殖、東南アジア・フィリピン・ボルネオ・セレベスで越冬。日本では迷鳥または旅鳥として北海道から南西諸島まで各地で記録がある。

生息場所 海岸・干潟・水田・河川・湿地。

類似種 コサギ夏羽→○冠羽は2本。○嘴は黒い。○眼先は黄色、婚姻色の出ている個体では濃ピンク色。

コサギ冬羽→○上嘴は基部まで黒い(カラシラサギ冬羽では上嘴基部側の1/3ほどは黄色いものが多い)。

クロサギ白色型→○嘴が太い。○足が短く、飛翔時は尾の先から趾は出るが、跗蹠はほとんど出ない。○足の色は個体差があるが、跗蹠と趾の色の差は感じられない。

① **夏羽** 長崎県対馬 1986年5月3日 Y
後頭には20本くらいの冠羽があり、胸と背にも飾り羽がある。嘴は黄色。

② **婚姻色** 対馬 1991年5月6日 私市
眼先は青い婚姻色となっている。

③ **夏羽から冬羽に換羽中** 茨城県神栖市 1989年8月12日 私市 嘴が黒味がかってきて冬羽に変わりつつある個体。完全な冬羽では後頭の冠羽もなくなる。

④ **夏羽** 対馬 1986年5月3日 Y
足は黒く、趾はコサギのように黄色。飛翔時、尾の先より跗蹠が外に出る。

| 見られる時期 | 1 | 2 | 3 | 4 | 5 | 6 | 7 | 8 | 9 | 10 | 11 | 12 |

○ クロサギ

Egretta sacra
Pacific Reef Egret

TL 58-66cm
WS 90-100cm

コウノトリ目
サギ科

特徴 ○黒色型は全身がすすけた黒色。
○後頭に房状の短い冠羽がある。
○嘴はやや太めで長い。色は個体差があり，褐色・緑褐色・黄色など。
○足はシラサギ属 *Egretta* の中では短く，飛翔時に尾の先から趾は出るが，跗蹠はほとんど出ない。
○南西諸島では全身白色の白色型や，白色の地に黒い羽毛が所々に入った中間型も見られる。

鳴き声 グアッ。

分布 東アジア・東南アジア・オーストラリア・ミクロネシアに分布。日本では太平洋側では房総半島以西，日本海側では男鹿半島以南で繁殖。北海道でも記録はある。白色型は南西諸島以南で見られる。

生息場所 岩礁海岸・サンゴ礁海岸。

類似種 白色型は次の種と似る。
カラシラサギ→○冠羽はより長くて目立つ。○嘴はやや細く，下嘴下縁の輪郭はまっすぐ（クロサギでは先端側1/3の所から上方に曲がる）。○足は長く，飛翔時は跗蹠も尾の先を越える。○足は黒く，趾は黄色。
コサギ→嘴は黒く，細い。○足は黒く，趾は黄色。○足は細くて長い。飛翔時，跗蹠まで尾先を越えて出る。

①**黒色型** 千葉県南房総市 2006年3月31日 Y
九州以北で見られるものはこの黒色型。全身がすすけた黒色なので，他のサギ類と間違えることはない。

②**白色型** 石垣島 1984年7月5日 Y 南西諸島では白色型もよく見られる。他のシラサギ類に比べ，足が短く，嘴は太い。

④**黒色型** 沖縄県西表島 1984年7月5日 Y 飛翔時，尾先を越えるのは趾の部分だけ。翼は幅が広く見える。

③**中間型** 鹿児島県奄美大島 1997年7月18日 Y 白と黒の両方の羽がある中間型もまれに見られる。黒い羽の入り方や量は，個体によって異なる。

見られる時期	1	2	3	4	5	6	7	8	9	10	11	12

アオサギ

Ardea cinerea
Grey Heron

TL 90-98cm
WS 160-175cm

コウノトリ目 サギ科

①**夏羽** 愛知県豊橋市 1998年4月20日 Y
嘴は黄色く、眼の後方から後頭にかけて黒帯がある。体上面は青味を帯びた灰色。

②**婚姻色** 愛知県田原市 1984年3月29日 Y
嘴と足が赤味の強いピンク色の婚姻色を呈している。後頭には黒い冠羽がついている。

③**冬羽** 山口県山口市 1984年12月31日 Y
冬羽では上嘴が黒味を帯びる。上面の灰色も、夏羽ほど青味は感じられない。

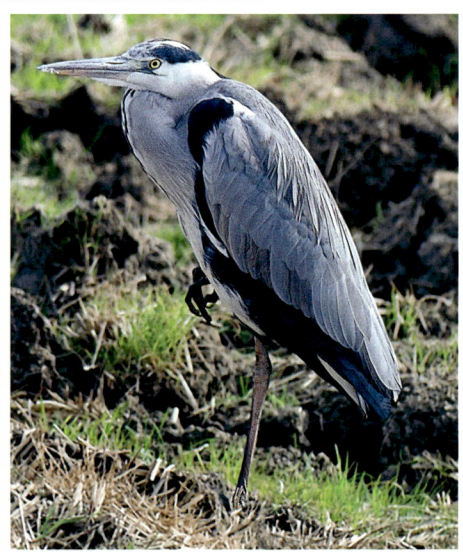

特徴 ○体上面は灰色。
○頭は白く、眼の後方から後頭に黒帯があり、房状の冠羽へと続く。
○灰白色の頸には黒い縦斑が数本ある。
○嘴は黄色、繁殖期はピンク色。
○足は黄褐色で長い。繁殖期はピンク色。
○飛翔時、黒い風切と灰色の雨覆のコントラストが鮮やか。
○幼鳥は頭から頸が灰色で、冠羽はない。背や雨覆には褐色味があり、上嘴は黒い。

鳴き声 クワーッまたはグアッ。

分布 ユーラシア大陸中部以南・インドネシア・アフリカ・マダガスカルに分布。日本では九州以北で繁殖。本州北部以北では夏鳥、それ以南では留鳥、南西諸島では冬鳥。

生息場所 湖沼・河川・水田・干潟。

類似種 ムラサキサギ→○体はやや小さく、嘴と頸はより細い。
○頸に茶色い部分がある。
○背と翼はより濃い黒灰色。
○足はやや短い。
○幼鳥では羽色がより褐色味がかる。

| 本州中部で見られる時期 | 1 | 2 | 3 | 4 | 5 | 6 | 7 | 8 | 9 | 10 | 11 | 12 |

コウノトリ目 サギ科

④**第1回冬羽** 鹿児島県薩摩川内市 1998年2月6日 Y 翼角付近の黒斑や，脇の黒斑がまだ不完全なので，第1回冬羽の個体と思われる。

⑤**幼羽から第1回冬羽へ換羽中** 田原市 1998年11月22日 Y 幼鳥は体全体が灰色で，顔の黒帯もはっきりしていない。翼角付近の黒斑や，冠羽も見られない。

⑥豊橋市 1995年2月2日 Y 翼上面は黒い風切と灰色の雨覆のコントラストが鮮やか。長距離を飛ぶときは，写真のように頸を曲げる。

⑦豊橋市 1996年4月1日 Y 翼下面は上面のように風切と雨覆の色の差は明瞭ではない。

95

◇ ムラサキサギ

Ardea purpurea
Purple Heron

TL 78-90cm
WS 120-150cm

コウノトリ目 サギ科

①**成鳥** 長崎県対馬 1995年5月4日 Y 頭上は黒く，後頭には冠羽がある。胸や背には細長い飾り羽が見られる。

②**第1回夏羽** 沖縄県西表島 1995年3月25日 Y 背や翼は成鳥のような青灰色を帯びてきているが，頭部や頸の黒斑はまだ不明瞭。冠羽も見られない。

③**婚姻色** 沖縄県石垣島 2001年4月3日 Y 眼先の裸出部が赤味を帯びた婚姻色を呈している。

④**幼羽** 西表島 1984年7月6日 Y 幼羽は全身が黄褐色で，頭や頸の黒線もはっきりしていない。

⑤**成鳥** 西表島 1984年7月6日 Y 翼上面の雨覆と風切の色は，アオサギほど明確に違って見えない。

特徴 ○嘴と頸はサギ類の中でも特に細長い。
○頭上から後頭の冠羽まで黒い。
○頭から側頸に黒い縦線が走る。
○体上面は黒灰色。
○足は大形サギ類にしては短め。
○飛翔時，風切は黒色。
○幼鳥は全身が黄褐色で，頭から頸の黒線は不鮮明。

鳴き声 グワァー。
分布 東アジアから東南アジア・インド・ヨーロッパ・中近東・アフリカに分布。日本では八重山諸島では留鳥。迷鳥および旅鳥として，本州・四国・九州・対馬などで記録がある。
生息場所 水田・湿地・マングローブ林・河口・干潟。

類似種 アオサギ→○体は一回り大きく，嘴・頸はやや太め。
○頭から頸にかけては白っぽい。○足は長い。○飛翔時，翼は雨覆の灰色と風切の黒のコントラストがより鮮明。
○体上面の色がずっと淡い。
○幼鳥の羽色は灰色味が強い。

| 八重山諸島で見られる時期 | 1 | 2 | 3 | 4 | 5 | 6 | 7 | 8 | 9 | 10 | 11 | 12 |

△ コウノトリ

Ciconia boyciana
Oriental Stork

TL 110-115cm
WS 195cm

コウノトリ目
コウノトリ科

特徴 ○全身が白い。
○風切は黒い。
○嘴は太くて長く，黒い。
○長くて赤い足。
○虹彩は淡黄色。
○眼の周囲は赤い。

鳴き声 嘴を叩いてカッカッカッ…またはカタカタカタ…と鳴らす，クラッタリングをよく行う。本当の鳴き声はクラッタリングの前にシューまたはヒューと鳴く程度。

分布 シベリア南東部から中国東北部で繁殖し，冬季は中国南東部に渡る。日本では以前は繁殖していたが，野生のものは1971年に絶えてしまい，現在はまれな冬鳥として見られるだけ。記録は北海道から南西諸島まで各地である。

生息場所 湿地・湖沼・水田・農耕地。

類似種 タンチョウ→○顔から頸が黒い。○嘴は細くて短い。○飛翔時，初列風切は白い。○足は黒い。

ソデグロヅル→○顔は赤い。○嘴は細くて暗赤色。○飛翔時，次列風切と三列風切は白い。

① **成鳥** 静岡市 1996年1月18日 Y
全身が白く，風切のみ黒い。嘴は黒く，足は赤い。

② **成鳥** 静岡市 1995年12月9日 Y
翼上面から見ると，内側初列風切および次列風切の外弁が白い線状になっている。

③ **成鳥** 中国，香港マイポー 1991年1月19日 Y
翼下面は下雨覆は白，風切は黒くなっていてそのコントラストが鮮やか。

見られる時期 | 1 | 2 | 3 | 4 | 5 | 6 | 7 | 8 | 9 | 10 | 11 | 12

コウノトリ目 コウノトリ科

△ **ナベコウ** *Ciconia nigra* Black Stork　TL 95-100cm　WS 165-180cm

①**成鳥**　宮崎県西都市　1988年1月17日　Y
成鳥は，黒色部に緑色や紫色の金属光沢があって美しい。嘴・足・眼の周囲は赤くなっている。

②**幼鳥**　沖縄県うるま市　1986年1月1日　Y
幼鳥は，黒色部が褐色味がかり，金属光沢は見られない。嘴・眼の周囲・足も灰緑色または灰褐色。

③**成鳥**　西都市　1988年1月17日　Y
翼下面は黒いが，つけ根付近のみ白い部分が見られる。

④**幼鳥**　うるま市　1986年1月1日　Y
翼上面は全体が黒い。成鳥の場合は，光線の具合で金属光沢が見られる。

特徴　○体上面・頭から胸・尾は緑色や紫色などの金属光沢のある黒色。
○腹と下尾筒は白。
○太くて長い，赤色の嘴。
○長くて赤い足。
○飛翔時，翼下面の基部付近のみ三角形状に白い。
○幼鳥は黒色部に褐色味があり，嘴・眼の周囲・足は灰緑色。

鳴き声　ディスプレイ時は頭を上下させて，ピューリー，ピューリーと鳴る。威嚇のときは，頭を下げてフィー，フィーと鳴く。コウノトリのようにクラッタリングを頻繁に行うことはない。

分布　ユーラシア大陸の温帯域・アフリカ南部で繁殖。冬季はアフリカ・インド・中国南部に渡る。日本では冬季にまれに飛来。記録は北海道から南西諸島まで全国各地である。

生息場所　繁殖地では開けた明るい林で生活するが，日本では水田・湿地・湖沼・河川で記録されている。

類似種　ミヤコドリ→
○体がずっと小さい。
○嘴は細い。○足は短く，飛翔時，尾の先から出ない。
○飛翔時，腰から尾の基部の白と翼の白帯が目立つ。

98　見られる時期　1　2　**3**　4　5　6　7　8　9　**10**　**11**　**12**

◇ ヘラサギ

Platalea leucorodia
Eurasian Spoonbill
TL 70-95cm
WS 115-135cm

コウノトリ目 トキ科

特徴 ○全身が白い。○へら形の長くて黒い嘴。先端は黄色。○後頭に冠羽が出る。○眼先は青白色。○黒くて長めの足。○冬羽では冠羽は短く、ほとんど目立たない。○幼鳥は風切の先が黒く、嘴は全体がピンク色味がかった黒色。

鳴き声 フーまたはウフー。

分布 ユーラシア大陸中部・インド・アフリカ北部に分布。日本では数少ない冬鳥として飛来。九州では毎年記録されるが、それ以外ではまれに記録されるだけ。

生息場所 河川・湖沼・干潟・湿地・水田。

類似種 クロツラヘラサギ→○体はやや小さい。○嘴は全体が黒い。○眼先は幅広く黒い皮膚が裸出し、嘴と眼をつないでいるように見える。

シラサギ類→○嘴は先がとがり、長さは短い。○飛翔時、頸を曲げて縮めている（ヘラサギは伸ばしたまま）。○休息時、体は斜め（ヘラサギは体軸が地面と平行に近い）。

①**夏羽** 福岡市 1993年3月8日 Y
夏羽は後頭に房状になった冠羽があり、胸や後頭にうっすらと黄色味が見られる。

②**冬羽** 福岡市 1994年12月31日 Y
冬羽では冠羽が短く、胸や後頭の黄色味もない。

③**幼羽** 福岡市 1987年1月4日 Y
幼羽は嘴全体がピンク色またはピンク色味がかった黒色で、先端部は黄色くならない。冠羽も見られない。

④岡山市 2007年1月5日 Y
成鳥は翼全体が白く、若鳥では翼の先端に黒色斑が見られる。この個体は非常に小さい黒斑が見られるが、ほぼ成鳥羽になってきた個体である。

| 九州で見られる時期 | 1 | 2 | 3 | 4 | 5 | 6 | 7 | 8 | 9 | 10 | 11 | 12 |

◇ クロツラヘラサギ　*Platalea minor*　Black-faced Spoonbill

TL 73-81cm　WS 110cm

コウノトリ目　トキ科

特徴　○全身が白い。
○へら形の長くて黒い嘴。
○顔は黒い皮膚が裸出し、嘴から額・眼までが一様に黒く見える。
○喉の裸出部は黒く、境はW字形。
○後頭に房状の冠羽。
○黒くて長めの足。
○冬羽では冠羽はほとんどなく、胸の黄色味もない。
○幼鳥は風切先端が黒い。

鳴き声　ウブー、ウブー。

分布　朝鮮半島の西海岸と中国の一部で繁殖。台湾・ベトナム・中国・香港・韓国で越冬。日本では九州を中心に少数が越冬。記録は北海道から南西諸島まで各地である。

生息場所　湖沼・湿地・河川・干潟・水田。

類似種　**ヘラサギ**→○体がやや大きい。○嘴の先端は黄色。○眼先は青白色の皮膚が細く裸出。眼は嘴と離れて見える。○額は裸出していない。○喉の裸出部は黄色く、境は中央部が長く頸方向に食い込んだ形となっている。

①**夏羽**　愛知県一色町　1987年3月30日　Y　夏羽は後頭に淡黄色の房状の冠羽があり、胸も黄色味を帯びる。

②**冬羽**　福岡市　1995年12月30日　Y　冬羽は冠羽は短くて目立たず、胸の黄色味も見られない。

③**若鳥**　愛知県豊橋市　2005年11月19日　Y　幼鳥や若鳥では翼の先に黒斑が見られる。

④**幼羽**　長崎県諫早市　1990年12月31日　Y　幼鳥の嘴はピンク色味がかり、上嘴には波状の模様がなく、平滑になっている。

九州で見られる時期	1	2	3	4	5	6	7	8	9	10	11	12

△ クロトキ

Threskiornis melanocephalus
Black-headed Ibis
TL 65 76cm

コウノトリ目
トキ科

特徴 ○全身が白い。
○頸から頭部は羽毛がなく，黒い皮膚が裸出。
○嘴は黒くて長く，下に大きく湾曲する。
○腰に灰色の飾り羽（冬羽にはない）。
○幼鳥は頭部に黒灰色の羽毛があり，皮膚は裸出していない。また，初列風切先端が黒い。

鳴き声 グワッまたはクワッ。

分布 中国南部・東南アジア・インドに分布。日本にはまれに迷行する。記録は北海道から南西諸島までであるが，西日本の方が多い。

生息場所 湖沼・水田・干潟。

類似種 トキ→○顔の皮膚の裸出部は赤い。
○全身の羽毛はいくぶんピンク色味がかる。
○後頭に冠羽がある。
○足はやや短く，赤い。
クロツラヘラサギ→○嘴はまっすぐで先端はへら状。
○頭上や頸は白い羽毛でおおわれている。

①**成鳥** 東京都八王子市浅川 1992年3月中旬 Yo
頭部は黒い皮膚が裸出している。嘴は鎌のように大きく下に湾曲している。1983年に多摩動物公園によって放鳥されたもののうちの1羽。

②**幼鳥** 滋賀県米原市 1983年1月29日 Y
幼鳥は頭がまだ裸出しておらず，黒灰色の羽毛が生えている。

③**幼鳥** 米原市 1983年1月29日 Y
幼鳥の風切先端には黒斑がある。成鳥では翼全面が白い。

| 見られる時期 | 1 | 2 | 3 | 4 | 5 | 6 | 7 | 8 | 9 | 10 | 11 | 12 |

シジュウカラガン

Branta canadensis Canada Goose
亜種シジュウカラガン TL 56-61cm WS 122-130cm
亜種ヒメシジュウカラガン TL 55cm WS 115-123cm

カモ目 カモ科

①亜種シジュウカラガン成鳥　宮城県伊豆沼　1997年10月下旬　篠原　頭と頸が黒くて、頬と喉が白い。亜種シジュウカラガンは頸の黒色部の下にさらに白い輪が入る。

②亜種ヒメシジュウカラガン成鳥　島根県安来市　1994年11月13日　栗原　この亜種は、頭に白い輪がなく、嘴は亜種シジュウカラガンよりも短い。

③カナダガンの1亜種成鳥　山梨県北杜市　1997年4月中旬　Yo　この個体は亜種シジュウカラガンよりも大きく、嘴も長い。おそらく北米大陸産の亜種、カナダガン（*B. c. canadensis*, Atlantic Canada Goose）だろう。胸が白いのが特徴。おそらく飼われていたものが逃げたのであろう。

特徴　○頭から頸は黒く、頬から喉に白斑がある。○嘴は黒い。○背と翼は黒褐色で、淡褐色の羽縁の線が目立つ。○胸と腹は灰褐色。○下腹から下尾筒は白い。○足は黒色。○飛翔時、腰の黒と尾の黒にはさまれた白い上尾筒が目立つ。

鳴き声　グワッまたはグワー。

分布　北アメリカに広く分布する。亜種シジュウカラガン *B. c. leucopareia* はアリューシャン列島とアメリカのアムチトカ島で繁殖し、北アメリカ西海岸で越冬。日本では毎年少数が越冬。宮城県伊豆沼周辺が定期的な渡来地として知られる。亜種ヒメシジュウカラガン *B. c. minima* はアラスカ西部で繁殖し、カリフォルニア南部からメキシコ北部で越冬する。日本には冬季まれに渡来するだけ。

生息場所　湖沼・農耕地。

類似種　コクガン→○胸まで黒い。○頬は黒く、白斑は喉にある。○脇は白い。○背と翼の黒味がより強い。○内陸の湖沼や農耕地に入ることは少ない。

野外で区別可能な亜種　本種は世界中で8～12亜種に分けられており、大きさ・羽色の濃淡・頸や嘴の長さがそれぞれ異なる。ただし、近年の形態およびmtDNAの研究では、大形で頸や嘴が長いグループと小型で頸や嘴が短いグループは別系統であることが分かった。このため、最近では大形のグループを英名Canada GooseまたはGreater Canada Goose、学名 *B.canadensis*、小形のグループを英名Cackling GooseまたはLesser Canada Goose、学名 *B.hutchinsii* と別種に分けることが多くなった。この場合、日本で記録のある亜種シジュウカラガン、亜種ヒメシジュウカラガンは共にCackling Goose, *B.hutchinsii* の亜種としてそれぞれ *B.h.leucopareia*, *B.h.minima* となる。亜種ヒメシジュウカラガンは亜種シジュウカラガンよりさらに小さく、嘴も短い。また、亜種シジュウカラガンでは頸の黒色部の下に白い輪があるが、ヒメシジュウカラガンではこれがない。

本州北部で見られる時期	1	2	3	4	5	6	7	8	9	10	11	12
										●	●	●

◇ **コクガン** *Branta bernicla* / Brent Goose, Brant
TL 55-66cm / WS 115-125cm

カモ目 カモ科

特徴 ○頭から頸・胸は黒。
○喉に白斑。
○黒くて短い嘴。
○ガン類にしては太くて短めの頸。
○上尾筒・下尾筒・下腹は白い。
○体上面は黒褐色。
○幼鳥は体上面に淡色の縞模様がある。喉に白斑がない個体もいる。

鳴き声 グルルルまたはグワワ，グワワ。

分布 ユーラシア大陸・北アメリカ・グリーンランドなどの極北部で繁殖し，西ヨーロッパおよび北アメリカの沿岸部・中国の渤海湾・朝鮮半島の沿岸部で越冬。日本では冬鳥として主に北海道・東北地方に飛来。関東以西の本州・九州にも少数が定期的に飛来する場所がある。

生息場所 内湾・岩礁海岸。他のガン類のように内陸の湖沼や農耕地に入ることは少ない。

類似種 シジュウカラガン→○胸は灰褐色。○頬から喉に白斑がある。○脇は灰褐色。○背と翼はコクガンほど黒味はない。

①**成鳥** 青森県八戸市 1997年2月7日 Yo
体上面と胸が黒く，喉の白斑が目立つ。小形のガン類で，他のガン類とは異なり，海岸に生息している。

②**幼鳥** 静岡県御前崎市 1996年1月19日 Y
幼鳥は背や翼に淡色の波状の縞模様がある。喉の白斑が全くないものもいる。

③**幼鳥** 御前崎市 1988年1月11日 Y
海岸でアマモやアオサなどの植物を採って食べている。北海道根室地方では11月頃数千羽の群れが飛来することもある。

④**成鳥** 八戸市 1997年2月7日 Yo
飛翔時には上尾筒と下尾筒の白が，全身黒色の体の中で映えて見える。

| 本州北部で見られる時期 | 1 | 2 | 3 | 4 | 5 | 6 | 7 | 8 | 9 | 10 | 11 | 12 |

103

カモ目
カモ科

△ ハイイロガン

Anser anser
Greylag Goose

TL 76-89cm
WS 147-180cm

特徴 ○全身が灰褐色で，下面はやや淡い。
○ピンク色の嘴。
○ピンク色の足。
○飛翔時，上雨覆がかなり白っぽく見える。

鳴き声 グワッ，グワッまたはグェン，グェン。

分布 ユーラシア大陸中部および北部で繁殖し，冬季はヨーロッパ・北アフリカ・インド・中国東部に渡る。日本ではまれな冬鳥として北海道・本州・九州・南西諸島などで記録がある。

生息場所 湖沼・農耕地。

類似種 マガン→○体が小さい。○羽色はより褐色味を帯びる。○足はオレンジ色。○腹に黒帯がある。○額から嘴基部が白い。○飛翔時，雨覆と風切の色の差は小さい。

ヒシクイ→○羽色はより褐色味を帯びる。○嘴は黒く，先端付近は黄色。○足はオレンジ色。○飛翔時，雨覆と風切の色の差は小さい。

①**成鳥** 石川県加賀市 1982年12月25日 Y
大形のガン類で，嘴と足のピンク色が目立つ。ヨーロッパで作り出されたツールーズやエムデンといったガチョウは本種を家禽化したもの。

②**幼鳥** 愛知県田原市 1986年11月1日 Y
幼鳥は胸や腹に不規則なしみ状の斑が散在する。成鳥では腹が縞模様になっている。

③**幼鳥** 田原市 1986年11月1日 Y
飛翔時，上雨覆はかなり白く見え，風切の色とのコントラストがはっきりしている。

104

| 見られる時期 | 1 | 2 | 3 | 4 | 5 | 6 | 7 | 8 | 9 | 10 | 11 | 12 |

○ マガン

Anser albifrons
Greater White-fronted Goose
TL 65-86cm
WS 135-165cm

カモ目
カモ科

特徴 ○全身が暗褐色。下面はやや淡い。
○嘴の基部周辺が白い。
○嘴はピンク色。まれにオレンジ色のこともある。
○足はオレンジ色。
○腹に黒斑がある。
○幼鳥は嘴基部周辺の白色部と腹の黒斑がない。

鳴き声 クワハハン，クワハハンまたはグワワワン，グワワワンと飛び立つときに鳴く。

分布 ユーラシアと北アメリカおよびグリーンランドの極北部で繁殖し，ヨーロッパ中部・中国・朝鮮半島・北アメリカ中部および南部に渡って越冬。日本では亜種**マガン** *A. a. frontalis* が北海道を通過して本州で越冬する他，体が大きく羽色がより濃い亜種**オオマガン** *A. a. gambelli* がまれに記録される。

生息場所 湖沼・農耕地。

類似種 カリガネ→○体が一回り小さく，特に頭と嘴は小さい。○額は出っ張っている。○嘴基部の白色部は眼の上にまで達する。○眼の周囲の黄色のリングが目立つ。○翼をたたんだとき，翼の先端は尾端を大きく越える。

ハイイロガン→○体が大きい。
○羽色は灰色味が強い。
○足はピンク色。
○嘴は長くて，ピンク色。○腹に黒斑はない。○飛翔時，灰色の雨覆が目立つ。

ヒシクイ→○体が大きく，頸はより細長い。○嘴は黒く，先端付近は黄色。
○顔から頸の色がより濃い。
○嘴基部付近に白色部はない。
○腹に黒斑はない。

①成鳥　宮城県伊豆沼　1997年11月上旬　Yo　成鳥は額と嘴基部付近が白く，腹には大きな黒斑が数個入る。

②幼鳥　宮城県栗原市　1995年10月28日　Y　幼鳥は顔の白色部がないか，あっても小さい。腹の黒斑もない。嘴には黒色部が見られる。

③成鳥　伊豆沼　1997年10月27日　Yo　マガンの筋肉は毛細血管がよく発達していて，大量の酸素の供給が可能。そのため，長時間飛行するのに適している。

本州中部で見られる時期	1	2	3	4	5	6	7	8	9	10	11	12

△ カリガネ

Anser erythropus
Lesser White-fronted Goose
TL 53-66cm
WS 120-135cm

カモ目 カモ科

特徴 ○全身が暗褐色。下面はやや淡い。
○嘴の基部周辺の白色部は頭頂にまで及ぶ。
○眼を黄色いリングが囲む。
○ピンク色の短い嘴。
○オレンジ色の足。
○翼をたたんだとき、翼先端は尾端を大きく越える。
○腹に黒斑がある。
○幼鳥は顔の白色部と腹の黒斑がない。

鳴き声 キュルークックッ、キュルークックッ、クックッまたはキューキュー。

分布 ユーラシア大陸の北極圏で繁殖し、ヨーロッパ南部・中近東・中国の揚子江中流域で越冬。日本には数の少ない冬鳥として渡来し、北海道・本州・四国・九州・伊豆諸島八丈島で記録がある。宮城県伊豆沼周辺には毎年渡来する。

生息場所 湖沼・農耕地。

類似種 マガン→○体が一回り大きく、特に嘴と頭が大きい。○額はあまり出ていない。○嘴基部の白色部は頭頂まで達しない。○眼の周囲の黄色のリングはないか、あっても細い。○翼をたたんだとき、翼の先端は尾端とほぼ同じ位置か、ごくわずかに出る程度。

①成鳥　宮城県栗原市　1985年11月3日　Y
マガンによく似ているが、嘴は小さく、眼の周囲の黄色いリングがよく目立つ。顔の白色部は眼の上方近くにおよぶ。

②幼鳥　島根県斐川町　1989年1月4日　Y　幼鳥は顔の白色部がないか、あっても小さい。腹の黒斑もない。

④成鳥　栗原市　1987年11月4日　Y
腰と下腹は白く、飛翔時にはよく目立つ。

③成鳥（右の2羽、左はマガン）　宮城県登米市　1983年11月3日　Y
日本ではマガンの群れに混じって数羽が見られる程度。マガンよりも体は小さい。

本州北部で見られる時期 | 1 | 2 | 3 | 4 | 5 | 6 | 7 | 8 | 9 | 10 | 11 | 12

✕ インドガン

Anser indicus
Bar-headed Goose

TL 71-76cm
WS 140-160cm

カモ目

カモ科

特徴 ○全身が青灰色。○頭部は白く，後頭に黒い線が2本ある。○前頸と後頸は黒く，その間を白い線が縦に走る。○嘴は黄色。○足は黄色またはオレンジ色。

鳴き声 ガアアア，ガアアアまたはグアア，グアア。

分布 バイカル湖以南，ヒマラヤ以北のモンゴル高地で繁殖し，インドで越冬する。日本では迷鳥として北海道・千葉・長野・広島および小笠原諸島父島で記録がある。ただし，飼育されているものも多く，これらもかご抜けしたものかもしれない。

生息場所 湖沼・河川。

類似種 ハクガン青色型→○体が小さい。○羽色はより暗い青灰色。○後頭に黒線はない。○嘴はピンク色。○足はピンク色。

ミカドガン→○羽色はより暗い青灰色。○嘴は短く，ピンク色で先は黒い。○後頭に黒線はない。○後頸は白い。○下腹と下尾筒は暗青灰色。

①東京都小笠原村父島 1986年4月18日 石川
白い頭に入った2本の黒線と，後頭の黒がよく目立つ。嘴と足は黄色またはオレンジ色。

②小笠原村父島 1986年4月18日 石川
青灰色の羽色のガン類は，いずれも日本では数少ないものなので，間違えることはない。

見られる時期 1 **2** 3 **4** **5** 6 7 8 **9** **10** 11 12

107

カモ目 カモ科

◇ ヒシクイ

Anser fabalis
Bean Goose

亜種オオヒシクイ TL 90-100cm WS 180-200cm
亜種ヒシクイ TL 78-89cm WS 140-175cm

① **亜種ヒシクイ成鳥** 北海道能取湖 1996年3月中旬 Yo 亜種ヒシクイは嘴と頸が太くて短い。この嘴は地上で草を引きちぎって食べるのに適している。

② **亜種オオヒシクイ成鳥** 宮城県栗原市 1983年11月3日 Y 亜種オオヒシクイは嘴と頸が長い。この体形は抽水性植物の根茎部を掘り起こして食べるのに適している。

③ **亜種オオヒシクイ幼鳥** 滋賀県長浜市 1988年11月3日 Y 幼鳥は肩羽に丸味があり、雨覆の縁は白い。

| 本州中部で見られる時期 | 1 | 2 | 3 | 4 | 5 | 6 | 7 | 8 | 9 | 10 | 11 | 12 |

特徴 ○全身が暗褐色。下面はやや淡い。
○嘴は黒く，先端付近は黄色。
○足はオレンジ色。
○飛翔時，上尾筒の白と尾の黒および尾の先端の白が目立つ。
○頸と嘴が長い。

鳴き声 亜種オオヒシクイは太く低い声でガハハーンと鳴く。亜種ヒシクイは金属質のやや高めの声でギャハハーンと鳴く。

分布 ユーラシア大陸北部で繁殖し，ヨーロッパ中部および南部・中央アジア・朝鮮半島・中国の黄河および揚子江流域で越冬。日本には冬鳥として本州以北に渡来する。3亜種の記録があり，亜種オオヒシクイ A. f. middendorffii はサハリン・北海道経由か千島・北海道東部経由で主に日本海沿いに琵琶湖まで南下。亜種ヒシクイ A. f. serrirostris はカムチャツカ・北海道東部経由で宮城県北部まで飛来する。亜種ヒメヒシクイ A. f. curtus はまれに記録されるだけ。

生息場所 湖沼・農耕地。亜種オオヒシクイは泥っぽい池沼の岸辺で，亜種ヒシクイは水田で採餌する傾向が強い。

類似種 マガン→○体が小さく，頸・頭・嘴は短め。○嘴はピンク色かオレンジ色。○嘴の基部周辺は白い。○顔から頸の色がやや淡い。○腹に黒斑がある。
サカツラガン→○嘴は先端まで黒い。○喉から前頸は淡褐色で，後頸の茶褐色との境界が明瞭。○嘴基部に細い白線がある。

野外で区別可能な亜種 亜種オオヒシクイは全長90〜100cmと大きく，嘴も長く，額から嘴にかけてのラインはなめらか。亜種ヒシクイは全長78〜89cmと小さく，嘴は太くて短い。額から嘴にかけてのラインは嘴のつけ根で角度がついて曲がる。頸も太くてやや短め。亜種ヒメヒシクイは亜種ヒシクイに似るが，やや小さい。

カモ目

カモ科

④**亜種ヒシクイ成鳥** 能取湖 1996年3月中旬 Yo
飛翔している亜種ヒシクイは体形の似たマガンと間違いやすい。ただし腹は一様に白く，マガンのような黒斑が出ないことで区別できる。

⑤**亜種オオヒシクイ** 滋賀県湖北町 1993年11月25日 Y
亜種オオヒシクイは体が大きく，頸が特に長いので，マガン（左から2羽目）とは明らかに違っている。

△ ハクガン

Anser caerulescens
Snow Goose

TL 66-84cm
WS 132-165cm

カモ目
カモ科

特徴 ○白色型は全身が白い。
○初列風切は黒い。
○ピンク色の嘴。
○ピンク色の足。
○胸から下の部分と背が暗青灰色をした青色型（アオハクガン）もいる。
○幼鳥は全身が灰色で，嘴や足も灰色味がかる。

鳴き声 クワッ，ククまたはコウッ，ココ。

分布 北アメリカおよびグリーンランドの北極圏・北東シベリアのコリマ川下流域とウランゲリ島で繁殖，北アメリカ東海岸および西海岸で越冬。日本では数の少ない冬鳥として北海道・本州・九州で記録されている。

生息場所 湖沼・農耕地。

類似種 ハクチョウ類→○体はずっと大きく，頸は細く長い。○翼は全面が白い。○嘴は細く長い。○足は黒い。ミカドガン→青色型と似るが，○喉から前頸も暗青灰色。○全身に黒と白の鱗模様がある。○足はオレンジ色。

①**白色型** 宮城県若柳町 1982年11月7日 Y
全身が白くて，嘴と足はピンク色をしている。マガンやヒシクイの群れに混じって少数が確認される。

②**青色型** 新潟県瓢湖 2006年11月3日 本周 胸から下の部分が暗青灰色をしているアオハクガンと呼ばれるもの。アジアや北アメリカ西部の個体群は白色型が圧倒的に多く，青色型が見られることは珍しい。

③**幼鳥** 新潟県朝日池 2003年12月15日 Y
幼鳥は羽色が灰色味がかり，嘴と足も灰色味がかった色をしている。

④**白色型（右）と幼鳥** カナダ，ブリティッシュコロンビア州ライフェル保護区 1994年3月6日 Y 飛翔時は初列風切の黒がよく目立ち，全面が白いハクチョウ類とは遠くからでも区別できる。

110

| 見られる時期 | 1 | 2 | 3 | 4 | 5 | 6 | 7 | 8 | 9 | 10 | 11 | 12 |

× ミカドガン

Anser canagicus
Emperor Goose

TL 66-89cm

カモ目

カモ科

特徴 ○全身が暗青灰色で、黒と白の鱗模様がある。
○頭から後頸が白い。
○嘴は小さく、ピンク色。
○オレンジ色の足。

鳴き声 飛翔時はクラッハ、クラッハ、警戒時はウッルグウッルグと鳴く。

分布 アラスカ半島とロシアのチュコト半島で繁殖し、アリューシャン列島・アラスカ湾・カムチャツカ半島で越冬。日本では1964～65年の冬に宮城県に迷行した1例が記録されただけ。

生息場所 越冬期は岩礁海岸に生息するが、日本では水田で餌をとり、海上で休息していたという。

類似種 ハクガン青色型→○喉から前頸は白い。○全身の暗青灰色部に鱗状の模様は見られない。○足はピンク色。

①♀ ロシア、マガダン州アナディル 1992年7月9日 クレチマル 頭から後頸は白いが、この個体は繁殖地の土の成分がついて褐色味を帯びている。

②**抱雛する♀** マガダン州アナディル湾 1982年7月16日 クレチマル
全身が暗青灰色で、黒と白の鱗模様がある。下腹が白くないガン類は、日本では本種だけ。

③**越冬地に向かう前の群れ** アメリカ、アラスカ州ネルソン潟湖 1991年10月5日 クレチマル
日本では水田で記録されたが、本来は海上または沿岸部に生息し、内陸の淡水地に入ることは少ない。

| 見られる時期 | 1 | 2 | 3 | 4 | 5 | 6 | 7 | 8 | 9 | 10 | 11 | 12 |

△ サカツラガン

Anser cygnoides
Swan Goose

TL 81-94cm
WS 165-185cm

特徴 ○頸と嘴はガン類の中でも特に長い。
○体上面は茶褐色。
○下面は淡褐色。
○頭から頸にかけては前面の淡褐色と後面の茶褐色の境界がはっきりと区切られている。
○黒い嘴。
○オレンジ色の足。
○嘴の基部に細い白線がある。

鳴き声 ガハン，ガハン。

分布 北東アジア・サハリンで繁殖し，朝鮮半島・中国の揚子江流域で越冬する。日本では数少ない冬鳥として北海道・本州・九州・南西諸島で記録されている。

生息場所 湖沼・農耕地。

類似種 ヒシクイ→○嘴の先端付近は黄色い。○顔から頸にかけては一様に暗褐色。○嘴基部に白線はない。
シナガチョウ→サカツラガンを原種とする家禽だが，○額の裸出部がこぶ状に出っ張る。○嘴はかなり太い。○太った体形で，特に下腹が大きく，泳いでいるとき，尻がせり上がって見える。

①成鳥 北九州市 1991年12月31日 Y
頸が長く，他のガンに比べ白っぽく見える。嘴もガン類としては長い。

②成鳥 北九州市 1991年12月31日 Y 飛翔型はオオヒシクイに似るが，頭から頸にかけて，上面と下面ではっきりと色が分かれているので，識別は簡単。

③群れ 北九州市 1991年12月31日 Y
かつては東京湾の干潟に群れで越冬していたが，今ではこのような群れで見られることは少なくなった。

| 見られる時期 | 1 | 2 | 3 | 4 | 5 | 6 | 7 | 8 | 9 | 10 | 11 | 12 |

◇ コブハクチョウ

Cygnus olor
Mute Swan

TL 125-160cm
WS 200-238cm

カモ目
カモ科

特徴 ○全身が白い。
○細長い頸。
○オレンジ色の嘴。基部には黒いこぶがある。
○眼先は黒い。
○泳ぐとき，翼を少し上げている。
○黒い足。
○幼鳥は羽色が淡い灰褐色で，嘴のこぶはないかあっても小さい。

鳴き声 バァウー，バァウー。

分布 ヨーロッパ中部および西部・モンゴル・バイカル湖東岸・ウスリー川流域で繁殖。冬季は繁殖地にとどまるものと，小アジア・北アフリカ・中国東部・朝鮮半島に渡って越冬するものがいる。日本では1933年に伊豆諸島八丈島で記録がある他，最近は飼われていたものが逃げ出したものが各地で野生化している。北海道の大沼・ウトナイ湖で繁殖したものは，茨城県の霞ヶ浦・北浦へ定期的に渡ることで知られる。

生息場所 湖沼・河川。

類似種 オオハクチョウ・コハクチョウ→○嘴は基部付近が黄色で先端は黒い。○嘴基部にこぶはない。○眼先は黄色。○鼻孔の位置は嘴の中央よりやや先端寄り（コブハクチョウは基部側にある）。○泳いでいるとき，翼をずっと浮かせていることはない。幼鳥は鼻孔の位置と，眼先の色が黒くないことで区別。

①**成鳥** 石川県羽咋市 1989年3月5日 Y
オレンジ色の嘴と，嘴基部にある黒いこぶが特徴。鼻孔が嘴の中央より基部側にある。

②**幼鳥** 茨城県北浦 1999年2月15日 Y
羽色に灰褐色味を帯びている。嘴基部の黒いこぶは小さく，嘴の色はピンクである。

③**成鳥** 北海道苫小牧市 1998年3月23日 Y 放し飼いにされていたり，かご抜けのものも多いので，野鳥かどうかの判定は非常に難しい。

| 見られる時期 | 1 | 2 | 3 | 4 | 5 | 6 | 7 | 8 | 9 | 10 | 11 | 12 |

× ナキハクチョウ

Cygnus buccinator
Trumpeter Swan

TL 150-180cm
WS 230-260cm

カモ目
カモ科

特徴 ○全身が白い。
○大きな体で，頸は特に細長い。
○嘴は長くて黒い。嘴の会合線に沿ってピンク色の線が走る。
○眼先は黒く，眼と嘴がつながっているように見える。
○鼻孔は嘴のほぼ中央に位置する。
○足は黒い。
○幼鳥は全身が淡い灰褐色。嘴はピンク色で基部付近と先端は黒い。

鳴き声 プーッ。

分布 アラスカから北アメリカ北西部に分布。日本では1991～92年と1992～93年の冬に宮城と岩手で記録されただけの迷鳥。

生息場所 湖沼。

類似種 アメリカコハクチョウ（コハクチョウの1亜種）→
○体が一回り小さく，特に頸は太くて短く見える。
○嘴は短く，眼先は黄色い斑があるものが多い。
○眼と嘴を結ぶ裸出部の幅はせまいので，眼と嘴は少し離れているように見える。

オオハクチョウ→
○体がやや小さい。
○頸はやや太めで短く見える。
○嘴の基部と眼先は黄色い。
○嘴はやや小さめ。

①**成鳥** 岩手県北上市 1992年4月3日 Y 嘴は黒くて，他のハクチョウ類に比べて長い。頸の長さも際立っている。

②**成鳥** 北上市 1992年4月3日 Y
オオハクチョウよりもさらに大きく，飛べる鳥の中では最も体重の重い種といわれている。

③**成鳥** カナダ，ブリティッシュコロンビア州バンクーバー 1994年3月4日 Y
本来は北アメリカ大陸に分布し，他のハクチョウ類のような長距離の渡りはしない種である。

見られる時期 | 1 | 2 | 3 | 4 | 5 | 6 | 7 | 8 | 9 | 10 | 11 | 12

オオハクチョウ

Cygnus cygnus
Whooper Swan

TL 140-165cm
WS 218-243cm

カモ目 カモ科

特徴 ○全身が白い。
○嘴は先端は黒く，基部は黄色。黄色部の方が大きく，その先端は三角形にとがって黒色部に食い込む。
○細長い頸。
○足は黒い。
○幼鳥は全身が淡い灰褐色。

鳴き声 コホー，コホーまたはコー，コー。

分布 ユーラシア大陸北部・アイスランドで繁殖し，ヨーロッパ・カスピ海周辺・朝鮮半島・中国東部で越冬。日本には主に関東以北に飛来し，越冬する。

生息場所 湖沼・内湾・農耕地・河川。

類似種 コハクチョウ→
○体がやや小さく，頸はやや太くて短い。
○嘴の黄色部は黒色部より小さく，その先端は丸い。
○嘴は短い。

ナキハクチョウ→
○体がより大きく，頸もより細くて長い。
○嘴は強大で，黄色部はない。○鼻孔の位置は嘴のほぼ中央（オオハクチョウは中央からやや先端側に寄っている）。

①**成鳥** 山形県酒田市 1987年3月29日 Y　純白の体に黒と黄色の嘴が特徴。嘴は黄色い部分の方が大きい。

②**幼鳥** 北海道八雲町 1997年2月3日 Yo　幼鳥は羽色が褐色味がかり，汚れているように見える。嘴の黄色部も幼鳥では淡いピンク色である。

③**成鳥** 石川県邑知潟 1993年2月6日 Y　嘴と足以外は上面も下面も全て白い。頸が長いが，尾と足はとても短い。

本州北部で見られる時期	1	2	3	4	5	6	7	8	9	10	11	12

カモ目 カモ科

◎ コハクチョウ

Cygnus columbianus
Tundra Swan

TL 115-150cm
WS 180-225cm

特徴 ○全身が白い。
○頸はハクチョウ類の中では太くて短め。
○嘴は先端は黒く，基部は黄色。黄色部は黒色部より小さく，その先端はとがらず黒色部に食い込まない。
○足は黒い。
○幼鳥は全身が淡い灰褐色で，嘴の基部はピンク色。

鳴き声 コホッ，コホッまたはコォー，コォー。

分布 ユーラシア大陸北部・北アメリカ北部で繁殖し，ヨーロッパ西部・カスピ海周辺・朝鮮半島・中国東部・日本・北アメリカ中部で越冬。2亜種に分けられ，日本では亜種 コハクチョウ *C. c. jankowskyi* が主に北海道・本州で越冬。亜種 アメリカコハクチョウ *C. c. columbianus* は少数が飛来するだけ。

生息場所 湖沼・内湾・農耕地・河川。

類似種 オオハクチョウ→
○体がより大きい。
○頸はより細くて長め。
○嘴も長めで，黄色部分は黒色部分より大きく，その先端はとがって黒色部に食い込む。

ナキハクチョウ→
○体がずっと大きい。○頸はより細くて長い。○嘴は強大で全体が黒く，黄色部は全くない。○鼻孔の位置は嘴のほぼ中央（コハクチョウでは中央よりやや先端側にある）。

野外で区別可能な亜種 亜種アメリカコハクチョウは，嘴はほとんどが黒く，眼先に小さい黄色斑がある。亜種コハクチョウと亜種アメリカコハクチョウの交雑個体では，眼先の黄色部の大きさが両亜種のちょうど中間の大きさとなる。

①**亜種コハクチョウ成鳥**
山形県酒田市　1987年3月29日　Y
頸と嘴はオオハクチョウよりは短い。嘴の黄色部は黒色部よりも小さい。

②**亜種コハクチョウ幼鳥**
岩手県北上市　1997年12月21日　Y
幼鳥は羽色に褐色味がかり，汚れているかのように見える。嘴基部もピンク色である。

③**亜種コハクチョウ成鳥**
宮城県伊豆沼　1993年3月5日　Y
飛翔時はオオハクチョウとの区別が難しいが，体に対する頸の長さが短い。

| 本州で見られる時期 | 1 | 2 | 3 | 4 | 5 | 6 | 7 | 8 | 9 | 10 | 11 | 12 |

カモ目

カモ科

④ **亜種アメリカコハクチョウ成鳥**　北上市　1992年2月11日　Y
亜種コハクチョウに比べ，嘴の黄色部はなく，眼先に点状にある程度。

⑤ **亜種アメリカコハクチョウ成鳥**　北上市　1992年12月21日　Y
アメリカコハクチョウの眼先の黄色部の大きさは個体差がある。この個体はやや大きめの黄色部をしている。

⑥ **亜種アメリカコハクチョウ成鳥**　北上市　1992年2月11日　Y
黄色部は④よりさらに小さく，ごく小さくあるだけ。

⑦ **亜種アメリカコハクチョウと亜種コハクチョウの交雑個体と思われる**　北上市　1992年2月11日　Y
異なる亜種どうしの交雑によってできた個体は，嘴の黄色部の大きさが，両亜種の中間くらいになっている。

亜種コハクチョウ成鳥（⑧）とオオハクチョウ成鳥（⑨）の嘴の黄色部

コハクチョウ：北上市
1992年4月3日　Y
オオハクチョウ：北上市
1992年4月3日　Y
コハクチョウの黄色部は小さく，その先端は丸味を帯びていて，オオハクチョウのように黒色部の中に食い込んでいない。

117

カモ目 カモ科

△ **アカツクシガモ** *Tadorna ferruginea* Ruddy Shelduck TL 63-66cm WS 121-145cm

①♂ 愛知県鍋田干拓　1990年12月　Y　全身がオレンジ色をしている。♂は頸と胸の間に黒い輪がある。ただし，非繁殖期では不鮮明なことが多い。

②♀ 山口県山口市　1993年12月18日　Y
♀は頸に黒い輪が入らない。ツクシガモの仲間の形態はガンとカモの中間という感じ。

③♀ 山口市　1985年12月27日　Y
飛ぶと翼上面の雨覆の白が目立つ。初列風切は黒く，次列風切は緑色の光沢を呈する。

④♂ 滋賀県近江市　2005年1月10日　Y
翼下面は，雨覆と腋羽は白く，風切は黒い。

特徴　○全身がオレンジ色。頭部は色が淡い。
○嘴は黒い。
○飛翔時，翼上面は雨覆は白，風切は黒，次列風切は緑色光沢をもつ。翼下面も雨覆は白，風切は黒。
○黒い尾。
○黒い足。
○繁殖期の雄は頸に黒い輪がある。

鳴き声　グワー，グワーまたはクロー。

分布　ユーラシア大陸中部で繁殖し，北アフリカ・南アジア・中国・朝鮮半島で越冬。日本にはまれな冬鳥として飛来。全国から記録があるが，中国地方以西の記録が多い。

生息場所　湖沼・農耕地・海岸。

類似種　エジプトガン→
飼い鳥が逃げたものがよく記録される。
○体上面は褐色。
○眼の周囲に赤褐色の斑。○嘴はピンク色。
○足は赤く，やや長め。

| 見られる時期 | 1 | 2 | 3 | 4 | 5 | 6 | 7 | 8 | 9 | 10 | 11 | 12 |

◇ ツクシガモ

Tadorna tadorna
Common Shelduck

TL 58-67cm
WS 110-133cm

カモ目
カモ科

特徴 ○頭と頸は緑色光沢のある黒。○胸から腹は白く，胸から背を赤褐色の太い帯が取り巻く。○背から腰は白い。○飛翔時，翼上面は雨覆は白，風切は黒。次列風切は緑色光沢を帯びる。翼下面も雨覆の白と風切の黒のコントラストが鮮やか。○赤い嘴。○ピンク色の足。○白い尾。先端は黒い。○腹中央に縦の黒帯。○繁殖期の雄は上嘴の基部にこぶがある。○幼鳥は後胸の赤褐色の帯がない。

鳴き声 エアッまたはアッツ，アッツ。

分布 ヨーロッパ中部の沿岸・アジア中央部で繁殖し，ヨーロッパ南部・北アフリカ・インド北部・中国東部・朝鮮半島で越冬。日本では西日本，特に九州北部で越冬。東日本ではまれ。

生息場所 干潟。

類似種 マガモ雄→○体が小さい。○胸は茶色。○嘴は黄緑色。○背と腹は淡い褐色で，純白ではない。
カワアイサ雄→○嘴は細長い。○胸から腹は全て白い。○背は黒い。○体を深く沈めて泳ぎ，潜水をよく行う。

①♂夏羽　北九州市　1996年3月4日　Y　黒・白・赤褐色の3色が見事に区分されていて美しい。繁殖期は上嘴の基部がこぶ状になっている。完全な夏羽ではこぶがさらに大きくなる。

②♂冬羽　北九州市　1996年3月4日　Y　冬羽は♂のこぶはなくなり，♀との区別が難しくなる。ただし，♂は♀より一回りくらい大きい。

③幼鳥　北九州市　1996年3月4日　Y　幼鳥は顔に白い羽毛が見られる。赤褐色の胸の帯はないか，あっても不明瞭である。

④山口県山口市　1990年1月3日　Y　飛翔時は雨覆および背の白と風切および肩羽の黒のコントラストが鮮やか。

九州北部で見られる時期	1	2	3	4	5	6	7	8	9	10	11	12

119

○ オシドリ

Aix galericulata
Mandarin Duck

TL 41-47cm
WS 68-74cm

カモ目 カモ科

特徴 ○頭は扁平で，後頭に冠羽がある。
○頭上は暗緑色。光によって栗色に見える。
○眼の周囲から後ろにまが玉形の淡黄色の斑。
○頬の羽は長くて栗色。
○胸は紫色を帯びた褐色。
○側胸に黒と白の帯が2本ずつある。
○三列風切の1枚がオレンジ色で帆のように立つ「銀杏羽」となっている。
○赤い嘴。先端は白い。
○オレンジ色の足。
○雌は全身灰褐色で，嘴は灰黒色。眼の周囲から後頭に向かって白い線がある。
○雄のエクリプスは雌に似るが，嘴は赤い。

鳴き声 雄はケェッ，ケェッまたはウィップ，雌はクァッ。

分布 中国東北部・朝鮮半島・沿海州・サハリン・北海道・中部以北の本州で繁殖。冬季は本州以南で越冬。

生息場所 山間の湖沼や渓流。冬季は平地の湖沼・公園の池にも飛来。

類似種 **アメリカオシ**→飼い鳥が逃げ出したものが各地で記録される。○眼の周囲は黒い。○銀杏羽はない。○胸の黒と白の線は各1本ずつ。○雌は眼の周囲の白色部がより大きいこと，頭が小さめで額の盛り上がりが弱いこと，嘴の先端が黒い（オシドリでは白い）ことで区別。

①♂ 愛知県設楽町 1992年1月20日 Y
♂の三列風切の最も外側の羽は銀杏羽と呼ばれ，帆のように立てている。

②♀ 設楽町 1992年1月20日 Y
♀は全身灰褐色。脇には白斑がたくさんある。嘴は黒いが，先端は白い。

③♂エクリプス 千葉県谷津干潟 2007年7月7日 桐原
♀に似るが，嘴は赤く，脇の白斑は♀ほどはっきりしていない。頭の色もやや光沢を帯びている。

④♂と♀（右） 愛知県豊田市 1993年2月7日 Y 飛翔時は♂の銀杏羽は横になっている。翼上面は褐色で，翼鏡は緑色の光沢がある。

120

| 本州中部で見られる時期 | 1 | 2 | 3 | 4 | 5 | 6 | 7 | 8 | 9 | 10 | 11 | 12 |

◎ マガモ

Anas platyrhynchos
Mallard

TL 50-65cm
WS 75-100cm

カモ目
カモ科

特徴 ○頭は暗緑色。光によっては青紫色にも見える。
○頸に細い白の輪。
○胸は茶色。
○黄緑色の嘴。
○濃いオレンジ色の足。
○次列風切上面は青色の翼鏡があり，その上下に白線がある。
○尾は白く，中央尾羽のみ黒くて上に巻き上がる。
○雌は全身が褐色で，黒褐色の斑がある。嘴はオレンジ色で，上部は黒い。
○雄エクリプスは雌に似るが，嘴は黄緑色。

鳴き声 グァー，クワックワッまたはグエ，グエ。

分布 ユーラシア大陸および北アメリカ大陸の寒帯・温帯に広く分布。北部のものは南下して越冬。日本では北海道と本州の山地で繁殖。冬季は北海道から南西諸島まで広く見られる。

生息場所 湖沼・河川・海岸。

類似種 雌は次の種に似る。
カルガモ→ ○背・翼・腹の色が濃い。○嘴は黒く，先端は黄色い。○顔に黒線が2本ある。○尾は黒褐色。
オカヨシガモ雌→ ○体はやや小さめ。○翼鏡は白い。○額がやや出ていて，額から嘴にかけてのラインはマガモのように滑らかではない。

①♂ 愛知県豊橋市 1988年12月1日 Y
♂は緑色光沢のある頭をしていて，嘴は黄緑色。

②♀ 豊橋市 1988年12月1日 Y
♀の嘴はオレンジ色で，上部が黒い。

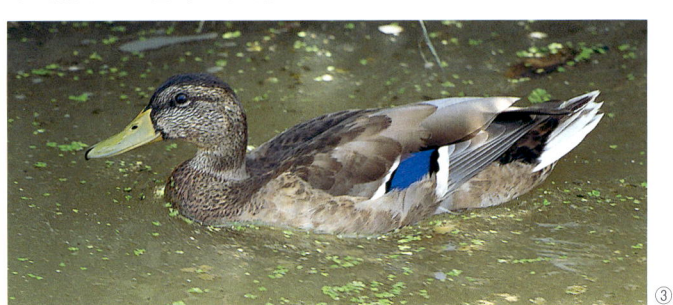

③♂エクリプス 愛知県田原市 1998年9月1日 Y
全身褐色で♀のように見えるが，一様な色合いをしている。嘴も黄緑色。

④♂♀ 愛知県汐川干潟 1986年12月21日 Y
飛翔時，翼上面は青色または青紫色の翼鏡の前後に白い線があるのが目立つ。

| 本州中部で見られる時期 | 1 | 2 | 3 | 4 | 5 | 6 | 7 | 8 | 9 | 10 | 11 | 12 |

121

カモ目 カモ科

◎ カルガモ

Anas poecilorhyncha
Spot-billed Duck

TL 58-63cm
WS 83-91cm

①♂（右）と♀　愛知県汐川干潟　1989年2月中旬　Y
カルガモの♂♀はよく似ているが，♂の方が羽色の黒味が強い。特に上尾筒と下尾筒は♂では黒く，♀では褐色味がある。

特徴　○全身が黒褐色。
○顔は白っぽく，2本の黒線がある。
○嘴は黒く，先端は黄色。
○オレンジ色の足。
○翼鏡は青い。
○尾は黒褐色。
○飛翔時，翼下面は雨覆の白と風切の黒がはっきり分かれている。

鳴き声　グェッ，グェッまたはグワッ，グワッ。

分布　インド・東アジア・東南アジア・台湾に分布。日本では北海道から南西諸島まで広く分布。北海道では大半は夏鳥だが，それ以外では周年生息している。

生息場所　湖沼・河川・水田・海岸。

類似種　マガモ雌→
○背・翼・腹の色が淡い。○嘴はオレンジ色で，上部が黒い。
○顔の黒線はない。
○尾は白っぽい。

オカヨシガモ雌→
○やや小さめの体。
○顔は褐色。
○背や腹の色には黒味がない。
○嘴はオレンジ色で嘴峰は黒い。
○翼鏡は白い。

②親子　新潟県阿賀町　1996年6月下旬　Yo
日本全国の湿地で繁殖しているので，春から夏にかけてはひなを連れた様子も観察できる。ひなも親同様に顔に2本の黒線が入る。

③♂（左）と♀　石川県羽咋市　1993年3月5日　Y　翼下面は，雨覆が白，風切は黒の2色にはっきり分かれて見える。

④♂　愛知県豊橋市　1998年4月8日　Y
翼上面では青色の翼鏡を2本の白線がはさんでいる。三列風切は白く見える。

122

本州中部で見られる時期	1	2	3	4	5	6	7	8	9	10	11	12

× アカノドカルガモ *Anas luzonica* Philippine Duck

TL 48-58cm
WS 84cm

カモ目
カモ科

特徴 ○赤褐色の顔に黒い頭央線と過眼線が走る。眉斑は赤褐色。
黒褐色の体。
○嘴は鉛黒色で、先端は黒い。
○黒褐色の脚。
○黒い上尾筒と下尾筒。尾は黒褐色。
○緑色の翼鏡。

鳴き声 クワッ。マガモに似る。

分布 パラワン島・バシラン島・スールー諸島などを除いたフィリピンのほとんどの島々で周年生息している。まれに台湾で記録される。日本では迷鳥として与那国島で記録されている。

生息場所 浅い淡水の湿地・水田

類似種 カルガモ→
○やや大きめの体。
○顔は白っぽい。
○嘴は黒く、先端近くに黄色部がある。
○脚はオレンジ色。
○三列風切に白色部がある。

①沖縄県与那国島　2005年4月18日　松戸
黒い過眼線と赤褐色の眉斑と喉が目立つ。頭上は黒い。

②沖縄県与那国島　2005年4月18日　松戸
嘴は先端まで一様に鉛黒色で、カルガモのような黄色部はない。

亜種とは？

1つの種の中で、ある地域に生息する個体群が他の地域の個体群と形態的な差異が見られる場合、それぞれの個体群を亜種と呼んで区別することがある。学名で表すときには、種小名の後に亜種小名をつけて3語で表す。

たとえば、日本に飛来するコガモの多くは、ユーラシア北部で繁殖しているものだが、まれに北アメリカ産の個体が飛来することもある。北アメリカ産のコガモは、ユーラシアの個体群とは側胸に白い線が入る、顔の緑帯を区切る黄白色の線が不明瞭、などの形態上の違いが見られる。そこで、ユーラシア産のコガモを亜種コガモ *Anas crecca crecca*、北アメリカ産のコガモを亜種アメリカコガモ *Anas crecca carolinensis* と呼んで区別するのである。注意したいのは、コガモという種の中にコガモという亜種名の個体群がいることで、和名の場合、このように種名と同じ亜種名をもつものも多い。

亜種に分けられる種の例は多く、3亜種以上に分類されているものもある。ただし、どこまでの違いをもって亜種とするか、種とするかは、学者によって意見が異なることがあり、このため、ある本では別亜種とされていたものが他の本では亜種として分けていないこともあるし、亜種として扱っていたものが別の本では独立した種として扱われることもある。

この図鑑の初版ではニシセグロカモメとして日本で見られる個体群を亜種 *Larus fuscus taimyrensis* として扱った。しかし、この個体群は学者によっては亜種として認めておらず、亜種 *Larus fuscus heuglini* の中に含めてしまうことも多い。さらに *Larus fuscus taimyrensis* や *Larus fuscus heuglini* とした個体群も、ニシセグロカモメと分けて、別種のホイグリンカモメ *Larus heuglini* に分類することも最近は多くなっているのである。

| 本州中部で見られる時期 | 1 | 2 | 3 | 4 | 5 | 6 | 7 | 8 | 9 | 10 | 11 | 12 |

コガモ

Anas crecca Common Teal

TL 34-38cm
WS 58-64cm

①亜種コガモ♂　静岡県浜松市　1996年12月6日　Y
栗色の頭部に入った緑色の帯と、下尾筒にある黄色の斑がよく目立つ。亜種コガモでは肩羽の部分に白線が見られる。

②亜種コガモ♀　浜松市　1996年12月6日　Y　小形のカモの♀はたがいによく似ているが、コガモの♀は顔に目立つような斑が見られず、尾に沿うように白線があることで区別する。

③亜種コガモ♂エクリプス　千葉県谷津干潟　2005年11月13日　桐原　この個体は生殖羽に換羽中のもの。渡ってきたばかりの頃のエクリプスは♀によく似る。

特徴　○頭部は栗色で、眼の周囲から後頸にかけて緑色の帯が入る。
○背と腹に白と黒の細かい模様。
○肩羽の外側が白く、体の中央に白い線となって見える。
○下尾筒付近に黒線で囲まれた三角形の黄色の斑。
○飛翔時、緑の翼鏡とその上下にある2本の白線が目立つ。○雌は全身が褐色で、黒褐色の斑がある。下尾筒の両脇は白い。
○雄エクリプスは雌に似るが、眉斑は不明瞭で、翼の白帯の幅は広い。

鳴き声　雄はピリッ、ピリッまたはピッ、ピッ。雌はグェーッ、グェッグェッまたはクェッ、クェェェェ。

分布　ユーラシア大陸北部と北アメリカ北部で繁殖。冬季はヨーロッパ南部・北アフリカ・中近東・南アジアから東アジアにかけて、北アメリカ中部および南部へ渡る。日本では2亜種の記録があり、亜種**コガモ** *A. c. crecca* は北海道と本州の山地の湖沼で少数が繁殖するが、多くは冬鳥として北海道から南西諸島に広く渡来する。亜種**アメリカコガモ** *A. c. carolinensis* はまれな冬鳥として渡来する。

生息場所　河川・湖沼・干潟。

類似種　雌及び雄エクリプスどうしは次の種と似る。
シマアジ→○眉斑の白が明瞭。○過眼線の黒が明瞭。○嘴はより長い。○飛翔時、翼上面の雨覆は灰色味がかっている。○下尾筒両脇にコガモのような白線はない。
トモエガモ→○体がいくぶん大きめ。○嘴基部に白い丸斑

| 本州中部で見られる時期 | 1 | 2 | 3 | 4 | 5 | 6 | 7 | 8 | 9 | 10 | 11 | 12 |

カモ目

カモ科

④**亜種コガモ♂（右の2羽）と♀**　愛知県鍋田干拓　1993年3月18日　Y
飛翔時，翼上面には緑の翼鏡とそれをはさむ2本の白帯が目立つ。前の方の白帯は♂では幅広い。

がある。
○下尾筒両脇にコガモのような白線はない。
○飛翔時，緑の翼鏡の上部には白線がない。
野外で区別可能な亜種
亜種アメリカコガモの雄は側胸に縦に白線があり、肩羽の白線が無い点で亜種コガモの雄と区別できる。近年のmtDNAの分析結果ではアメリカコガモはユーラシア産のコガモよりも南アメリカ産のキバシコガモ A.flavirostris により近い関係にあることが分かり、このため欧米の図鑑では別種とするものが多くなった。この場合、アメリカコガモは A.carolinensis（英名 Green-winged Teal）となり、ユーラシア産のコガモは A.crecca（英名 Eurasian Teal）となる。

⑤**亜種アメリカコガモ♂**　石川県羽咋市　1994年3月30日　Y
亜種アメリカコガモは側胸に縦の白線があり，肩羽の白線は見られない。顔の栗色部と緑帯の境界のクリーム色の線も不明瞭なものが多い。

⑥**亜種アメリカコガモと亜種コガモの交雑個体**　羽咋市　1994年3月30日　Y
この個体は側胸の白線と，肩羽の白線が共に見られ，亜種アメリカコガモと亜種コガモの両方の特徴をもっている。

125

カモ目 カモ科

◇ **トモエガモ**　*Anas formosa*　Baikal Teal　TL 39-43cm　WS 65-75cm

①♂　東京都不忍池　1996年2月24日　Y　独特な顔の模様と，側胸の白線，細長く伸びた肩羽が本種の特徴。コガモよりは体が大きい。

②♀　東京都三鷹市　1996年2月24日　Y
♀は嘴基部に白い丸斑があり，喉から頬にかけて白色部がある。幼羽や♂エクリプスでは喉から頬の白色部は不鮮明。

③♂　愛知県豊橋市　1982年1月16日　石井
翼下面の中雨覆と腋羽は白い。次列風切の後縁に白い線が入る。

特徴　○顔に黄白色・緑色・黒色から成る巴字形の模様。
○体上面は褐色。
○脇にかかるほど伸びた長い肩羽。
○側胸から脇は青灰色。側胸には白い縦線が走る。
○下尾筒に三角形の黒斑。
○飛翔時，緑の翼鏡の後縁は白く，1本の白線となる。
○雌は全身褐色で，黒褐色の斑がある。嘴基部に白い丸斑がある。喉は白い。
○雄エクリプスは雌に似るが，眼から頬にかけて不明瞭な黒線があり，喉の白色部は雌ほどはっきりしていない。

鳴き声　ココココまたはクククッ。

分布　シベリア東部で繁殖し，中国東部・朝鮮半島で越冬。日本では全国で記録されているが，本州以南の日本海側に多く，太平洋側では少ない。

生息場所　湖沼・河川。

類似種　**コガモ→**
○体が小さい。
○顔は栗色と緑色で，黄白色の部分はない。
○背は灰色。
○下尾筒の脇に三角形の黄色い斑がある。
○雌は嘴基部の白い丸斑，喉の白色部，下尾筒両脇の白線がない。

シマアジ雌→
○体が小さい。○眉斑の白と，過眼線の黒がはっきりしている。

本州中部で見られる時期 | 1 | 2 | 3 | 4 | 5 | 6 | 7 | 8 | 9 | 10 | 11 | 12

126

○ ヨシガモ

Anas falcata
Falcated Duck

TL 46-54cm
WS 78-82cm

カモ目

カモ科

特徴 ○頭は扁平で，赤紫色と緑色の部分から成る。
○後頭に房状の冠羽。
○喉は白く，黒い頸輪がある。
○三列風切は長く，鎌状に垂れる。
○黒い嘴。
○黒い足。
○飛翔時，翼鏡は緑で，大雨覆は白っぽい。
○下尾筒の両脇に三角形の黄色い斑がある。
○雌は全身が褐色で，黒褐色の斑が入る。
○雄エクリプスは雌に似るが，三列風切は長く，つけ根は幅広く灰白色。また雨覆も一様に灰白色をしている。

鳴き声 ホーイ，ホーイ。

分布 シベリア東部・サハリンで繁殖し，朝鮮半島・中国で越冬。日本では北海道で繁殖する他，冬鳥として全国各地で記録されている。

生息場所 遠浅の湾内・湖沼。

類似種 雌や雄エクリプスは次の種の雌によく似る。

ヒドリガモ→ ○頭はやや小さい。
○羽色がより赤褐色味を帯びる。
○嘴は先端が黒く，他は青灰色。長さも短い。

オカヨシガモ→
○頭と頸はより細く見える。
○嘴はオレンジ色で嘴峰が黒い。
○翼鏡は白い。
○足はオレンジ色。

① ♂ 京都市 1994年3月25日 Y
赤紫色と緑色からなる扁平な頭と，鎌状に垂れた三列風切が本種の特徴。胸には黒い縁の入った鱗模様がある。

② ♀ 京都市 1994年3月25日 Y
♀は嘴全体が黒く，顔には眉斑や過眼線などの目立つ模様は全く見られない。翼鏡の前にある大雨覆の灰白色部も本種の特徴。

③ ♂ (右の2羽) と♀ 京都市 1995年1月6日 Y
翼上面は♂も♀も緑色の光沢のある翼鏡の上部の幅広い灰白色部が目立つ。

本州中部で見られる時期	1	2	3	4	5	6	7	8	9	10	11	12

カモ目 カモ科

◎ オカヨシガモ

Anas strepera
Gadwall

TL 46-58cm
WS 84-95cm

特徴 ○全身に灰色と灰黒色の小斑が散らばる。
○褐色の頭部。
○黒い嘴。
○白い翼鏡。
○上尾筒と下尾筒は黒い。
○オレンジ色の足。
○雌は全身が褐色で、黒褐色の斑がある。嘴はオレンジ色で嘴峰は黒い。
○雄エクリプスは雌に似るが、肩羽はのっぺりとしていて、雌のように黒と褐色の斑がはっきりと分かれていない。

鳴き声 アッ,アッまたはゲッ,ゲッ。

分布 ユーラシアおよび北アメリカの亜寒帯で繁殖し、ヨーロッパ南部・北アフリカ・インド・中国東部・北アメリカ南部で越冬。日本では北海道と本州の一部で少数が繁殖。大部分は冬鳥として本州・四国・九州に渡来。

生息場所 湖沼・河川・遠浅の湾内。

類似種 雌や雄エクリプスは次の種の雌に似ている。

ヒドリガモ→ ○羽色は赤褐色味が強い。○額が出っ張っている。○嘴は短めで、基部は青灰色で先は黒い。○足は鉛色。○翼鏡は緑色。

ヨシガモ→ ○頭はやや大きめ。○羽色は黒褐色味が強い。○嘴は黒い。○足は黒い。○翼鏡は緑色。

① ♂ 千葉県谷津干潟 1999年11月28日 Y
全身が灰色で、灰黒色の小斑がたくさんある。翼鏡が白いことが最大の特徴。

② ♀ 豊橋市 1983年1月15日 Y ♀は全身が褐色,嘴はオレンジ色で嘴峰に黒色部がある。翼鏡は♂同様に白い。

③ ♀（左から2羽目）と♂ 豊橋市 1995年2月27日 Y
飛翔時も翼鏡の白さが目立つ。♂は翼上面の大雨覆は栗色をしているのがわかる。

128

| 本州中部で見られる時期 | 1 | 2 | 3 | 4 | 5 | 6 | 7 | 8 | 9 | 10 | 11 | 12 |

◎ ヒドリガモ

Anas penelope
Eurasian Wigeon

TL 45-51cm
WS 75-86cm

カモ目

カモ科

①♂（右）と♀　愛知県豊橋市　1991年12月11日　Y
♂の頭部は赤褐色で，額から頭頂は黄白色。♀は全身褐色だが，他のカモの♀よりも赤味が強い。

②♂　豊橋市　1991年12月11日　Y
腋羽は♂も♀も灰色をしていて，アメリカヒドリほど白くは見えない。

③♂♂と♀（右の1羽）　愛知県田原市　1998年11月16日　Y
♂の翼上面の雨覆は白くなっていて遠くからでも目立つ。♀の雨覆は灰褐色。

特徴　○頭から頸は赤味がかった褐色。額と頭頂は黄白色。○胸はぶどう色。○背と脇は灰色。○嘴は青灰色で，先端は黒い。○黒い下尾筒。○鉛色の足。○飛翔時，翼上面は雨覆の白が目立つ。○緑色の翼鏡。○雌は全身が赤褐色。雨覆は灰褐色。○雄エクリプスは雌に似るが，顔の赤味が強く，雨覆は白い。
鳴き声　雄はピュウィー，ピュウィーまたはピューィ，ピュー。雌はグワー，グワーまたはグァ，グァ。
分布　ユーラシア大陸北部で繁殖し，ユーラシアの温帯から亜熱帯地域・北アフリカで越冬。日本には冬鳥として，北海道から南西諸島まで広く飛来する。
生息場所　湖沼・内湾・河川。
類似種　アメリカヒドリ→○眼から後頭に幅広い緑色の帯がある。○額から頭上に続く黄白色部はより淡く，後頭まで伸びる。○頬は黄白色の地に黒い小斑が散在する。○胸だけでなく，脇や背もぶどう色を帯びる。○腋羽は白い（ヒドリガモでは灰色）。○雌は頭部の色が淡く，赤味がないこと，大雨覆が白味がかることで区別する。
ヨシガモ雌→○頭はやや大きめ。○羽色は赤味が少ない。○嘴はやや長く，黒い。

| 本州中部で見られる時期 | 1 | 2 | 3 | 4 | 5 | 6 | 7 | 8 | 9 | 10 | 11 | 12 |

カモ目 カモ科

◎ オナガガモ

Anas acuta
Northern Pintail

TL ♂61-76cm ♀51-57cm
WS 80-95cm

①♂ 静岡県御前崎市 1989年2月12日 Y　♂の嘴は両側が青灰色で、上面は黒い。これはエクリプス羽の状態でも同じ。中央尾羽は長くて10cmほどもある。

②♂エクリプス 千葉県谷津干潟 2005年9月19日 桐原　エクリプス羽の♂は頭部の色は淡灰褐色で、頸から後頭に食い込む白色部はまだ見られない。

③♀ 御前崎市 1989年2月12日 Y
♀の嘴は全面が黒い。尾も他のカモの♀よりは長いが、♂ほど長くはない。

特徴　○頭部はチョコレート色。
○頸と胸は白く、後頭はチョコレート色の縦線がある。
○背と脇は灰色。
○中央尾羽は黒色で細長い。
○下尾筒は黒く、その前に黄色の斑がある。
○嘴は黒く、両側は青灰色。
○飛翔時、翼後縁が白い。
○緑色の翼鏡。
○雌は全身が褐色で、黒褐色の斑がある。嘴は全面が一様に黒い。尾も雄ほどは長くない。
○雄エクリプスは雌に似るが、嘴の両側は青灰色。

鳴き声　雄はピル、ピルまたはキシーン、キシーンなどいくつかの違う声を出す。雌はクワッ、クワッ。

分布　ユーラシア大陸北部・北アメリカ北部で繁殖し、冬季はユーラシアおよび北アメリカの温帯から熱帯域・アフリカ北部で越冬。日本には冬鳥として北海道から南西諸島まで数多くが飛来する。

生息場所　湖沼・河川・内湾。

類似種　雌は他のマガモ属 *Anas* のカモの雌と色合いが似るが、細長い頸とほっそりした体つきで見分けることができる。

| 本州中部で見られる時期 | 1 | 2 | 3 | 4 | 5 | 6 | 7 | 8 | 9 | 10 | 11 | 12 |

④♂エクリプス
汐川干潟　1991年11月1日　Y
♂エクリプスは♀に似るが、嘴のパターンが異なる。また、体上面の色は灰色味がかっている。

⑤♂　宮城県伊豆沼　1992年2月6日　Y
飛翔型も他のカモに比べ、細長い頸と尾のため、全体がスマートに見える。翼鏡は緑色で、その後縁は白い。

⑥♀　伊豆沼　1992年2月6日　Y
翼鏡前縁は♂では黄褐色、♀では黄白色。

⑦雄化した♀　千葉県谷津干潟　1990年2月3日　私市
ホルモンのバランスが崩れて、♂のような羽になっている。嘴のパターンで♀であることがわかる。

カモ目
カモ科

カモ目
カモ科

◇ アメリカヒドリ

Anas americana
American Wigeon

TL 45-56cm
WS 76-89cm

特徴 ○頭部は淡い黄白色で，眼の周囲から後頭に幅広い緑色の帯がある。頬には黒い小斑が散在。
○胸・脇・背はぶどう色。
○嘴は青灰色で先端は黒い。
○黒い下尾筒。
○鉛色の足。
○飛翔時，翼上面の雨覆の白が目立つ。
○腋羽は白い。
○緑色の翼鏡。
○雌は全身が赤褐色だが，頭部は赤味がなく淡い。雨覆も灰褐色。ただし大雨覆は白っぽく見える。
○雄エクリプスは雌に似るが，雨覆は白い。

鳴き声 雄はピュー，ピュウ。雌はクワッ，クワッ。

分布 北アメリカ北部で繁殖し，北アメリカ中部からメキシコ・西インド諸島で越冬。日本には毎年少数が冬鳥として飛来。記録は北海道から南西諸島まで全国各地である。

生息場所 湖沼・河川・内湾。

類似種 ヒドリガモ→
○顔は赤味がかった褐色で，緑帯はないか，あっても小さい。
○額にある黄白色部は後頭まで達しない。色も黄色味が強い。
○脇と背は灰色で，胸との色の違いが明瞭。○腋羽は灰色。○雌は頭部も赤味の強い褐色をしていること，大雨覆が灰褐色なことで区別。

①♂ 愛知県豊橋市 1983年2月12日 Y ♂の頭部にある緑帯の幅は個体によってさまざま。この個体は太い。胸と脇の色の差はない。

②♀ カナダ，ブリティッシュコロンビア州バンクーバー 1994年3月4日 Y ヒドリガモの♀に似るが，頭の赤味は少なく，小さな黒斑が明瞭。ただし，ヒドリガモの♀の羽色は個体差が大きく，アメリカヒドリとの区別がつけにくいものもいる。

③♂ 兵庫県伊丹市 1979年12月1日 小山
腋羽は♂も♀も白い。ヒドリガモではこの部分は灰色味がかっている。

本州中部で見られる時期 | 1 | 2 | 3 | 4 | 5 | 6 | 7 | 8 | 9 | 10 | 11 | 12

○ シマアジ

Anas querquedula
Garganey

TL 37-41cm
WS 58-69cm

カモ目

カモ科

特徴 ○顔は赤紫色を帯びた褐色で、太い白の眉斑がある。
○やや長めの黒い嘴。
○背と胸は黒褐色で小さな斑が散在。
○脇は白く、細い黒の波状斑がある。
○肩羽は白と黒と青灰色の模様で、細長い飾り羽となっている。
○飛翔時、翼上面は雨覆の青灰色と、緑色の翼鏡の上下の白線が目立つ。
○雌は全身褐色で、黒褐色の斑がある。顔には汚白色の眉斑と黒褐色の過眼線、さらにその下にもう一本の汚白色の線がある。雨覆は灰褐色。
○雄エクリプスは雌に似るが、雨覆は青灰色。

鳴き声 ギェー、ギェー。

分布 ユーラシア大陸北部および中部で繁殖し、アフリカ・インド・東南アジアで越冬。日本では北海道根室市と愛知で繁殖例があるが、主に旅鳥として春と秋に通過する。南西諸島では越冬するものもいる。

生息場所 湖沼・河川・内湾。南西諸島では海岸でも見られる。

類似種 次の種の雌に似る。

コガモ→○嘴はやや短い。
○眉斑や過眼線は不鮮明。雨覆は褐色味が強い。○下尾筒の両脇に白い横線がある。

トモエガモ→○体が大きい。
○眉斑と過眼線はやや不鮮明。
○飛翔時、緑の翼鏡の上部には白線がない。

③♂（右の2羽）と♀ 豊橋市 1984年4月1日 Y 翼下面は♂♀で大きな違いは見られない。下雨覆と腋羽は白く見える。

④♂（左から2羽目）と♀（左から1, 4, 5羽目） 神奈川県平塚市 1998年9月25日 平田 ♂の上雨覆は灰色で、♀やコガモ（左から3羽目）の灰褐色と異なる。

①♂（右）と♀ 愛知県豊橋市 1985年4月1日 Y ♂は太い白の眉斑が目立つ。♀は他の小形のカモ類の♀に似るが、白い眉斑と黒褐色の過眼線が明瞭で、顔つきはカルガモに似る。

②♂エクリプス 茨城県神栖市 1990年9月15日 私市 ♀に似るが、雨覆は灰色（♀は褐色で羽縁が白い）。眉斑も♂エクリプスの方が白味が強く、眼より前方が白いことで区別できる。

本州中部で見られる時期	1	2	3	4	5	6	7	8	9	10	11	12

カモ目 カモ科

✕ ミカヅキシマアジ

Anas discors
Blue-winged Teal

TL 35-41cm
WS 60-69cm

①♂　愛知県犬山市　1996年2月15日　Y
濃青灰色の頭にある大きな三日月形の白斑が特徴。嘴はコガモに比べて長い。

②♂　犬山市　1996年2月15日　Y
足はオレンジ色で、コガモやシマアジとは異なる。腰の脇に大きな白斑がある。

特徴　○頭部は濃青灰色で、三日月形の白斑がある。
○胸・腹・背は褐色で、黒い丸斑が散在する。
○下尾筒は黒く、その前方に白斑がある。
○やや長めの嘴。
○オレンジ色の足。
○飛翔時、雨覆の青灰色、翼鏡の緑色と、その間にはさまれた大雨覆の白帯が目立つ。
○雌は全身が褐色で、黒褐色の斑がある。嘴の基部には白い丸斑があり、眼の周囲を白いリングが囲む。大雨覆は黒褐色。
○雄エクリプスは雌に似るが、大雨覆は白い。

鳴き声　ツィッ、ツィッ。

分布　北アメリカ北部および中部で繁殖し、北アメリカ南部から南アメリカ北部にかけてで越冬する。日本では1996年1～2月に愛知県木曽川で雄1羽が記録されただけの迷鳥。

生息場所　河川・湖沼。

類似種　雌は次の種に似る。

シマアジ→○眉斑と過眼線はより明瞭。○眼の周囲に白いリングはない。○雨覆は青味の弱い青灰色。○足は黒い。○飛翔時、翼鏡をはさんで上下に白線がある。

コガモ→○嘴は短い。○嘴基部に白い丸斑はない。○下尾筒の脇に白い横線がある。○足は黒い。○雨覆は灰褐色。○飛翔時、翼鏡をはさんで上下に白線がある。

134　　見られる時期　1　2　3　4　5　6　7　8　9　10　11　12

◎ ハシビロガモ

Anas clypeata
Northern Shoveler

TL 43-56cm
WS 70-85cm

カモ目 カモ科

特徴 ○幅広くて長い黒い嘴。
○頭部は暗緑色。
○白い胸。
○腹は栗色。
○下腹の脇は白。
○上尾筒と下尾筒は黒。
○白い尾。
○黒い背。
○飛翔時，青灰色の雨覆が目立つ。
○黄色の虹彩。
○雌は全身が褐色で黒褐色の斑がある。虹彩は褐色で，雨覆は灰色。
○雄エクリプスは雌に似るが虹彩は黄色く，雨覆は青味が強い。

鳴き声 クェッ，クェッ。

分布 ユーラシア大陸北部・北アメリカ北部で繁殖。冬季は南ヨーロッパ・北アフリカ・インド・東南アジア・中国南部・北アメリカ南部で越冬。日本では少数が北海道で繁殖するが，大部分は冬鳥として飛来し，全国で広く越冬。

生息場所 湖沼・河川・干潟。

類似種 雄雌ともに大きくて幅広い嘴が確認できれば本種であることがわかる。

①♂ 京都市 1995年1月6日 Y
幅が広くて長い嘴には板歯というくし状の器官があり，水面のプランクトンをろ過して食べるのに用いられる。

②♀ 東京都不忍池 1997年1月25日 五百沢 ♀の虹彩は褐色。嘴はオレンジ色に黒味を帯びたものが多いが，ほとんど黒いものもいる。

③♂（右）と♀ 愛知県鍋田干拓 1993年3月18日 Y
雨覆が♂は青灰色，♀では灰色。翼鏡は♂♀ともに緑色。

| 本州中部で見られる時期 | 1 | 2 | 3 | 4 | 5 | 6 | 7 | 8 | 9 | 10 | 11 | 12 |

135

△ **アカハシハジロ** *Netta rufina* Red-crested Pochard TL 53-57cm WS 84-88cm

特徴 ○赤橙色の頭。
○赤い嘴。
○頸から胸にかけて黒い。
○灰褐色の背。
○上尾筒と下尾筒は黒い。
○オレンジ色の足。
○飛翔時、翼上面に幅広い白帯が出る。
○雌は全身褐色で、頬と喉は白い。嘴は黒く、先端付近のみ淡赤色。
○雄エクリプスは雌に似るが、嘴は赤い。

鳴き声 ギィまたはビィッ。

分布 ヨーロッパから中央アジアにかけて繁殖。地中海沿岸・北アフリカ・ペルシア湾岸からインドで越冬する。日本ではまれな冬鳥として渡来し、これまで本州・九州・宮古島で記録がある。

生息場所 湖沼・河川。

類似種 ホシハジロ→
○体が一回り小さい。
○嘴は黒っぽい。
○背は灰色。
○足は鉛色。
○翼帯は灰色。

クロガモ雌→ 雌が似るが、
○嘴の基部が太く、淡赤色部はない。
○羽色は黒味が強い。
○翼帯はない。
○翼下面は黒褐色（アカハシハジロは白い）。

① ♂ 福岡市 1991年12月30日 Y
赤橙色の頭と黒い胸、赤い嘴が特徴。潜水性のカモだが、陸上にもよく上がる。

② ♂ 第1回冬羽 神奈川県小田原市 1987年12月7日 Y
嘴に黒色部があるので、若い♂の個体と思われる。

③ ♀ 大阪府箕面市 2000年1月14日 Y
♀の嘴は黒く、先端が赤い。♂エクリプスでは全て赤い。

見られる時期 1 2 3 4 5 6 7 8 9 10 11 12

◎ ホシハジロ

Aythya ferina
Common Pochard

TL 42-49cm
WS 72-82cm

カモ目
カモ科

①♂ 愛知県豊橋市 1993年2月5日 Y
♂の嘴は基部と先端が黒く，中ほどが青灰色になったものが多いが，全体が鉛色に見えるものもいる。

②♀ 山形県酒田市 1987年3月29日 Y
♀の嘴は基部が鉛色，先端が黒く，その間が灰色になっているものが多い。虹彩は褐色。羽色は個体差が大きく，写真のものより褐色味の強いものもいる。

③♂（右端）と♀
愛知県汐川干潟 1996年1月18日 Y
翼上面には初列風切から次列風切に幅の広い灰色の翼帯がある。

特徴 ○赤褐色の頭と頸。
○黒い胸。
○背と腹は灰色。
○上尾筒と下尾筒は黒い。
○嘴は黒く，中ほどは鉛色。
○鉛色の足。
○飛翔時，翼上面に灰色の翼帯が出る。
○雌は全身が褐色で，眼の周囲と後ろに淡色の線がある。虹彩は褐色。
○雄エクリプスは雌に似るが，虹彩は赤い。

鳴き声 クルル，クルルまたはクルッ，クルッ。

分布 ヨーロッパ中東部からバイカル湖周辺にかけて繁殖。冬季はヨーロッパ・北アフリカ・中近東・インド・中国東部に渡る。日本では北海道東部で繁殖記録があるが，大部分は冬鳥で，全国で広く記録がある。

生息場所 湖沼・河川・内湾。

類似種 アメリカホシハジロ→
○額は丸く出っ張っていて，頭頂は平ら（ホシハジロは頭頂がとがる）。○嘴は青灰色で先端のみ黒い。○虹彩は黄色。
○背と腹の灰色はより濃い。
○雌は全身の褐色味がより強い。

オオホシハジロ→ ○体が一回り大きい。○嘴はより長く，全体が黒い。○頭から嘴にかけてのラインがほぼ直線状（ホシハジロでは段差がある）。○頸と胴はより長め。○背と腹は白味が強い。

本州中部で見られる時期	1	2	3	4	5	6	7	8	9	10	11	12

✕ アメリカホシハジロ

Aythya americana Redhead
TL 45-56cm
WS 75-85cm

特徴 ○赤褐色の頭と頸。
○黒い胸。
○背と腹は灰色。
○上尾筒と下尾筒は黒い。
○青灰色の嘴。先端のみ黒く，中間は白い。
○黄色い虹彩。
○飛翔時，次列風切のみ灰白色。
○雌は全身が褐色で，眼の周囲とその後方に細い白い線がある。虹彩は褐色。
○雄エクリプスは雌に似るが，頭部に赤味があり，虹彩は黄色い。

鳴き声 ルルルルルルまたはミューオゥとネコのように鳴く。

分布 北アメリカ北部で繁殖し，北アメリカ南部および東部で越冬する。日本では，1985年1月に東京都不忍池で雌1羽の記録があるだけの迷鳥。

生息場所 湖沼・内湾。

類似種 ホシハジロ→○額よりも頭頂がとがる。○嘴の基部は黒い。○虹彩は赤い。○背・腹の色は淡い。○飛翔時，灰色の翼帯は初列風切にまで及ぶ。○雌の羽色は灰色味が強い。

オオホシハジロ→
○体が一回り大きい。○嘴は全て黒く，長い。○頭から嘴にかけてのラインは直線状。○虹彩は赤い。○雌は羽色が灰色。

① ♂ カナダ，ブリティッシュコロンビア州バンクーバー 1994年3月4日 Y 嘴は青灰色で，先端は黒い。この2色の間に白帯がある。虹彩は黄色。

② ♀ バンクーバー 1994年3月4日 Y ♀の嘴は鉛色で，先端は黒い。ホシハジロの♀に比べ背や脇の褐色味が強く，頭の形も異なる。

③ ♀（左，右の2羽はホシハジロ） 東京都不忍池 1985年1月16日 金田彦太郎 右側にいるホシハジロに比べると，頭の形が異なっていることがわかる。嘴先端にある黒色部も，真横から見ると形が違っている。

| 本州中部で見られる時期 | 1 | 2 | 3 | 4 | 5 | 6 | 7 | 8 | 9 | 10 | 11 | 12 |

△ オオホシハジロ

Aythya valisineria
Canvasback

TL 48-61cm
WS 80-90cm

カモ目
カモ科

特徴 ○赤褐色の頭と頚。後頭が出っ張っている。
○胸は黒。
○背と腹は灰白色。
○上尾筒と下尾筒は黒い。
○黒くて長い嘴。
○赤い虹彩。
○飛翔時、翼上面に灰色の翼帯が出る。
○雌は頭から胸は褐色。背と腹は灰色で、虹彩は褐色。
○雄エクリプスは雌に似るが、頭に赤味があり、虹彩は赤い。

鳴き声 雄はウィック、ウィック、ウィック。雌はクルル、クルル、クルル。

分布 アラスカからカナダ・北アメリカ中西部で繁殖し、アメリカ合衆国南部からメキシコで越冬する。日本ではまれな冬鳥として北海道・本州・四国・沖縄で記録がある。

生息場所 湖沼・河川・内湾。

類似種 ホシハジロ→
○体が一回り小さく、頚と胴は短め。○嘴は黒に青灰色の斑が入り、短い（一様に黒いものもいる）。○頭から嘴にかけてのラインは曲線状。○後頭ではなく、頭のちょうど中央がとがっている。○背や腹の色はやや濃い。

アメリカホシハジロ→
○体が小さく、頚と胴も短め。○嘴は青灰色で先端だけ黒い。○頭から嘴にかけてのラインは額に段差がある。○背や腹は褐色味が強い。○飛翔時、灰色の翼帯が出るのは次列風切のみ。

①♂ 茨城県潮来市 1998年12月28日 Y
嘴は黒くて、ホシハジロよりも長い。頭頂から上嘴先端までのラインはホシハジロほど曲がって見えない。

②♀ 潮来市 1999年2月8日 Y ♀の嘴も全面が黒い。ホシハジロの♀にも嘴が全て黒いものもいるので、識別には注意が必要。

③♀ 潮来市 1998年12月28日 Y
♀の羽衣は、個体による変異が大きい。一般的にはホシハジロの♀より羽色は淡い。

| 見られる時期 | 1 | 2 | 3 | 4 | 5 | 6 | 7 | 8 | 9 | 10 | 11 | 12 |

カモ目
カモ科

✕ クビワキンクロ

Aythya collaris
Ring-necked Duck

TL 37-46cm
WS 61-75cm

特徴 ○紫色光沢のある黒色の頭。後頭が盛り上がっている。
○黒い胸。
○背・尾・上尾筒・下尾筒は黒い。
○嘴は青灰色で、それをはさむように白い部分がある。先端は黒い。
○白い腹。脇には波状の細かい模様があるので灰色に見える。
○虹彩は黄橙色。
○雌は全身褐色で、嘴は鉛色で基部は白くない。虹彩は褐色。眼の周囲から後方に淡色の線が入る。
○雄エクリプスは脇も褐色。

鳴き声 クァ、クァ。

分布 北アメリカ北部で繁殖し、北アメリカ中部および南部・中央アメリカ・キューバ・ジャマイカ・プエルトリコで越冬。日本では東京都不忍池で初めて観察されてから、北海道・和歌山などで記録のある迷鳥。

生息場所 池沼・河川。

類似種 キンクロハジロ→○嘴基部は白くない。○頭は額が出ていて、後頭は盛り上がらない。
○後頭に長い冠羽がある。○脇は白い。○雌は羽色の黒味が強く、顔に淡色の線はない。虹彩は黄色。
スズガモ→○背は灰色。
○額が最も出ていて、後頭は盛り上がらない。
○嘴基部や先端付近に白線はない。○雌は顔の前が白く、眼の後方に淡色の線はない。虹彩は黄色。

①♂ 東京都不忍池 1984年3月25日 Y 後頭が盛り上がった独特の頭の形と、嘴を囲むようにある白い線が♂の特徴。

②♀ 北海道根室市 2000年1月2日 Y ♀は全身褐色だが、眼の周囲は白い。嘴は鉛色で、先端付近に白帯があるが、基部は♂のようには白くなっていない。

③♂ 不忍池 1984年3月25日 Y 翼を広げると上面には太い白帯が出る。頸に紫褐色の輪があるのがわかる。

見られる時期 1 2 3 4 5 6 7 8 9 10 11 12

✕ メジロガモ

Aythya nyroca
Ferruginous Duck

TL 38-42cm
WS 63-67cm

カモ目

カモ科

特徴 ○全身が赤味のある褐色。背は黒褐色。
○下尾筒は白い。
○白い虹彩。
○脇が白い。
○翼上面に白帯が出る。
○雌は全身が褐色で、雄のような赤味はない。虹彩は褐色。

鳴き声 カッ。

分布 東ヨーロッパから中近東・チベットで繁殖。北アフリカ・ナイル川流域・アデン湾周辺・イラン・イラク・北インド・ビルマで越冬。日本では迷鳥としてこれまでに千葉・岐阜・愛知・福岡で記録されている。

生息場所 池沼・河川。

類似種 アカハジロ→
○体はやや大きい。○頭は緑色光沢のある黒。○泳いでいる状態でも腹の白色部が見える。○雌では嘴基部に淡褐色の円形の斑があること、羽色の赤味が少ないことで区別。

キンクロハジロ雌→雌に似るが、○羽色は黒褐色で赤味が少ない。○後頭に短い冠羽がある。○虹彩は黄色。

①♂ 福岡市 1993年12月28日 Y 赤味の強い褐色の体と、白い虹彩が目立つ。下尾筒も白い。

②♂ 福岡市 1993年12月28日 Y 嘴爪は黒く、その周囲は灰白色。アカハジロの嘴より小ぶりである。

③♂ 福岡市 1993年12月28日 Y 脇に白い斑があることがわかる。この斑はアカハジロの♂にも見られる。

見られる時期	1	2	3	4	5	6	7	8	9	10	11	12

141

カモ目 カモ科

△ **アカハジロ**　*Aythya baeri* Baer's Pochard　TL 41-46cm　WS 70-79cm

①♂　東京都浮間公園　1995年3月5日　Y
同じ白い虹彩をしたメジロガモに似るが，頭は緑色光沢がある。嘴も大きく，泳いでいるとき，脇に白色部がある。

②♀　大阪市　1994年3月16日　石井　♂♀の羽色は他のカモ類ほど違いがない。虹彩は褐色で，嘴のつけ根付近に褐色の斑がある。

③♂　浮間公園　1995年3月5日　Y
翼上面の風切には太い白帯がある。

特徴　○頭は緑色光沢のある黒。
○赤褐色の胸。
○脇と下腹は褐色で，腹は白い。
○体上面は褐色。
○白い虹彩。
○腮は白い。
○白い下尾筒。
○翼上面に白帯が出る。
○雌は全身が褐色で，嘴基部に丸い淡褐色の斑がある。虹彩は褐色。
○雄エクリプスは雌に似るが，虹彩は白い。

鳴き声　雄はコロッ，コロッ。雌はクラッ，クラッ，クラッ。

分布　アムール・ウスリー・トランスバイカリア・中国東北部で繁殖し，アッサム・ビルマ・タイ・中国東北部で越冬する。日本には数の少ない冬鳥として渡来し，北海道・本州・四国・九州で記録がある。

生息場所　湖沼・河川。

類似種　メジロガモ→
○やや小さめの体。
○頭を含む全身に赤味がある。○泳いでいるとき，脇に白色部はない。
○雌では嘴基部に円形の斑がないこと，羽色に赤味があることで区別。

スズガモ→○胸は黒い。
○背は灰色。
○下尾筒は黒。
○虹彩は橙黄色。
○雌は嘴の基部付近が白いこと，虹彩が橙黄色であることで区別。

見られる時期　1 2 3 4 5 6 7 8 9 10 11 12

◎ キンクロハジロ

Aythya fuligula
Tufted Duck

TL 40-47cm
WS 67-73cm

カモ目
カモ科

特徴 ○頭から胸と体上面は黒い。頭には紫色光沢がある。
○脇と腹は白い。
○後頭に房状の冠羽。
○嘴は青灰色で先端は黒い。
○黒い下尾筒。
○翼上面には白帯がある。
○虹彩は黄色。
○雌は全身が黒褐色で，冠羽は短い。
○雄エクリプスは雌に似るが，頭や胸の黒味が強く，脇は淡色。

鳴き声 雌はクルル，クルル。雄はあまり鳴かず，繁殖期にフィーと口笛のような声を出す。

分布 ユーラシア大陸北部で繁殖し，ヨーロッパ・北アフリカ・中近東・インド・東南アジア・中国東部で越冬。日本では少数が北海道で繁殖するが，大部分は冬鳥として渡来し，全国で越冬する。

生息場所 湖沼・河川。内湾や港内にいることもある。

類似種 クビワキンクロ→
○嘴基部と先端付近の2ヶ所に白帯がある。○後頭が盛り上がり，冠羽は非常に短い。○脇は灰色。○雌は羽色が淡く，眼の後方に淡色の線があること，虹彩が褐色であることで区別。

スズガモ→○体がやや大きく，頭と嘴は特に大きめ。
○背は灰色。
○頭に冠羽はなく，緑色光沢がある。○雌は羽色がやや淡く，嘴の基部の白斑が大きい（キンクロハジロではないかと小さい）ことで区別。

コスズガモ→○背は灰色。
○頭の冠羽は小さい。
○嘴先端の黒色部の幅はずっと狭い。
○雌は羽色がやや淡い。

①♂　東京都不忍池　1996年2月24日　Y
頭部には紫色の光沢があり，後頭から房状の冠羽が垂れ下がる。嘴先端の黒色部は嘴爪の周囲にまで広がっている。

②♀　不忍池　1996年2月24日　Y
♀の冠羽は♂より短い。冠羽がさらに短く，ほとんどわからない個体もいる。

③♀　不忍池　1997年12月18日　Y
嘴基部や下尾筒が白い個体もいる。白色部の大きさも個体差がある。♀は嘴先端の黒色部の大きさも変異が大きい。

④♂　不忍池　1996年2月24日　Y
翼上面の風切には太い白帯がある。

| 本州中部で見られる時期 | 1 | 2 | 3 | 4 | 5 | 6 | 7 | 8 | 9 | 10 | 11 | 12 |

143

スズガモ

Aythya marila
Greater Scaup

TL 40-51cm
WS 72-84cm

カモ目 カモ科

① ♂ 愛知県汐川干潟 1996年2月10日 Y　♂の嘴は青灰色で嘴爪のみが黒い。嘴爪は三角形。嘴はキンクロハジロやコスズガモより大きい。

② ♀ 愛知県豊橋市 1987年11月18日 Y　♀は嘴のつけ根に白斑があるが、大きさは個体によりさまざま。嘴は鉛色で、先端の黒色部は多くが♂と同じ形だが、キンクロハジロくらい広がっている個体もいる。

③ 豊橋市 1993年1月24日 Y　翼上面の風切には太い白帯がある。コスズガモの白帯と異なり、初列風切まで白く見える。

特徴　○頭から胸が黒い。○頭には緑色光沢があり、眼より前方が最も盛り上がる。○背は白地に細い黒の波状斑があるため灰色に見える。○上尾筒と下尾筒は黒い。○翼上面に幅広い白帯がある。○腹と脇は白い。○青灰色の嘴。先端は黒い。○虹彩は橙黄色。○雌は全身褐色で、嘴基部に幅広い白斑がある。○雄エクリプスは生殖羽に比べ全身が褐色味を帯びている。

鳴き声　雄はククー、雌はクルル、クルル、クルル。

分布　ユーラシア大陸北部・北アメリカ北部で繁殖し、ヨーロッパ・カスピ海・ペルシア湾・ウスリー・中国東北部・北アメリカ西海岸および東海岸で越冬。日本には冬鳥として全国に渡来。越夏する個体もいる。

生息場所　内湾・港内。湖沼に入ることもあるが少ない。

類似種　**コスズガモ**→○体はやや小さく、特に頭は小さめ。○頭は眼より後方が最も高く盛り上がり、紫色光沢がある。○背は波状斑がやや太いため、より濃い灰色に見える。○嘴先端の黒色部は細い。○翼の白帯は初列風切側が灰色に見える。

キンクロハジロ→○頭は小さめで、頸もやや細い。○後頭に冠羽がある。○背は黒い。○頭は紫色光沢がある。○嘴はやや小さい。○雌は嘴基部の白斑はないかあっても小さいこと、羽色の黒味が強いことで区別。

本州中部で見られる時期	1	2	3	4	5	6	7	8	9	10	11	12

△ **コスズガモ** *Aythya affinis* Lesser Scaup TL 38-46cm WS 65-74cm

カモ目 カモ科

特徴 ○頭から胸が黒い。頭には紫色の光沢がある。
○背は白地に細い黒の波状斑があるため灰色に見える。
○上尾筒と下尾筒は黒。
○翼上面の翼帯は初列風切側は灰色,次列風切側は白色。
○青灰色の嘴。先端に小さな黒色部がある。
○虹彩は橙黄色。
○頭は眼より後方が最も盛り上がる。
○雌は全身褐色で,嘴基部に白斑がある。
○雄エクリプスは生殖羽に比べ全体に褐色味が強い。

鳴き声 クッ。

分布 北アメリカ北部で繁殖し,北アメリカ中部から中央アメリカにかけてで越冬する。日本では冬季まれに飛来し,北海道・宮城・千葉・東京・神奈川・愛知で記録がある。

生息場所 湖沼・河川・内湾。スズガモと異なり淡水域を好む傾向がある。

類似種 スズガモ→
○体がやや大きく,特に頭と嘴が大きく見える。
○頭は眼より前方が最も盛り上がる。
○嘴先端の黒色部は横に広がっている。
○翼帯は初列風切側まで白い。○雄の背はより淡い色に見える。
○雄の頭は緑色光沢がある。

キンクロハジロ→
○嘴先端の黒色部は幅広い。
○後頭に房状の冠羽がある。
○背は黒。
○雌は羽色の黒味が強い。

③♂ 不忍池 1993年12月30日 渡辺靖夫
翼上面に白帯が見られるが,初列風切側では灰色。

①♂ 東京都不忍池 1996年2月24日 Y 後頭に小さな冠羽がある。嘴は青灰色で,嘴爪だけが黒い。嘴爪は幅が狭く,左右の縁の線は平行な直線状。

②♀ カナダ,ブリティッシュコロンビア州バンクーバー 1994年3月4日 Y
♀の嘴も多くは♂と同様だが,先端の黒色部が嘴爪の周囲まで広がるものもいる。スズガモに比べ,頭と嘴は小ぶりで,頭頂がとがって見える。顔の白斑はスズガモの♀より小さめ。

| 見られる時期 | 1 | 2 | 3 | 4 | 5 | 6 | 7 | 8 | 9 | 10 | 11 | 12 |

△ コケワタガモ

Polysticta stelleri
Steller's Eider

TL 43-47cm
WS 70-76cm

カモ目 カモ科

① ♂と♀　北海道根室市ノサップ岬　1986年12月17日　石川
♂は白い体と，独特の模様の入った顔が印象的。海ガモの1種だが，体形や嘴の形はマガモ属 *Anas* に似ている。

② ♂（右下）と♀　根室市　1993年1月　髙田　♀の翼にある2本の白線は，遠くからでもよく目立つ。頭の形は四角く見える。右上はシノリガモ。

③ ♀　根室市　1997年1月2日　Y　近距離で見ると，翼鏡が青く，三列風切が鎌状に下に曲がっていることがわかる。

特徴　○頭は白く，眼先と後頭に緑色の斑がある。
○眼の周囲と喉は黒い。
○体上面は白地に青味がかった黒斑がある。
○体下面は橙褐色。
○上尾筒・下尾筒と尾は黒。
○雌は全身黒褐色。翼鏡は青く，前後に白線が入る。

鳴き声　ガーガー。

分布　シベリア北東部・アラスカ北部・ベーリング海沿岸・セント・ローレンス島で繁殖し，アリューシャン列島・コマンドル諸島・カムチャツカ半島沿岸で越冬。日本には少ない冬鳥として北海道東部に飛来する。

生息場所　岩礁の多い海岸。

類似種　コオリガモ雄→
○中央尾羽は細長い。
○頬に黒褐色の斑。○飛翔時，翼全面が黒（コケワタガモでは雨覆が白い）。○胸は黒い。

ミコアイサ雄→
○眼の周囲の黒色部はより大きく，嘴基部とつながる。○後頭に黒斑がある。○体下面は白い。

146　北海道東部で見られる時期　| 1 | 2 | 3 | 4 | 5 | 6 | 7 | 8 | 9 | 10 | 11 | 12 |

✕ ケワタガモ

Somateria spectabilis
King Eider

TL 47-63cm
WS 75-95cm

カモ目 カモ科

特徴 ○オレンジ色の嘴。基部は大きくふくれてこぶ状となり、黒い線で縁取られる。
○頭上から後頭が青灰色。頬と喉は淡緑色で、後頭との境界線が黒い。
○胸と頸は白。
○背と体下面は黒。腰の脇に大きな白斑がある。
○飛翔時、翼上面の雨覆は白く、他は黒い。
○雌は全身褐色で黒褐色の斑がある。嘴基部は細長い三角形状に眼の方に食い込む。
○雄幼鳥は胸は白く、頭と胴は黒褐色。嘴は淡黄色またはオレンジ色。

鳴き声 雄はウルル、ウルル、ウル。雌はグァーク、グァーク。

分布 ユーラシア大陸および北アメリカ大陸の北極圏・グリーンランド沿岸で繁殖し、アリューシャン・カムチャツカ沿岸・ニューファンドランド島沿岸・グリーンランド南岸で越冬。日本ではまれな冬鳥として北海道東部で記録されている。記録は雄の幼鳥が多い。

生息場所 海上・外海に面した湾・港。

類似種 雄は独特の色彩により区別できる。雌は次の種の雌に似る。
コケワタガモ→○体が小さく、体形は細い。○全身が一様に黒褐色で、斑ははっきりしない。○翼鏡をはさむように2本の白線がある。
マガモ→○全身の褐色はより明るい。○嘴にオレンジ色の部分がある（ケワタガモ雌は全て黒い）。○嘴の基部は眼の方にまで深く食い込まない。

①♂ ロシア，コリマ川河口 1996年6月 高田
嘴の基部がふくれて、大きなこぶのように見える。背に肩羽が変形した1対の角状の突起がある。

②♀ ロシア，ユゴルスキー半島 1985年7月23日 クレチマル
♀は全身が茶褐色で、黒斑がある。嘴は黒く、上嘴の基部は三角形状に眼の方に食い込んでいるように見える。

③♂と♀ カナダ，バフィン島 1997年6月 高田
右端は♀。右から2番目は♂の幼鳥。♀の嘴は黒色。♂幼鳥の嘴は黄色で、胸は白い。

見られる時期	1	2	3	4	5	6	7	8	9	10	11	12

147

カモ目 カモ科

○ クロガモ

Melanitta nigra
Common Scoter

TL 44-54cm
WS 79-90cm

① ①♂（右）と♀　愛知県田原市　1987年4月4日　Y
♂は全身が黒く，上嘴基部の橙黄色のこぶが目立つ。♀は全身黒褐色で，頬と喉だけが淡灰色。

② ②♂エクリプス　愛知県豊橋市　1994年9月16日　Y
渡来してすぐの頃は，羽色には褐色味があって，完全な黒には見えない。

③ ③♂　田原市　1987年4月4日　Y　翼上面，翼下面とも全面が黒い。風切は光が透けて淡い色に見えることもある。♀の翼は全面が黒褐色で，ビロードキンクロのような白斑はない。

特徴　○全身が黒い。飛翔時の翼上面と翼下面も全て黒い。○嘴は黒く，上嘴基部は橙黄色でこぶ状にふくらんでいる。○雌は全身黒褐色で，頬と喉だけ淡灰色。嘴は黒い。○雄幼鳥は雌に似るが，上嘴に黄色い部分がある。

鳴き声　雄はピィー，ピィーまたはピィー，フィー。雌はクルルルまたはグルルルと低く唸るように鳴く。

分布　ユーラシア大陸北部・アラスカ西部・ハドソン湾の一部・ニューファンドランド島・アイスランドで繁殖し，ヨーロッパ沿岸・アフリカ北西部沿岸・カムチャツカから中国にかけての沿岸・北アメリカ西海岸および東海岸で越冬。日本には冬鳥として飛来。全国で記録があるが，北海道と房総半島以北の本州太平洋側に多い。北海道阿寒湖で夏季に幼鳥が見られたことがある。

生息場所　海上・内湾。

類似種　ビロードキンクロ→○体が一回り大きい。○頭から嘴先端にかけてのラインが直線状。○嘴は赤く，上嘴基部のこぶは黒い。○次列風切は白い。○眼の下に白斑がある。○雌は喉が黒褐色で，顔に2つの白斑がある。

アラナミキンクロ→○体が一回り大きい。○嘴はより太く，黄・ピンク・白・黒の模様がある。○額と後頸に白斑がある。○虹彩は白い。○雌は喉が黒褐色で，顔に3つの白斑がある。

その他　嘴の色や形状，コートシップディスプレーの違いなどから，最近はシベリア東部・千島列島・コマンドル諸島・北アメリカ北部で繁殖し，日本に飛来するクロガモと，ヨーロッパで繁殖するヨーロッパクロガモを別種に分けることが多くなった。この場合，クロガモは *M.americana*（英名 American Scoter），ヨーロッパクロガモは *M.nigra*（英名 Black Scoter）となる。

本州中部で見られる時期	1	2	3	4	5	6	7	8	9	10	11	12

○ ビロードキンクロ

Melanitta fusca
Velvet Scoter

TL 51-58cm
WS 90-99cm

カモ目
カモ科

特徴 ○全身黒い。○眼の下に三日月状の白斑。○次列風切は白い。○嘴は赤く、上嘴基部は黒くて小さなこぶ状。○赤い足。○白い虹彩。○雌は全身黒褐色で、眼の前と頬の2ヶ所に白斑がある。嘴は黒く、虹彩は褐色。○雄幼鳥は全身にやや褐色味がかり、眼の下の白斑がなく、虹彩も褐色。

鳴き声 雄はフィー。雌はクラー、クラー。

分布 ユーラシア大陸北部・北アメリカ北部で繁殖し、ヨーロッパ沿岸・カムチャツカから中国にかけての沿岸・北アメリカ西海岸および東海岸で越冬。日本には冬鳥として九州以北の沿岸に飛来。

生息場所 海上・内湾。

類似種　アラナミキンクロ→○嘴はより太く、基部に丸い黒斑がある。○額と後頭の2ヶ所に白斑がある。○眼の下には白斑はない。○翼は全て黒い。○雌は眼先と頬の他に後頭にも白斑があること、嘴の基部に丸い黒斑があることで区別。

クロガモ→○体が一回り小さい。○翼は全て黒い。○嘴に橙黄色のこぶがある。○顔に白斑はない。○足は黒い。○雌は喉が淡灰色で、頭から嘴先端にかけては直線状でなく、額が出っ張っている。

その他 嘴の形状と色、コートシップディスプレー・羽衣の違いから、最近は北アメリカ北部で繁殖する亜種アメリカビロードキンクロ *M. f. deglandi* とシベリア東部で繁殖し日本に飛来する亜種ビロードキンクロ *M. f. stejnegeri* を、北ヨーロッパからシベリア北西部にかけて繁殖する亜種ニシビロードキンクロ *M.f.fusca* とは別種として分けることが多くなった。この場合、亜種アメリカビロードキンクロと亜種ビロードキンクロから成る種がビロードキンクロ *M.deglandi*（英名 White-winged Scoter）となり、ニシビロードキンクロは *M. fusca*（英名 Velvet Scoter）となる。

③♀　北海道浦河町　2000年2月26日　Y　♀は全身黒褐色で、顔には嘴のつけ根付近と眼の後方の2ヶ所に白斑がある。次列風切は白い。

④♂　愛知県豊橋市　1998年7月3日　Y　♂も♀も飛翔時は次列風切の白色部がよく目立つ。

①♂　北海道根室市　1997年3月19日　Yo　黒い体に、眼の下の白斑が目立つ。嘴は赤く、上嘴基部には黒い突起状のこぶがある。

②♂幼鳥　北海道斜里町　1997年12月29日　Y　♀によく似る。しかし、嘴には赤い部分があり、嘴のこぶも成鳥ほどではないが、小さく存在する。

本州中部で見られる時期	1	2	3	4	5	6	7	8	9	10	11	12

カモ目 カモ科

△ アラナミキンクロ *Melanitta perspicillata* Surf Scoter
TL 45-56cm　WS 78-92cm

特徴　○全身黒い。翼も全面黒い。
○額と後頭の2ヶ所に白斑がある。
○嘴はピンク・白・黒の模様がある。
○足は赤い。
○虹彩は白い。
○雌は全身黒褐色で，眼先・頬・後頭の3ヶ所に白斑がある。虹彩は褐色で，嘴は黒い。
○雄幼鳥は額の白色部がなく，羽色はやや褐色味がかる。

鳴き声　アーアーアー。

分布　北アメリカ北部で繁殖し，北アメリカ西海岸および東海岸で越冬する。日本ではまれな冬鳥として北海道と本州北部で記録がある。

生息場所　海上・内湾・港。

類似種　ビロードキンクロ→
○嘴はやや細く，丸い黒斑はない。
○額と後頭は黒い。
○眼の下に三日月状の白斑がある。
○次列風切は白い。
○雌は眼先と頬の2ヶ所に白斑があり，後頭に斑はない。

クロガモ→
○体がやや小さい。
○顔は黒く，白斑はない。
○嘴は黒く，基部は橙黄色のこぶ状。
○虹彩は褐色。
○足は黒い。○雌は喉と頬が淡灰色。

①♂　北海道えりも町　2006年3月9日　Y
嘴のつけ根のラインが直角に曲がるのが特徴。♂は嘴が黄・黒・白・ピンクで美しい。

②♀　バンクーバー　1994年3月4日　Y　♀は全身黒褐色で，眼先・頬・後頭の3ヶ所に白斑がある。ただし，♂の白斑のようにははっきりとしていない。

③♀羽ばたき　千葉県一宮海岸　2006年12月17日　桐原　♀の翼は上面・下面とも全面が黒褐色で，♂は黒い。どちらもビロードキンクロと異なり，次列風切は白くならない。

見られる時期　1　2　3　4　5　6　7　8　9　10　11　12

◇ シノリガモ

Histrionicus histrionicus
Harlequin Duck

TL 38-45cm
WS 63-69cm

カモ目 カモ科

特徴 ○頭から背，胸にかけて黒味がかった青色の地に，さまざまな模様の白斑がいくつも入る。
○腹と脇は赤褐色。
○黒い足。
○尾は黒く，先端はとがる。
○鉛色の足。
○雌は全身黒褐色で，眼先の上下と頬の3ヶ所に白斑がある。
○雄エクリプスは雌に似るが，胸や肩羽にも白斑があることが多い。

鳴き声 雄は繁殖地ではコーコーコーまたはギイエッやクェッ，ケッケッケッケッケッと鳴く。雌はコァ，コァ，コァと鳴く。越冬地では雄はフィー，雌はグワッ，グワッ。

分布 シベリア東部・カムチャツカ・アラスカから北アメリカ西海岸北部と北千島・グリーンランド南部・アイスランド・アメリカ東北沿岸で繁殖し，冬季もほぼ同じ場所かやや南下した地域で越冬する。日本では北海道および東北地方で繁殖し，北海道・本州中部以北・九州北部で越冬する。

生息場所 河川上流の渓流で繁殖し，冬季は外洋に面した岩礁海岸に生息。

類似種 雄は独特の模様のため識別は容易。雌は次の種に似る。

ビロードキンクロ雌→
○体が一回り大きく，嘴は長い。○額の丸味が乏しい。○眼先の白斑は上下に分かれていない。○次列風切は白い。

アラナミキンクロ雌→
○体が一回り大きく，嘴は長い。○頭の丸味が乏しい。○眼先の白斑は上下に分かれず，後頭に白斑がある。

①♂ 青森県八戸市 1997年3月29日 Yo
濃紺の体に入る独特の白斑が特徴。一見派手だが，岩場で休んでいるときや，海に浮かんでいるときは周囲の色に溶け込んで目立たない。

②♂第1回冬羽 北海道浜中町 1998年3月22日 Y ♂の若い個体はまだ羽色に褐色味があるが，顔の白斑は♀とは異なった形をしている。

③♀ 八戸市 1997年3月29日 Yo
♀は黒褐色で，顔に3つの白斑がある。体や頭の形は丸味が強く，嘴は小ぶり。

④♂ 北海道羅臼町 2002年2月26日 Y 飛翔時も♂は体の白斑が目立つ。♂の翼上面は大雨覆先端に白斑があるが，♀では上面が一様に黒褐色。

| 本州北部で見られる時期 | 1 | 2 | 3 | 4 | 5 | 6 | 7 | 8 | 9 | 10 | 11 | 12 |

151

ホオジロガモ

Bucephala clangula
Common Goldeneye

TL 42-50cm
WS 65-80cm

①♂冬羽　北海道羅臼町1994年2月12日　Y
♂は緑色光沢のある黒色の頭部に，嘴のつけ根にある丸い白斑が目立つ。体は白と黒の2色からなる。

②♂第1回冬羽　羅臼町1994年2月12日　Y　頭は独特のおむすび形。♂の幼鳥は嘴が全て黒いので♀と区別できる。嘴のつけ根の白斑はなかったり，黒褐色をしているものもいる。

③♀冬羽　北海道苫小牧市1996年12月23日　Y
♀の嘴は先端がオレンジ色。嘴のつけ根に白斑はなく，頭部全体が褐色。

④♀第1回冬羽　苫小牧市1996年12月23日　Y
虹彩が褐色味を帯び，嘴のオレンジ色部と黒色部の境ははっきりしない。

特徴　◯頭部は緑色光沢のある黒色で，嘴の基部と眼の間にだ円形の大きな白斑がある。
◯胸と腹は白い。
◯背は黒く，肩羽は白い。
◯上尾筒・下尾筒・尾は黒い。
◯嘴は黒い。
◯虹彩は黄色。
◯飛翔時，翼上面は雨覆と次列風切が四角く白く，他は黒い。翼下面は次列風切のみ白い。
◯雌は頭部が褐色。白い首輪があり，背は褐色，体下面は灰褐色。嘴は黒く，先端はオレンジ色。翼上面には白色部に2本の細い黒の横線が入る。
◯雄エクリプスは雌に似るが，嘴にオレンジ色の部分はない。

鳴き声　雄は繁殖期にクィ，リーク，クィ，リークと鳴く。雌はクワッ，

⑤♂ 羅臼町 1994年2月12日 Y 右端と右から3羽目の個体は嘴を上げてコートシップディスプレイを行っている。

⑥♂ 北海道標津町 2000年2月29日 Y ♂の翼上面は，雨覆と次列風切にかけて四角く白い。背は黒く，肩羽は白い。

⑦♂第1回冬羽 北海道標津町 2000年2月29日 Y ♂の若い個体ではまだ肩羽や雨覆の白色部が見られなかったり，小さくなっている。

⑧♂（右）と♀ 北海道斜里町 1997年3月4日 Y ♂も♀も翼下面は黒く，次列風切だけが白い。

クワッ，クワッ。

分布 ユーラシア大陸および北アメリカ北部で繁殖し，ヨーロッパ・ペルシア湾・カムチャツカから中国東部・アラスカから合衆国中部で越冬。日本では冬鳥として九州以北に飛来。北日本では多い。

生息場所 内湾・大きな湖沼・河川・港。

類似種 キタホオジロガモ→
○やや大きめの体。
○頭は青い光沢のある黒。
○顔の白斑は三日月形。○頭は額から後頭までがより盛り上がっている。○肩羽の白斑は小さい。○肩から胸に向かって黒色部が三角形に食い込む。○雌は嘴の大部分がオレンジ色，翼上面の白色部に入る黒の横線は1本などの点で異なる。ただし，幼鳥は嘴がほとんど黒い。

カモ目
カモ科

| 本州中部で見られる時期 | 1 | 2 | 3 | 4 | 5 | 6 | 7 | 8 | 9 | 10 | 11 | 12 |

コオリガモ

Clangula hyemalis
Long-tailed Duck, Oldsquaw
TL ♂ 58-60cm ♀ 37-41cm
WS 73-79cm

カモ目　カモ科

特徴　○全身白い。
○頬から側頸に大きな黒褐色の斑。
○眼の周辺は淡灰色。
○胸・背・翼は黒褐色。
○中央尾羽は細長くて黒い。
○嘴は黒く，中央部はピンク色。
○雌は頭上と頬は黒褐色で，顔は白い。胸と背は黒褐色で，腹と下尾筒は白く，尾は短い。
○雄夏羽は眼の周囲と腹のみ白く，他は黒褐色。
○雌夏羽は顔の大部分が黒褐色。

鳴き声　雄はアォ，アオナ，雌はクワー。

分布　ユーラシア大陸北部・北アメリカ北部・グリーンランドで繁殖，イギリスや北海沿岸・カムチャツカ半島から中国東北部にかけての沿岸・アリューシャン列島から北アメリカ西海岸にかけて・北アメリカ東海岸北部で越冬。日本では冬鳥として北海道と東北地方北部に飛来。まれに東京湾でも見られる。

生息場所　外洋に面した海岸・内湾・港内。

類似種　ミコアイサ雄→○眼の周囲は黒い。○嘴は全て黒い。○胸は白い。○尾は短い。○飛翔時，雨覆は白い。

①♂冬羽　北海道根室市　1997年1月3日　Y
頬から側頸に大きな黒褐色の斑がある。頭部は丸みが強く，中央尾羽は細長い。

②♂冬羽から夏羽に換羽中　愛知県田原市　2002年3月31日　Y　頸から胸にかけて黒褐色になり，体上面も黄褐色と黒褐色の斑をもつ夏羽になっているが，頭上部には冬羽の白色部がまだ見られる。

③♀　根室市　1997年2月1日　五百沢　嘴は全部黒く，♂のようにピンク色の部分はない。この個体は肩羽の羽縁が赤褐色なので，夏羽に換羽中であるものと思われる。

④♂第1回冬羽　根室市　1986年2月　Y
翼は♂♀とも，上面も下面も全面が黒褐色。

| 北海道で見られる時期 | 1 | 2 | 3 | 4 | 5 | 6 | 7 | 8 | 9 | 10 | 11 | 12 |

✕ キタホオジロガモ

Bucephala islandica
Barrow's Goldeneye

TL 42-53cm
WS 67-84cm

カモ目

カモ科

①♂ カナダ, ブリティッシュコロンビア州バンクーバー 1994年3月4日 Y 頭の形はホオジロガモと異なり, 前方が盛り上がる。嘴のつけ根の白斑は三日月形。

②♀ バンクーバー 1994年3月4日 Y ♀の頭部は褐色で, 白斑は入らない。嘴は北アメリカ西部産のものでは写真のように嘴全体がオレンジ色。北アメリカ東部および北ヨーロッパのものでは基部が黒く, 先端がオレンジ色。

特徴 ○青い光沢を帯びた黒い頭。嘴の基部に三日月形の白斑がある。
○額が大きく盛り上がっている。
○背は黒く, 肩羽には白斑がある。
○胸から腹は白い。
○上尾筒・下尾筒・尾は黒い。
○嘴は小さく, 黒い。
○黄色い虹彩。
○飛翔時, 翼上面は雨覆と次列風切が白く, この2つを区切る黒い横線がある。
○雌は頭部が褐色。白い首輪があり, 背や体下面は灰褐色。嘴はオレンジ色。翼上面の白色部に黒の横線が1本入る。

鳴き声 雄は繁殖期にカ, カアアと鳴く。

分布 アラスカ南部からカリフォルニア北部に至る北アメリカ西部・ラブラドル半島・グリーンランド南部・アイスランドで繁殖。冬も繁殖地周辺の海岸にいて, あまり長距離の移動はしない。日本では迷鳥として, 北海道で冬季観察されている。

生息場所 海岸・内湾・湖沼。

類似種 ホオジロガモ→
○やや小さめの体。
○頭は中央部が最も高く盛り上がったおむすび形。
○頭の色は緑色光沢のある黒。
○顔の白斑はだ円形または円形。
○肩羽や翼の白斑がより大きい。
○雌は嘴のオレンジ色部が小さく, 翼上面の白色部に入る黒の横線は2本である点が異なる。

見られる時期	1	2	3	4	5	6	7	8	9	10	11	12

△ ヒメハジロ

Bucephala albeola
Bufflehead

TL 32-39cm
WS 54-61cm

カモ目 カモ科

特徴 ○頭部は緑色や紫色の光沢のある黒。眼の後方から後頭にかけて大きな白斑。
○背と外側肩羽は黒。
○胸から下尾筒は白い。
○飛翔時，翼上面は雨覆から次列風切に四角い白色部があり，他は黒い。
○虹彩は褐色。
○雌の頭部は黒褐色で，頬に白斑がある。背は黒褐色で体下面は灰褐色。
○雄エクリプスは雌に似るが頭部の黒味が強く，頬の白色部はより大きい。

鳴き声 グルル，グルル。

分布 北アメリカ北部で繁殖し，アラスカ南岸からアメリカ合衆国西部および南部で越冬する。日本ではまれな冬鳥として北海道・本州北部で記録がある。

生息場所 内湾・港・河口・大きな湖沼。

類似種 ホオジロガモ→
○体が一回り大きい。
○頬に白斑があり，後頭は黒い。○虹彩は黄色。○雌は頭部に白斑がないこと，虹彩が黄色いことで区別。

①♂ 岩手県宮古市 1988年1月3日 Y
紫色と緑色の光沢のある頭部。後頭には大きな白斑がある。体上面は黒く，下面は白い。

②♀ カナダ，ブリティッシュコロンビア州バンクーバー 1994年3月4日 Y
♀の頭部は黒褐色で，頬には白斑がある。コガモほどの大きさの小形のカモ。

③♂ 宮古市 1988年1月3日 Y
上雨覆の大部分と次列風切に大きな白色部がある。♀では次列風切のみが白く，他は黒褐色。

| 北海道で見られる時期 | 1 | 2 | 3 | 4 | 5 | 6 | 7 | 8 | 9 | 10 | 11 | 12 |

○ ミコアイサ

Mergus albellus
Smew

TL 38-44cm
WS 55-69cm

カモ目
カモ科

特徴 ○全身が白い。
○眼の周囲と後頭に黒斑。
○側胸に2本の黒線。
○背は黒く，肩羽は白い。
○頭に冠羽がある。
○飛翔時，翼上面は大部分が黒いが，雨覆は白く，翼鏡の上下には2本の白い横線がある。
○黒い嘴は，先端がかぎ状に曲がっている。
○雌の頭部は茶色で，腮から前頸は白い。体上面は黒褐色で，下面は灰色。
○雄エクリプスは雌に似るが，眼先は雌ほど黒くない。

鳴き声 繁殖期に雄はエルル，エルル，エルル，ウクーと鳴く。雌はクワッ，クワッと鳴く。

分布 ユーラシア大陸の亜寒帯で繁殖し，ヨーロッパ・カスピ海からインド北部・中国東部で越冬する。日本では北海道で少数が繁殖するが，主に冬鳥として渡来し，九州以北で越冬する。

生息場所 湖沼・河川。

類似種 雌は次の種に似る。
ミミカイツブリ冬羽→○頭上は黒い。○前頸から腹は白い。○虹彩は赤い。○尾はないように見える。○嘴はまっすぐ。

③♀ 浜松市 1988年2月20日 Y
♀は頭部は茶色，眼先は黒く，腮から前頸は白い。♂エクリプスは♀に似るが，眼先は茶色。

①♂ 静岡県浜松市 1988年2月20日 Y
全身が白く，眼の周囲・後頭・背は黒い。後頭には冠羽がある。

②♂第1回冬羽 愛知県豊橋市 2005年1月26日 Y 頭に褐色部が見られ，体の白色部がまだ汚れた状態なので，♂の若い個体と思われる。

④♂（左）と♀ 豊橋市 1995年2月13日 Y
♂も♀も翼上面の白色部はほぼ同じ。ただし，肩羽は♂では白いが，♀は黒褐色。

本州中部で見られる時期	1	2	3	4	5	6	7	8	9	10	11	12

カモ目 カモ科

○ ウミアイサ

Mergus serrator
Red-breasted Merganser

TL 52-58cm
WS 70-86cm

① ♂ 愛知県渥美町 1988年2月2日 Y
後頭には2段に分かれた冠羽がある。嘴にある鼻孔の位置は中央より基部側。

② ♀ 北海道標津町 2005年2月27日 Y ♀の頭部は茶色で,胸より下は灰褐色。ただし,頭部と胸の色ははっきりと分かれていない。

③ ♂と♀ 北海道根室市 1995年3月21日 Y
♂は翼上面の雨覆と次列風切が白い。♀は次列風切は白いが,雨覆は灰褐色。

特徴 ○頭部は緑黒色で,後頭に2段に分かれたぼさぼさした冠羽がある。
○赤い嘴は細長く,先端はかぎ状に曲がる。
○茶色で黒い斑の入った胸。
○黒い背。
○翼上面は雨覆と次列風切は白く,初列風切は黒い。白色部には2本の黒い横線がある。
○赤い虹彩。
○雌は頭部は茶色,他は灰褐色。嘴の基部から眼にかけて淡色の線がある。

鳴き声 クワッ,クワッまたはコロー。

分布 ユーラシア大陸北部・イギリス北部・グリーンランド・北アメリカ北部で繁殖し,ヨーロッパ・中国東部・北アメリカ西海岸および東海岸で越冬。日本には冬鳥として九州以北に渡来する。

生息場所 海上・内湾・港。

類似種 コウライアイサ
→○冠羽はより長い。
○嘴はやや太め。
○胸は白い。
○脇に黒い線で縁取られた鱗模様がある。○虹彩は黒褐色。○雌は頭と胸の境が明瞭で,嘴と眼を結ぶ淡色の線はない。

カワアイサ→○体は大きい。○頭の冠羽は短くぼさぼさではない。
○胸は白い。○脇は白い。
○飛翔時,翼上面の白色部に黒い横線はない。
○虹彩は黒褐色。
○雌では頭と胸の境が明瞭で,喉の白色部もはっきりとしている。

| 本州中部で見られる時期 | 1 | 2 | 3 | 4 | 5 | 6 | 7 | 8 | 9 | 10 | 11 | 12 |

△ コウライアイサ

Mergus squamatus
Scaly-sided Merganser

TL 52-62cm
WS 70-86cm

カモ目 カモ科

特徴 ○緑黒色の頭。後頭は２段に分かれたぼさぼさの長い冠羽がある。
○細長くて赤い嘴。先端はかぎ状に曲がる。
○白い胸。
○脇に黒線で縁取られた鱗模様がある。
○背は黒い。
○黒褐色の虹彩。
○翼上面は初列風切は黒く，雨覆と次列風切は白くて，黒い横線が２本ある。
○雌は頭は茶色で頸から体下面は白色。脇には鱗模様がある。上面は灰色。

分布 ロシアのウスリーから中国の黒竜江省にかけてのアムール川流域で繁殖しているらしい。冬季は朝鮮半島から中国東部で越冬。日本ではまれな冬鳥として本州・九州・佐渡・西表島で記録がある。

生息場所 河川・湖沼。

類似種 ウミアイサ→
○冠羽はやや短い。
○嘴はより細く，鼻孔は嘴中央より基部側にある（コウライアイサはほぼ中央）。
○胸は茶色。
○脇には黒い縞模様があるが，鱗状ではない。
○虹彩は赤い。○雌では頭と頸の境が不明瞭なこと，嘴から眼にかけて淡色の線が入ること，脇に鱗模様はないことで区別。

カワアイサ→
○体がやや大きい。
○頭の冠羽は短く，ぼさぼさではない。
○脇は白い。
○飛翔時，翼上面の白色部には黒い横線はない。○雌では眼先が黒くないこと，脇に斑がないことで区別。

①♂　岐阜県各務原市　1988年12月11日　Y
冠羽はウミアイサより長くてぼさぼさしている。胸は白く，脇には鱗模様がある。嘴は赤く，先端は黄色くウミアイサのように黒くなっていない。

②♀　滋賀県琵琶湖　1995年4月4日　Y　♀の頭と胸の境界はウミアイサよりは明瞭だが，カワアイサほど鮮明ではない。鼻孔は嘴のほぼ中央にある。

③♀　琵琶湖　1995年4月5日　Y
翼上面の白色部はウミアイサに似る。白色部の中には細い黒の横線が入る。

| 見られる時期 | 1 | 2 | 3 | 4 | 5 | 6 | 7 | 8 | 9 | 10 | 11 | 12 |

カモの雑種

カモ科の鳥は，自然環境下においてもよく異種間の交雑が起こり，雑種が生じる。また，雑種個体の中には生殖能力をもつものもあるが，これも他のグループの鳥の雑種ではまず見られないことである。

野外で見られる雑種の両親の種類を特定することは厳密にいうと難しいが，羽色や頭の形，嘴の模様などを見ることによって推定で

①マガモ×カルガモ
東京都不忍池　1993年3月13日　桐原
体色はカルガモに似るが頭部に緑色光沢が入り，嘴が全面黄緑色をしている点，胸がぶどう色味がかっている点はマガモに似ている。

②マガモ×オナガガモ
不忍池　1996年1月4日　私市
頭部に緑色光沢があることと胸の色はマガモ，全体の形状と嘴の模様はオナガガモに似る。中央尾羽はオナガガモのように長いが，上方に少し巻き上がる点はマガモ的。

③オナガガモ×トモエガモ
不忍池　1996年1月14日　私市
顔の模様と胸の色はトモエガモ，胴や尾はオナガガモの特徴を備えている。嘴の両側が灰色になっている点もオナガガモに似る。

④ヒドリガモ×アメリカヒドリ
千葉県市川市　1997年1月　高鳥
顔の模様はアメリカヒドリに似るが，額と頭頂はクリーム色でヒドリガモに似る。喉や頬の色が赤褐色を帯びる点でもアメリカヒドリとは異なる。顔の緑色帯の太さや長さ，顔の赤褐色の帯び具合は，個体によりかなり異なる。

きる。
　ここでは，野外でよく見かけることがある雑種をいくつか紹介する。親の組み合わせは，もちろん推定したものである。また雑種の場合，同じ組み合わせの親からも羽色の異なる個体が生じることがあるので，必ずしも写真と同じ羽色になるとは限らない点を注意したい。

⑤ **アカハジロ×ホシハジロ**
福岡市　1984年1月14日　私市
下尾筒の白や羽色はアカハジロに似るが，嘴の模様はホシハジロ的。虹彩は赤味がかった黄色で，両種の中間的な色となっている。

⑥ **アカハジロ×ホシハジロまたはキンクロハジロ**
不忍池　1997年12月18日　Y
嘴爪だけでなく，嘴先端に幅広く黒色部があり，頸と胸の境に細い白線があるので，アカハジロとホシハジロあるいはキンクロハジロとの雑種と思われる。

⑦ **キンクロハジロ×スズガモ**
不忍池　1986年1月　金田彦太郎
コスズガモに似ているが，嘴先端の黒色部が幅広く，キンクロハジロの嘴と同じ。おそらくキンクロハジロとスズガモの雑種だろう。

⑧ **ホシハジロ×キンクロハジロ**
愛知県豊橋市　1996年12月3日　Y
これもコスズガモに似て頭部に紫色の光沢があるが，嘴の模様はホシハジロのものである。体上面はコスズガモよりも濃い灰色に見える。

⑤

⑥

⑦

⑧

カモ目

カモ科

161

カモ目 カモ科

○ カワアイサ

Mergus merganser
Goosander, Common Merganser
TL 58-72cm
WS 86-102cm

①♂ 北海道網走市 1998年3月18日 Y
後頭がふくらんだように見える。胸と腹は白くて無斑。鼻孔の位置は嘴のほぼ中央。嘴先端はコウライアイサと異なり，黒い。

②♀ 網走市 1998年3月18日 Y
頭部の茶色と胸の白色部は明瞭に分かれる。喉の白色部もよく目立つ。

特徴 ○緑黒色の頭。頭は後ろにふくらんでいるように見える。
○赤くて細長い嘴。先端はかぎ状に曲がる。
○胸と腹は白。淡いピンク色を帯びる。
○背は黒い。
○翼上面は初列風切は黒く，雨覆と次列風切は白い。
○虹彩は黒褐色。
○雌は頭が茶色で後頭に冠羽がある。腮と喉は白い。背・胸・腹は灰色。翼上面は次列風切は白いが，雨覆は灰色。
○雄エクリプスは雌に似るが，翼のパターンは雄生殖羽と同じ。

鳴き声 雄はカルル，カルル。雌はカルルー，カルルー。

分布 ユーラシア大陸および北アメリカ大陸の亜寒帯と温帯の一部で繁殖し，ヨーロッパ・中近東・インド東部・ビルマ・中国東部・北アメリカ南部で越冬する。日本では北海道では留鳥として繁殖するほか，本州・四国・九州に冬鳥として飛来。

生息場所 湖沼・河川・内湾。

類似種 コウライアイサ→○体はやや小さめ。○後頭に長いぽさぽさした冠羽がある。○脇に鱗状の模様がある。○飛翔時，翼上面の白色部に黒い横線が2本ある。○雌では脇に鱗模様があること，眼先が黒いこと，冠羽がより長いことで区別。

ウミアイサ→○体がやや小さい。
○後頭に長くてぽさぽさした冠羽がある。○虹彩は赤い。○胸は茶色。○翼上面の白色部に黒い横線が2本入る。○雌は頭と胸の境が不明瞭で，喉の白色部もはっきりしない。

③♂ 網走市 2000年2月29日 Y
♂の翼上面は雨覆と次列風切にかけて白色部が広がる。日本に来るものではこの白色部に黒い横線は入らない。

④♀ 北海道根室市 1986年2月1日 Y
♀の翼上面は，雨覆は灰色で，次列風切は白い。白色部に黒い横線はない。

| 本州中部で見られる時期 | 1 | 2 | 3 | 4 | 5 | 6 | 7 | 8 | 9 | 10 | 11 | 12 |

クロヅル

Grus grus
Common Crane

TL 110-125cm
WS 180-200cm

ツル目 ツル科

特徴 ○細長い頚。
○頭頂は赤く、眼先・喉・前頚が黒い。後頭も黒く、眼の後方から後頚は白い。
○体は灰黒色。
○飛翔時、翼上面は雨覆が灰黒色、風切は黒い。
○黄褐色の長い嘴。
○黒褐色の長い足。
○幼鳥は全身が灰色で、顔は眼先がやや黒いだけ。

鳴き声 クルルー、クルルー。

分布 スカンジナビア半島からシベリアのコリマ川にかけての地域で繁殖し、南ヨーロッパ・アフリカ北部・インド北部・中国で越冬。日本では数少ない冬鳥として北海道から沖縄にまれに飛来。鹿児島県出水平野には毎年数羽が飛来し、ナベヅルとの交雑個体（'ナベクロヅル'）も見られる。

生息場所 水田・畑・湿地。

類似種 ナベヅル→○羽色は黒味が強い。○喉から頚は白い。○飛翔時、翼上面の雨覆と風切の色の差は不明瞭。

'ナベクロヅル'（ナベヅルとクロヅルの交雑個体）→○顔と頚の模様が不鮮明。○雨覆の黒味が強い。

①**成鳥** 石川県志賀町 1998年1月17日 Y
頭頂は赤いが、遠くからだと目立たない。顔と頚は白黒の部分がはっきりと分かれている。

②**幼鳥** 鹿児島県出水平野 1994年12月31日 Y 幼鳥は顔と頚の白と黒がまだはっきりしない。頭頂の赤色部もない。

③**成鳥** 宮城県東松島市 1997年10月 Yo
飛翔時、風切の黒色と雨覆の灰黒色の色の違いは明瞭。ツル類は頚と足をまっすぐ伸ばして飛ぶので、頚を曲げて飛ぶサギ類と区別できる。

④**成鳥** 出水平野 1994年1月19日 加藤陽一
左の個体は虹彩がオレンジ色、右の個体は虹彩が黄色になっている。

九州で見られる時期	1	2	3	4	5	6	7	8	9	10	11	12

ツル目 ツル科

◇ タンチョウ

Grus japonensis
Red-crowned Crane, Japanese Crane
TL 138-152cm
WS 220-250cm

特徴 ○白い体。
○眼先から喉・頸が黒い。
○頭頂に赤い皮膚の裸出部がある。
○三列風切が黒く，地上にいるときは尾が黒いように見える。
○黄色くて長い嘴。
○黒くて長い足。
○飛翔時，翼は次列風切と三列風切が黒く，他は白い。
○幼鳥は頭・頸・背・翼が黄褐色を帯びる。

鳴き声 クルルーンまたはコロローン。雌雄が鳴き合いをするときには，雄がクォーンまたはコーンと1声鳴いて，雌がカッカッと2声鳴く。

分布 モンゴル東部・ウスリー・中国東北部で繁殖し，朝鮮半島・中国東北部の南部で越冬。日本では北海道東部・国後島に留鳥として分布。まれに本州・四国・九州・佐渡で記録される。

生息場所 湿原・河川の中洲・干潟・牧草地。

類似種 ソデグロヅル→
○地上に降りているときは全身が白い。
○顔は赤い皮膚が裸出している。
○足は淡赤色。○飛翔時，初列風切は黒く，他は白い。○虹彩は淡黄色。
コウノトリ→○頸に黒色部はなく，太い。○嘴はより長く太い。○足は暗赤色。○飛翔時，風切は全て黒い。

①**成鳥** 北海道釧路市 1992年11月上旬 Yo
このように♂♀で鳴き合う姿をよく見かける。♂♀で羽色は同じだが，大きさが異なる。奥の大きい方が♂。手前が♀。

②**幼鳥** 北海道鶴居村 1996年12月26日 Y
幼鳥は頭と頸が黄褐色。背や翼にも黄褐色の羽が入る。飛ぶと初列風切先端も黒いのがわかる。

③**成鳥** 北海道釧路市 1991年2月上旬 Yo 成鳥の初列風切は白く，次列風切と三列風切は黒い。尾は白く，地上に降りているときに黒い尾のように見えるのは，三列風切である。

| 北海道東部で見られる時期 | 1 | 2 | 3 | 4 | 5 | 6 | 7 | 8 | 9 | 10 | 11 | 12 |

◇ ナベヅル

Grus monacha
Hooded Crane

TL 91-100cm
WS 160-180cm

ツル目 ツル科

特徴 ○頭と頸上半部は白い。
○額は黒く，上に赤斑がある。
○頸の下半部以下は灰黒色。
○飛翔時，翼上面は全面が一様に灰黒色。
○幼鳥は頭から頸に黄褐色味を帯びる。
鳴き声 クールルンまたはクルルー。幼鳥はピィー，ピィー。
分布 ロシアのウスリー川流域・アムール川流域・中国東北部で繁殖。冬は大部分が日本に渡来し，中国長江流域・朝鮮半島でも一部が越冬。日本では冬鳥として鹿児島・山口・高知に渡来。他の地域ではまれ。
生息場所 水田・畑・河川。
類似種 クロヅル→○喉と前頸が黒い。
○羽色はやや淡い。○飛翔時，翼上面は雨覆と風切の色の差が明瞭。
'ナベクロヅル'（ナベヅルとクロヅルの交雑個体）→○喉と前頸はうっすらと黒い。
○背や腹の黒灰色はやや淡い。○飛翔時，翼上面の雨覆と風切に色の差がある。
カナダヅル→○羽色はずっと淡い。
○日本に渡来する亜種は体がやや小さい。
○眼先は赤い。○飛翔時，翼上面の雨覆と風切に色の差がある。

①**親子（右端は幼鳥）** 鹿児島県出水平野 1993年12月24日 Y 頭と頸は白く，額は黒い。幼鳥では白色部が黄褐色味を帯び，額はまだうっすらと黒い程度。体の黒味は幼鳥の方が強い。

②**成鳥** 出水平野 1996年1月7日 Y 飛翔時，翼は雨覆と風切の色の差がほとんどなく，一様に灰黒色に見える。

③**'ナベクロヅル'（右の2羽はナベヅル）** 出水平野 1994年12月31日 Y ナベヅルとクロヅルのつがいの間に生まれた個体。ナベヅルより大きく，羽色も淡い。顔や頸の模様はクロヅルに似るが，頸の模様は不鮮明。飛翔時の翼の色の濃淡もクロヅルに似る。

| 九州で見られる時期 | 1 | 2 | 3 | 4 | 5 | 6 | 7 | 8 | 9 | 10 | 11 | 12 |

ツル目 ツル科

△ **カナダヅル**　　*Grus canadensis*　　TL 95-100cm
　　　　　　　　　Sandhill Crane　　WS 175-195cm

特徴 ○全身が灰色。褐色の羽が多少混じる。
○頭頂に赤い皮膚の裸出部がある。
○黒い嘴。
○飛翔時，翼上面は雨覆は灰色，風切は黒。
○幼鳥は頭頂の赤い皮膚の裸出部がない。

鳴き声 グワッ，グワッまたはクルルー。幼鳥はピー，ピー。

分布 北アメリカ北部とシベリア北東部で繁殖し，北アメリカ中部および南部で越冬する。渡りをしない亜種が北アメリカ南東部とキューバに分布。日本ではまれな冬鳥として北海道・本州・四国・九州で記録がある。鹿児島県出水平野には毎年数羽が飛来している。

生息場所 水田・畑・湿地。

類似種　ナベヅル→
○頸は白い。
○胴の色は黒味が強い。
○嘴に黄色味がある。
○飛翔時，翼上面の雨覆と風切の色の差はない。

①**成鳥（右）と幼鳥**　愛知県一色町　1984年4月11日　Y　灰色の体に褐色の羽が少し混じる。額に赤い裸出部がある。幼鳥はこの裸出部がなく，虹彩は褐色。

②**成鳥**　一色町　1984年4月11日　Y　翼は雨覆は灰色で風切は黒い。褐色の羽がところどころに入るが，入り方は個体差がある。

③鹿児島県出水平野　1993年1月　石江進　翼下面は風切は黒く雨覆は灰色だが，その境界はクロヅルやアネハヅルほど明瞭ではない。

出水平野で見られる時期　1　2　3　4　5　6　7　8　9　10　11　12

◇ マナヅル

Grus vipio
White-naped Crane

TL 120-153cm
WS 160-208cm

ツル目

ツル科

特徴 ○額から眼の周囲は赤い。
○眼の後方に灰色の丸斑。
○頸は白く，両側に灰黒色の線が入る。
○胴は灰黒色で，翼は灰色。
○足は淡紅色。
○飛翔時，翼上面は雨覆は灰色，風切は黒色。
○幼鳥は褐色の羽毛が各部にあり，顔の模様が不明瞭。

鳴き声 ヴァルルルまたはグァルル。雌雄で鳴き合うときは，雄がクルルまたはギュルルと鳴いた後，雌がコッコッコまたはクワクワクワと鳴く。

分布 ロシアのハンカ湖周辺・アムール川流域・中国東北部で繁殖し，朝鮮半島南部・中国長江下流域で越冬する。日本では鹿児島県出水平野で2000羽，高知県中村市で十数羽が越冬。他ではまれ。

生息場所 水田・畑・湿地。

類似種 ナベヅル→
○体がずっと小さい。
○胴の黒味が強い。
○頭頂のみが赤い。
○足は黒い。
○飛翔時，翼上面の雨覆と風切の色の差はない。

①**成鳥（右）と幼鳥** 鹿児島県出水平野 1994年12月21日 Y 顔に赤い皮膚が裸出し，その周囲は黒い。幼鳥はこの顔の赤と黒の模様が不鮮明で，頭の白色部に褐色味がある。

②**成鳥（右の2羽）と幼鳥** 出水平野 1994年12月21日 Y ①より若い個体では顔だけでなく頸の模様もまだはっきりしない。褐色を帯びた部分も多い。

③**成鳥** 出水平野 1993年12月25日 Y 翼上面は雨覆は白味の強い灰色，風切は黒く，色の差がはっきりとしている。

| 九州で見られる時期 | 1 | 2 | 3 | 4 | 5 | 6 | 7 | 8 | 9 | 10 | 11 | 12 |

ツル目 ツル科

△ **ソデグロヅル**　*Grus leucogeranus* Siberian Crane　TL 125-137cm　WS 210-230cm

特徴　○全身が白い。○眼の周囲と額は赤い。○淡紅色の長い足。○暗紅色の長い嘴。○翼を広げると初列風切が黒い。○幼鳥は頭・頸・背・翼に黄褐色味を帯びる。

鳴き声　クル，クルー，クル，クルー。

分布　シベリア北東部のコリマ川からレナ川にかけての地域とオビ川下流域で繁殖し，中国長江下流域・インド北部で越冬。日本ではまれな迷鳥として，北海道・本州・九州で記録がある。

生息場所　湿地・水田・畑。

類似種　**タンチョウ**→○地上に降りているとき，三列風切が黒い尾のように見える。○頸が黒い。○足は黒い。○嘴は黄色。○飛翔時，初列風切は白く，次列風切と三列風切は黒い。
コウノトリ→○嘴は太くてより長く，黒い。○翼は風切は全て黒い。○額は白い。

①**成鳥**　鹿児島県出水平野　1994年12月24日　Y
全身が白く，顔の皮膚の裸出部だけが赤い。足の赤いツル類は日本では他にマナヅルだけ。

②**若鳥**　島根県松江市　1980年4月19日　石井
幼鳥は体に褐色の羽が混じる。褐色の羽は成鳥に近づくにつれて少なくなる。写真のものはかなり成鳥羽に近くなっている。

③**成鳥**　出水平野　1994年12月22日　Y
翼を広げると初列風切が黒いことがわかる。

見られる時期　1 2 3 4 5 6 7 8 9 10 11 12

△ アネハヅル

Anthropoides virgo
Demoiselle Crane

TL 68-90cm
WS 165-185cm

ツル目
ツル科

特徴 ○頭から前頸が黒く，前頸の羽毛は房状の飾り羽となって胸の下に垂れ下がる。
○眼の後方から白い房状の飾り羽が生える。
○後頸から胴は灰色。
○三列風切が長く，先は黒い。
○ツル類としては短めの嘴。色は黄色く，先端は赤い。
鳴き声 クルルー，クルルー。
分布 ウクライナ・トルコ東部から中国東北部にかけてのアジア内陸部で繁殖し，アフリカのナイル川流域・中東・インド・中国で越冬。日本には迷鳥としてまれに渡来。北海道・本州・九州・八丈島で記録がある。
生息場所 水田・畑。
類似種 **クロヅル**→○体が大きく，足はより長い。○胸や眼の後方の飾り羽はない。○頸の下部は灰色。

①**成鳥** 石川県加賀市 1985年6月 Y
顔と頸が黒く，眼の後方から白い房状の飾り羽が出る。頭頂は白い。三列風切はツル類の中でも特に細くて長い。

②**若鳥** 茨城県涸沼 1988年12月31日 私市 幼鳥は顔の黒色部と白色部の境がぼんやりしていて，成鳥より顔が白く見える。頰・胸の飾り羽・三列風切は成鳥に比べ短い。

③**成鳥** 加賀市 1985年6月 Y
翼は雨覆は灰色，風切は黒い。尾と足は黒い。

見られる時期 1 2 3 4 5 6 7 8 9 10 11 12

ツル目

クイナ科

○ **クイナ**

Rallus aquaticus
Water Rail

TL 28-29cm
WS 38-45cm

特徴 ○体上面は褐色で黒い縦斑がある。
○顔から胸は青灰色。
○腹と脇に白と黒の縞模様がある。
○長い嘴。繁殖期は赤く，冬季は下嘴のみ赤く，上嘴は黒くなる。
○足は淡紅色。

鳴き声 キュッ。繁殖期にはクィ，クィ，クィ…と10声前後鳴き続ける。

分布 ユーラシア大陸の温帯域で繁殖。北方のものは冬季南下する。中国南部・東南アジアでは冬鳥。日本では北海道と本州北部で夏鳥として繁殖し，本州・四国・九州・南西諸島では冬鳥。

生息場所 水辺の草原・アシ原・水田。

類似種 ヒメクイナ→
○体がずっと小さい。○嘴は短く黄緑色。○足は黄緑色か黄褐色。○背に白斑がある。

ヒクイナ→
○体がやや小さい。
○顔から胸は赤茶色。○背は一様に暗褐色で，斑はない。
○嘴は太くて短く，黒い。

①**冬羽** 愛知県刈谷市 1985年11月1日 杉山
体上面は褐色で，黒い縦斑がある。下面は青灰色で腹と脇に黒と白の横縞が入る。嘴は冬羽では上嘴はほとんど黒く，下嘴は赤い。

②**第1回夏羽** 山形市 1997年4月 大沢
夏羽では嘴は上嘴まで赤くなる。尾を立てて歩くのがクイナ類の特徴である。

③**第1回冬羽** 埼玉県北本市 1996年1月17日 私市
この個体は胸の前まで褐色となっていること，顔の青灰色部も成鳥羽に比べ褐色味があることからまだ若いものであろう。

| 本州中部で見られる時期 | 1 | 2 | 3 | 4 | 5 | 6 | 7 | 8 | 9 | 10 | 11 | 12 |

✕ ハシナガクイナ

Gallirallus striatus
Slaty-breasted Rail

TL 25-30cm

ツル目 / クイナ科

①**夏羽** 沖縄県金武町 2007年10月14日 橋本
背や翼に小さい白斑が多数入っている。腹部には白と黒の横縞模様が見える。喉から胸にかけては青灰色。

特徴 ○喉から前頸・胸は青灰色。
○額から頭上・後頸にかけては赤褐色。
○背と翼上面はオリーブ褐色または黒褐色で，白い横斑や丸斑が多数入る。
○腹から下尾筒にかけて白と黒の横縞模様がある。
○嘴は細長く基部は淡紅色。
○足はオリーブ褐色または灰褐色。
鳴き声 カッ，カッ，カッ
分布 インド・スリランカから東南アジア・中国南東部・大スンダ列島・ボルネオ・フィリピン・台湾にかけて分布する。日本では2007年10月14日に沖縄本島で観察・撮影されている。
生息場所 淡水性の湿地・マングローブ林・水田・アシ原
類似種 クイナ→○体はやや大きい。○嘴の赤みが強く鮮やか。○目の上部，眉の部分も青灰色。○背と翼上面は褐色で黒い縦斑が入るが，白い横斑はない。

亜種の問題点

亜種は種を地理的品種ごとに分類するカテゴリーだが，気をつけなければならないのは，全ての地理的品種を亜種としているわけではない，ということである。

生物は同種内でも気温や湿度などの環境要因の影響を受けて形質が連続的に変化することが，古くから知られている。鳥のような恒温動物の場合，「体の大きさが，平均気温が低くなるにつれて増大する」というベルグマンの法則や，「温暖で湿度の高い所に住むものは，寒く乾燥した所に住むものより体色が暗色になる」というグローガー（グロージャー）の法則に合致して形質が変化する傾向が見られる。このような形質の変化は，地域ごとの気温や湿度との間で連続しており，もしA，B，Cという3地点がこの順番で南から北にあるとしたら（単純に北に行くほど平均気温は低くなるとすると），この3地点に共通して生息している同種の鳥では，A地点で最も小さく体色も濃いが，B，C地点と北に行くほど大きく，体色も淡くなっていくのである。このような連続した形質の移行現象をクライン cline という。この場合，A地点にいる個体群とC地点にいる個体群を比べれば，はっきりと大きさや体色の違いがわかって，それぞれを別亜種として扱いたくなるかもしれない。だが，2地点の中間にあるB地点の個体群の中間的な形質を比較することによって，2つの亜種に分ける形質の違いの線引きができなくなるのだ。このため，クラインは本来，亜種として認められない。

しかし，実際には，亜種として扱われているものの中には，このクラインにすぎないものも多いようだ。また，クラインが見られず，他の亜種とは大きく形態が異なる亜種の場合は，本当は別種である可能性もある。つまり，今使われている「亜種」は，全く異なる2つのものが混在したあいまいな分類のカテゴリーなのである。

見られる時期 | 1 | 2 | 3 | 4 | 5 | 6 | 7 | 8 | 9 | **10** | 11 | 12

ツル目 クイナ科

△ ヤンバルクイナ
Gallirallus okinawae
Okimawa Rail
TL 29-33cm
WS 48-50cm

①**成鳥** 沖縄県国頭村 1988年8月21日 Y
顔は黒く，眼の後方には白斑がある。体下面には白と黒の縞模様が密にある。嘴と足は赤い。

②**成鳥** 国頭村 1989年9月23日 Y 森林性のクイナで，長距離を飛翔することはできないが，木に登ることは得意。夜，木の枝に止まって寝ている。

③**幼鳥** 国頭村 1986年8月21日 Y
幼鳥は顔の白斑が嘴の基部にまで伸びている。顔や胸の黒色部は淡く，嘴と足も成鳥ほど赤味が強くない。

特徴 ○顔と喉は黒く，眼の下から後方に向かって白斑がある。
○前頸から体下面は白と黒の横縞模様。
○頭頂から後頸・体上面は暗緑褐色。
○嘴は太く，赤い。
○足は赤い。

鳴き声 キョッキョッキョッ。ケッケッとかググッまたはクルルと鳴くこともある。

分布 沖縄島北部に留鳥として分布。

生息場所 森林。

類似種 オオクイナ→
○顔から胸が赤褐色。
○嘴は黒い。○足は鉛色。

ヒクイナ→
○体は小さい。
○顔から腹が赤褐色。
○嘴は黒い。

| 沖縄島で見られる時期 | 1 | 2 | 3 | 4 | 5 | 6 | 7 | 8 | 9 | 10 | 11 | 12 |

△ オオクイナ

Rallina eurizonoides
Slaty-legged Crake

TL 21-26cm
WS 47.5cm

ツル目

クイナ科

①**成鳥** 沖縄県宮古島　1994年7月22日　Y
顔から胸は赤褐色。ただし，暗い林の中では全身が黒っぽく見える。腹は黒と白の横縞がある。

②**成鳥** 宮古島　1994年7月22日　Y
嘴と足は黒く見える。虹彩は赤い。夜，木の枝に止まって独特の連続した声で鳴く。

③**幼鳥** 宮古島　1994年7月22日　Y
幼鳥の羽色には，成鳥のような赤味がない。虹彩の色も褐色である。

特徴　○顔から胸は赤褐色。
○白い喉。
○体上面は暗緑褐色。
○下胸・腹・下尾筒は黒と白の横縞模様。
○黒い嘴。
○鉛色の足。
鳴き声　ファー，ファーまたはクワ，クワ。
分布　南アジア・東南アジア・フィリピン・台湾に分布。日本では琉球諸島に留鳥として分布。
生息場所　森林。草原や水田・池畔に出ることもある。
類似種　ヒクイナ→○体がやや小さい。○足は赤い。○腹まで赤褐色。
コウライクイナ→
○体がやや小さい。
○足は黄紅色。○大雨覆および中雨覆の先端が白い。
○体下面の白黒の縞模様は腹から下尾筒にかけてで，オオクイナより範囲が狭い。○頭頂と後頭は背と同じ暗緑褐色。
ヤンバルクイナ→
○顔は黒く，眼の下から後方に白斑がある。○胸にも白黒の横縞がある。○赤くてより太い嘴。
○足は赤い。

八重山諸島で見られる時期	1	2	3	4	5	6	7	8	9	10	11	12

ツル目 クイナ科

✕ コウライクイナ

Porzana paykullii
Band-bellied Crake

TL 20-22cm
WS 42cm

①北海道渡島大島　1993年5月25日　佐藤　大雨覆および中雨覆の先端に白斑がある。顔から胸は赤褐色だが，頭頂と後頭は背と同じ暗緑褐色。

②渡島大島　1993年5月25日　佐藤
腹から下尾筒に白と黒の横縞模様がある。この模様の部分の大きさは，オオクイナよりは小さく，ヒクイナよりは大きい。

③渡島大島　1993年5月25日　佐藤
足は黄紅色で，ヒクイナの足のように赤味は強くない。

特徴　○顔から胸にかけて赤褐色。
○腹から下尾筒は白と黒の横縞模様。
○体上面は暗緑褐色。
○白い喉。
○大雨覆および中雨覆の先端が白い。
○青灰色の嘴。
○黄紅色の足。

分布　シベリア東部・中国東北部・朝鮮半島で繁殖し，中国南部・マレー半島・ジャワ・ボルネオで越冬する。日本では，1993年5月に北海道渡島大島で1羽が記録されただけの迷鳥。

生息場所　低地の湿地や茂みのある牧草地。山地や森林でも見られることがある。

類似種　**オオクイナ**→○体がやや大きい。○足は鉛色。○翼は一様に暗緑褐色で，白斑はない。○体下面の白黒の縞模様は下胸にもある。○頭頂も顔と同様に赤褐色（コウライクイナでは背と同じ暗緑褐色）。

ヒクイナ→○翼は一様に暗緑褐色で，白斑はない。○下面の縞模様は下尾筒付近にしかない。
○足はより赤味が強い。

見られる時期　1　2　3　4　**5**　6　7　8　9　10　11　12

ヒメクイナ

Porzana pusilla
Baillon's Crake

TL 17-19cm
WS 33-37cm

ツル目

クイナ科

特徴 ○顔から胸は青灰色。褐色の過眼線がある。
○頭頂から後頸・体上面は褐色。背と翼には黒と白の斑が散在する。
○腹と下尾筒に白と黒の横縞模様がある。
○黄緑色の短い嘴。
○緑褐色の足。
○幼鳥は顔から胸が淡褐色。

鳴き声 トゥットゥッ，トゥットゥッと連続して鳴く。

分布 ユーラシア大陸の温帯域で繁殖し，インドから東南アジアとアフリカ北部に渡って越冬。アフリカ南部・マダガスカル・オーストラリア・ニュージーランド・ニューギニアに分布するものは留鳥。日本では本州中部以北では夏鳥，他の地域では渡りの途中に通過する旅鳥。本州と九州では越冬するものもいる。

生息場所 平地の湿地・水田・湖沼・河川。

類似種 シマクイナ→○体が小さい。○顔から胸は淡褐色で灰色味はない。○頭部にも白斑がある。○飛翔時，次列風切は白く見える。
クイナ→○体がずっと大きい。○嘴は細長く，赤い。○足は淡紅色。○背に白斑はない。
マミジロクイナ→
○背や翼に白斑はない。
○体下面に横縞模様はない。
○白い眉斑と黒い過眼線がある。
○嘴の基部が赤い。

①**夏羽** 愛知県愛西市 2002年9月29日 Y
夏羽は顔から胸にかけてが青灰色で，褐色の過眼線が入る。

②**冬羽** 静岡市 1995年12月26日 川田 冬羽では顔から胸が褐色味を帯びる。体上面は褐色で，背と翼には黒と白の斑がある。腹には白と黒褐色の横縞がある。

③**幼鳥** 沖縄県大宜味村 1988年9月23日 私市
若い個体は顔から胸が淡褐色で，成鳥ほど青灰色の部分は見られない。本種は水辺の草原やアシ原に潜んでいて，めったに姿を見せない。

本州北部で見られる時期	1	2	3	4	5	6	7	8	9	10	11	12

175

ツル目 クイナ科

○ ヒクイナ

Porzana fusca
Ruddy-breasted Crake

TL 21-23cm
WS 37cm

特徴 ○頭部から腹が赤褐色。○下腹と下尾筒は白と黒褐色の横縞模様。○体上面は一様に暗緑褐色。○黒い嘴。○赤い足。○幼鳥は羽色が淡く、顔から腹は白っぽい。

鳴き声 繁殖期にはキョッ、キョッ、キョッ…と続けて鳴く。途中でテンポが速くなる。他にキョッとかブルルルという声も出す。

分布 インドから東南アジア・中国・朝鮮半島にかけて分布。北に分布するものは冬は南下する。日本では2亜種が分布し、亜種**ヒクイナ** *P. f. erythrothorax* は、おもに夏鳥として北海道から九州にかけて渡来。本州中部以南では越冬するものもいる。南西諸島には亜種**リュウキュウヒクイナ** *P. f. phaeopyga* が留鳥として分布。ただし、この亜種は羽色がいくぶん濃い程度で、亜種ヒクイナとの区別は難しい。

生息場所 水田・湿地・河川・湖沼。

類似種 オオクイナ→○体がやや大きい。○足は鉛色。○体下面の白黒の縞模様は後胸に達する。

コウライクイナ→○雨覆先端に白斑がある。○体下面の白黒の縞模様は足より上部の腹まで広がる。○足の赤味は淡い。

①**亜種ヒクイナ成鳥** 愛知県豊橋市 1992年5月27日 Y
顔から腹が赤味の強い褐色。嘴は黒くて、クイナに比べて短い。足は赤く、オオクイナと異なる。

②**亜種ヒクイナ成鳥** 大阪府守口市 Y 2003年3月2日 Y
体上面は一様に暗緑褐色になっている。

③**亜種ヒクイナ第1回夏羽?** 愛知県一色町 1985年8月10日 Y 体の赤味が弱く、喉が白っぽいので、まだ若い個体と思われる。

④**亜種リュウキュウヒクイナ成鳥** 沖縄県大宜味村 1989年9月25日 Y 亜種ヒクイナよりも羽色が暗い。南西諸島に周年分布するため、目につく機会は亜種ヒクイナよりも多い。

本州中部で見られる時期	1	2	3	4	5	6	7	8	9	10	11	12

△ **シマクイナ** *Coturnicops noveboracensis* TL 13-19cm 日本産の亜種
Yellow Rail *C. n. exquisitus*は小さく13cm

ツル目

クイナ科

特徴 ○頭上から体上面は褐色で，黒い縦斑と，それに交わる白い細線がある。
○顔・胸・脇は褐色。
○白い喉。
○脇後方に黒褐色と淡褐色の不明瞭な横縞模様。
○足は黄褐色。
○飛翔時，次列風切は白い。

鳴き声 キョッ，キョロ，ル…とテンポの速い連続音で，次第に音が小さくなる。

分布 トランスバイカリア東南部・中国東北部とカナダ南部からアメリカ合衆国東北部で繁殖し，朝鮮半島・中国南部・アメリカ合衆国南部で越冬する。日本では数少ない冬鳥として北海道から南西諸島まで記録がある。

生息場所 湖沼畔・湿地・水田。

類似種 ウズラ→○体が一回り大きい。○黄白色の眉斑がある。○胸から脇に赤褐色と黄白色の縦斑がある。○翼に白色部はない。○嘴はより短い。○足は短い。
ミフウズラ→○虹彩は白い（シマクイナは暗褐色）。○胸や脇に黒褐色の横斑がある。○趾は3本（シマクイナは4本）。○翼に白色部はない。

その他 シマクイナを*C. noveboracensis*の1亜種とせず独立種とする考え方もある。その場合，シマクイナの学名は*C. exquisitus*，英名はSwinhoe's Railとなり*C. noveboracensis*（アメリカに分布）にはアメリカシマクイナの和名が用いられる。

①茨城県神栖市 1988年11月3日 茂田 褐色の体に黒と白の斑が入っている。小さいうえに，湿地の草むらからめったに出てこないので，姿を見る機会は少ない。

②神栖市 1988年11月3日 茂田 嘴は短くて頑丈。顔にも白い斑が多数入る。喉は白い。

③神栖市 1988年11月3日 茂田 初列風切は黒く，次列風切は白い。雨覆は褐色で，白い小斑が散在している。

本州中部で見られる時期	1	2	3	4	5	6	7	8	9	10	11	12

ツル目

クイナ科

◇ シロハラクイナ　*Amaurornis phoenicurus*　White-breasted Waterhen　TL 28-33cm　WS 49cm

①**夏羽**　沖縄県石垣市　2003年4月12日　Y　頭頂から体上面は黒、顔から体下面は白と、体は見事に2色に色分けされている。嘴と足は黄緑色。上嘴基部は赤い。

②**幼鳥**　西表島　1984年7月4日　Y　幼鳥は体の黒色部と白色部の境が不明瞭。黒色部も褐色味がかる。嘴と足も黒味がある。

③**親子**　鹿児島県南さつま市　1996年9月15日　Y　ひなは全身が真っ黒。琉球列島では数が多く、道路を横切っていく姿をよく見かける。このような親子連れを見ることも多い。

特徴　○顔から腹は白い。
○頭頂から体上面は黒い。
○下腹と下尾筒は茶色。
○嘴は黄緑色で、上嘴基部は赤い。
○黄緑色の足。
○幼鳥は顔から腹が汚白色で、上面は褐色味がかる。嘴は黒い。

鳴き声　コッ、コッ、コッ。

分布　中国南部から東南アジア・インドに分布。日本では琉球諸島に留鳥として分布。鹿児島・熊本・高知でも繁殖例があるが、本州・四国・九州・小笠原群島ではまれに記録される。

生息場所　水田・マングローブ・湿地・河川の岸。

類似種　バン→顔から腹も黒い。○額に赤い額板がある。
○下尾筒の両脇は白い。
○幼鳥では、脇に白い斑があること、嘴が黄色味がかること、下尾筒の脇が白いことで識別。

八重山諸島で見られる時期	1	2	3	4	5	6	7	8	9	10	11	12

△ ツルクイナ

Gallicrex cinerea
Watercock

TL ♂42-43cm ♀36cm
WS 68-86cm

ツル目 クイナ科

特徴 ○全身灰黒色。背および翼の羽縁は褐色。
○額板は赤く，頭上で角のように突き出る。
○黄色い嘴。
○黄緑色の長い足。
○雌は全身が黄褐色で，体上面には黒斑がある。嘴は黄褐色で，額板はない。
○雄冬羽は雌に似るが，体が大きく，額板がある（夏羽のように角状ではない）。

鳴き声 繁殖期はカポン，カポン，カポン…と繰り返して鳴く。クワッ，クワッと鳴くこともある。

分布 朝鮮半島から中国・台湾・東南アジア・南アジアに分布。日本では八重山諸島では留鳥，他の地域では迷鳥。佐賀県では繁殖記録がある。

生息場所 草地・湿地・水田。

類似種 バン→○体が小さく，頸と足は長い。○背は一様に黒褐色。
○脇に白斑がある。
○下尾筒の両脇が白い。
エリマキシギ冬羽・幼鳥→雌および雄冬羽に似るが，○体が小さい。
○嘴は細い。○趾，特に後趾が短い。
○飛翔時，上尾筒の両脇に大きな白斑がある。

①♂**夏羽** 長崎県対馬 1985年5月2日 石井
全身灰黒色の大形のクイナ類。♂夏羽の額板は赤く，頭上で角のように突き出ている。嘴は黄色い。

②**冬羽** 京都府宇治市 1987年10月26日 Y 冬羽は♂♀ともに全身が黄褐色で，体上面の羽の中央は黒く，鱗状の模様を成している。ただし，♂の方が一回り大きく，額板があることで♀と区別できる。

④**夏羽から冬羽に換羽中** 愛知県豊橋市 1990年7月16日 Y 額板が大きく発達していて繁殖期の♂のようになっているが，顔や頸は冬羽のような羽になっている換羽途中と思われる個体。

③♂**夏羽** 沖縄県石垣島 1984年7月6日 Y
草原から急に飛び立つことによって本種の存在に気づくことが多い。額板は繁殖期には特に発達して角のようになり，赤味も強くなる。

八重山諸島で見られる時期	1	2	3	4	5	6	7	8	9	10	11	12

ツル目
クイナ科

◎ バン

Gallinula chloropus
Common Moorhen, Common Gallinule
TL 30-38cm
WS 50-55cm

特徴 ○全身が黒く、上面には褐色味がある。
○嘴基部と額板は赤く、嘴先端は黄色。
○脇に白斑がある。
○下尾筒の両脇は白い。
○足は黄緑色で腿は赤。
○幼鳥は全身が褐色で、喉と下面は淡い。嘴は黄褐色で、虹彩は黒い。

鳴き声 クルルッまたはキュルルッ。短くク・ッと鳴くこともある。

分布 ユーラシア・アフリカ・北アメリカ・南アメリカそれぞれの温帯から熱帯域にかけて広く分布。日本では北海道から南西諸島で繁殖。関東以北では夏鳥、それ以南では留鳥。

生息場所 池・湖沼・水田・河川・湿地。

類似種 オオバン→○体がより大きく太め。○嘴と額板は白い。
○脇に白斑はない。
○飛翔時、翼の後縁に白色部がある。
○足は鉛色で、趾にひれがついている。
○幼鳥では、体上面の黒味が強いこと、脇に白斑がないこと、下尾筒の両脇が白くないことで識別。

ツルクイナ雄夏羽→○体は大きく、頸と足はより長い。
○額板は角状に出っ張る。
○背や翼の羽の羽縁は褐色。
○脇に白斑はない。
○下尾筒の両脇は白くない。

シロハラクイナ幼鳥→バン幼鳥に似るが、○脇に白斑はない。○下尾筒の両脇は白くない。○嘴は黒い。

①**夏羽** 沖縄県大宜味村 1994年7月24日 Y
全身が黒く、脇には白斑がある。足は黄緑色で、腿は赤い。夏羽では赤い額板が大きく、鮮やかな赤色をしている。

②**冬羽** 愛知県豊橋市 1983年2月7日 Y
冬羽では額板は赤味が純くなり、少し小さめになる。足や嘴の色も夏羽ほどの鮮やかさがない。

③**幼羽** 愛知県田原市 1991年8月 Y
幼鳥は喉や腹が白っぽく、シロハラクイナの幼鳥に似る。しかし、脇に白斑があること、下尾筒の両脇が白いことで見分けられる。

| 本州中部で見られる時期 | 1 | 2 | 3 | 4 | 5 | 6 | 7 | 8 | 9 | 10 | 11 | 12 |

ツル目

クイナ科

④ ひな　大宜味村　1994年7月24日　Y
かなり大きくなったひな。顔や下尾筒の脇は白くなってきたが、嘴にはまだ赤味がある。

⑤ 親子　田原市　1991年7月7日　Y
バンはクイナ類としては珍しく開けた所に出てくることが多く、親子連れの姿もよく見られる。ひなは全身が黒く、嘴は赤い。頭部には赤と青の皮膚の裸出部がある。

⑥ 大宜味村　1994年7月24日　Y
翼は全面が黒褐色。わずかに外側初列風切の外弁が細い白線となって見える。

⑦ 威嚇　田原市　1992年4月17日　Y　なわばりの境界で威嚇するときは、頭を下げ、尾羽を広げて立てる。下尾筒も広げるため両側の白斑がよく目立つ。

181

ツル目　クイナ科

◎ オオバン

Fulica atra
Eurasian Coot

TL 36-39cm
WS 70-80cm

特徴　○全身灰黒色。頭部は黒い。
○白い嘴と額板。
○鉛色の足。趾にはひれがある。
○飛翔時、次列風切後縁が白い。
○幼鳥は全身が黒褐色で、体下面と喉から前頸にかけては白っぽい。嘴は黄白色。

鳴き声　クルルッまたはキュルルッ。もっと短くクッと鳴くこともある。

分布　ヨーロッパからシベリア中央部・朝鮮半島にかけてと北アフリカ・イラクからインド・オーストラリア・ニューギニアで繁殖。冬季はサハラ地域・スーダン・アラビア・インド・インドネシア・フィリピンに渡る。日本では、北海道・本州・九州の一部で繁殖し、本州以南で越冬する。

生息場所　平地の湖沼・ハス田。

類似種　バン→○体が小さく、細め。○体上面に褐色味がある。○嘴は赤と黄色。○額板は赤い。○脇に白色斑がある。○下尾筒の両脇は白い。○足は黄緑色で、趾にひれはない。○飛翔時、翼に白色部はない。○幼鳥は、体上面に黒味が少ないこと、脇や下尾筒両脇に白斑があることで識別。

①**成鳥**　愛知県豊橋市　1982年12月20日　Y
全身が灰黒色で、嘴と額板は白い。嘴のつけ根と額板の間には黒色部が鋭角状に切れ込んでいて、アメリカオオバンやアフリカオオバンと異なっている。

②**幼鳥**　滋賀県野洲市　1998年12月28日　石井
幼鳥は顔や前頸が白く、嘴は黄白色。額板もない。バン幼鳥より上面は黒っぽく、褐色味は少ない。また、脇や下尾筒に白斑はない。

③茨城県潮来市　1998年12月28日　Y
翼を広げると次列風切後縁に白帯がある。飛翔時は水面を助走して飛び上がる。

④**親子**　愛知県田原市　1993年5月28日　Y　ひなは全身黒く、頭部に赤と青の皮膚の裸出部がある。オオバンは弁足という趾にひれのついた足をもち、泳ぐことが得意。水中に潜って水草をとることもできる。

| 本州中部で見られる時期 | 1 | 2 | 3 | 4 | 5 | 6 | 7 | 8 | 9 | 10 | 11 | 12 |

✕ ノガン

Otis tarda
Great Bustard

TL ♂100-105cm ♀75-76cm
WS ♂210-260cm ♀170-190cm

ツル目

ノガン科

特徴 ○頭部から頸は淡青灰色。
○喉に白いひげ状の飾り羽。
○後頸から胸は茶褐色。
○背と尾には黄褐色の地に黒い横縞がある。
○下面は白い。
○翼は黄褐色・白・黒の3色の部分に分かれる。
○淡黄色のがっしりした足。趾は3本。
○短く、太い淡黄色の嘴。
○雌はひげ状の飾り羽がなく、後頸から胸は青灰色。
○雄の非繁殖羽は雌に似るが、体はずっと大きい。

鳴き声 繁殖地では雄はフーフーと鳴く。

分布 イベリア半島・東ヨーロッパ・中近東からロシア中部・モンゴル・中国北部・アムール地方に分布。冬は南下するものもいる。日本では迷鳥として北海道から南西諸島まで記録がある。

生息場所 草原・農耕地。

類似種 特になし。

①♂**成鳥** 愛知県安城市 1994年3月11日 杉山
繁殖期の♂は、喉から後方に向かって白いひげ状の飾り羽が出る。背・尾・雨覆は黄褐色で、黒い横縞がたくさんある。非繁殖羽ではひげ状の飾り羽はない。

②**幼鳥** 沖縄県石垣島 1981年3月3日 鈴木茂也
幼鳥は頭から頸にかけて褐色味を帯びている。翼の白色部と黄褐色部の境も成鳥のようにははっきりと分かれて見えない。

見られる時期	1	2	3	4	5	6	7	8	9	10	11	12

183

チドリ目 レンカク科

△ **レンカク**   *Hydrophasianus chirurgus*   TL 39-58cm（冬羽 31cm）
Pheasant-tailed Jacana

①**夏羽** 香川県観音寺市 1983年7月24日 Y 顔と翼の白と，背・腹・尾の黒，後頸の黄がはっきりと分かれていて目立つ。夏羽ではキジ類のように著しく尾が長い。

特徴 ○顔から前頸は白く，後頸は黄色。その境界に黒線がある。
○背と腹は黒い。
○翼は白く，外側初列風切と先端は黒い。
○黒くて著しく長い尾。
○黄緑色の長い足。趾がとても長く，爪も長い。
○冬羽は頭上から体上面は褐色。喉と前頸は白く，過眼線から側頸に黒線がつながる。尾は短く，褐色。
鳴き声 チュー，チュー。
分布 インドから東南アジア・中国南部・台湾に分布。日本では数の少ない旅鳥または冬鳥として本州・四国・九州・南西諸島で記録されている。南西諸島ではよく記録される。
生息場所 湖沼・ハス田・水田・湿地。
類似種 特になし。

②**第1回冬羽** 京都府亀岡市 1989年10月29日 Y
冬羽は体上面は褐色，下面は白くなる。尾も短くなる。レンカク類は趾と爪が非常に長く，ハスなどの水生植物の浮き葉の上を歩くのに適している。

③**夏羽** 観音寺市 1983年7月24日 Y
翼はほとんどが白く，初列風切の外側の羽と先端のみ黒い。

見られる時期 | 1 | 2 | 3 | 4 | 5 | 6 | 7 | 8 | 9 | 10 | 11 | 12

○ タマシギ

Rostratula benghalensis
Greater Painted-snipe
TL 23-28cm
WS 50-55cm

チドリ目 / タマシギ科

① ♂ 愛知県田原市 1985年8月 Y
♂は顔と胸が灰褐色で、雨覆に黄色い丸斑が並ぶ。眼の周囲のまが玉形の斑も黄色味がかる。

② ♀ 田原市 1982年5月 Y
多くの鳥と異なり、♀の方が羽色が鮮やか。顔と上胸は赤褐色で、眼の周囲にはまが玉形の白斑がある。

③ ディスプレイする♀ 愛知県一色町 1986年8月18日 Y ♀は写真のように翼を上方に伸ばし、チョウがはばたくように小刻みに振って♂にディスプレイする。このとき、風切にある黄色い丸斑が目立つ。

④ 親子 一色町 1984年8月31日 Y
タマシギは♂が抱卵から育雛まで行う。ひなは黒い頭央線と過眼線をもつ。嘴はひなのうちから下方に少し曲がる。

特徴 ○眼の周囲にまが玉形の黄褐色の斑。
○黄褐色の頭央線。
○胸から肩に向かって白色部が食い込む。
○背の両脇に黄褐色の線がある。
○淡紅色の長い嘴は先端付近で下方に少し曲がる。
○翼を広げると上面・下面ともに水玉模様がある。翼先端は丸い。
○雌は顔から上胸が赤褐色で、下胸は黒褐色。体上面は暗緑褐色。

鳴き声 繁殖期、雌はコォーッ、コォーッと10回以上続けて鳴く。鳴き始めにウゥー、ウゥーとこもった声を出すこともある。

分布 インドから東南アジア・中国・アフリカ・オーストラリアに分布。日本では本州中部以南で繁殖。留鳥だが、冬季はより南へ渡るものもいる。

生息場所 水田・湿地・河川の岸。

類似種 タシギ属 *Gallinago* の鳥→○嘴はまっすぐで、先端はとがる。○眼の周囲に白斑はない。○胸と腹の境は不明瞭。○翼の先端はとがっている。

| 本州中部で見られる時期 | 1 | 2 | 3 | 4 | 5 | 6 | 7 | 8 | 9 | 10 | 11 | 12 |

チドリ目 ミヤコドリ科

◇ **ミヤコドリ**

Haematopus ostralegus
Eurasian Oystercatcher

TL 40-47.5cm
WS 80-86cm

特徴 ○頭・胸・体上面は黒い。
○腹から下尾筒は白い。
○赤くて長い嘴。
○飛翔時、翼上面に太い白帯があり、腰と尾の白、尾の先端の黒が目立つ。
○ピンク色の足。趾は3本。
○幼鳥は背および翼の黒色部は褐色味がかり、嘴の先端が黒い。

鳴き声 ピッ、ピと2声で鳴く。ピリーッまたはキリーッと伸ばして鳴くこともある。

分布 ヨーロッパ・カムチャツカ半島・東アジア北部で繁殖し、アフリカ・中東・南アジア・中国南部で越冬。日本では数の少ない冬鳥として北海道から南西諸島まで記録がある。九州北部や東京湾では毎年飛来する場所もある。

生息場所 干潟・岩礁海岸・砂浜。

類似種 遠距離では**ナベコウ**→
○体がずっと大きい。
○足はずっと長い。
○嘴は太い。
○飛翔時、翼・腰・尾に白い部分はない。

①**成鳥** 千葉県いすみ市 1991年3月3日 私市
頭と体上面が黒く、体下面は白い。眼と嘴は赤く、足はピンク色。

②**幼羽** 愛知県吉良町 1989年11月11日 Y
幼羽は背や翼の黒色部が褐色味を帯びる。嘴の先端は黒い。

④**成鳥** 千葉県千葉市 2004年2月21日 桐原 翼下面は、大部分が白く、風切の先端部が黒い。

③福岡市 1993年12月30日 Y 翼上面の風切の部分には太い白帯が入る。尾は先端が黒く、基部は白い。腰は白い。

| 本州中部で見られる時期 | 1 | 2 | 3 | 4 | 5 | 6 | 7 | 8 | 9 | 10 | 11 | 12 |

◇ ハジロコチドリ

Charadrius hiaticula
Common Ringed Plover
TL 18-20cm
WS 48-57cm

チドリ目 / チドリ科

特徴 ○先端が黒く，基部がオレンジ色の嘴。
○眼先から頬は黒い。
○オレンジ色の足。
○胸の幅広い黒帯。
○翼に白帯がある。
○冬羽では顔や胸の黒色部が淡くなり，嘴はほとんど黒くなる。

鳴き声 ピューイッ。

分布 グリーンランド・ユーラシア大陸北部・バフィン諸島で繁殖し，ヨーロッパ・アフリカ・西アジアで越冬する。日本では旅鳥または冬鳥として少数が渡来する。記録は北海道から南西諸島まで及ぶ。

生息場所 干潟・水田・埋立地の水たまり。コチドリよりも海岸を好む。

類似種　コチドリ→ ○体が一回り小さく，体つきも細い。○嘴は細く，黒い。○眼の回りの黄色いリングは幅広く明瞭。○足はピンク色または淡黄色。○翼に白帯が出ない。○前頭の黒色部と頭頂の褐色部の間に白色部がある。○背の褐色部がいく分明るめ。

イカルチドリ→ ○体が一回り大きく，体つきはほっそりしている。○嘴は黒く細長い。○足は淡黄色で長い。○顔や胸の黒色部が淡く，褐色味がある。○胸の黒帯の幅がせまい。

①**夏羽**　愛知県汐川干潟　1992年4月12日　Y
夏羽は顔や胸の黒色部の黒味が強く，嘴はオレンジ色で先端のみ黒い。足は鮮やかなオレンジ色。

②**冬羽**　汐川干潟　1980年3月10日　Y
冬羽では顔と胸の黒色部がやや淡くなり，嘴はほとんどが黒くなる。足の色もやや淡くなる。背の色はシロチドリよりも暗く見える。

④**夏羽**　汐川干潟　1992年4月12日　Y
翼を広げると，上面の風切に白帯がある。この白帯はコチドリには見られない。

③**幼羽**　青森県三沢市　1993年9月12日　宮
幼羽は顔と胸の部分は褐色味を帯び，頭頂の色とあまり変わらなくなる。額の黒色部はまだない。

本州中部で見られる時期	1	2	3	4	5	6	7	8	9	10	11	12

ミズカキチドリ

Charadrius semipalmatus
Semipalmated Plover
TL 17-19 cm
WS 43-52 cm

特徴 ○先端が黒く，基部がオレンジ色をした短くてずんぐりした嘴。
○目先から頬は黒い。
○眼の周囲にオレンジ色の細いリング。
○オレンジ色の足。
○中趾と外趾及び中趾と内趾の間に小さな蹼がある。ただし，条件が良くないとわかりづらい。特に中趾と内趾の間の蹼は小さいので注意を要する。
○胸に幅の狭い黒帯。
○翼上面に白の細い翼帯がある。（外側初列風切P6，7〜10の4〜5枚は羽軸の翼帯部分だけ白く，外弁に白斑は無い）
○冬羽では顔や胸の黒色部が淡くなり，嘴はほとんどが黒くなる。

鳴き声 チュイッと鳴き，ツルシギの声に似ており，ハジロコチドリとは異なる。

分布 北アメリカ北部・バフィン島で繁殖し，北アメリカ南部からカリブ海の島々・南アメリカに渡って越冬する。ウランゲル島などロシア東部でも年によっては繁殖している可能性がある。日本では1992年4〜5月に千葉県谷津干潟で1羽と，2006年11月〜2007年1月に愛知県で1羽が記録されている。

生息場所 干潟・湿地

類似種 ハジロコチドリ→
○体が少し大きい。
○中趾と外趾の間の蹼はより小さく，中趾と内趾の間の蹼はない。
○白い翼帯は幅が広く，より長い。（外側初列風切P7，8〜10の3〜4枚は羽軸の翼帯部分だけ白く，外弁に白斑はない）
○目の周りの黄色のリングはより細くほとんど分からない。
○翼下面はより白味が強い。
○胸の黒帯の幅が広い。○白い眉斑が長い。○眼先の黒色部の下端が口角と接するものが多い。（ミズカキチドリでは目先の黒色部と口角の間が白いものが多い）○嘴はいくぶんか細長い。

①夏羽　カナダチャーチル　1994年6月　私市　ハジロコチドリに似るが，中趾と内趾の間にも小さな蹼がある。オレンジ色の囲眼輪もハジロコチドリより明瞭である。

②夏羽　千葉県谷津干潟　1994年4月26日　桐原
白い眉斑はハジロコチドリより短く，ほとんど見られないものもいる。胸の黒帯は幅が狭い。

③冬羽　愛知県愛西市　2006年12月7日　Y　冬羽では顔や胸の黒色部が褐色味を帯び，淡くなる。嘴はほとんどが黒くなる。

本州中部で見られる時期　| 1 | 2 | 3 | 4 | 5 | 6 | 7 | 8 | 9 | 10 | 11 | 12 |

◎ コチドリ

Charadrius dubius
Little Ringed Plover

TL 14-17cm
WS 42-48cm

チドリ目　チドリ科

特徴 ○眼の回りの黄色のリング。○眼先から頬が黒い。○胸の黒帯。○足はピンク色または淡黄色。○翼に白帯が出ない。○冬羽では顔や胸の黒色部が淡くなる。

鳴き声 ピォ，ピォ。繁殖期にはピォ，ピォ，ピピピピピ，ピュー，ピューと飛び回りながら鳴く。

分布 北半球の亜寒帯・温帯・熱帯およびニューギニアで繁殖し，アフリカからインド・東南アジアで越冬する。日本では九州以北で繁殖する。本州中部以北では夏鳥，それ以南では越冬する個体もいる。南西諸島では冬鳥。

生息場所 河原・水田・湖沼のほとり。干潟や砂浜に出ることは少ない。

類似種 **ハジロコチドリ**→○嘴が太く，夏羽では基部がオレンジ色。○眼の回りの黄色のリングが目立たない。○足はオレンジ色。○翼に白帯が出る。○よりがっしりした体形。
イカルチドリ→○体が一回り大きい。○嘴が長い。○頬や胸の黒色部が淡く，褐色味がかっている。○眼の回りの黄色のリングの幅がせまく，色も淡い。

①♂**夏羽** 愛知県御津町　1990年5月　Y
夏羽は顔と胸の黒帯が明瞭で，眼の周囲の黄色のリングが目立つ。

②**冬羽** 御津町　1988年8月　Y
冬羽は顔と胸の黒帯が褐色味を帯びる。眼の周囲の黄色いリングは幅がせまい。

④**夏羽** 御津町　1989年6月21日　Y
翼上面は一様に褐色で，翼帯は見られない。

③**幼羽** 御津町　1987年8月29日　Y　幼羽は顔や胸は褐色。翼や背の各羽はバフ色の羽縁をもち，鱗状に見える。

本州中部で見られる時期	1	2	3	4	5	6	7	8	9	10	11	12

○ イカルチドリ

Charadrius placidus
Long-billed Plover

TL 19-21cm
WS 45cm

特徴 ○眼先から頬が黒褐色。
○胸の黒帯。
○細くて長めの嘴。
○眼の回りに細い黄色のリング。
○淡黄色で長めの足。
○翼先端よりも長く突き出る尾。
○翼を広げると細い白帯が出る。
○冬羽では顔や胸の黒色および黒褐色部が褐色味がかり淡くなる。

鳴き声 ピィオ，ピィオ。コチドリに似るが，それより太い声。

分布 ロシアウスリー地方・中国北部および東北部・朝鮮半島で繁殖，中国南部からインド北部で越冬する。日本では北海道から南西諸島まで記録があるが，繁殖は本州・四国のみ。多くは留鳥だが，北日本では夏鳥，南西諸島では冬鳥。

生息場所 河原・水田・湖沼の砂地など。海岸に出ることは少ない。

類似種　コチドリ→○体が一回り小さい。○眼の回りの黄色のリングが幅広く，より目立つ。○顔や胸の黒色部がより濃くなっている。○嘴は短い。○尾は翼先端から出ない。○翼に白帯は出ない。

シロチドリ→○体が一回り小さい。○眼の回りに黄色のリングはない。○眼先および頬の黒褐色部が小さい。○胸の黒斑は前面で切れていて，帯状ではない。○足は黒い。

① **夏羽**　愛知県音羽町　1988年11月　Y　顔の模様はコチドリに似るが，黒色部の色はやや淡い。嘴は細く，コチドリよりも長い。

② **冬羽**　愛知県豊橋市　1996年2月29日　Y
①よりも顔や胸の色が淡いので，①は♂，②は♀かもしれない。尾が翼先端よりも外に突き出ているのがわかる。

③ **幼羽**　愛知県岡崎市　1985年11月下旬　山本晃
幼羽は上面が灰褐色。背や翼の各羽は淡色の羽縁をもつ。

④ **第1回冬羽**　愛知県田原市　1998年11月22日　Y　翼上面の次列風切と内側初列風切に細い白帯がある。

| 本州中部で見られる時期 | 1 | 2 | 3 | 4 | 5 | 6 | 7 | 8 | 9 | 10 | 11 | 12 |

◎ シロチドリ

Charadrius alexandrinus
Kentish Plover

TL 15-17.5cm
WS 42-45cm

チドリ目

特徴 ○額と眉斑が白い。
○眼先と頬が黒い。
○前頭に黒斑。
○胸の黒斑は中央で切れる。
○後頸は白い。
○足は黒または黒味を帯びたピンク色。
○翼に白帯が出る。

鳴き声 ピュル，ピュル。繁殖期にはゲレゲレゲレーとも鳴く。

分布 北半球の温帯および南アメリカ西海岸で繁殖し，北方のものは南に渡って越冬する。日本では北海道から南西諸島まで留鳥として繁殖するが，北日本では夏鳥として冬季は暖地に渡っていくものが多い。

生息場所 河川敷・砂浜・埋立地で繁殖。干潟・水田などでも多く見られる。

類似種 **イカルチドリ**→○体が一回り大きい。○眼の回りに細い黄色のリングがある。○眼先および頬の黒褐色部が大きい。○胸の黒斑は中央でもつながって帯状になっている。○足は淡黄色。○尾が長く，翼先端よりも突き出ている。

メダイチドリ冬羽→○体が一回り大きい。○嘴が太くて短い。○後頸は白くなく，頭頂から背まで灰褐色部が続く。

オオメダイチドリ冬羽→○体が一回り以上大きい。○嘴は太くて長い。○後頸は白くなく，頭頂から背まで灰褐色部が続く。○足が長い。

チドリ科

①♂夏羽　愛知県汐川干潟　1992年4月27日　Y　夏羽の♂は前頭と側胸に黒斑があり，過眼線も黒い。頭頂と後頭は橙褐色。

②♀夏羽　愛知県御津町　1989年6月21日　Y　♀は前頭の黒斑はなく，過眼線や側胸の斑は褐色。頭頂と後頭も褐色である。冬羽は♂♀ともに夏羽の♀によく似ている。

④♂夏羽　愛知県田原市　1989年6月18日　Y　翼を広げると上面には白い翼帯がある。尾は褐色で，外側尾羽は白い。

③**幼羽**　汐川干潟　1991年7月26日　Y　幼羽は♀に似るが，背や翼の各羽の羽縁はバフ色で，その内側に黒いサブターミナルバンドがある。

| 本州中部で見られる時期 | 1 | 2 | 3 | 4 | 5 | 6 | 7 | 8 | 9 | 10 | 11 | 12 |

◎ メダイチドリ

Charadrius mongolus
Lesser Sand Plover
TL 19-21cm
WS 45-58cm

特徴 ○前頭・眼先・頬は黒い。
○喉が白い。
○嘴は太く短い。
○オレンジ色の胸。
○足は暗緑色（変異が多い）。
○冬羽では顔の黒色部や胸のオレンジ色部は褐色。

鳴き声 クリリ，クリリ。

分布 パミール・チベット・カムチャツカ・チュコト半島で繁殖し，アフリカ東部・インド・東南アジア・オーストラリア・ニュージーランドで越冬する。日本では北海道から南西諸島まで旅鳥として春と秋に通過していく。関東以西では一部越冬する個体もいる。

生息場所 海岸や河口の干潟。水田や砂浜海岸・埋立地の水たまりに入ることもある。

類似種　オオメダイチドリ→○体が大きい。○嘴が長い（嘴の基部から眼の後端までの長さと同長かそれ以上）。○足が長く，飛行時に趾は尾端を越える。○足の色が淡い。○頭頂はやや平たい。○頸が長い。○採餌のときの動作がメダイチドリよりもすばやい。

シロチドリ冬羽→○体が小さい。○嘴が細い。○後頸が白いため，頭部と背の褐色部は分離している。○頭・背・翼の褐色が淡い。○採餌のときの動作がメダイチドリよりもすばやい。

①♂**夏羽** 愛知県豊橋市　1992年5月8日　Y
夏羽は胸がオレンジ色。♂は前頭・眼先・頬が黒い。♀夏羽ではこの黒色部が褐色を帯び，胸の赤味は鈍く，喉と胸を区切る黒線はないか，あっても褐色味を帯びる。

②**冬羽** 豊橋市　1992年9月23日　Y
冬羽は性差が少ない。眼先・頬・胸は褐色。メダイチドリの嘴は短く，先端がふくらんでいる。

③**幼羽** 愛知県汐川干潟　1994年9月3日　Y
幼羽は冬羽に似るが，頭・背・翼の各羽の羽縁はバフ色。胸や顔もバフ色味を帯びる。

④**冬羽** 汐川干潟　1995年8月12日　Y
翼上面には白い翼帯があるが，シロチドリほどは目立たない。

| 本州中部で見られる時期 | 1 | 2 | 3 | 4 | 5 | 6 | 7 | 8 | 9 | 10 | 11 | 12 |

◇ オオメダイチドリ

Charadrius leschenaultii
Greater Sand Plover

TL 22-25cm
WS 53-60cm

チドリ目

特徴 ○前頭・眼先・頬が黒い。
○喉は白い。
○長めの嘴。
○長くて淡い色彩の足（色の変異は多い）。
○後頸から胸は淡いオレンジ色。
○冬羽では顔の黒色部や胸の淡オレンジ色部が褐色に変わる。

鳴き声 クリリ，クリリ。

分布 トルコ・中央アジアで繁殖し，アフリカ東部・インド・東南アジア・オーストラリア・ニュージーランドで越冬。日本では旅鳥として春と秋に少数が記録される。南西諸島では多く，越冬するものもいる。

生息場所 海岸や河口の干潟・砂浜海岸。干潟でも砂質の強い干潟を好む。メダイチドリのように水田やハス田に入ることは少ない。

類似種　メダイチドリ→○体が小さい。
○嘴が短い（嘴の基部から眼の後端までの長さと同長かそれ以下）。○頭頂の丸みが強い。○足が短く，飛行時に趾は尾端を越えない。○足の色は黒味がかる。○頸が短い。

シロチドリ冬羽→○体が小さい。
○嘴が細い。○後頸が白く，頭部と背の褐色部は分離している。○足は黒い。

チドリ科

①♂**夏羽**　愛知県汐川干潟　1997年5月9日　Y
夏羽では後頸から胸はオレンジ色。♂は前頭・眼先・頬が黒い。♀の夏羽ではオレンジ色部は♂より淡く，顔の黒色部は褐色。

②**冬羽**　沖縄県石垣市　2003年4月12日　Y　冬羽は♂♀ともに顔の黒色部や胸のオレンジ色部は褐色になり，メダイチドリの冬羽に似る。ただし，嘴と足はより長い。

④**幼鳥**　千葉県谷津干潟　2003年8月5日　桐原　翼下面はほとんどが白い。下部初列大雨覆に灰色のコンマ形の斑が見られるが，この斑はメダイチドリよりも幅が狭く，薄い。飛翔時に，この斑がはっきり確認できるようだったらメダイチドリの可能性が高い。

③**幼羽**　汐川干潟　1987年8月20日　Y
幼羽は冬羽に似るが，体上面の各羽の羽縁はバフ色。体形はメダイチドリよりほっそりしている。

本州中部で見られる時期	1	2	3	4	5	6	7	8	9	10	11	12

△ オオチドリ

Charadrius asiaticus
Caspian Plover

TL 22-25.5cm
WS 55-61cm

① ♂夏羽　兵庫県姫路市　1999年4月2日　Y
♂夏羽は胸がオレンジ色で、腹の白色部との境に黒帯がある。足は淡黄色。嘴は黒くて細い。

② ♂夏羽　京都府宇治市　1984年4月14日　Y
個体によっては、顔が褐色味を帯びるものもいる。

③ 冬羽?　長崎県対馬　1993年5月4日　Y
顔や胸が淡褐色。翼上面にも翼下面にも目立つ斑はない。冬羽かもしれないし、♀夏羽の可能性もある。

④ 幼羽　沖縄県宮古島　1981年9月上旬　山本晃
幼羽は頭頂・背・翼の各羽にバフ色の太めの羽縁が見られる。

特徴　○白くてのっぺりした顔。
○オレンジ色の胸。その下に黒い帯がある。
○細くて黒い嘴。
○長くて淡い黄色またはピンク色の足。
○翼下面全体が黒褐色。
○ほっそりした体つき。
○冬羽では胸は淡い褐色、眼の周囲と耳斑も褐色。

鳴き声　チプッ、チプッ、チプッ。

分布　日本に来る亜種**オオチドリ** *C. a. veredus* は、モンゴルから中国東北部で繁殖し、インドネシア・オーストラリア北部に渡って越冬する。亜種**ニシオオチドリ** *C. a. asiaticus* は、カスピ海からバルハシ湖にかけての中央アジアで繁殖し、アフリカ東部および南部で越冬する。日本にはまれな旅鳥として飛来。西日本で記録が多く、特に与那国島や対馬では春季に毎年記録されている。

生息場所　芝生のような丈の低い草地・畑・乾いた水田跡。

類似種　**オオメダイチドリ→**
○夏羽では眼先から頬が黒い。
○冬羽では胸に褐色帯がある。
○翼上面に明瞭な白帯が出る。
○翼下面は白い。

ケリ幼羽→冬羽・幼羽に似るが、○より大きい体。○嘴の基部が黄色。○白い腰。○翼を広げると、上面、下面ともに初列風切の黒と次列風切の白の模様が明瞭。

その他　亜種ニシオオチドリは亜種オオチドリとは
○体が小さい (TL 18-20cm)。
○頸と足がいくらか短い。
○下雨覆や腋羽が白い。
○雌雄とも白い尾斑が明瞭。などの違いが見られる。このため、ニシオオチドリを *C. asiaticus*, Caspian Plover, オオチドリを *C. veredus*, Oriental Plover と、別種として扱うことも多い。

南西諸島で見られる時期	1	2	3	4	5	6	7	8	9	10	11	12
				◯								

△ コバシチドリ

Eudromias morinellus
Eurasian Dotterel

TL 20-22cm
WS 57-64cm

チドリ目
チドリ科

特徴 ○後頸まで伸びてつながる太くて白い眉斑。
○灰色の胸。
○オレンジ色の腹。
○胸と腹の境にある白帯。
○淡い黄色の足。
○短くて黒い嘴。
○翼下面は白っぽい。
○冬羽および幼羽では胸は灰褐色、腹は黄褐色となり、眉斑も少し黄色味がかる。

鳴き声 ピウィッ、ピウィッ、ピウィッ。

分布 ユーラシア大陸の北極圏および内陸の山岳地帯で繁殖し、北アフリカ・中近東に渡って越冬する。日本では迷鳥として本州・沖縄島で記録がある。

生息場所 海岸近くの草地・水田・畑・川岸。

類似種 ムナグロ冬羽・幼羽→○一回り大きくほっそりした体形。○眉斑は不明瞭。○黒い足。○翼下面は灰色味がかる。

ダイゼン冬羽・幼羽→
○ずっと大きく、特に頭が大きめ。
○眉斑は不明瞭。○より長く太い嘴。
○胸と腹は黄色味がからない。○足は黒い。○飛翔時に腋羽の黒が見られる。

①**幼羽** 愛知県田原市 1981年10月2日 Y 太くて白い眉斑が目立つ。日本では秋季に幼羽が記録される場合が多い。

③**幼羽** 千葉県銚子市 1993年9月21日 久保田 左右の白い眉斑は後頭まで伸びてつながり、後ろからはV字形に見える。

②**幼羽** 田原市 1981年10月5日 Y 幼羽も胸には不明瞭ながら白っぽい帯が見られる。成鳥ではこの帯がもっと鮮明。

見られる時期 | 1 | 2 | 3 | 4 | 5 | 6 | 7 | 8 | 9 | 10 | 11 | 12

チドリ目 チドリ科

◎ ムナグロ

Pluvialis fulva
Pacific Golden Plover

TL 23-26cm
WS 60-72cm

①夏羽 愛知県田原市 1986年5月14日 Y
夏羽は顔・胸・腹が黒い。ダイゼンに似るが，上面の斑は黄色で，嘴は細い。趾は3本で後趾はない。

②冬羽 愛知県田原市 1996年1月25日 Y 冬羽は顔や胸は淡黄褐色，腹は汚白色。体上面の黄色い斑は少なくなる。

④ 汐川干潟 1990年8月14日 Y
飛翔時，腰と尾は背と同じような色合いをしていて，ダイゼンのように白く見えない。

③幼羽 愛知県汐川干潟 1982年8月26日 Y 幼羽は冬羽に似るが，眉斑の黄色味がやや強く，背や翼の黄色味も強い。胸の黒い縦斑が冬羽よりもはっきりしている。

特徴 ○顔・胸・腹は黒い。
○頭上・背・翼は黄・黒・白の斑が散在する。
○額から眉・側頸・脇に白い帯がある。
○細くて黒い嘴。
○黒い足。
○冬羽では顔と胸は黄褐色となり，褐色の小縦斑をもつ。腹も淡い褐色となる。

鳴き声 キョビー，キョビー。

分布 シベリア・アラスカ西部で繁殖し，インド・東南アジア・オーストラリア・ニュージーランドで越冬。日本では旅鳥として春と秋に通過していくほか，南西諸島・小笠原諸島では越冬する個体もいる。

生息場所 河川の岸辺・水田・干潟。

類似種 **アメリカムナグロ→**
○三列風切を越える初列風切の突出がより大きい。○体がやや大きく，よりがっしりした体形。
○夏羽では脇に白い部分がない。
○冬羽と幼羽では眉斑が白っぽい。

ダイゼン→ ○体が一回り大きく，特に頭が大きく見える。○体上面の白味が強く，黄色の斑がない。○嘴はより太く長い。
○腋羽が黒い。○腰が白い。

コバシチドリ冬羽・幼羽→
○体が一回り小さい。
○眉斑がはっきりしている。○足は淡黄色。○嘴が短い。○翼下面が白っぽい。

本州中部で見られる時期	1	2	3	4	5	6	7	8	9	10	11	12
				●	●			●	●	●		

✕ アメリカムナグロ

Pluvialis dominica
American Golden Plover

TL 24-28cm
WS 65-72cm

チドリ目
チドリ科

特徴 ○顔から腹は黒い。
○頭上・背・翼に黒・白・黄の斑が散在する。
○額・眉・側頸は白いが，白色部は翼と腹の間の脇までは伸びていない。
○細くて黒い嘴。
○三列風切を越える初列風切の突出が大きい。
○黒い足。
○冬羽では頭から腹は灰褐色で，灰黒色の斑がある。

鳴き声 キュイー。

分布 アラスカとカナダ北部及びバフィン島にかけての北アメリカで繁殖。一部はウランゲル島などベーリング海峡の西部でも繁殖。冬季は南アメリカに渡る。日本では迷鳥として埼玉県で記録がある。

生息場所 草丈の低い草原・干潟。

類似種　ムナグロ→
○三列風切を越える初列風切の突出が小さい（アメリカムナグロでは4，5枚の初列風切が出るが，ムナグロでは3枚である）。
○体はやや小さく，体形もほっそりしている。特に頭が小さく見える。○体に対する嘴および足の長さがより長い。○夏羽では翼と腹の黒色部の間に白色部が入り，体上面の白と黄の斑が大きいため，アメリカムナグロより明るい色合いに見える。○冬羽と幼羽では体上面や眉斑の色がより黄色味がかっている。頬にある黒斑は眼から離れていることが多い（アメリカムナグロでは眼の後ろから黒色部が続いているように見える）。

ダイゼン幼羽→○体はより大きい。
○頭上の色が淡い。○眉斑は不明瞭で短い。○嘴が太い。
○飛翔時，脇羽が黒く腰は白い。

①**夏羽**　カナダ，マニトバ州チャーチル　1994年6月28日　私市
ムナグロ夏羽に似るが，腹の黒色部と翼の間にはムナグロのような白色部はない。体上面は黄色と白色の斑がムナグロより小さいため，全体の色が暗く見える。三列風切から出る初列風切の長さはムナグロより長い。

②**冬羽**　埼玉県さいたま市　1987年4月4日　渡辺朝一
ムナグロ冬羽に比べ，体色の黄色味が弱い。眉斑は白く，ムナグロよりもはっきりして見える。

| 見られる時期 | 1 | 2 | 3 | 4 | 5 | 6 | 7 | 8 | 9 | 10 | 11 | 12 |

197

◎ ダイゼン

Pluvialis squatarola
Grey Plover

TL 27-31cm
WS 71-83cm

チドリ目 / チドリ科

特徴
大形のチドリで，特に頭が大きい。
- 顔・胸・腹は黒い。
- 頭上・背・翼に黒と白の斑が散在する。
- 額・眉・頸・脇に白い帯がある。
- 腰が白い。
- 腋羽が黒い。
- 冬羽と幼羽では顔から胸に淡褐色の斑をもち，腹は白い。

鳴き声
ピューイー。声もムナグロとは異なる。

分布
ユーラシア北部・北アメリカ北部で繁殖し，ヨーロッパ・アフリカ・インド・東南アジア・オーストラリア・南北アメリカの海岸で越冬。日本では旅鳥として春と秋に見られるほか，本州中部以南では越冬する個体もいる。

生息場所
干潟・水田。ムナグロと異なり，内陸部で見られることはまれ。

類似種　ムナグロ→
- 体が一回り小さい。
- 体に黄色味がある。○嘴が細い。
- 腋羽は黒くない。○腰は黄褐色。

コバシチドリ冬羽・幼羽→
- 体がずっと小さい。○眉斑が明瞭。
- 全身黄土色味がかっている。
- 腋羽は白い。
- 足は淡黄色。○腰は灰色。

① ♂夏羽　愛知県汐川干潟　1993年5月16日　Y
夏羽は顔・胸・腹は黒。体上面は白く，黒斑が散在する。♀夏羽は黒色部がやや褐色味がかり，白い羽毛が混じる。体上面も♂ほど白色部が見られず，尾羽の黒の横斑は♂より細くてたくさんある。

② 冬羽　汐川干潟　1983年11月11日　Y　冬羽は顔や胸は淡褐色，腹は白くなる。上面は黒褐色で，羽縁は白い。

③ 幼羽　茨城県神栖市　1989年9月30日　私市　幼羽は冬羽に似るが，背や翼の各羽の黒い軸斑は羽端の先にまで達し，ギザギザに縁取られている。胸には淡褐色の小斑が縦に並ぶ。

④ 飛羽　1993年5月　Y
翼下面はムナグロの灰黒色ではなく，大部分が白い。腋羽は黒い。

本州中部で見られる時期 | 1 | 2 | 3 | 4 | 5 | 6 | 7 | 8 | 9 | 10 | 11 | 12

○ ケリ

Vanellus cinereus
Grey-headed Lapwing

TL 34-37cm
WS 75cm

チドリ目

チドリ科

①**成鳥** 愛知県豊橋市 1992年5月5日 Y
青灰色の頭部と茶褐色の上面。胸には黒い帯がある。嘴は黄色く，先端は黒い。虹彩は赤い。

②**成鳥** 愛知県汐川干潟 1996年3月23日 Y
青灰色の頭部に褐色味があるので，冬羽と思われる。

③**幼羽** 豊橋市 1996年8月3日 Y
幼羽は体上面の各羽の羽縁がバフ色で，虹彩は暗色。足の色も成鳥ほど鮮やかではない。

④愛知県田原市 1998年4月20日 Y
飛翔時，上面は茶褐色・白・黒の3色の部分にはっきりと分かれて見える。

特徴 ○ほっそりとした体形。
○青灰色の頭部。
○嘴は黄色く，先端は黒。
○胸に黒い帯。
○飛ぶと翼と尾に鮮やかな白黒模様が出る。
○長くて黄色い足。
○体上面は茶褐色。

鳴き声 キキッ，キキッ。
分布 モンゴル東部・中国東北部で繁殖し，冬季は中国南部・インドシナ北部へ渡る。日本では近畿以東の本州で繁殖。本州中部で繁殖するものは留鳥だが，北部のものは冬季暖地に渡る。四国・九州・南西諸島では数少ない冬鳥。
生息場所 水田・畑・草地で繁殖・採餌をする。内湾の干潟に出ることもある。
類似種 タゲリ→○体上面は金属光沢のある緑色。○顔は白黒模様がある。○頭に長い冠羽がある。○下尾筒はオレンジ色。

本州中部で見られる時期	1	2	3	4	5	6	7	8	9	10	11	12

チドリ目 チドリ科

◎ タゲリ

Vanellus vanellus
Northern Lapwing

TL 28-31cm
WS 82-87cm

特徴 ○後頭に黒くて長い冠羽。
○胸に幅広い黒帯。
○背と翼上面は金属光沢のある緑色。
○白い腹。
○オレンジ色の下尾筒。
○翼下面は雨覆は白，風切は黒。
鳴き声 ミュー。
分布 ユーラシア西部および中部で繁殖し，ヨーロッパ南部・アフリカ北部・小アジア・中国南部で越冬。日本では主に冬鳥として本州中部以西で越冬する。北陸地方では繁殖記録も数例ある。
生息場所 水田・草地・河川の岸辺。内湾の干潟に出ることもある。
類似種 ケリ→
○頭部は青灰色で，冠羽はない。
○体上面は茶褐色。○嘴は黄色で，先端のみ黒い。○足は黄色。○下尾筒は白い。
○翼を広げると先がとがっている。

①♂夏羽　愛知県西尾市　1987年4月3日　Y
頭頂・胸・顔に黒色部がある。後頭には長い冠羽がある。顔の黒色部は個体によって大きさは異なるが，♀夏羽では喉は白い。

②冬羽　愛知県鍋田干拓　1996年2月8日　Y
冬羽では♂♀とも喉が白く，顔の白色部は褐色味がかる。

③第1回冬羽　愛知県豊橋市　1990年11月12日　Y
若い個体は背や翼の各羽の羽縁がバフ色で，冠羽も成鳥よりは短い。

④石川県羽咋市　1992年12月22日　Y
翼は幅が広く，先端は丸味がある。初列風切の先端付近に白斑がある。翼先端の丸味は♂成鳥が最も著しく，ふくらんで見える。

本州中部で見られる時期	1	2	3	4	5	6	7	8	9	10	11	12
										●	●	●

△ ヒメハマシギ

Calidris mauri
Western Sandpiper

TL 14-17cm
WS 28-37cm

チドリ目

特徴 ○細長く下にわずかに曲がった嘴。
○黒くて長めの足。
○頭上・頬・肩羽に赤褐色部がある。
○初列風切の突出が小さい。
○野外では観察しにくいが趾に小さな蹼があるのも特徴。

鳴き声 チィーツ。

分布 アラスカ北部・シベリアのチュクチ半島で繁殖し、北アメリカ南部・中央アメリカ・南アメリカ北部の海岸で越冬。日本では迷鳥。記録は秋に多いが、越冬記録もある。

生息場所 干潟。

類似種 ハマシギ冬羽→
○体が一回り大きい。
○趾の間には蹼がない。

ヨーロッパトウネン冬羽→
○嘴はやや短く、曲がりはわずか。
○初列風切の突出が大きい。
○趾の間に蹼はない。

トウネン冬羽→
○嘴は短く、まっすぐ。
○初列風切の突出が大きい。
○足が短い。
○趾の間に蹼はない。

ヒメウズラシギ冬羽→
○嘴の基部はより細い。
○初列風切の突出が特に大きい。
○足が短い。○趾の間に蹼はない。

①**夏羽** 富士川河口 2003年4月29日 Y
夏羽では頭上・頬・肩羽に赤褐色部が見られ、頸から胸に黒い斑が入る。

②**冬羽** アメリカ、フロリダ州サニベル 1994年12月31日 榛葉
体上面は灰褐色、下面は白い。側胸には細いが比較的明瞭な縦斑がある。ハマシギの冬羽に似るが、体はずっと小さく、嘴の曲がりもハマシギほど大きくない。

④**夏羽** 富士川河口 2003年4月29日 田代
翼上面には白く細い翼帯が入る。翼下面は大部分が白っぽく見える。

③**幼羽** 愛知県西尾市 1987年9月6日 Y
冬羽に似るが、肩羽に赤褐色部がある。肩羽や雨覆は羽縁がバフ色で、黒いサブターミナルバンドが見られる。

シギ科

| 本州中部で見られる時期 | 1 | 2 | 3 | 4 | 5 | 6 | 7 | 8 | 9 | 10 | 11 | 12 |

チドリ目 シギ科

◎ キョウジョシギ

Arenaria interpres
Ruddy Turnstone

TL 21-25.5cm
WS 50-57cm

特徴 ○ずんぐりした体形。
○黒くて短い嘴。
○頭から胸にかけて白と黒の模様。
○背と翼上面に赤褐色と黒色の模様。
○オレンジ色の短い足。
○飛ぶと背・翼・腰の白色部が目立つ。
○冬羽では顔の白色部は褐色を帯び，背や翼の赤褐色部は暗褐色。

鳴き声 ゲッゲッ，ゲレゲレ。

分布 ユーラシア北部・北アメリカ北部のツンドラ地帯で繁殖し，南アジア・アフリカ・中南米・オセアニアの海岸地帯で越冬。日本には旅鳥として春と秋に渡来。南西諸島では越冬するものもいる。

生息場所 干潟・岩礁・水田。

類似種 オバシギ幼羽→
キョウジョシギ幼羽と上面の色合いが似るが，
○体が大きい。
○嘴が長い。
○顔や胸に太い黒帯をもたない。
○足が黒い。
○背は白くない。

①♂夏羽　愛知県汐川干潟　1990年5月20日　Y
♂夏羽は頭部の白色部が目立つ。体上面の赤褐色部は鮮やかで，赤味が強い。

②♀夏羽　千葉県銚子市　1995年5月20日　私市
♀夏羽は頭部に褐色を帯びる。体上面の赤褐色部は♂より小さく，赤味は弱い。

③冬羽　愛知県田原市　1997年1月12日　Y　冬羽は顔がほとんど褐色。上面の色も赤褐色部が少なくなり，全体的に黒っぽく見える。

④ **第1回冬羽** 愛知県田原市 2001年4月4日 Y
羽はかなり擦れてきているが，翼の雨覆羽に淡褐色の羽縁が見られることからまだ若い個体である。

⑤ **幼羽** 愛知県豊橋市 1995年9月14日 Y
幼羽は冬羽に似るが，背や翼の各羽は中央の黒褐色部と羽縁の淡褐色部のコントラストが明瞭で，鱗状の模様になる。

⑥ 愛知県田原市 1997年5月10日 Y
飛翔時には，翼帯・肩羽・背・尾の基部の白がよく目立つ。夏羽では赤褐色・白・黒の独特の模様を見せる。

チドリ目

シギ科

203

ヨーロッパトウネン

Calidris minuta
Little Stint

TL 12-14cm
WS 28-31cm

特徴 ○やや短めで少し下に曲がった嘴。
○顔・背・翼が赤褐色。
○白い喉。
○黒くて長めの足。
○背と肩羽上列の境界の白いV字模様が明瞭。
○三列風切の羽縁は赤褐色。
○冬羽では体上面は灰褐色,下面は白くなる。

鳴き声 チッ, チッ。

分布 スカンジナビア半島北部・シベリアの沿岸部で繁殖し,アフリカ・南ヨーロッパ・アラビア半島・インドの海岸部で越冬。日本ではまれな旅鳥または冬鳥として渡来。近年観察例が増えている。

生息場所 内湾や河口の干潟。トウネンよりも水の残る場所を好む傾向がある。

類似種 **トウネン→**○嘴はより太く短い。○足はより短い。○よりふっくらとして横長の体形。○三列風切の軸斑の黒が淡く,羽縁との境がはっきりしない。○背と肩羽上列との境界のV字模様は不明瞭。○冬羽では上面の灰褐色がより淡い。
ヒバリシギ→○足は黄色または灰緑色。○初列風切の突出はごくわずか。○白い眉斑は太く明瞭。

①**夏羽** 千葉県銚子市 1997年4月29日 私市　頭頂・頬・体上面は赤褐色味を帯び,トウネンの夏羽に似るが,喉は白い。嘴はトウネンより細くて長め。

②**夏羽** 愛知県御津町 1991年8月19日 Y　三列風切は軸斑の黒味と羽縁の赤味がトウネンより強いため,明瞭に区切られる。足はトウネンより長め。

③**冬羽** 愛知県汐川干潟 1984年10月18日 Y　冬羽もトウネンに似るが,肩羽や雨覆の黒い軸斑がより大きいため,上面の色が暗く見える。側胸の灰褐色の斑もトウネンより大きめ。

本州中部で見られる時期 | 1 | 2 | 3 | 4 | 5 | 6 | 7 | 8 | 9 | 10 | 11 | 12

④**幼羽** 汐川干潟 1986年
8月21日 Y
肩羽上列と背の境界に見られる白いⅤ字状の線がトウネンよりはっきりしている。三列風切の軸斑の黒味，羽縁の赤味もトウネン幼羽より強い。

⑤**幼羽** 愛知県一色町
1994年9月9日 Y
羽縁の赤褐色部が擦れて，赤味の少なくなった個体。

⑥**幼羽** 愛知県汐川干潟
1994年9月8日 Y
中央尾羽は黒く，残りの尾羽は灰色をしている。

⑦**幼羽** 愛知県一色町 2004年8月29日 小山
翼上面には白い翼帯が入る。トウネンと異なり，中央尾羽は他の尾羽から突き出ているようには見えない。

チドリ目

シギ科

トウネン

Calidris ruficollis
Red-necked Stint

TL 13-16cm
WS 29-33cm

チドリ目／シギ科

特徴 ○短い嘴。
○横長のふっくらとした体形。
○短い黒い足。
○頭部・胸・背は赤褐色。
○初列風切の突出は大きい。
○三列風切の軸斑の黒が淡く，羽縁との境が不明瞭。
○冬羽では体上面は灰褐色，下面は白い。

鳴き声 チュリッ。

分布 シベリア北部のタイミル半島・レナ川河口・ベーリング海沿岸・アラスカ北西部で繁殖し，東南アジア・オーストラリア・ニュージーランドで越冬。日本には旅鳥として春と秋に飛来し，九州以南では越冬するものもいる。

生息場所 干潟・河原・水田。砂浜でも見られることがある。

類似種 ヨーロッパトウネン→○より細く長い嘴。
○足が長い。○三列風切の軸斑の黒が濃く，羽縁との境が明瞭。○背と肩羽上列との境界のV字模様が明瞭。○夏羽では喉が白く，三列風切の羽縁は赤褐色。○冬羽では体上面の褐色味が濃い。

オジロトウネン→○足は淡黄色または黄緑色。○上面の灰褐色が濃い。○翼を閉じたとき，初列風切先端は尾端を越えない。○尾の外側は白い。

①**夏羽** 愛知県汐川干潟 1984年5月5日 Y 頭部と体上面が鮮やかな赤褐色。ヨーロッパトウネンと異なり，喉も赤褐色。体形もよりずんぐりして見える。

②**夏羽から冬羽に換羽中** 汐川干潟 1991年7月26日 Y 顔や肩羽に赤味がまだ残っている。換羽途中は羽衣の個体差が大きく，ミユビシギやヒメハマシギなどと間違いやすい。

③**冬羽** 汐川干潟 1988年9月29日 Y 体上面は灰褐色。肩羽の軸斑はヨーロッパトウネンより細く，背と翼の色の差も少ないため上面はのっぺりとして見える。

本州中部で見られる時期	1	2	3	4	5	6	7	8	9	10	11	12

④**幼羽から第1回冬羽に換羽中** 汐川干潟　1983年10月10日　Y　背と肩羽上列は灰色の第1回冬羽に換わっている。換羽は通常肩羽上列より始まる。

⑤**幼羽**　汐川干潟　1998年9月6日　Y　幼羽は背と肩羽の境にぼんやりとした淡色のV字線がある。肩羽や雨覆の黒斑はヨーロッパトウネンよりも小さく，三列風切の軸斑は褐色味を帯び，羽縁も赤味が少ない。

⑦**夏羽**　汐川干潟　1987年8月18日　Y　飛翔時，白い翼帯が目立つ。尾は中央が黒く，両側は灰色。中央尾羽はヨーロッパトウネンよりも他の尾羽から突き出て見える。

⑧**羽づくろい**　静岡県袋井市　2001年9月9日　Y　ヨーロッパトウネンと異なり，黒い中央尾羽は他の尾羽より長く，突き出たように見える。

⑥**幼羽**　汐川干潟　1994年9月15日　Y　⑤に比べ，雨覆の赤褐色味が見られない。幼羽の羽衣も個体差は大きい。

チドリ目

シギ科

207

○ ヒバリシギ

Calidris subminuta
Long-toed Stint

TL 13-15cm
WS 26-31cm

チドリ目 / シギ科

特徴 ○細く短い嘴。
○黄緑色で長めの足。
○頭上・背・翼は赤褐色。
○初列風切の突出はほとんど見られない。
○太く明瞭な白い眉斑。
○背と肩羽上列の境のV字模様が明瞭。
○冬羽では体上面は灰褐色の地に黒褐色の斑が入る。

鳴き声 プルルッ。

分布 シベリア中部からカムチャッカ半島で繁殖し,東南アジア・オーストラリアで越冬。日本では旅鳥として春と秋に飛来する。南西諸島では多数越冬もしている。

生息場所 淡水湿地・水田・川岸。干潟に出ることは少ない。

類似種 ウズラシギ→
○体がずっと大きい。
○体つきがふっくらしている。
○初列風切の突出が見られる。

ヨーロッパトウネン→
○足は黒い。○初列風切の突出が目立つ。○夏羽では顔や胸の赤褐色味が強い。

オジロトウネン→
○体上面は濃い灰褐色。
○足と頸がより短いため,ずんぐりして見える。
○翼をたたんだときの翼端は尾端に達しない。
○尾の両端は白い。

①**成鳥夏羽** 愛知県一色町 1992年5月5日 Y
頭上や体上面の赤褐色部の赤味が強い。嘴はトウネンよりも細くて長め。静止時,初列風切は三列風切におおわれてほとんど見えない。

②**夏羽** 愛知県御津町 1990年8月20日Y 夏羽がだいぶすれてきて黒っぽく見える。このような個体はよく北アメリカ産のアメリカヒバリシギ *C. minutilla*と間違えられるが,額の中央が黒く,胸の縦斑が細いことで本種とわかる。

③**冬羽** 愛知県西尾市 1986年11月10日 杉山
顔・胸・体上面が灰褐色となる。肩羽の黒斑はヨーロッパトウネン冬羽より大きい。足は黄緑色で,この点でオジロトウネン以外の小形シギと区別できる。

本州中部で見られる時期	1	2	3	4	5	6	7	8	9	10	11	12
				●	●			●	●	●		

チドリ目

④**冬羽から夏羽へ換羽中** 愛知県田原市　2003年4月7日　Y
肩羽や翼の羽の一部に羽縁が赤褐色の夏羽に変わってきている。

⑤**幼羽**　愛知県汐川干潟　1984年9月5日　Y
夏羽に似るが、胸の縦斑は細くて褐色味を帯びる。白い眉斑は太くて夏羽よりも明瞭に見える。

⑦**夏羽**　一色町　1992年5月5日　Y
翼上面には細い白の翼帯が出る。この翼帯はトウネンほど目立たない。

⑥**幼羽**　愛知県豊橋市　1994年9月10日　Y
④よりも上面の各羽の羽縁が淡い。ヒバリシギは中趾が他の小形シギよりも長い。よく似たアメリカヒバリシギも中趾はヒバリシギほど長くない。

シギ科

○ オジロトウネン

Calidris temminckii
Temminck's Stint

TL13-15cm
WS 34-37cm

チドリ目 / シギ科

特徴 ○短い嘴。
○短くて黄緑色の足。
○頭・胸・体上面は灰褐色で赤褐色と黒色の斑がある。
○尾の両側は白い。
○翼をたたんだとき、翼端は尾端に達しない。
○冬羽では頭・胸・体上面が一様に濃い灰褐色となる。

鳴き声 チリリリリッと細い虫のような声。

分布 ユーラシア大陸北部沿岸域で繁殖し、アフリカ東部・インド・東南アジアで越冬。日本では旅鳥として主に秋に見られる。本州中部以南では越冬するものもいる。

生息場所 淡水湿地・水田・湖沼の岸。干潟など海岸に出ることは少ない。

類似種 トウネン冬羽→○体上面の灰褐色が淡い。○足は黒い。○翼端は尾端よりも外に出る。○尾の外側は灰色。

ヒバリシギ冬羽→○嘴・頸・足が長くほっそりした体形。○体上面の灰褐色部に黒褐色の斑が見られ、一様ではない。○翼端と尾端はほぼ同位置。○尾の外側は灰色。

①**夏羽** 愛知県一色町 1992年5月5日 Y
肩羽の軸斑は黒く、羽縁は赤褐色。嘴はトウネンより細め。

②**冬羽** 愛知県西尾市 1990年11月19日 Y
体上面は一様に灰褐色。顔も眼の周囲の白い輪以外はのっぺりとした感じ。足は黄緑色。

③**幼羽** 愛知県御津町 1992年9月13日 Y
背・肩羽・雨覆・三列風切に黒いサブターミナルバンドが見られる。

④**冬羽** 西尾市 1990年10月31日 山本晃
翼には白い翼帯がある。翼端はトウネンより丸味がある。外側尾羽は白い。

| 本州中部で見られる時期 | 1 | 2 | 3 | 4 | 5 | 6 | 7 | 8 | 9 | 10 | 11 | 12 |

✕ コシジロウズラシギ

Calidris fuscicollis
White-rumped Sandpiper

TL 16-18cm
WS 36-38cm

チドリ目　シギ科

特徴 ○下にやや曲がった黒い嘴。下嘴基部は茶色みを帯びる。
○やや太目の体形。
○白い上尾筒。このため腰が白く見える。
○翼をたたんだ時，初列風切先端は三列風切先端や尾端を越えて長く突き出る。
○白い眉斑。
○黒くて短めの足。
○胸と脇には明瞭な黒の縦斑が走っている。

鳴き声 チィーッ。

分布 北アメリカ北部・バフィン島・ヴィクトリア島などで繁殖し，南アメリカ南部で越冬。日本では迷鳥として2006年8月神奈川県多摩川河口で1羽が記録されている。

生息場所 湿地・水田・干潟の草の生えた縁の部分。

類似種 ヒメウズラシギ→
○体つきがやや細い。
○腰は褐色。
○夏羽でも脇までは黒の縦斑は入らない。

②**夏羽** 2006年8月6日　多摩川河口　桐原　腰は白く，サルハマシギを除いた他のオバシギ属のシギのような黒褐色の部分が無い。翼上面には細い白の翼帯が入る。

③**夏羽** 2006年8月6日　多摩川河口　桐原　（左はメダイチドリ，右はトウネン）大きさはメダイチドリとトウネンの間ぐらいである。

①**夏羽** 2006年8月6日　多摩川河口　桐原　ヒメウズラシギに比べ，体型がふっくらとしている。胸から続く黒褐色の縦斑は脇にまで及んでいる。この個体は，肩羽の一部が換羽のため抜けている。

| 本州中部で見られる時期 | 1 | 2 | 3 | 4 | 5 | 6 | 7 | 8 | 9 | 10 | 11 | 12 |

チドリ目

△ ヒメウズラシギ

Calidris bairdii
Baird's Sandpiper

TL 14-17cm
WS 36-40cm

特徴 ○細く下にやや曲がり、基部まで黒い嘴。
○黒くて短めの足。
○たたんだ翼は尾の先を大きく越える。
○体上面は黒味を帯びた褐色。

鳴き声 プリーッ。

分布 北アメリカ北部・グリーンランド北西部・シベリア東部で繁殖し、南アメリカ南部で越冬。日本では迷鳥として、主に秋季、幼羽が観察されている。

生息場所 干潟・水田・湿地。

類似種 ハマシギ冬羽・幼羽→○体が一回り大きい。
○嘴はより太く長い。
○足が長い。
○初列風切の突出が小さい。

トウネン冬羽・幼羽→○体が一回り小さい。
○嘴はより短い。
○体上面の色は薄い。
○翼の先はヒメウズラシギほど尾端を越えない。

アメリカウズラシギ→
○体が大きい。
○嘴はより太く長めで、基部はピンク色。
○足は黄緑色。
○胸に明瞭な縦斑がある。

ヒメハマシギ冬羽→
○初列風切の突出がほとんどない。
○翼端は尾端とほぼ同じかやや突き出る程度。
○体上面の色がより薄い。

シギ科

①**幼羽** 愛知県御津町 1990年8月23日 Y
背・肩羽・翼の各羽は黒味の強い褐色で、羽縁はバフ色で鱗状に見える。

②**幼羽** 静岡県袋井市 2001年9月8日 Y 翼上面にはトウネンやハマシギに比べると細く見える白い翼帯がある。

③**幼羽** 愛知県豊橋市 1993年9月26日 杉山 各羽の羽縁がすれて成鳥の羽のように見えるが、黒い大きな軸斑があるので、幼羽である。

| 本州中部で見られる時期 | 1 | 2 | 3 | 4 | 5 | 6 | 7 | 8 | 9 | 10 | 11 | 12 |

△ アメリカウズラシギ

Calidris melanotos
Pectoral Sandpiper

TL 19-23cm
WS 37-45cm

チドリ目 シギ科

特徴 ○胸の縦斑は途中で切れ，腹の白との境が明瞭。
○下にいくぶん湾曲した長めの嘴，基部はピンク色または黄色。
○足は黄緑色。
○体上面は黒褐色で羽縁は淡褐色。
鳴き声 クリーッ，プリッ。
分布 シベリア北部・北アメリカ北部で繁殖し，南アメリカ南部・オーストラリアで越冬。日本には数少ない旅鳥として飛来。秋季に，幼鳥が記録される場合が多い。
生息場所 水田・湿地・干潟。
類似種 **ウズラシギ**→○全体に赤味が強く，特に頭上の赤味が目立つ。○胸の縦斑はぼやけていて，腹との境界も不明瞭。○嘴はやや短い。○頭上の縦斑も不明瞭。
ヒメウズラシギ→○体が小さい。○嘴はより細く短い。基部まで黒い。○足は黒くて短い。○翼端は尾端をはるかに越える。○胸の縦斑部と腹の白色部との境が不明瞭。

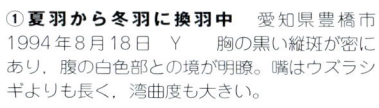

①**夏羽から冬羽に換羽中** 愛知県豊橋市 1994年8月18日 Y 胸の黒い縦斑が密にあり，腹の白色部との境が明瞭。嘴はウズラシギよりも長く，湾曲度も大きい。

②**冬羽** 愛知県田原市 1981年1月8日 Y 体上面の各羽の軸斑と羽縁の色の差が小さく，夏羽よりも平坦に見える。眉斑は不明瞭になり，胸の色は灰褐色。

③**幼羽** 豊橋市 1984年9月15日 Y 頭上・背・翼の赤褐色部の赤味が強い。白い眉斑も太く，明瞭。

④**夏羽** 田原市 2002年5月2日 Y 翼上面にはトウネンやハマシギに比べると細く見える白い翼帯がある。翼下面は全体的に汚白色に見える。

| 本州中部で見られる時期 | 1 | 2 | 3 | 4 | 5 | 6 | 7 | 8 | 9 | 10 | 11 | 12 |

ウズラシギ

Calidris acuminata
Sharp-tailed Sandpiper

TL 17-22cm
WS 36-43cm

特徴 ○頭部や体上面は赤褐色味が強い。
○やや下に湾曲した黒い嘴。基部は黄緑色。
○黄緑色の足。
○背と翼に黒褐色の鱗模様。
○白い眉斑。

鳴き声 プリリ、プリリまたはプリーッ。

分布 シベリア北東部で繁殖し、ニューギニア・オーストラリア・ニュージーランドで越冬。日本では旅鳥として春と秋に観察されるが、渡来数は春の方が多い。

生息場所 水田・内陸の湿地。干潟に出ることもあるが少ない。

類似種　アメリカウズラシギ→
○赤褐色味が乏しい。
○胸の縦斑部と腹の白との境が明瞭。
○嘴がより長く、湾曲度も大きい。
○頭上の縦斑が明瞭。

ヒメウズラシギ→○体が小さい。
○嘴は細く、基部まで黒い。
○体に赤褐色味がない。○翼端は尾端をはるかに越える。○足は黒くて短い。

①**夏羽** 石川県河北潟 1996年5月13日 Yo 頭部や体上面の赤味が強い。眉斑はぼんやりとして不明瞭。胸や脇の黒斑はV字形。

②**夏羽から冬羽へ換羽中** 愛知県汐川干潟 1989年8月21日 Y
冬羽は体上面の赤褐色味が少なく、羽縁は灰褐色。眉斑は明瞭で、胸や脇の黒斑は淡い。

③**幼羽** 汐川干潟 1987年9月7日 Y
成鳥夏羽に似るが、眉斑の中に小斑はあまり入らず、はっきりしている。胸や脇にV字形の斑はなく、特に脇には斑がほとんどない。

④**夏羽** 愛知県豊橋市 2004年5月6日 Y
翼上面にはトウネンやハマシギに比べると細く見える白い翼帯がある。

本州中部で見られる時期	1	2	3	4	5	6	7	8	9	10	11	12

△ **チシマシギ** *Calidris ptilocnemis* Rock Sandpiper　TL 20-23cm　WS 43cm

チドリ目

①**冬羽から夏羽に換羽中（左）と冬羽（中）**　千葉県銚子市　1978年3月26日　杉山
夏羽は体上面に赤褐色を帯び、胸に大きな黒斑がある。冬羽は頭と体上面は黒灰色で、胸から腹にかけて黒い小斑が散在する。嘴は基部が太く、先端は黒い。黄緑色の足は太くて短め。

特徴　○頭部・胸・体上面は黒灰色。
○嘴は黒く、基部は黄緑色。
○足は太めで、黄緑色。
○飛ぶと翼上面に白帯が出る。
○夏羽では体上面は赤褐色味がかり、胸に大きな黒斑がある。
分布　チュコト半島・アラスカ西部・アリューシャン列島で繁殖し、北アメリカ西海岸・千島列島で越冬。日本には本州中部以北に冬鳥として少数が飛来する。
生息場所　岩礁海岸・防波堤。
類似種　**ハマシギ→**
○嘴が長く、基部まで黒い。
○頭や上面の色はずっと淡い。
○足は黒くて、細い。
○体形がほっそりしている。
オバシギ→○体が大きい。
○頭や胸の色は薄い。
○嘴はより長く、基部まで黒い。
○腰が白い。
コオバシギ冬羽・幼羽→○体が一回り大きい。○顔や上面の色は淡い。○嘴はやや長く、基部まで黒い。○腰に黒線がない。

シギ科

②**冬羽**　千葉県富津市　1998年3月23日　田村
冬羽では背や翼の各羽は黒く、羽縁は黒褐色。顔から胸は一様に黒褐色。
③千葉県木更津市　1999年3月6日　田村
翼下面は、淡黒灰色の風切の先端付近以外は白い。

北海道で見られる時期	1	2	3	4	5	6	7	8	9	10	11	12

◎ ハマシギ

Calidris alpina
Dunlin

TL 16-22cm
WS 28-45cm

チドリ目 シギ科

特徴 ○長くていくぶん下に曲がった黒い嘴。
○頭と背は赤褐色の地に黒褐色の斑が散在。
○腹に大きな黒色斑。
○長めの黒い足。
○飛ぶと翼上面に白帯，腰に黒線が出る。
○冬羽では頭や背は一様に灰褐色。下面は全て白い。

鳴き声 ジューイまたはジリリッと濁った独特の声で鳴く。時にはピーィ，ピーィと澄んだ声を出すこともある。

分布 ユーラシアおよび北アメリカの北極海沿岸で繁殖し，中国南部・中東・地中海沿岸・北アメリカ東および西海岸で越冬。日本には旅鳥または冬鳥として飛来。本州以南では多数が越冬する。

生息場所 海岸や河口の干潟・砂浜・水田・河川の岸・埋立地の水たまり。

①**夏羽** 愛知県汐川干潟 1991年5月17日 Y
体上面は赤褐色で，黒い斑がある。腹には大きな黒斑が，胸には黒褐色の縦斑がある。

②**夏羽** 汐川干潟 1995年8月下旬 Y
長い嘴は下にやや曲がるが，サルハマシギほどは湾曲しない。足はサルハマシギよりも短い。

③**冬羽** 愛知県田原市 1997年1月14日 Y
頭や体上面が一様に灰褐色。下面は白く斑はない。顔にうっすらと白い眉斑があるが，サルハマシギ冬羽よりも不明瞭。

| 本州中部で見られる時期 | 1 | 2 | 3 | 4 | 5 | 6 | 7 | 8 | 9 | 10 | 11 | 12 |

類似種 冬羽・幼羽は次の種に似る。

サルハマシギ冬羽・幼羽→ ○嘴はより長く，曲がり具合いも大きい。○足が長く，飛ぶと趾は尾端を越える。○腰が白い。○白い眉斑は明瞭。○幼羽は胸にバフ色を帯び，背や翼には鱗模様がある。

ヒメハマシギ→○体が一回り小さい。○趾に小さな蹼がある。○嘴はやや短く，下方への曲がりが小さい。

④**第1回冬羽** 汐川干潟 1986年12月8日 Y
肩羽の一部に赤褐色の幼羽が見られるので，第1回冬羽の個体であることがわかる。

⑤**幼羽** 汐川干潟 1986年9月1日 Y
体上面の各羽の羽縁が白っぽく，黒褐色の軸斑は大きい。腹には黒斑がいくつもある。胸は褐色味を帯びる。

⑥**冬羽** 福岡市 1993年12月30日 Y
翼上面の白い翼帯がよく目立つ。腰には太い黒斑が中央にある。飛翔時，足は尾の先を越えて外に出ない。

チドリ目

○ サルハマシギ
Calidris ferruginea
Curlew Sandpiper

TL 18-23cm
WS 38-41cm

特徴 ○顔から腹は鮮やかな赤褐色。
○長くて大きく下に湾曲した嘴。
○白い腰。
○やや長めの黒い足。
○冬羽では頭・背・翼は灰褐色，腹は白い。
鳴き声 チィリー。
分布 シベリア北部で繁殖し，アフリカ・インド・東南アジア・オーストラリアで越冬。日本では旅鳥として春と秋に飛来する。秋，飛来するものは幼羽が多い。
生息場所 干潟・水田・湿地。
類似種　ハマシギ冬羽→
○嘴が短く，下方への湾曲度も小さい。○足が短く，飛翔時に趾は尾端を越えない。
○腰の中央は黒褐色。
○白い眉斑は不明瞭。
アシナガシギ冬羽→○嘴の湾曲度が小さく，中央より先端寄りの所から下に曲がる。
○足はより長く，黄色い。
○頸が長い。

①**夏羽** 愛知県豊橋市　2007年5月21日　Y
顔から腹は鮮やかな赤味の強い赤褐色。背や翼は黒・赤褐色・白の斑がある。

シギ科

②**冬羽** 沖縄県与那国島　1999年3月18日　Y　冬羽はハマシギ冬羽に似るが，嘴や頸が長い。白い眉斑も本種の方が明瞭。

③**幼羽** 愛知県汐川干潟　1991年8月31日　Y
冬羽に似るが，背や翼の各羽の羽縁はバフ色で，黒いサブターミナルバンドがある。胸は淡い褐色を帯びる。

④汐川干潟　1993年5月27日　Y
ハマシギと異なり，腰は白く，飛翔時，足は尾の先端を越えて出る。翼上面には白い翼帯が見られる。

本州中部で見られる時期	1	2	3	4	5	6	7	8	9	10	11	12

コオバシギ

Calidris canutus
Red Knot

TL 23-25cm
WS 57-61cm

チドリ目 シギ科

特徴 ○顔から腹は赤褐色。○まっすぐで黒い嘴。○太めの体。○腰は灰色。○足は短く黄緑色。○冬羽では上面は灰褐色，下面は白く，胸や脇に灰褐色の斑がある。

鳴き声 ヌッまたはノッ。

分布 シベリア北部・北アメリカ北部・グリーンランドで繁殖し，西ヨーロッパ・アフリカ・中南米・オーストラリアで越冬。日本には数少ない旅鳥として春と秋に飛来。秋に飛来するものは幼羽が多い。

生息場所 干潟・砂浜・埋立地の水たまり。

類似種 冬羽・幼羽は次の種に似る。

オバシギ冬羽・幼羽→
○体が一回り大きい。○嘴がより長い。○眉斑は不明瞭。○腰は白い。○翼下面は白い。

キアシシギ冬羽→
○体つきがやや細め。○腰は灰黒色。○翼下面は灰黒色。○飛翔時，翼上面に白帯が出ない。○頸が長い。

①**夏羽** 静岡県御前崎市 1994年4月21日 Y
鮮やかな赤褐色をしている。オバシギより少し小さく，嘴も短め。

②**冬羽** 愛知県田原市 1999年3月8日 Y 体上面は一様に灰褐色。下面は白く，胸や脇に灰褐色の斑が入っている。

④**幼羽** 御前崎市 1985年9月5日 Y 飛翔時，翼上面には細い白の翼帯が出る。腰には灰褐色の斑があるため，灰色味がかって見える。

③**幼羽** 愛知県豊橋市 1991年9月5日 Y 冬羽に似るが，肩羽や雨覆に黒いサブターミナルバンドがあるので区別できる。

本州中部で見られる時期	1	2	3	4	5	6	7	8	9	10	11	12

◎ オバシギ

Calidris tenuirostris
Great Knot

TL 26-28cm
WS 62-66cm

チドリ目 / シギ科

特徴 ○頸が短く太めの体形。○胸と脇に大きな黒斑が密にある。○嘴は黒くて,やや長め。○白い腰。○背に赤褐色の斑。○冬羽では体上面は灰色になり,胸や脇の斑も淡くなる。

鳴き声 ケッ,ケッ。

分布 シベリア北東部で繁殖し,インド・東南アジア・オーストラリアで越冬。日本には旅鳥として春と秋に渡来する。

生息場所 干潟・砂浜・海岸近くの湿地や水田。

類似種 冬羽・幼羽は次の種に似る。

コオバシギ冬羽→○体が一回り小さく,嘴も短い。○背は羽の軸斑がぼんやりしているので,全体が一様に灰色に見える。○腰は灰色に見える。○翼下面に小斑が多いので灰色に見える。○眉斑がより明瞭。○足は黄色味が強い。

① **夏羽** 静岡県御前崎市 1994年4月21日 Y
夏羽は肩羽に赤褐色の斑がある。胸には黒い斑が密にある。

② **幼羽から第1回冬羽に換羽中** 愛知県汐川干潟 1978年10月6日 Y
肩羽の大部分が,第1回冬羽に換わっている。冬羽の肩羽や雨覆は一様に灰褐色をしていて,幼羽のように軸斑と羽縁とが明瞭に分かれて見えない。

④ **幼羽** 愛知県豊橋市 1998年8月31日 Y
飛翔時,翼上面には細い白の翼帯が出る。腰はコオバシギと異なり,無斑で白く見える。

③ **幼羽** 愛知県一色町 1990年9月10日 Y
幼羽は冬羽に似るが,肩羽や雨覆の羽縁が白く,黒褐色の軸斑とははっきりと区切られて見える。

| 本州中部で見られる時期 | 1 | 2 | 3 | 4 | 5 | 6 | 7 | 8 | 9 | 10 | 11 | 12 |

◎ ミユビシギ

Crocethia alba
Sanderling

TL 20-21cm
WS 35-39cm

チドリ目

特徴 ○ずんぐりとした体形。
○黒くて短めの足。趾は3本で，後趾がない。
○太くて短い嘴。
○頭・胸・体上面は赤褐色。
○翼角は黒い。
○飛翔時に翼上面に太い白帯が出る。
○冬羽では上面は灰白色，下面は白い。

鳴き声 クリーッ。

分布 シベリア中部・北アメリカ北部・グリーンランドの北極海沿岸で繁殖し，オーストラリア・東南アジア・中東・アフリカ・南北アメリカで越冬。日本には旅鳥として春秋に飛来するほか，本州中部以南では越冬するものもいる。

生息場所 砂質の干潟・砂浜・埋立地の水たまり。内陸の湿地に入ることはない。

類似種 ハマシギ冬羽→○体上面は灰褐色で色が濃く見える。
○嘴は長い。○翼角は黒くない。
トウネン→○体が一回り小さい。
○後趾がある。○翼角は黒くない。
○冬羽では上面の色がより濃い。
ヘラシギ→○嘴がへら状。
○体が一回り小さい。
○翼角は黒くない。
○冬羽では上面の色がより濃く，夏羽では背や翼の赤味が弱い。

シギ科

①**夏羽** 石川県千里浜 1986年5月24日 石井
頭・胸・体上面が赤褐色で，黒い斑がある。換羽途中の個体は，赤褐色の入り方に個体差があり，別種のシギと間違いやすい。

②**冬羽** 愛知県田原市 1986年2月14日 Y
体上面は灰白色，下面は白く，目立つような斑もないので，他のシギの群れに混じっていても白さが際立ち，見つけやすい。

④石川県かほく市 1985年10月27日 Y 飛翔時，翼上面には太い白の翼帯とそれをはさむように前後に黒色部が見られる。

③**幼羽** 愛知県西尾市 1987年9月6日 Y 頭頂や体上面に黒や黒褐色の斑がある。頬や側胸も褐色味を帯びる。

本州中部で見られる時期	1	2	3	4	5	6	7	8	9	10	11	12

△ ヘラシギ

Eurynorhynchus pygmeus　TL 14-16cm
Spoon-billed Sandpiper

チドリ目／シギ科

特徴　○嘴の先がへら状。
○顔から胸が赤褐色。
○背と肩羽は黒く，羽縁が黄褐色。
○冬羽では体上面は灰褐色，下面は白い。
○幼羽は冬羽に似るが，頭上や上面の羽には黒斑が目立ち，眼先から頬にかけて褐色斑がある。

鳴き声　プリーッ。

分布　ロシアのベーリング海沿岸で繁殖し，インド東部・マレー半島・中国南西部で越冬。日本では数少ない旅鳥として春と秋に記録される。西日本，特に九州ではよく記録される。

生息場所　砂質の強い干潟・砂浜・埋立地の水たまり。

類似種　トウネン→○嘴はまっすぐでへら形ではない。
○頭がやや小さく見える。

ミユビシギ→
○体が一回り大きい。
○嘴はまっすぐでへら形ではない。○冬羽では上面の色がより白く見える。○採餌のとき，ヘラシギは嘴を泥や水中に入れている時間が長く，また嘴を左右に振る動作が見られるので，この点でも他種と区別できる。

①**夏羽**　鹿児島県南さつま市　1994年9月11日　所崎　頭から胸は赤褐色。体上面の各羽は黒い軸斑と赤褐色や黄褐色の羽縁をもつ。

②**第1回冬羽?**　三重県津市　1992年11月28日　石井
へら状の嘴は本種最大の特徴だが，真横を向いていると嘴の形状はわかりにくいことが多い。冬羽は体上面がほぼ一様に灰褐色。

④**夏羽**　南さつま市　1994年9月11日　所崎　飛翔時，翼上面には白い翼帯が出る。足は尾端を越えて出る。

③**幼羽**　愛知県西尾市　1987年9月6日　Y　冬羽に似るが，頭上や体上面の各羽には黒斑がある。眼先・頬・側胸には褐色斑がある。

| 見られる時期 | 1 | 2 | 3 | 4 | 5 | 6 | 7 | 8 | 9 | 10 | 11 | 12 |

✕ アシナガシギ

Micropalama himantopus
Stilt Sandpiper

TL 18-23cm
WS 43-47cm

チドリ目 / シギ科

特徴 ○細長く下に少し曲がった嘴。
○長くて黄色の足。
○赤褐色の頬。
○胸から腹に褐色の横縞が密にある。
○白い眉斑。
○長めの頸。
○冬羽では体上面は灰褐色，胸と腹には淡褐色の縦斑がある。

鳴き声 キルルッ，キルルッ。フェウッと鳴くこともある。

分布 北アメリカ北部で繁殖し，南アメリカ中部で越冬。日本では北海道・東京・愛知・小笠原南島で過去に5例しか記録のない迷鳥。

生息場所 干潟・湿地。

類似種 サルハマシギ冬羽→
○足は短く，黒い。
○嘴の湾曲度が大きい。
○頸は短い。

コアオアシシギ→○嘴はまっすぐでより細い。○白色部は腰だけでなく背まで広がる。○足は黄緑色。○冬羽では喉・胸・腹が白い。

①夏羽 東京都江戸川区 1987年8月22日 Y
嘴と足が細長い。夏羽は胸から腹に褐色の横縞がたくさんあり，頬は赤褐色。冬羽は体上面は一様に灰褐色で，胸や腹の横縞はなく，頬は灰褐色。

②夏羽から冬羽に換羽中 茨城県茨城町 2004年8月24日 仲川 頭上・背・肩羽がほぼ一様に灰褐色をした冬羽に変わってきている。夏羽では腹に密に入っている黒い横縞の部分もところどころで白い冬羽に変わっている。

③茨城町 2004年8月24日 仲川 翼を広げると腰が四角く白くなっているのがわかる。この白色部はコアオアシシギのように背までは入り込んでいない。

| 見られる時期 | 1 | 2 | 3 | 4 | 5 | 6 | 7 | 8 | 9 | 10 | 11 | 12 |

223

△ コモンシギ

Tryngites subruficollis
Buff-breasted Sandpiper

TL 18-20cm
WS 43-47cm

特徴 ○全身黄褐色で上面に黒い斑がある。○顔は無斑でのっぺりしている。○やや下に曲がった短い嘴。○黄色い足。○側胸に黒の小斑が点在。

鳴き声 プリリリィ。

分布 北アメリカ北部で繁殖し、アルゼンチンで越冬。日本では迷鳥として北海道・本州・奄美大島で記録がある。

生息場所 水田・湿地・干潟。

類似種 エリマキシギ
冬羽・幼羽→
○体が大きい。
○嘴が長い。
○足が長い。○飛翔時、尾の基部の脇に白いだ円形の斑があり、翼上面には白線が出る。

ウズラシギ→
○白い眉斑がある。
○顔から胸に小さな黒の縦斑がある。
○頭上は赤褐色。

①**幼羽** 愛知県汐川干潟 1984年10月9日 Y
成鳥は背と肩羽および雨覆の羽縁は黄褐色。この個体は羽縁が白味がかっていて、腹の色がやや淡いので幼羽である。

②**幼羽** 汐川干潟 1984年10月9日 Y
幼羽の肩羽や雨覆には黒いサブターミナルバンドが見られる。側胸には黒い小斑が点在する。

③**幼羽** 富山県新湊市 1998年9月13日 山田
飛翔時、上面に目立つ斑や翼帯は見られない。よく似たエリマキシギとはこの点で異なる。

| 見られる時期 | 1 | 2 | 3 | 4 | 5 | 6 | 7 | 8 | 9 | 10 | 11 | 12 |

○ キリアイ

Limicola falcinellus
Broad-billed Sandpiper
TL 16-18cm
WS 37-39cm

チドリ目

特徴 ○長くて幅の広い嘴。先端付近で下に曲がる。
○途中で2つに分かれる白い眉斑。
○背に黄白色のV字斑。
○短くて黒い足。
○冬羽では上面は灰褐色。

鳴き声 ジュルーまたはビュルー。

分布 スカンジナビア半島北部・シベリア北部で繁殖し，中東・インド・東南アジア・オーストラリアで越冬。日本には旅鳥として春と秋に飛来するが，数は少ない。

生息場所 干潟・埋立地の水たまり・水田。

類似種 ハマシギ→○嘴は細く，中央あたりから下に曲がる。
○眉斑は2つに分かれない。
○体がやや大きい。

サルハマシギ冬羽→○嘴は細くて長く，中央あたりから大きく下に曲がる。
○眉斑は2つに分かれない。
○腰が白い。○足が長い。
○体が一回り大きい。

シギ科

①**夏羽** 愛知県一色町 1995年7月30日 Y 長めの嘴は先端付近で下に曲がる。白い眉斑は途中で2つに分かれる。夏羽では体上面の羽の羽縁は赤褐色。

②**第1回冬羽** 愛知県豊橋市 1984年9月21日 Y
体上面の色が灰褐色。頬も灰褐色。

③**幼羽** 愛知県汐川干潟 1988年9月4日 Y 肩羽や雨覆の羽縁が黄白色。背には黄白色のV字斑が見られる。

④**幼羽** 汐川干潟 1983年9月7日 Y
飛翔時，翼上面には白い翼帯が出る。腰の中央部は黒い。

| 本州中部で見られる時期 | 1 | 2 | 3 | 4 | 5 | 6 | 7 | 8 | 9 | 10 | 11 | 12 |

○ エリマキシギ

Philomachus pugnax
Ruff

TL ♂26-32cm ♀20-25cm
WS ♂54-58cm ♀48-52cm

特徴 ○雄夏羽は頸に襟巻状の飾り羽がある。色は白・赤褐色・黒などさまざま。
○冬羽および雌ではのっぺりとした顔と小さな眼、上面の淡褐色と黒褐色の鱗模様が目立つ。
○足は長く、色は黄色・赤・オレンジ色など。
○飛翔時、尾の基部の両脇にだ円形の白斑がある。
○嘴は短く、いくぶん下へ曲がる。
○幼羽は全身黄褐色で、上面の鱗模様が目立つ。

鳴き声 ケューッ。

分布 ユーラシア北部で繁殖し、アフリカ・中東・インド・オーストラリア南部で越冬。日本には旅鳥として春と秋に渡来。数は少ない。

生息場所 水田・湿地・干潟・埋立地の水たまり。

類似種 コモンシギ→
○体はエリマキシギの雌よりも小さい。○嘴が短い。○足が短い。
○尾の基部脇に白斑が出ない。

オグロシギ幼羽→○体はエリマキシギ雄よりも大きい。○嘴はまっすぐで長い。○足は黒い。○飛翔時、翼上面に白と黒の明瞭な模様が出る。
○腰が白い。○尾が黒い。

①♂夏羽　愛知県汐川干潟　1987年5月7日　Y　♂の夏羽は頸に襟巻状の飾り羽が出るが、その色は個体によってさまざま。この個体では黒い。頭の色や体上面の色も個体差がある。

②♂夏羽　愛知県豊橋市　1989年5月3日　Y　顔から胸が赤褐色、体上面は黒っぽい個体。日本では襟巻状の飾り羽が発達した完全な夏羽が見られることは少なく、この個体もまだ換羽途中。

③♂夏羽　西尾市　1998年5月19日　Y　♂は繁殖期に一ヶ所に集まって（このような場所をレックという）それぞれがそこに訪れる♀に求愛する。襟巻きの色によってレックの中でいる場所・時間が異なり、暗色型のものは♀に選ばれやすい中央部にいて、写真のような白色型は周辺部にいる。また、白色型はあまり長い時間レックで過ごすこともできない。

本州中部で見られる時期	1	2	3	4	5	6	7	8	9	10	11	12

④♀夏羽　汐川干潟　1989年5月1日　Y　♀夏羽は体上面は淡褐色で，黒褐色の斑がある。頸や胸には黒褐色の斑が不規則にある。

⑤♂冬羽　愛知県弥富市　1994年12月7日　Y　冬羽は♂♀ほぼ同色で，♀の夏羽に似る。ただし，頸や胸は灰色で無斑。

⑥♀幼羽　愛知県西尾市　1987年9月19日　山本晃　飛翔時，翼上面には細く白い翼帯が出て，尾の基部の両脇にはだ円形の白斑がある。

⑦♂幼羽（左）と♀幼羽　鹿児島県南さつま市　1996年9月15日　Y　幼羽は♂♀ともに全身が黄褐色味を帯び，体上面の各羽は黒の軸斑と黄白色の羽縁をもち，鱗状になっている。♂の方が体がずっと大きく，嘴もやや太め。

チドリ目

シギ科

227

✕ アメリカオオハシシギ

Limnodromus griseus
Short-billed Dowitcher
TL 25-29cm
WS 45-51cm

特徴 ○太くてまっすぐ伸びた長い嘴。
○顔から胸が赤褐色。
○黄緑色の長い足。
○白い下背。
○腰から尾は白と黒の縞模様。白い縞の幅は黒い縞と同幅くらい。
○冬羽では上面は濃い灰褐色。
○幼羽は夏羽に似るが、全身黄褐色味がかり、三列風切には黒の鋸歯模様が見られる。

鳴き声 チューチューチュー。

分布 カナダ中部・アラスカ南部で繁殖し、北アメリカ南部・中央アメリカ・南アメリカ北部の海岸地帯で越冬。日本では神奈川・静岡・徳島でそれぞれ1例ずつの記録しかない迷鳥。

生息場所 干潟・水田・湿地。

類似種 オオハシシギ→
○嘴がより長い（嘴の長さは頭長の1.75倍以上、アメリカオオハシシギは1.5〜1.75倍くらい）。
○腰と尾の白縞は細い。
○頸から胸にかけて縦斑がより密にある。○冬羽では喉から胸にかけての灰褐色部がより広がっていて色も濃いこと、脇の黒褐色の斑がより多くあることで区別。○幼羽は三列風切の羽縁の赤褐色部がまっすぐな境界線で羽軸の黒色部と区切られている。

シベリアオオハシシギ→
○体が一回り大きい。
○足はより長く、黒い。
○飛翔時、背に黒褐色の斑が密にあるため白く見えない。○翼下面は全面がほとんど白。○夏羽では顔から腹の赤褐色部の赤味が強く、眉まで赤褐色のため顔はのっぺりして見える。

①**夏羽** カナダ、オンタリオ州 1990年5月14日 榛葉
顔から胸は赤褐色、眉斑は白い。オオハシシギ夏羽に比べると赤味は弱く、下腹や下尾筒までは赤褐色味がからないことが多い。

②**夏羽** カナダ、マニトバ州チャーチル 1994年6月28日 私市
嘴はオオハシシギに比べると短めのことが多いが、両種の嘴の長さはオーバーラップする範囲があるので、これだけで識別することは難しい。

③**冬羽** アメリカ、カリフォルニア州 1995年12月26日 榛葉　冬羽はオオハシシギによく似ていて識別は難しい。胸の灰褐色部は本種の方がやや小さく、尾や上尾筒の白色斑は少し幅が狭い。

見られる時期 | 1 | 2 | 3 | 4 | 5 | 6 | 7 | **8** | **9** | 10 | 11 | 12

◇ オオハシシギ

Limnodromus scolopaceus
Long-billed Dowitcher
TL 24-30cm
WS 46-52cm

チドリ目

特徴 ○太くてまっすぐ伸びた長い嘴。
○顔から腹は赤褐色。
○黄緑色の長い足。
○飛翔時，翼後縁に白線が出る。
○下背は白い。
○腰から尾は白と黒の縞模様。白い縞の幅は黒い縞の幅よりも細い。
○冬羽では上面は濃い灰褐色，頸から胸は灰褐色。

鳴き声 ピッピッピッ。よく似たアメリカオオハシシギとは異なる。

分布 北東シベリア・アラスカ西海岸で繁殖し，アメリカ合衆国・メキシコの西海岸およびメキシコ湾岸で越冬。日本には旅鳥または冬鳥として渡来するが，数は少ない。

生息場所 水田・湿地・干潟・湖沼畔。

類似種 **アメリカオオハシシギ→**
○嘴はやや短い（頭長の1.5～1.75倍くらい。オオハシシギは頭長の1.75倍以上）。○腰と尾の白縞は黒縞と同幅くらい。○頸から胸の縦斑は少ない。冬羽では胸の灰褐色部の範囲がやや狭く，色はやや薄いこと，脇の黒褐色の斑が少なく大きさも小さいことで区別。○幼鳥は三列風切に黒い鋸歯状の模様がある。

シベリアオオハシシギ→
○体が一回り大きい。○足はより長く，黒い。○背に黒褐色の斑が密にあるため白く見えない。○翼下面はほとんど全面が白い。○夏羽では顔から腹にかけての赤褐色部の赤味がより強く，眉も赤褐色のため顔がのっぺりして見える。

シギ科

① **夏羽** 愛知県豊橋市 1990年5月7日 Y
太くて長い嘴はタシギ類のようである。夏羽は全身が赤褐色味を帯びるが，眉斑は頬や頸ほどの赤味がない。体上面には黒斑があるが，その形状はシベリアオオハシシギとは異なる。

② **冬羽** 愛知県西尾市 1988年11月14日 Y 上面は濃い灰褐色，胸は灰褐色。腹から下尾筒は白く，黒い横斑がある。

③ **幼羽** 茨城県浮島 1990年10月10日 私市 冬羽に似るが，背や肩羽の羽縁は赤褐色で，胸や脇は黄褐色味がかる。三列風切の黒い軸斑の縁は直線状で，アメリカオオハシシギの幼羽のように鋸歯状ではない。

④ **冬羽** 愛西市 2000年2月4日 Y 飛翔時，下背から腰にかけての白色が目立つ。次列風切の後縁に細い白線が出る。

本州中部で見られる時期	1	2	3	4	5	6	7	8	9	10	11	12

△ シベリアオオハシシギ

Limnodromus semipalmatus
Asian Dowitcher

TL 33-36cm
WS 59cm

特徴 ○黒くてまっすぐ伸びた長い嘴。○顔から胸は赤褐色。○黒くて長い足。○翼下面はほとんどが白い。○背と腰に黒褐色の斑があり，真っ白くは見えない。○冬羽では上面は灰褐色，顔と下面は灰白色で，頸や胸に灰褐色の斑がある。○幼羽では翼と背の羽の大きな黒斑が目立つ。
鳴き声 チェッチュッ。
分布 オビ川流域・バイカル湖周辺・中国東北部で繁殖し，インド・インドシナ・オーストラリア北部で越冬。日本にはまれな旅鳥として飛来する。
生息場所 干潟・水田・湿地。
類似種 オオソリハシシギ→
○体が一回り大きい。
○嘴の基部はピンク色で，先端は上方に反っている。○足はやや短い。

オグロシギ→
○体が一回り大きい。
○嘴の基部はピンク色で，先は細い。
○飛翔時に翼上面・尾・腰に黒と白の明瞭な模様が出る。

オオハシシギ→
○体が一回り小さい。○足は黄緑色で短い。○下背は白い。○翼下面には黒い小斑がある。○夏羽では赤褐色部の赤味は弱く，眉は白っぽい。

①**夏羽** 愛知県御津町 1989年5月14日 Y
夏羽は顔から胸が一様に赤褐色。眉斑も頬や喉と同等の色合い。背や肩羽の軸斑は黒いが，その形状はオオハシシギのように複雑ではない。

②**幼羽** 愛知県一色町 1986年8月31日 杉山 冬羽に似るが，体上面の軸斑と羽縁の色の差がより明瞭で，胸や背に黄褐色味がある。

③**幼羽** 千葉県習志野市 1992年8月29日 私市
写真の左足の趾を見ると蹼があるのがわかる。

④**夏羽** 御津町 1989年5月14日 Y
翼下面はほぼ全面が白い。オオハシシギやアメリカオオハシシギでは黒い小斑があるため，灰色味を帯びて見える。

| 見られる時期 | 1 | 2 | 3 | 4 | 5 | 6 | 7 | 8 | 9 | 10 | 11 | 12 |

◯ ツルシギ

Tringa erythropus
Spotted Redshank

TL 29-32cm
WS 61-67cm

チドリ目

特徴 ◯全身黒く，背と翼に白斑が散在する。
◯細長い嘴は黒く，下嘴の基部は赤い。
◯足は長く，暗赤色。
◯飛翔時，背と腰が白く見える。
◯冬羽では上面は灰褐色，下面は白く，白い眉斑が目立つ。
鳴き声 チュイッ。
分布 ユーラシア大陸北部で繁殖し，ヨーロッパ南部・アフリカ・インド・東南アジアで越冬。日本には旅鳥として春と秋に見られるが，飛来数は春の方が多い。本州以南では越冬する個体も見られる。
生息場所 水田・ハス田・湖沼畔・干潟。
類似種 アカアシシギ冬羽→
◯体がやや小さい。◯嘴はやや短く，下嘴だけでなく上嘴の基部も赤い。◯白い眉斑は眼先で終わる。
◯飛翔時，次列風切と，初列風切の一部の先端に幅広い白帯が出る。
◯足はやや短い。

①**夏羽** 愛知県汐川干潟 1991年5月17日 Y
夏羽は全身黒く，他のシギと間違えることはない。眼の周囲の白斑も目立つ。嘴は黒く，下嘴の基部は赤い。

②**冬羽から夏羽に換羽中** 汐川干潟 1992年4月20日 Y
冬羽では体下面は白く，眉斑も白い。この個体は夏羽に換羽中のため，上面の色が黒味を帯びている。

③**幼羽** 愛知県豊橋市 1998年10月6日 Y
冬羽に似るが，上面の黒味が強く，腹や脇に淡褐色の横斑がある。

④**夏羽** 汐川干潟 1990年5月10日 Y 夏羽も冬羽も飛翔時は背と腰の白色部が目立つ。翼上面には翼帯は見られない。翼下面はほぼ全面が白い。

シギ科

本州中部で見られる時期	1	2	3	4	5	6	7	8	9	10	11	12

231

チドリ目 / シギ科

○ アカアシシギ

Tringa totanus
Common Redshank

TL 27-29cm
WS 59-66cm

特徴 ○長くて赤い足。
○嘴はまっすぐで，基部は赤く先端は黒い。
○飛翔時，次列風切と，初列風切の一部に幅広い白帯が出る。
○下背と腰が白い。
○白い眉斑は眼先で終わる。

鳴き声 ピーチョイチョイ。繁殖期にはピョッピョッピョッピョッまたはピークゥ，ピークゥなどの声も出す。

分布 ヨーロッパ東部・中央アジア・中国東北部で繁殖し，ヨーロッパ沿岸部・アフリカ・中東・インド・東南アジアで越冬。日本では北海道東部で繁殖し，他では旅鳥。南西諸島では越冬もする。

生息場所 湿原で繁殖し，干潟・水田・川岸などで採餌する。

類似種 **ツルシギ冬羽**→○体がやや大きい。○嘴はより長く，下嘴の基部のみが赤い。先端部がやや下に曲がって見える。○白い眉斑は眼の後ろの方まで伸びる。○飛翔時，翼の後縁に白帯は出ない。○足はやや長い。

①**夏羽** 北海道野付半島 1987年6月26日 Y 赤い嘴と足が目立つ。夏羽は顔から腹にかけて黒い太めの縦斑が密にある。

②**第1回冬羽** 福岡市 1988年1月3日 Y 冬羽は体上面の色が灰色味を帯び，顔から腹にかけての黒斑は淡く細くなり，夏羽ほど目立たない。足や嘴の赤はやや鈍い。

③**幼羽** 愛知県汐川干潟 1992年9月5日 Y 幼羽は冬羽に似るが，背・肩・翼の各羽の羽縁が黄褐色で，羽軸の黒褐色部との違いが明瞭。嘴の基部や足の色はオレンジ色。

④**夏羽** 野付半島 1999年7月6日 Y 翼上面では次列風切と，初列風切の一部にかけて翼後縁に幅広い白帯がある。背と腰は白い。翼下面はほぼ全面にわたり白い。

| 本州中部で見られる時期 | 1 | 2 | 3 | 4 | 5 | 6 | 7 | 8 | 9 | 10 | 11 | 12 |

△ コキアシシギ

Tringa flavipes
Lesser Yellowlegs

TL 23-25cm
WS 59-64cm

チドリ目 シギ科

特徴 ○細長くて鮮やかな黄色の足。○細くてまっすぐ伸びた嘴。○白い腰。○初列風切の突出が大きい。○翼を閉じたとき，初列風切先端は尾端を大きく越える。○眉斑は眼の前で止まる。○眼の周囲を細い白のリングが囲む。
鳴き声 ピューまたはピューピュー。
分布 北アメリカ北部で繁殖し，北アメリカ南部から南アメリカで越冬する。日本では迷鳥として北海道・本州で記録がある。
生息場所 湿地・水田・湖沼・干潟。
類似種　コアオアシシギ→
○足は黄緑色。○全体的により白味がかる。特に顔の白さが目立つ。○飛翔時，腰だけでなく背の方にまで白色部が食い込んでいる。○翼を閉じたとき，初列風切先端は尾端とほぼ同じ位置にある。
オオキアシシギ→
○体がずっと大きい。○嘴はやや太く長い。先端は上方に少し反って見える。○体つきがよりがっしりして太く見える。
タカブシギ→○体がやや小さい。○足は短く，黄色味も弱い。○嘴は短い。○眉斑の白は眼の後方まで伸びる。○翼を閉じたとき，初列風切先端は尾端と同じ位置にある。

①冬羽から夏羽に換羽中　愛知県一色町　1999年4月26日　Y
スマートなシギで，嘴は細い。翼を閉じたとき，初列風切先端は尾端を大きく越える。夏羽では体上面の各羽は黒褐色で，羽縁には白と黒の斑がある。

②第1回冬羽？　一色町　1982年9月27日　Y
冬羽では顔から胸がぼんやりとした灰褐色となり，斑ははっきりしない。背や肩羽も一様に灰褐色。白い眉斑は眼の後方にまで伸びない。足は鮮やかな黄色。

③第1回冬羽？　一色町　1982年9月27日　Y
飛翔時，下雨覆には灰黒色の横斑（タカ斑）が見られる。腰は白いが，背は黒褐色で，コアオアシシギとは異なる。

①
②
③

| 見られる時期 | 1 | 2 | 3 | 4 | 5 | 6 | 7 | 8 | 9 | 10 | 11 | 12 |

233

○ コアオアシシギ

Tringa stagnatilis
Marsh Sandpiper

TL 22-26cm
WS 55-59cm

特徴 ○細くてまっすぐ伸びた嘴。
○細長い黄緑色の足（黄色いものもいる）。
○背と腰が白い。
○顔から頸は白味が強い。
○翼を閉じたとき，初列風切先端は尾端とほぼ同じ位置にある。

鳴き声 ピッピッピッまたはピョーッ。

分布 ヨーロッパ南部・中央アジアで繁殖し，アフリカ・インド・東南アジア・オーストラリアで越冬。日本では旅鳥として春と秋に見られる。数は少ない。

生息場所 水田・湿地・埋立地の水たまり。

類似種 アオアシシギ→
○体がより大きい。
○嘴は太く，やや上に反っている。

コキアシシギ→ ○足は鮮やかな黄色。
○飛翔時，腰のみが四角く白く見え，白色部は背までくい込まない。
○翼を閉じたとき，初列風切先端は尾端を越える。
○顔から頸に灰褐色の縦斑がある。

アメリカヒレアシシギ冬羽→
○足は短く，黄色。
○飛翔時，腰のみ白く，白色部は背までくい込まない。○頸はより長い。

①**夏羽** 福岡市 1995年4月28日 Y
嘴と足が細長いスマートなシギ。夏羽では背や翼は淡褐色で，黒斑がある。顔から胸には黒斑が密にある。

②**幼羽から第1回冬羽に換羽中** 愛知県汐川干潟 1996年8月18日 Y
体上面は灰褐色で，肩羽や雨覆の各羽の羽縁は白く，細い黒のサブターミナルバンドがある。顔から腹は白い。成鳥冬羽は第1回冬羽に似るが，上面は一様に灰褐色。

③**幼羽** 汐川干潟 1992年8月17日 Y
まだ換羽が始まっていないもの。体上面は褐色味を帯びる。

④愛知県田原市 1998年11月14日 Y
飛翔時，翼上面には目立つ模様は出ないが，背と腰の白が目につく。

本州中部で見られる時期	1	2	3	4	5	6	7	8	9	10	11	12

◎ アオアシシギ

Tringa nebularia
Common Greenshank
TL 30-35cm
WS 68-70cm

チドリ目

特徴 ○黄緑色の長い足。○長くて先が上に少し反った嘴。○飛翔時，背と腰が白く見える。○スマートな体形。○下面は白味が強い。

鳴き声 チョーチョーチョーと3音節で鳴く。

分布 ユーラシア大陸北部で繁殖し，アフリカ・インド・東南アジア・オーストラリアで越冬。日本には旅鳥として春と秋に飛来する。南西諸島では越冬する個体もいる。

生息場所 干潟・水田・湿地・河川の岸。

類似種 コアオアシシギ→○体がずっと小さい。○嘴は細くてまっすぐ。○よりほっそりした体形。
カラフトアオアシシギ→
○嘴は太くてがっしりしている。○足は短い。○頭部が大きめで，顔はのっぺりとしていて眼はやや小さく見える。○翼下面は白い。
オオキアシシギ→○足は鮮やかな黄色。○飛翔時，腰だけが四角く白く見え，背は白くない。

シギ科

①**夏羽** 長崎県対馬 1984年5月3日 Y
頭から胸に黒い縦斑が密にある。背や肩の羽には黒い大きな斑のあるものがいくつか見られる。

②**夏羽から冬羽に換羽中** 愛知県豊橋市 1997年9月 Y
冬羽は，背や肩の羽がほぼ一様に灰褐色。頭から胸の縦斑は細く色も淡い。写真の個体には上面にまだ夏羽の黒斑のある羽がある。

③**幼羽から第1回冬羽に換羽中** 千葉県銚子市 1996年9月23日 私市
冬羽に似るが，体上面がより褐色味を帯び，羽縁の白がより目立つ。

④愛知県汐川干潟 1990年8月16日 Y 飛翔時は，背・腰・尾が白く見えるのが特徴。翼に目立つ模様はない。

| 本州中部で見られる時期 | 1 | 2 | 3 | 4 | 5 | 6 | 7 | 8 | 9 | 10 | 11 | 12 |

235

チドリ目 / シギ科

✕ オオキアシシギ

Tringa melanoleuca
Greater Yellowlegs

TL 29-33cm
WS 70-74cm

特徴 ○長くて鮮やかな黄色の足。
○長くてやや上に反った嘴。
○飛翔時，腰に四角く白色部が出る。

鳴き声 ピューピューピューと3音節あるいはそれ以上鳴く。

分布 北アメリカ北部で繁殖し，中央アメリカ・南アメリカで越冬する。日本では迷鳥として北海道・本州・沖縄島で記録がある。

生息場所 干潟・湿地・湖沼畔。

類似種 コキアシシギ
→○体がずっと小さい。
○嘴は細く，上方にはあまり反り返らない。
○体形がよりほっそりしている。

アオアシシギ→
○足は黄緑色。
○飛翔時，白色部が腰のみでなく背までくい込んでいる。○顔や頚がより白っぽく見える。

①**冬羽** 愛知県汐川干潟 1983年11月7日 Y
大きさや体形はアオアシシギに似るが，足は鮮やかな黄色。冬羽の体上面の各羽は黒褐色で，羽縁には白斑がある。

②**冬羽** 汐川干潟 1984年12月3日 Y
白い眉斑は眼の所で止まる。夏羽になると，背や肩にはアオアシシギ夏羽のように大きな黒斑のある羽が見られ，顔から胸にかけての縦斑も太く，黒味を増す。

③**冬羽** 汐川干潟 1983年11月7日 Y
飛翔時，腰と尾は白いが，背は黒褐色で，アオアシシギとは異なる。

見られる時期 | 1 | 2 | 3 | 4 | 5 | 6 | 7 | 8 | 9 | 10 | 11 | 12

○ クサシギ

Tringa ochropus
Green Sandpiper

TL 21-24cm
WS 57-61cm

チドリ目

特徴 ○頭・背・翼は緑色味がかった黒褐色。背と翼には小さな白斑が散在。
○眼の前で止まる白い眉斑。
○翼下面は黒っぽい。
○白い腰。
○尾は白く，黒い横縞がある。
○緑黒色の足。

鳴き声 ツィツィツィーまたはチューリ，チュリー，ツイイ，ツィ，ツィ。タカブシギよりも細い声で鳴く。

分布 ユーラシア北部で繁殖し，アフリカ・中東・インド・中国・東南アジアで越冬。日本には冬鳥または旅鳥として渡来。越冬は関東以南。

生息場所 湖沼畔・水田・川岸・湿地。海岸に出ることはまずない。

類似種 タカブシギ→
○体がやや小さい。
○上面の白斑はより大きく，このため上面の色がより明るく見える。
○足は黄色味が強く，より長い。
○翼下面は白っぽい。○眉斑は眼の後方まで続く。○嘴はやや短い。

イソシギ→○体が一回り小さい。
○上面に白斑はない。
○翼を閉じたとき，尾は翼先端よりもずっと出ている。
○飛翔時，白い翼帯が目立つ。腰は緑褐色。○翼下面に白色部がある。
○足は短く，飛翔時は尾を越えない。

シギ科

①**夏羽** 愛知県汐川干潟 1991年5月17日 Y
頭部や胸には黒褐色の縦斑が密にある。背や翼は緑色味がかった黒褐色で，羽縁に白斑がある。

②**冬羽** 愛知県西尾市 1987年3月10日 Y
頭と体上面は黒褐色。羽縁の白斑は小さくてあまり目立たないため，イソシギによく似る。頭や胸の縦斑もほとんど見られない。

④汐川干潟 2001年9月3日 Y 翼下面はほぼ全面が黒い。よく似たタカブシギは白く見えるので，この点で識別する。腰は両種とも白い。

③**幼羽** 愛知県豊橋市 1990年12月16日 Y
冬羽に似るが，体上面の羽の羽縁の白斑はやや大きい。顔は眉斑を除くと冬羽以上に一様な黒褐色に見える。

| 本州中部で見られる時期 | 1 | 2 | 3 | 4 | 5 | 6 | 7 | 8 | 9 | 10 | 11 | 12 |

タカブシギ

Tringa glareola
Wood Sandpiper

TL 19-21cm
WS 56-57cm

特徴 ○頭・背・翼は黒褐色で，白斑が散在。
○白い眉斑は眼の後方まで伸びる。
○細くてまっすぐな嘴。
○長くて黄色い足。
○白い腰。
○白っぽく見える翼下面。

鳴き声 ピィピィピィピィまたはピョピョピョピョ。

分布 ユーラシア北部で繁殖し，アフリカ・インド・東南アジア・オーストラリアで越冬。日本には旅鳥または冬鳥として渡来。越冬は関東以南。

生息場所 水田・湿地・湖沼畔・川岸・埋立地の水たまり。海岸に出ることは少ない。

類似種 クサシギ→○体がやや大きい。
○上面の白斑は小さいため，上面の色はより暗く見える。○足はより短く，色は暗い。○翼下面は黒く見える。
○眉斑は眼の所で止まる。
○嘴はやや長め。
コキアシシギ→○体がより大きい。
○足はより長く，色はより鮮やかな黄色。○嘴はより長い。○眉斑は眼の所で止まる。○翼を閉じたとき，その先端は尾端をずっと越えている。

①**夏羽** 愛知県豊橋市 1992年5月6日 Y
クサシギに似るが，嘴は短く，足は長い。夏羽は体上面の各羽は黒褐色で，羽縁は白い。顔や胸には黒褐色の縦斑がある。

②**幼羽** 愛知県田原市 1981年8月17日 Y 夏羽に似るが，体上面の羽の羽縁の白色部は先端で羽軸の黒により分断されている。眉斑は眼の後方にまで伸び，目立つ。顔や胸の縦斑は夏羽ほど明瞭ではない。

③**夏羽** 豊橋市 1987年4月3日 Y 飛翔時，上面は腰の白が目立つ。尾も白く，黒い横縞がある。

④**夏羽** 豊橋市 1987年4月3日 Y
翼下面は黒い小斑があるが，全体としては白っぽく，黒く見えるクサシギとは異なる。

本州中部で見られる時期	1	2	3	4	5	6	7	8	9	10	11	12

△ カラフトアオアシシギ　*Tringa guttifer*　Nordmann's Greenshank　TL 29-32cm

チドリ目 / シギ科

特徴　○太くてがっしりした嘴。やや上に反っている。
○やや長めの黄緑色の足。
○飛翔時、腰・背・尾が白い。
○翼下面も白い。
○頭は大きめで、眼は小さく見える。
○夏羽では胸に大きな黒褐色の斑が散在する。

鳴き声　ケェーッまたはクェーッ。

分布　サハリンで繁殖し、マレー半島・タイ・バングラデシュで越冬する。日本には数少ない旅鳥として渡来する。

生息場所　干潟・埋立地の水たまり。

類似種　**アオアシシギ→**
○嘴は細い。
○足はより長く、飛翔時、趾は尾を越えて出る。
○頭は小さめで、眼は大きく見える。○翼下面は小斑があるため、カラフトアオアシシギほど白く見えない。

オオキアシシギ→
○嘴は細い。
○足は黄色でより長い。
○飛翔時、腰のみが白く、白色部は背までくい込まない。
○頭は小さめで、眼は大きい。

①**夏羽**　愛知県西尾市　1992年8月10日　Y　太くて長い嘴が特徴。夏羽は顔や胸に大きめの黒褐色の斑があり、体上面の色も黒味が強い。

②**夏羽から冬羽に換羽中**　愛知県一色町　1992年9月15日　Y　冬羽は体上面は灰色、顔から腹は白い。この個体は換羽途中のため、まだ胸の黒斑がある。

③**幼羽**　愛知県豊橋市　1992年9月6日　Y
冬羽に似るが、上面の羽は褐色味があり、羽縁のバフ色もはっきりしている。趾の間には蹼も見られる。

④**幼羽**　愛知県汐川干潟　2003年9月11日　Y
翼下面は白く、アオアシシギやコアオアシシギより白味が強い。体上面は下背から尾にかけてが白い。

本州中部で見られる時期	1	2	3	4	5	6	7	8	9	10	11	12

チドリ目

◎ ソリハシシギ

Xenus cinereus
Terek Sandpiper

TL 22-25cm
WS 57-59cm

特徴 ○長くて上に反った嘴。
○足はオレンジ色で短い。
○胸から腹は白い。
○飛翔時，次列風切先端に白帯が出る。
○額が出っ張って見える。
○白い眉斑は眼の前までしかない。

鳴き声 ピッピッピッまたはピリピリピリ。

分布 ユーラシア北部で繁殖し，アフリカ・中東・インド・東南アジア・オーストラリアの沿岸部で越冬。日本には旅鳥として春と秋に渡来。

生息場所 干潟・砂浜・埋立地の水たまり。内陸部の湿地に入ることは少ない。

類似種 キアシシギ→
○体が一回り大きい。
○羽色はより濃く見える。○嘴はまっすぐ。○足は黄色でオレンジ色味はなく，より長い。○飛翔時，翼は上面も下面も灰黒褐色。

イソシギ→
○嘴は短くてまっすぐ。
○胸の脇に翼角にくい込むような白色部がある。○足は黄緑色。
○飛翔時，翼に白い帯が出るが，後縁は黒褐色。○尾が長い。

シギ科

①**夏羽** 愛知県汐川干潟 1996年5月16日 Y
上に反った長い嘴が特徴。足はオレンジ色。体上面は灰褐色で，肩羽に黒い線状になった部分がある。

②**冬羽** 汐川干潟 1984年9月 Y
冬羽では肩羽の黒色部が夏羽より細く，目立たない。背や翼の色はより一様に見える。

③**幼羽** 千葉県銚子市 1998年8月13日 私市
冬羽に似るが，上面の色は褐色味がかる。肩羽や雨覆の羽縁はバフ色で，羽縁付近に短い黒線が入る。

④汐川干潟 1991年9月3日 Y
飛翔時，次列風切先端が幅広く白く，よく目立つ。

| 本州中部で見られる時期 | 1 | 2 | 3 | 4 | 5 | 6 | 7 | 8 | 9 | 10 | 11 | 12 |

◇ メリケンキアシシギ

Heteroscelus incanus
Wandering Tattler

TL 26-29cm
WS 66cm

チドリ目 / シギ科

特徴 ○胸・腹・下尾筒に黒い波形の横縞が密にある。
○黒くてまっすぐな嘴。
○黄色くてがっしりした足。跗蹠の後面は網目状の鱗模様となっている。
○飛翔時、背・翼・腰・尾は全て灰黒色。翼下面も同じ。
○嘴の鼻孔から続く溝は嘴の2/3くらいの長さがある。
○冬羽では下面の縞模様はなく、胸と脇は灰黒色、腹は白い。

鳴き声 ピッピッピッピッ。キアシシギのように長く伸ばさない。

分布 アラスカで繁殖し、カリフォルニア・メキシコ西岸・南太平洋の島々・オーストラリア東岸で越冬。日本には旅鳥として主に春に渡来。本州東部の太平洋岸・伊豆諸島・小笠原群島では定期的に見られるが、その他の地域では少ない。

生息場所 海岸の岩礁。干潟に出ることもあるが少ない。キアシシギのように水田や内陸の湿地に入ることはない。

類似種 キアシシギ→○下面の横縞は色はやや淡く、腹の中央や下尾筒には見られない。○上面は褐色味がかり、いくぶん明るめ。○嘴の基部は黄色。○足はやや短くて細い。跗蹠後面ははしご状の鱗模様。○鼻孔から続く溝は嘴の1/2の長さ。

①**夏羽（左，右はキアシシギ）** 愛知県田原市 1990年5月31日 Y キアシシギに比べ、上面の色が暗く、下面の横縞は黒味が強くて下尾筒にまである。嘴の基部まで黒い。

②**冬羽** 千葉県習志野市 1998年5月23日 桐原
体上面及び胸は暗灰色。これらの色はキアシシギ冬羽より濃い。嘴は基部まで黒くなっている。

③**幼羽** 田原市 1987年10月11日 Y
体上面と顔から胸が灰黒色。体下面に横縞は見られない。キアシシギの幼羽に似るが、羽色はより黒味がかる。

④**第1回冬羽** 田原市 1999年5月31日 Y
初列大雨覆羽や風切羽に褐色に退色した旧羽が見られる。

本州太平洋岸で見られる時期	1	2	3	4	5	6	7	8	9	10	11	12

241

チドリ目

◎ **キアシシギ** *Heteroscelus brevipes* TL 23-27cm
Grey-tailed Tattler WS 60-65cm

特徴 ○胸と脇に黒褐色の波形の横縞がある。
○黒くてまっすぐな嘴。基部は黄色または黄灰色。
○足は黄色。跗蹠後面にははしご状の鱗模様がある。
○体上面は灰褐色。
○飛翔時，翼・背・腰・尾に模様は出ない。翼下面も灰黒色。
○鼻孔から続く溝は嘴の1/2の長さ。
○冬羽では下面の横縞はなくなり，胸は灰色。

鳴き声 ピュイー。ピュイピュイピュイと鳴きかわすこともあるが，この場合もメリケンキアシシギよりも一声が長め。

分布 シベリア東北部で繁殖し，東南アジア・ニューギニア・オーストラリアで越冬。日本には旅鳥として春と秋に渡来。南西諸島では越冬するものもいる。

生息場所 干潟・砂浜・岩礁・水田・川岸・埋立地の水たまり。

類似種　メリケンキアシシギ→
○上面の色はより黒味がかる。
○下面の横縞はより黒くて粗い。腹の中央や下尾筒にも縞が見られる。
○嘴は基部まで黒い。○足はやや長くて太い。跗蹠後面は網目状の鱗模様。
○鼻孔から続く溝は嘴の2/3の長さ。

ソリハシシギ→○嘴は上方に反る。
○体が小さい。○足はオレンジ色。
○額が出っ張っている。○飛翔時，翼後縁に白帯が出て，翼下面も白っぽい。

①**夏羽**　愛知県田原市　1986年5月　Y
体上面は灰褐色。胸や脇には黒褐色の波形の横縞がある。足は黄色いが，オオキアシシギのような鮮やかな黄色ではない。

②**夏羽から冬羽に換羽中**　愛知県一色町　1990年9月3日　Y
冬羽は顔・胸・脇の縞がなく，一様に灰黒色。メリケンキアシシギの冬羽に似るが，嘴の基部は黄色いものが多く，体上面の色はやや淡い。

③**幼羽**　愛知県豊橋市　1988年9月22日　Y
冬羽に似るが，肩羽や翼の各羽の羽縁が白く，細い黒のサブターミナルバンドがある。

④**夏羽**　愛知県汐川干潟　1995年4月28日　Y　飛翔時，上面は一様に灰褐色で，目立つ斑は全く見られない。

シギ科

242　本州中部で見られる時期　| 1 | 2 | 3 | 4 | 5 | 6 | 7 | 8 | 9 | 10 | 11 | 12 |

◎ イソシギ

Actitis hypoleucos
Common Sandpiper

TL 19-21cm
WS 38-41cm

チドリ目 / シギ科

特徴 ○頭から体上面は褐色。
○胸の脇から翼角に白色部がくい込んでいる。
○翼を閉じているとき，翼先端よりも尾端の方がずっと外に出ている。
○飛翔時，翼上面には白帯が，翼下面には白黒の横縞模様が出る。
○足は黄緑色で短い。
○尾を上下によく振ること，翼をふるわせるようにする飛び方も独特。

鳴き声 ツィリーリーと細い声。

分布 ユーラシア北部から中部で繁殖，アフリカ・中東・インド・東南アジア・オーストラリアで越冬。日本では九州以北で繁殖，本州中部以南で越冬。

生息場所 河原・湖沼畔・海岸の岩場・防波堤。

類似種 クサシギ→○体が一回り大きい。○嘴はより長く細め。
○胸の脇には，翼角部にくい込むような白色部はない。
○翼を閉じたとき，翼先端と尾端はほぼ同じ位置にある。
○飛翔時，腰は白く，翼には白帯は出ない。翼下面は黒い。
○足はより長い。

オジロトウネン→○体が一回り小さい。○嘴はやや短く細い。
○飛翔時，腰の両脇は白く，尾の両側の白色部もより大きく見える。
○尾はイソシギよりは短い。

①夏羽 東京都あきる野市　1994年3月下旬　Yo
頭と体上面は褐色。側胸から翼角にむけて白色部がくい込む。成鳥の肩羽や雨覆には黒い横線がまばらにある。

②冬羽 愛知県豊橋市　1993年1月6日　Y　夏羽とよく似るが，雨覆の羽縁がより白っぽく見える。

③幼羽 愛知県田原市　1992年9月1日　Y
肩羽や雨覆の先端部に黄褐色の帯が2本と黒いサブターミナルバンドが2本あるため，上面の色は成鳥より明るく見える。三列風切の羽縁には淡黄褐色と黒の斑がたくさん並ぶ。

④豊橋市　1996年11月4日　Y
飛翔時，翼上面には白い翼帯が，翼下面には白と黒褐色の横縞が見られる。

本州中部で見られる時期	1	2	3	4	5	6	7	8	9	10	11	12

チドリ目

× アメリカイソシギ
Actitis macularius
Spotted Sandpiper

TL 18-20cm
WS 37-40cm

シギ科

①夏羽　北海道浦幌町厚内　2003年5月18日　野呂　夏羽は腹に黒い丸斑が多数見られる。嘴は基部が淡オレンジ色で先端部は黒く，そのコントラストが鮮明だが，冬羽や幼羽のものでは基部が黒味を帯びて先端部との違いが不明瞭である。

②夏羽　浦幌町厚内　2003年5月18日　野呂
イソシギに比べ尾が短く，そのためイソシギよりも寸詰まりの姿勢に見える。

特徴　○頭から体上面は褐色。
○腹から下尾筒にかけて白く，黒い丸斑が多数散在する。
○胸の脇から翼角に白色部がくい込んでいる。
○翼を閉じている時，翼先端よりも尾端の方が外に突き出ている。
○飛翔時，翼上面には白くて細い翼帯が，翼下面には白と黒の横帯が見られる。
○冬羽では体下面の黒い丸斑はなくなる。ただし，尻に細い黒の縦斑が残るものは多い。

鳴き声　2音でピー，ウィー，または3音でピー，ウィー，ウィー。

分布　北アメリカ全域で繁殖し，アメリカ合衆国南部からチリ・アルゼンチン北部にかけて越冬する。稀に西ヨーロッパやシベリア東部で観察される。日本では迷鳥として北海道で記録されている。

生息場所　河原・湖沼畔・海岸の岩場。

類似種　イソシギ→○翼を閉じた時，尾は翼先端からより長く突き出る。○三列風切の羽縁に小さな黒斑が並ぶ。○飛翔時，翼上面の白い翼帯は太くて長く，胴体近くにまで及ぶ。（アメリカイソシギでは翼帯は内側次列風切まで伸びない）
○夏羽では腹部は白く，黒斑は入らない。

| 本州中部で見られる時期 | 1 | 2 | 3 | 4 | 5 | 6 | 7 | 8 | 9 | 10 | 11 | 12 |

◯ オグロシギ

Limosa limosa
Black-tailed Godwit

TL 36-44cm
WS 70-82cm

チドリ目

特徴 ◯まっすぐな長い嘴。基部はピンク色。
◯顔から胸は赤褐色。
◯飛翔時，白い翼帯・白い腰・黒い尾が目立つ。
◯足は黒色で長い。
◯長い頸。
◯冬羽は上面と胸が灰褐色。

鳴き声 キッキッキッ。オオソリハシシギよりも高い声。

分布 ユーラシア大陸中部・北部で繁殖し，アフリカ・ヨーロッパ南部・インド・東南アジア・オーストラリアで越冬。日本には旅鳥として春と秋に飛来。

生息場所 水田・干潟・湿地。

類似種 オオソリハシシギ→◯体つきはがっしりしていて，頭が大きく，頸は太い。◯嘴は上方に反る。◯足は短い。◯飛翔時，翼帯はなく，尾は白黒の縞模様。◯夏羽では腹の後ろまで赤褐色。◯冬羽や幼羽では背の羽の黒斑の先がとがっている（オグロシギでは丸味がある）。

シベリアオオハシシギ→◯嘴は太くて基部までが黒い。◯足は短い。◯頭が大きく，頸は短い。◯飛翔時，翼帯はなく，尾は白と黒のまだら。

シギ科

①**夏羽** 長崎県対馬 1986年5月4日 Y
まっすぐな長い嘴は基部がピンク色。夏羽は顔から胸が赤褐色。肩羽や背の羽には黒色の軸斑が，胸から腹には黒色の横斑がある。

②**冬羽** 愛知県一色町 1996年4月29日 Y 全身が灰褐色になり，上面の黒斑や下面の横斑は見られない。

③**幼羽** 愛知県汐川干潟 1985年10月13日 Y
背や翼の各羽の軸斑は黒褐色，羽縁はバフ色をしている。軸斑の先端は丸味があり，オオソリハシシギ幼羽のようにはとがっていない。胸にはややオレンジ色味がある。

④**幼羽** 愛知県豊橋市 1982年9月5日 Y 飛翔時は翼上面の白い翼帯と，尾の黒，腰の白がよく目立つ。

本州中部で見られる時期	1	2	3	4	5	6	7	8	9	10	11	12

245

チドリ目 シギ科

✕ アメリカオグロシギ
Limosa haemastica Hudsonian Godwit
TL 36-42cm
WS 67-79cm

特徴 ○長くて上方に反った嘴。基部側はピンク色で先端部は黒い。
○胸から腹にかけては赤褐色で，黒色の横班が入る。
○足は長くて黒い。
○飛翔時，体上面は白い翼帯・白い腰・黒い尾のコントラストが鮮やかに目立つ。
○下雨覆と脇羽が黒いため，飛翔時，翼下面は前縁から付け根までが鮮やかな黒色に見える。
○雌は雄より赤味が少なく，胸から腹の赤褐色部にも白斑がかなり入る。
○冬羽は頭から胸にかけてと体上面はほぼ一様に灰褐色となっていて班が目立たない。腹は灰白色。

鳴き声 ピィーまたはキィー。

分布 アラスカからハドソン湾沿岸にかけての北アメリカ北部で局地的に繁殖し，南アメリカ南部で越冬する。日本では迷鳥として2007年5月佐賀で1羽が記録された。

生息場所 干潟・淡水湿地。

類似種 オオソリハシシギ→
○尾は白と黒褐色の横縞模様となっている。
○下雨覆は白いため翼下面は全体的に白く見える。
○夏羽では胸や腹に黒い横斑はほとんど見られない。

オグロシギ→
○下雨覆は白いため，翼下面は後縁部を除くと全体的に白く見える。
○嘴はまっすぐ。
○夏羽では顔や頸にも赤褐色を帯びる。○足はより長い。

① **夏羽** 佐賀県早津江川河口 2007年5月9日 所崎
オオソリハシシギのような長くて上に反った嘴をしているが，少し細めである。胸から腹にかけて赤褐色で，黒い横斑が入る。

② **夏羽** 佐賀県佐賀市東与賀町大授搦 2007年5月6日 上野
飛翔時，翼上面には白い翼帯があり，腰の白，尾の黒のコントラストが鮮やか。

③ **夏羽** （上の個体。下の個体はオオソリハシシギ夏羽） 東与賀町大授搦 2007年5月6日 上野
翼下面は下雨覆が黒いため全体的に暗い色となっていて，オグロシギやオオソリハシシギと異なっている。

| 本州中部で見られる時期 | 1 | 2 | 3 | 4 | 5 | 6 | 7 | 8 | 9 | 10 | 11 | 12 |

オオソリハシシギ

Limosa lapponica
Bar-tailed Godwit

TL 37-41cm
WS 70-80cm

チドリ目 / シギ科

特徴 ○長くて上に反った嘴。基部はピンク色。
○足は長くて黒い。
○腰と尾は白く、黒褐色の斑がある。
○顔から腹は赤褐色。
○上面に黒褐色の軸斑と、白と赤褐色の斑がある。
○冬羽では上面は灰褐色で黒褐色の軸斑があり、下面は灰白色。
○雌は雄より赤味がなく、嘴や足が長い。

鳴き声 ケッ、ケッ、ケッ。オグロシギより間を開けて鳴く。

分布 ユーラシア北部・アラスカ西部で繁殖し、ヨーロッパ・アフリカ・中東・東南アジア・オセアニアの沿岸部で越冬。日本には旅鳥として春と秋に渡来。

生息場所 干潟・埋立地の水たまり。内陸の湿地に入ることは少ない。

類似種 オグロシギ→
○嘴はまっすぐ。○頭は小さく頸は長く、ほっそりしている。
○足はより長い。
○飛翔時、白い翼帯・白い腰・黒い尾が目立つ。○夏羽では赤褐色部は胸あたりまでしかない。
○冬羽と幼羽では背の黒褐色の軸斑の先が丸味を帯びている。

シベリアオオハシシギ→
○体がやや小さい。
○嘴はまっすぐで、基部まで黒い。
○足はやや長め。

①♂夏羽　東京都小笠原村母島　1994年4月中旬　Yo
長くて上に反った嘴が特徴。夏羽では顔から腹が赤褐色。♀は♂に比べて赤褐色味が弱く、体は一回り大きく、嘴や足はより長い。

②♀夏羽　愛知県一色町　1997年4月18日　Y
♀の夏羽にはほとんど赤褐色味がないものもいる。こういう個体は冬羽に似るが、体上面の各羽の羽軸と羽縁の色の差は冬羽よりも明瞭。

③幼羽　愛知県汐川干潟　1985年10月13日　Y
幼羽は♀夏羽や冬羽に似るが、背や翼の羽の羽縁はより白っぽく、肩羽や三列風切の黒褐色の軸斑の縁は切れ込みが入り、ぎざぎざしている。

④幼羽　汐川干潟　1983年9月7日　Y　飛翔時、オグロシギのような白黒の鮮やかな模様は出ない。尾には黒褐色の横縞がある。

本州中部で見られる時期	1	2	3	4	5	6	7	8	9	10	11	12

247

チドリ目 シギ科

○ ダイシャクシギ

Numenius arquata
Eurasian Curlew

TL 50-60cm
WS 80-100cm

①**冬羽** 福岡市 1993年2月5日 Y
大きく下に曲がった嘴をもつ。腹と下尾筒は白く、顔から胸に黒褐色の縦斑がある。

②**幼羽** 愛知県汐川干潟 1998年8月30日 Y
本種の幼羽は成鳥との区別が難しい。幼羽の方が嘴が短く、肩羽と三列風切の黒褐色の軸斑とバフ色の羽縁とのコントラストは成鳥より強い。胸や脇はバフ色味がかり、縦斑は成鳥ほどはっきりしない。

③**幼羽** 汐川干潟 1998年9月2日 Y
日本に飛来する亜種 *N. a. orientalis* では、翼下面・腋羽・腰・腹・下尾筒は白く、ホウロクシギとは異なる。

④汐川干潟 1990年9月16日 Y
長い嘴は飛翔時もよく目立つ。翼上面の色はホウロクシギに比べると白っぽく見える。

特徴 ○頭長の3倍にも及ぶ長くて大きく下に湾曲した嘴。
○腹と下尾筒が白い。
○腰が白い。
○尾は白く、黒い横縞がある。
○翼下面が白い。
鳴き声 ホーイーン。
分布 ユーラシア北部・中部で繁殖し、ヨーロッパ南部・アフリカ・中東・インド・東南アジアで越冬。日本には旅鳥として春と秋に渡来するほか、冬鳥として越冬するものもいる。
生息場所 広大な干潟。
類似種 ホウロクシギ→○腹と下尾筒は淡褐色。○腰と尾は褐色。○翼下面は黒褐色の斑が一面に入り、白く見えない。
シロハラチュウシャクシギ→
○体が一回り小さい。
○嘴は短く細い。基部まで黒い。曲がりも弱い。○顔・腹・下尾筒はより白い。○胸から腹に黒褐色の丸い斑が散在する。

本州中部で見られる時期	1	2	3	4	5	6	7	8	9	10	11	12

○ ホウロクシギ

Numenius madagascariensis
Far Eastern Curlew

TL 53-66cm
WS 110cm

チドリ目 / シギ科

特徴 ○大きく下に湾曲した長い嘴。長さは頭長の3倍くらい。
○体全体が淡褐色。
○腰が淡褐色。
○翼下面には黒褐色の斑が全体にあり，白く見えない。
○尾は淡褐色で黒い横縞がある。

鳴き声 ホィーイーン。ダイシャクシギよりも太くやや濁った声で，伸ばす音が長い。

分布 シベリア東北部・中国東北部で繁殖し，フィリピン・ニューギニア・オーストラリアで越冬。日本では旅鳥として春と秋に見られる。

生息場所 広大な干潟。

類似種　ダイシャクシギ→
○腹・下尾筒・腰が白い。
○翼下面が白い。

ハリモモチュウシャク→
○体が一回り小さい。○白い頭央線と黒褐色の頭側線がある。
○嘴は頭長の2倍くらい。
○腿の羽が針状にとがっている。

チュウシャクシギ→
○体が一回り小さい。○白い頭央線と黒褐色の頭側線がある。
○嘴は頭長の2倍くらい。
○腰が白っぽい。

①**成鳥**　愛知県一色町　1991年3月29日　Y
大きく下に湾曲した嘴をもつ。体全体が赤味のある淡褐色。ダイシャクシギに似るが，腹・下尾筒・尾には褐色味がある。

②**幼羽**　愛知県汐川干潟　1986年9月10日　Y
成鳥に比べ，嘴は短い。背や翼の各羽の羽縁は成鳥に比べ色が淡く，軸斑とのコントラストが強い。胸から腹の縦斑は成鳥に比べ少ない。

③汐川干潟　1989年9月4日　Y
腰・上尾筒・尾も褐色のため，体上面は全体が同じ色合い。

④汐川干潟　1992年8月18日　Y
翼下面は黒褐色の斑が全体に散らばっているため，ダイシャクシギのように白く見えない。この個体は腹が白い。

本州中部で見られる時期	1	2	3	4	5	6	7	8	9	10	11	12

チュウシャクシギ

Numenius phaeopus Whimbrel

TL 40-46cm
WS 76-89cm

チドリ目 シギ科

特徴 ○下に湾曲した長い嘴。長さは頭長の2倍くらい。
○白い頭央線と黒褐色の頭側線がある。
○体下面は淡褐色で、黒褐色の縦斑がある。
○翼下面は黒褐色の斑が全体にある。
○腰から背にかけて白っぽい。

鳴き声 ホィ、ピピピピピピ。

分布 ユーラシア北部・北アメリカ北部で繁殖し、アフリカ・中東・インド・東南アジア・オーストラリア・北アメリカ南部・南アメリカで越冬。日本には旅鳥として春と秋に飛来。南西諸島では越冬するものもいる。

生息場所 干潟・水田・川岸・岩礁海岸。

類似種　ハリモモチュウシャク→
○体上面の黒褐色の斑がより明瞭。
○腰から尾が赤褐色。
○腿に針状の羽がある。

コシャクシギ→
○体が一回り小さい。
○嘴は短く、頭長の1.5倍くらい。下方への湾曲度も小さい。○淡褐色の眉斑が幅広い。○腰は黒っぽく見える。

ホウロクシギ→
○体が一回り大きい。○嘴はより長く、湾曲度も大きい。○腰は淡褐色。

①**夏羽**　石川県河北潟　1996年5月中旬　Yo
頭には白い頭央線と黒褐色の頭側線がある。体上面の各羽は黒褐色の軸斑と淡褐色の羽縁をもつ。嘴は下に曲がるが、曲がり始めの位置がダイシャクシギやホウロクシギよりも嘴基部側にずれている。

②**成鳥**　愛知県汐川干潟　1992年8月8日　Y
翼下面や腋羽には黒褐色の横斑が全体にわたってある。

④愛知県田原市　1993年5月28日　Y
飛翔時、背から腰は白く見え、腰には黒褐色の横斑がある。時に、背や腰が褐色のものが見られることがあり、別亜種の可能性もある。

③**幼羽**　愛知県豊橋市　1992年8月31日　Y　幼羽は成鳥に比べ嘴が短い。

本州中部で見られる時期　1　2　3　4　5　6　7　8　9　10　11　12

✕ ハリモモチュウシャク

Numenius tahitiensis
Bristle-thighed Curlew

TL 40-44cm
WS 82-90cm

チドリ目
シギ科

特徴 ○やや太めで下に湾曲した長い嘴。長さは頭長の2倍くらい。
○体上面は淡褐色で黒褐色の軸斑が明瞭。
○腰や尾は淡赤褐色。
○淡褐色の頭央線と黒褐色の頭側線。
○腿の羽は針状に長くとがる。

鳴き声 クィーヨ,クィまたはピューピィッ。

分布 アラスカのベーリング海沿岸で繁殖し,ハワイ・ミクロネシア・ポリネシアの島々で越冬。日本では迷鳥として,北海道・本州・沖縄島・小笠原群島父島で記録がある。

生息場所 海岸近くの埋立地・草地・干潟。

類似種 チュウシャクシギ→
○体上面の黒褐色の斑が不明瞭。
○腰が白っぽい。
○嘴はやや細い。
○腿に針状の羽はない。

ホウロクシギ→
○体が一回り大きい。
○嘴は頭長の3倍くらいもあり,大きく下に湾曲する。
○頭央線や頭側線はない。
○腿に針状の羽はない。

①三重県松阪市　1978年7月9日　石井
嘴はチュウシャクシギより太めで,曲がり始めの位置がより嘴の基部側に寄っている。腿には針状に長くとがった羽がある。

②松阪市　1978年7月9日　石井　体色はチュウシャクシギよりもやや赤味のある褐色。肩羽や雨覆の羽縁の淡褐色部がチュウシャクシギよりも大きく,そのため軸斑の黒褐色が浮かび上がって明瞭。

③松阪市　1978年6月25日　石井
腰と尾は赤褐色。背は褐色で,チュウシャクシギのように白くはない。

| 見られる時期 | 1 | 2 | 3 | 4 | 5 | 6 | 7 | 8 | 9 | 10 | 11 | 12 |

251

チドリ目 シギ科

◇ **コシャクシギ** *Numenius minutus* Little Curlew TL 29-32cm WS 68-71cm

特徴 ○嘴は頭長の1.5倍くらいと短め。下に少し湾曲する。
○淡褐色の頭央線・黒褐色の頭側線・淡褐色の幅広い眉斑。
○腰から尾は淡褐色の地に黒い横線がある。
鳴き声 ピピピー。
分布 シベリア東部で繁殖し、ニューギニア・オーストラリアで越冬する。日本では数少ない旅鳥として春と秋に記録される。記録は日本全国であるが、対馬や九州地方では多い。
生息場所 草たけの低い草原・農耕地。
類似種 チュウシャクシギ→○体が一回り大きい。○嘴は長く頭長の2倍以上あり、湾曲度も大きい。○眉斑の幅は狭く、あまり目立たない。○腰は白っぽい。

①**冬羽** 北九州市 1996年9月26日 岡部
嘴は細く、少し下方に曲がる。全身が淡褐色味を帯びる。淡褐色の幅広い眉斑が目立つ。

②**第1回夏羽？** 愛知県西尾市 1999年4月20日 Y
頭央線は淡褐色、頭側線は黒褐色。チュウシャクシギは黒褐色の過眼線もあるが、本種では眼先の褐色部は小さく、嘴とつながらない。

③**幼羽** 沖縄県久米島 1998年10月14日 五百沢
腰から尾は淡褐色で、黒い横斑があり、チュウシャクシギのように白くはない。

④**第1回夏羽？** 福岡市 1998年4月27日 五百沢
風切は一様に灰黒色で、無斑。チュウシャクシギの風切は白地に黒の横斑がある。

⑤**第1回夏羽？** 福岡市 1998年4月27日 五百沢
下雨覆は褐色で黒い横斑がある。

| 九州で見られる時期 | 1 | 2 | 3 | 4 | 5 | 6 | 7 | 8 | 9 | 10 | 11 | 12 |

○ ヤマシギ

Scolopax rusticola
Eurasian Woodcock

TL 33-35cm
WS 56-60cm

チドリ目

特徴 ○大きな頭と太った体。
○まっすぐで長い嘴。
○頭上にある4つの黒斑のうち，額側から1番目と2番目はほぼ同幅。
○頭の中心よりも後方に位置した眼。
○過眼線と頬にある黒線は平行ではない。
○背は赤褐色味がかる。

鳴き声 飛ぶときにチキッ，チキッ，チキッ。

分布 ユーラシア大陸北部・中部で繁殖し，冬季は南方に渡るものもいる。日本では北海道から本州中部・伊豆諸島で繁殖し，東北南部から四国・九州・沖縄で越冬する。

生息場所 山地の広葉樹林で繁殖。非繁殖期は村落の林・谷津田にすみ，畑や水田に出て採餌することもある。

類似種 アマミヤマシギ→
○嘴基部はより太い。
○頭上にある黒斑のうち，額側から1番目のものは2番目のものより幅が狭い。
○眼は嘴と同一線上に位置する。○過眼線と頬にある黒線は平行。○足はより長い。
○初列風切の突出度は小さい。○背は褐色味がかる。

①愛知県知多市 1987年11月 Y 体は太く，頭が大きい。嘴はまっすぐで長い。この嘴を土の中に差し込んでミミズなどを食べる。

②知多市 1987年11月 Y 眼の位置は頭の中心よりも後方上部にある。このため両眼を合わせた視野は360°をカバーしている。

③知多市 1987年11月 Y 正面から顔を見ると，眼が頭の真横についているのがわかる。このため両眼視できる範囲は極めて狭い。

シギ科

①
②
③

| 本州の平地で見られる時期 | 1 | 2 | 3 | 4 | 5 | 6 | 7 | 8 | 9 | 10 | 11 | 12 |

チドリ目 シギ科

◇ アマミヤマシギ

Scolopax mira
Amami Woodcock

TL 34-36cm

特徴 ○大きな頭と太った体。○基部が太くてまっすぐ伸びた長い嘴。○頭上にある4つの黒斑のうち，額から1番目のものは2番目のものより幅が狭い。○眼は嘴と同一線上に位置する。○過眼線と頬にある黒線は平行。○背は褐色味がかる。○初列風切の突出は小さい。○眼の回りに裸出部がある個体もいる。

鳴き声 飛び立つとき，ジェ，ジェと鳴く。

分布 奄美大島・加計呂麻島・徳之島に留鳥として生息。沖縄本島でも少数が一年中生息。渡嘉敷島・久米島・伊平屋島・阿嘉島でも記録がある。

生息場所 よく茂った森林。

類似種 ヤマシギ→ ○嘴はやや細い。○頭上にある4つの黒斑の幅はほぼ同じ。○眼は嘴の延長線より上に位置する。○過眼線と頬にある黒線は平行ではない。○足はより短い。○初列風切の突出は大きい。○背は赤褐色味がかる。

①鹿児島県奄美大島 1985年12月31日 Y ヤマシギに似るが，過眼線と頬の黒線はほぼ平行に並ぶ。頭上の4つの黒斑の幅は均一ではない。

②沖縄県国頭村 1988年9月21日 Y 嘴の基部はヤマシギより太め。足はヤマシギよりも長い。眼の周囲に裸出部のある個体も多い。

③奄美大島 1997年7月18日 Y 奄美大島では夜間，林道によく出ている他，木の枝に止まって休む姿も見かける。

| 奄美大島で見られる時期 | 1 | 2 | 3 | 4 | 5 | 6 | 7 | 8 | 9 | 10 | 11 | 12 |

◎ タシギ

Gallinago gallinago
Common Snipe

TL 25-27cm
WS 44-47cm

チドリ目
シギ科

特徴 ○まっすぐ伸びた長い嘴。○嘴のつけ根にある黒い過眼線の幅は，黄白色の眉斑の幅より広い傾向がある。○翼を広げると次列風切の先に白線が出る。○下雨覆は白い。○下部肩羽の黄白色の羽縁は外縁の方が内縁より幅広い。○尾羽は通常14枚（12〜18枚の例がある）。○翼を閉じたとき，尾端は翼端よりも外に出ている。

鳴き声 飛び立つとき，ジェッと鳴く。

分布 ユーラシア大陸北部・北アメリカ北部で繁殖し，ヨーロッパ・アフリカ・中東・インド・東南アジア・北アメリカ南部で越冬。日本には亜種タシギ *G.g.gallinago* が旅鳥または冬鳥として飛来。日本全国で記録されている。なお，北アメリカ産の亜種アメリカタシギ *G.g.delicata* は別種と扱うことも多く，この場合 *G.delicata*（英名 Wilson's Snipe）となる。

生息場所 水田・湿地・湖沼畔・川岸。

類似種 オオジシギ→○一回り大きく，やや太めの体形。○羽色がより白っぽく見える。○嘴基部の黒い過眼線の幅は黄白色の眉斑の幅より狭い傾向がある。○次列風切先端は白くない。○下雨覆も白くない。○尾羽は通常16または18枚（14〜19枚の例がある）。

チュウジシギ→○嘴基部の黒い過眼線の幅は黄白色の眉斑の幅より狭い傾向がある。○次列風切先端は白くない。○下雨覆は白くない。○尾羽は通常20または22枚（18〜26枚の例あり）。○下部肩羽の黄白色の羽縁は内縁も外縁もほぼ同じ幅。

ハリオシギ→○嘴基部の黒い過眼線の幅は眉斑の幅より狭い傾向がある。○次列風切の先の白帯はない。○下雨覆は白くない。○嘴はやや短く太め。○尾羽は通常26枚（24〜28枚の例あり）で，外側尾羽6〜8対は針状に細い。○翼を閉じたとき，尾端は翼端とほぼ同じ位置に来る。

①愛知県豊橋市　1992年9月5日　Y
まっすぐ伸びた長い嘴をもつ。背と肩には黄白色の線が左右に2本ずつある。背や肩羽は，他のジシギ類よりも黒味が強い。

②豊橋市　1984年10月10日　Y
翼を広げると，次列風切の後縁には白線が出る。下雨覆にも白帯が出る。

③**尾羽**　愛知県刈谷市　1996年9月上旬　五百沢
尾羽の数は，日本産の亜種 *G. g. gallinago* では通常14枚，12〜18枚の例もあるが変異は少ない。北アメリカ産の亜種 *G. g. delicata* では16枚。

本州中部で見られる時期	1	2	3	4	5	6	7	8	9	10	11	12

チドリ目 シギ科

◇ ハリオシギ

Gallinago stenura
Pintail Snipe

TL 25-27cm
WS 44-47cm

①愛知県田原市　1994年9月18日　Y
嘴は他のジシギ類より短め。翼を閉じたとき、尾端は他のジシギ類ほど翼端から離れて出ていない。背や肩羽の黄白色の縦線はタシギのように明瞭ではない。

②**成鳥**　中国、香港ロクマーチャオ　1992年11月22日　茂田
尾長は他のジシギ類に比べ短く、4.3～4.8cm（平均4.6cm）。タシギは4.6～6.3cm（平均5.6cm）、チュウジシギは5.2～6.0cm（平均5.5cm）、オオジシギは5.8～7.2cm（平均6.5cm）。

③**尾羽**　愛知県刈谷市　1997年9月上旬五百沢　尾羽は通常26枚だが変異は大きく、奇数枚や22枚のこともさえある。外側尾羽6～8対は極端に細い。

特徴　○まっすぐ伸びた長い嘴。
○嘴のつけ根にある黒い過眼線の幅は、その上にある黄白色の眉斑の幅より狭い傾向がある。
○下部肩羽の黄白色の羽縁は外縁と内縁でほぼ同じ幅。
○翼を閉じたとき、尾端は翼端からあまり出ない。
○尾羽は通常26枚（24～28枚の例も）で、外側の6～8対は針状で細い。
○翼下面は暗く見える。次列風切先端には細い白線が出るが、野外ではわからないことが多い。
鳴き声　ジーッ、ジェーッ。

分布　シベリア東北部で繁殖し、インド・東南アジアで越冬。日本には旅鳥として渡来するが少ない。
生息場所　水田・湿地・湖沼畔。
類似種　タシギ→
○嘴はやや細くて長い。○嘴基部の過眼線の幅は眉斑よりも太い傾向がある。○下部肩羽の黄白色の羽縁の幅は外縁の方が内縁より広い。○翼を閉じたとき、尾端は翼端より長く出ている。○下雨覆は白い。○次列風切後端に白い線が出る。○尾羽は14枚（12～18枚のときも）

で、外側尾羽も針状ではない。
チュウジシギ→
○尾は長く、翼を閉じたとき、尾端は翼端より出ている。
○初列風切の突出が見られる。
○尾羽は通常20か22枚（18～26枚の例もある）で、針状に見える外側尾羽は5、6対。
○眉斑は眼の後方でぼやけるか、細くなり不明瞭のものが多い。
オオジシギ→
○体が一回り大きい。
○尾はずっと長く、翼を閉じたとき、尾端は翼端よりかなり出る。○嘴はより長い。

| 本州中部で見られる時期 | 1 | 2 | 3 | 4 | 5 | 6 | 7 | 8 | 9 | 10 | 11 | 12 |

◇ チュウジシギ

Gallinago megala
Swinhoe's Snipe

TL 27-29cm
WS 47-50cm

チドリ目

特徴 ○まっすぐ伸びた長い嘴。
○嘴基部の黒い過眼線の幅はその上の黄白色の眉斑より狭い傾向がある。
○翼を閉じたとき，初列風切は三列風切から少し出る（出ないものもいる）。
○翼を閉じたとき，尾端は翼端を越える。
○翼下面は暗色。
○次列風切後縁には細い白線があるが，野外ではわからないことが多い。
○眉斑は眼の後方で細くなるかぼやけて不明瞭。
○下部肩羽の黄白色の羽縁は外側も内側もほぼ同幅。
○尾羽は通常 20 か 22 枚（18～26 枚の例もある）で，外側 5～6 対は細い。

鳴き声 クェッ，クエーッ。

分布 シベリア中部で繁殖し，インド・東南アジア・オーストラリア北部で越冬。日本では旅鳥として全国で記録がある。

生息場所 水田・湿地・ハス田・湖沼畔。

類似種 ハリオシギ→○嘴は短め。
○翼を閉じたとき，翼端と尾端はほぼ同じ位置に来る。○初列風切の突出は見られない。○尾羽は通常 26 枚（24～28 枚の例も）で，外側 6～8 対が針状に細い。
○眉斑は眼の後方でも明瞭。

オオジシギ→
○体が一回り大きい。○初列風切の突出は見られない。○尾羽は 16 か 18 枚（14～19 枚の例も）で，外側尾羽は白っぽく見える。

タシギ→○やや小さく細めの体。
○上面の色の黒味が多い。
○嘴基部の黒の過眼線の幅はその上の黄白色の眉斑より広い傾向がある。○下雨覆は白い。
○次列風切後縁は白い。
○下部肩羽の黄白色の羽縁の幅は外縁の方が内縁よりも広い。

①愛知県豊橋市　1994 年 9 月 5 日　Y
最長初列風切は三列風切より 0.5～1.9cm（平均 1.3cm）長く，翼を閉じたとき，初列風切は三列風切から少し出る。嘴基部付近の黒褐色の過眼線の幅は眉斑の幅より狭い傾向がある。

②**チュウジシギ幼羽（左下）とハリオシギ幼羽**　愛知県刈谷市　1997 年 9 月 12 日　茂田　ハリオシギよりもやや大きく，嘴は長い。ハリオシギの嘴は基部が太く見える。

③**尾羽**　刈谷市 1993 年 9 月 4 日 Y　尾羽は通常 20 か 22 枚。外側 5～6 対は幅が狭く，先端で 0.2～0.4cm しかないが，ハリオシギ（同 0.1～0.2cm）ほど細くない。

シギ科

| 本州中部で見られる時期 | 1 | 2 | 3 | 4 | 5 | 6 | 7 | 8 | 9 | 10 | 11 | 12 |

○ オオジシギ

Gallinago hardwickii
Latham's Snipe

TL 28-33cm
WS 48-54cm

チドリ目 シギ科

特徴 ○まっすぐ伸びた長い嘴。○嘴基部にある黒の過眼線の幅は黄白色の眉斑より狭い傾向がある。○下部肩羽の黄白色の羽縁は外縁，内縁ともに同幅。○尾が長く，翼を閉じたとき，尾端は翼端からかなり外に突き出ている。○顔や体上面の色は他のタシギ属 *Gallinago* の鳥に比べ，かなり淡い。

鳴き声 飛び立つときにゲェッと鳴く。繁殖期，♂はズビー，ズビーと鳴いて飛び回り，ズビヤク，ズビヤクという声を発しながら急降下を始めるディスプレイフライトを行う。急降下の際には尾羽によるゴゴゴーという羽音を伴う。

分布 サハリン南部・ロシア極東部・千島列島南部・北海道・本州・九州で繁殖し，オーストラリア東部で越冬。渡りのときには全国で広く記録される。

生息場所 繁殖期には本州中部・九州では高原，北海道・東北地方では平地の草原で見られる。渡りの時期には水田・湿地・ハス田に生息。

類似種　チュウジシギ→
○体がやや小さい。
○初列風切の突出が見られる。
○尾羽は 20 か 22 枚（18〜26 枚の例も）で，外側の羽がかなり細い。

ハリオシギ→○体が一回り小さい。○嘴は短い。○翼を閉じたとき，尾端と翼端はほぼ同位置にある。○尾羽は 26 枚（24〜26 枚の例も）で，外側 6〜8 対は針状になっている。

タシギ→○体が一回り小さい。○顔や体上面はもっと暗色。○嘴基部の黒の過眼線の幅は黄白色の眉斑より広い傾向がある。○下雨覆は白い。○次列風切後縁は白い。

①長野県南牧村　1995年5月下旬　Yo　ジシギ類の中では大形。体色も淡い。嘴基部付近の黒の過眼線の幅は，黄白色の眉斑の幅より狭い。

②長野県長野市　1997年5月29日　Y　日本で繁殖する唯一のジシギ類。繁殖地では木や杭などの上に止まって鳴くことも多い。

③ディスプレイフライト♂　岐阜県蛭ヶ野高原　2001年6月18日　Y　繁殖期，♂のみが行う。最近の研究では尾の枚数と長さに性差があり，尾羽が 16 枚の個体の 74.8 % が♀，18 枚の個体の 82.7 % が♂で，体に対する尾の割合は♂の方が高いことが分かった。♂はディスプレイフライトの際に大きな尾音を出すためにより尾羽が多く，長くなったのではと考えられる。

④尾羽　愛知県刈谷市　1996年9月上旬　五百沢　オオジシギの尾羽は通常 16 か 18 枚。外側尾羽はチュウジシギほど細くなく，白い部分が多い。

本州中部で見られる時期	1	2	3	4	5	6	7	8	9	10	11	12

◇ アオシギ

Gallinago solitaria
Solitary Snipe

TL 29-31cm
WS 51-56cm

チドリ目

特徴 ○長くてまっすぐ伸びた嘴。○肩羽に白斑がある。○頭央線と頭側線の境が不明瞭。○体上面および体下面に細い横縞が密にある。○翼下面は暗色に見える。○翼には白帯はない。○尾羽は20枚（16～28枚の例も）。○かなり太めの体形。

鳴き声 ジェッ。

分布 シベリア東部および中部・ヒマラヤ北部・サハリンで繁殖し，中国南部・インド，パキスタン北部で越冬。日本では冬鳥として北海道から沖縄まで記録があるが，本州中部以南では少ない。

生息場所 山地の渓流および水田。

類似種 タシギ・ハリオシギ・チュウジシギ・オオジシギ→ ○体が小さく，細い。○頭部の各線がはっきりしている。○肩羽の斑は黄白色。○体下面は斑が少ないため淡く見える。

①京都府宇治市　1986年1月7日　Y　太めの体形の大形のジシギ類。他のジシギ類と生息環境が異なり，山地の渓流にすむ。

②**伸び**　滋賀県大津市　2000年2月12日　Y　尾羽は通常は20枚。中央尾羽から外側に向かって段階的に短くなるため，他のジシギ類に比べるとややくさび形に近い尾となっている。

シギ科

③栃木県日光市　1997年11月8日　私市　体の上面および下面ともに細い横縞が密にあるため，他のジシギ類に比べ，体が暗く見える。

④**伸び**　神奈川県舞岡公園　2007年1月8日　桐原　翼下面は下雨覆一面に黒い縞模様が入る。次列風切先端の白色部はほとんどない。

| 本州中部で見られる時期 | 1 | 2 | 3 | 4 | 5 | 6 | 7 | 8 | 9 | 10 | 11 | 12 |

259

△ コシギ

Lymnocryptes minimus
Jack Snipe

TL 17-19cm
WS 38-42cm

特徴 ○まっすぐ伸びた嘴。○途中で2つに分かれる黄白色の眉斑。○くさび形をした尾。○尾羽は12枚で，白色部はない。○肩羽は金属光沢のある黒青色。○次列風切後縁に細い白線が出る。

鳴き声 ガッ。

分布 ユーラシア北部で繁殖し，ヨーロッパ・アフリカ中部・インド・東南アジアで越冬。日本では北海道・本州・九州・南西諸島で冬鳥または旅鳥として記録されるが，数は少ない。

生息場所 水田・湿地・ハス田。

類似種 タシギ・ハリオシギ・チュウジシギ・オオジシギ→○体がずっと大きい。○嘴が長い。○眉斑は途中で分かれていない。○背に金属光沢をもつ羽はない。○中央尾羽の先はとがっていない。○尾羽には白や黒の模様が入る。

キリアイ→○嘴の先端がやや下に曲がっている。○背に金属光沢をもつ羽はない。○足は長く，体形が細い。

①沖縄県金武町　1996年10月13日　比嘉
黄白色の眉斑は途中で黒褐色の斑によって2つに分けられる。頭央線は黒褐色。

②沖縄県南城市　2007年10月25日　橋本
背と肩の部分に左右2本ずつ黄白色の線がある。肩羽には黒青色の金属光沢がある。

③沖縄県南城市　2007年10月25日　橋本　次列風切後縁に細く白線が入る。

| 見られる時期 | 1 | 2 | 3 | 4 | 5 | 6 | 7 | 8 | 9 | 10 | 11 | 12 |

△ ソリハシセイタカシギ

Recurvirostra avosetta
Pied Avocet
TL 42-45cm
WS 77-80cm

チドリ目

特徴 ○黒くて細い嘴は大きく上に反り曲がる。
○頭上・後頸・肩羽・雨覆の一部・初列風切は黒く，その他は純白。
○青灰色の長い足。趾には蹼がある。

鳴き声 クリュッ。

分布 ヨーロッパ・黒海沿岸から中央アジア・アフリカの一部で繁殖し，ヨーロッパ南部・アフリカ・インド西部・中国南部で越冬。日本では数少ない旅鳥または冬鳥として北海道・本州・九州・沖縄島・石垣島で記録がある。

生息場所 干潟・埋立地の水たまり。

類似種 セイタカシギ→
○体が一回り小さい。○嘴はまっすぐ。○足はピンク色でより長い。○背や翼に白色部はない。○体形はずっと細め。

①**成鳥** 愛知県一色町 2005年1月7日 Y 大きく上に反った細長い嘴。体は白く，頭部と肩羽・翼に黒色部がある。

②**第1回冬羽** 千葉県習志野市 1993年12月12日 Y この個体は翼の黒色部に褐色味が見られるので，若い個体と考えられる。

③**成鳥** 一色町 2005年1月7日 Y 飛翔時，上面は初列風切・雨覆・肩羽にある黒色部がくっきり目立つ。

セイタカシギ科

④**第1回冬羽** 習志野市 1993年12月上旬 Yo 下面から見ると，初列風切のみが黒い。

| 見られる時期 | 1 | 2 | 3 | 4 | 5 | 6 | 7 | 8 | 9 | 10 | 11 | 12 |

◇ セイタカシギ

Himantopus himantopus
Black-winged Stilt
TL 35-40cm
WS 67-83cm

特徴 ○ピンク色の細長い足。
○黒くて細長い嘴。
○背と翼は黒い（雄は青黒色，雌は黒褐色）。
○体下面は白い。
○翼端は鋭くとがる。
○飛翔時，白い背・腰・尾が目立つ。
○頭部は真っ白のものや，黒斑がさまざまの形で入るものまで個体差が大きい。

鳴き声 キッ，キッまたはケッ，ケッときつく鳴く。ピョッ，ピョッと鳴くこともある。

分布 ユーラシア中部・アフリカ・インド・東南アジア・オーストラリア・北アメリカ中部から南アメリカと広く繁殖。日本では東京湾周辺や愛知で繁殖し，一年中見られる。他の所では旅鳥または冬鳥で，記録は北海道から南西諸島まである。

生息場所 埋立地の水たまり・水田・湿地・内湾の干潟。

類似種 アオアシシギ→
○嘴が太く，やや上に反る。
○足は黄緑色で，やや短い。
○上面の色は灰褐色で淡く見える。
○翼先端は鋭くとがらない。

野外で区別可能な亜種 日本で繁殖し，よく記録されるのは**亜種セイタカシギ** *H. h. himantopus*。他にまれに**亜種オーストラリアセイタカシギ** *H. h. leucocephalus* が茨城・千葉・神奈川で記録されている。

亜種セイタカシギとは，○後頭から後頸にかけて縦に黒色部が走り，羽毛が立つ。
○体がやや大きい。
○足はやや短いことで区別。
ただし，亜種セイタカシギの中にも亜種オーストラリアセイタカシギとほぼ同じ頭部の模様をもつものもいるため注意を要する。

①亜種セイタカシギ♂夏羽 愛知県一色町 1985年5月9日 Y 濃いピンク色の長い足。嘴は針のように細長い。背と翼は黒く，♂では青黒色の光沢を放っている。

②亜種セイタカシギ♂夏羽 山口県岩国市 1987年4月29日 Y 頭部は♂♀ともに真っ白なものや黒斑のあるものがいる。黒斑の位置や大きさも個体変異が大きい。

③亜種セイタカシギ♀夏羽 愛知県田原市 1989年8月7日 Y ♀の背は褐色味がかる。虹彩は♂♀ともに赤い。

| 東京湾岸で見られる時期 | 1 | 2 | 3 | 4 | 5 | 6 | 7 | 8 | 9 | 10 | 11 | 12 |

④**亜種セイタカシギ第1回冬羽** 愛知県汐川干潟 1992年9月17日 Y 若い個体は頭部にぼやっとした褐色斑がある。体上面の色は♀成鳥よりも褐色味が強く、各羽の羽縁はやや淡色。

⑤**亜種セイタカシギ幼羽** 田原市 1989年8月7日 Y 幼羽は体上面の各羽の軸斑が黒褐色，羽縁は褐色と色の濃淡が明らかに異なり，鱗状の模様となっている。足の色も淡いピンク色。

⑥**亜種オーストラリアセイタカシギ♂** 茨城県神栖市 1986年10月10日 鈴木恒治 亜種セイタカシギよりやや大きく，後頭から後頸に縦の黒色線が走る。ただし，亜種セイタカシギにも同じような模様をもつものがいる。

⑦**亜種セイタカシギ♂成鳥夏羽** 汐川干潟 1989年5月1日 Y 飛翔時，翼下面はほぼ全面が黒く，内側の雨覆だけが三角形状に白い。

⑧**亜種セイタカシギ第1回冬羽** 汐川干潟 1983年10月13日 Y 翼上面も全面が黒い。この個体はまだ若いので，翼後縁が白い。背・腰・尾は白い。

◇ ハイイロヒレアシシギ

Phalaropus fulicarius
Red Phalarope, Grey Phalarope
TL 20-22cm
WS 37-40cm

チドリ目 / ヒレアシシギ科

特徴 ○嘴はやや太く短い。夏羽は黄色で先端のみ黒い。冬羽では全て黒。
○喉・頸・体下面は赤褐色。
○眼の周辺は白く，頭上は黒い。
○飛翔時，翼に白帯が出る。
○冬羽では顔から下面は白色，上面は灰色となり，頭と眼の周囲に黒斑がある。

鳴き声 ビリッ，ビリッまたはビッ，ピッ。

分布 シベリア・北アメリカの北極海沿岸で繁殖し，西アフリカ沖・チリ沖で越冬する。日本には旅鳥として飛来し，北海道・本州・四国・九州・伊豆諸島で記録がある。

生息場所 海上。まれに埋立地の水たまりや海岸近くの湖沼・港に入ることがある。

類似種 アカエリヒレアシシギ→
○体が一回り小さい。
○嘴は細く，針状。
○体が細く，特に頸が細い。○夏羽では腹は白い。
○冬羽では上面の灰色がやや濃いものが多い。

①♂夏羽 愛知県御津町 1986年6月15日 Y ♀ほど羽色の赤味や頭上の黒味が強くない。顔や胸に白斑が混じる。嘴先端の黒色部も♀より広い。

②♀夏羽 千葉県銚子 2003年4月6日 桐原
ヒレアシシギ類は♀の方が♂よりも羽色が鮮やか。♀夏羽は全身が赤褐色で，眼の周辺と頬の白が目立つ。嘴は黄色く，先端のみ黒い。

③冬羽 千葉県銚子 2003年4月6日 桐原
冬羽は，顔から体下面は白く，上面は灰色で，眼の周辺と頭上から後頭にかけてが黒い。

本州中部で見られる時期 1 2 3 **4 5 6** 7 **8 9** 10 11 12

アカエリヒレアシシギ

Phalaropus lobatus
Red-necked Phalarope
TL 18-19cm
WS 31-34cm

チドリ目

特徴 ○黒い嘴は細く，針状。
○頭は黒く，喉は白い。
○頸から上胸は赤褐色。
○飛翔時，翼に白帯が出る。
○白い腹。
○冬羽では体上面は灰色，下面は白く，頭上と眼の周囲に黒斑がある。

鳴き声 ジュッ，ジェッまたはプリーツ。

分布 ユーラシア・北アメリカの北極海沿岸で繁殖し，インド洋沖・南太平洋沖・ペルー沖などで越冬。日本には旅鳥として渡来し，北海道から南西諸島まで記録がある。

生息場所 海上。埋立地の水たまり・港・海岸近くの湖沼・水田などに入ることもある。陸地で見られる機会はハイイロヒレアシシギよりも多い。

類似種 ハイイロヒレアシシギ
→○体が一回り大きく，特に頸が太め。
○嘴は幅広く，基部が黄色い。
○夏羽では体下面全体が赤褐色で，眼の周囲が白い。
○冬羽では，体上面の灰色がより薄いものが多い。

①**夏羽** 石川県舳倉島 1984年5月27日 Y 夏羽は側頸から上胸の赤褐色と喉の白，顔と頭上の黒が目立つ。♂はこの赤褐色と黒色の部分の色が淡い。

②**冬羽** 愛知県西尾市 1988年9月17日 Y 冬羽は頭から体下面は白，体上面は淡灰色。眼から頬と頭上に黒斑がある。ハイイロヒレアシシギの冬羽に似るが，嘴は細くて基部まで黒い。

③**幼羽から第1回冬羽に換羽中** 愛知県一色町 1993年9月5日 Y 翼上面には白い翼帯がある。

④**幼羽から第1回冬羽に換羽中** 愛知県汐川干潟 1983年8月30日 Y 幼羽は冬羽に似るが，体上面は黒く，肩羽の部分に淡黄色の線がある。

ヒレアシシギ科

本州中部で見られる時期	1	2	3	4	5	6	7	8	9	10	11	12

チドリ目

× アメリカヒレアシシギ

Phalaropus tricolor
Wilson's Phalarope

TL 22-24cm
WS 35-38cm

①♂夏羽（右，左はアカエリヒレアシシギ）　愛知県一色町　1985年5月12日　杉山
ヒレアシシギ類では最大。頸と嘴が他2種よりも長め。♂夏羽は頭部は黒く，白い眉斑がある。喉は白く，頸や胸には淡い赤褐色味がある。

②♂夏羽　カナダ，オンタリオ州　1990年5月14日　榛葉
夏羽では足は黒い。他のヒレアシシギに比べて，足も長め。

特徴　○黒色のやや長めの細い嘴。○ほっそりとした体形。特に頸が長い。
○眼から側頸に黒色の帯。前頸は赤褐色。
○頭頂は灰色，眉斑と喉は白い。
○背は灰色。
○飛翔時，翼に白帯は出ない。
○腰が白い。
○足はやや長く，色は夏羽は黒，冬羽と幼羽は黄色。
○冬羽では頭から体上面は灰色，下面は白い。

鳴き声　チェッ。

分布　北アメリカ中部で繁殖し，南アメリカで越冬。日本では愛知県で2度記録されただけの迷鳥。

生息場所　内陸部の湖沼・入り江。海上に出ることは少ない。

類似種　アカエリヒレアシシギ→
○体が一回り小さい。○嘴は短い。○足は短く，飛翔時，尾を越えない。○腰は黒い。○飛翔時，翼に白帯が出る。○冬羽では眼の周囲に黒斑がある。

コアオアシシギ冬羽→
○足はかなり長く，黄緑色。
○飛翔時，腰のみでなく背まで白い。○頸はやや短い。

③♀夏羽　一色町　1986年7月13日　Y　♀夏羽は頭頂から後頸が灰色。背や肩羽には灰色と赤褐色の帯がある。頸の赤味も♂に比べて強い。

ヒレアシシギ科

見られる時期 | 1 | 2 | 3 | 4 | **5** | 6 | **7** | 8 | 9 | 10 | 11 | 12

◇ ツバメチドリ

Glareola maldivarum
Oriental Pratincole

TL 23-24cm
WS 59-64cm

チドリ目

特徴 ○黄白色の喉と，それを縁取る黒線。
○短くて太い黒の嘴。
○凹尾型の黒い尾。
○長くて先がとがった翼。
○下雨覆は赤褐色。
○白い腰。

鳴き声 クリリ，クリリあるいはキリリ，キリリと鋭い声で鳴く。

分布 中国東部・東南アジア・インドで繁殖し，東南アジア・インド・オーストラリアで越冬。日本ではこれまでに栃木・茨城・静岡・愛知・鳥取・島根・福岡・宮崎・沖縄の各県で繁殖記録がある。多くは旅鳥として春秋に記録がある。

生息場所 干潟・埋立地・川原・草地。

類似種 特になし。

①**夏羽** 愛知県田原市 1981年5月22日 Y 黄白色の喉を縁取るように黒線がある。嘴の基部の赤が目立ち，胸や腹は少しオレンジ色味がかる。

②**冬羽** 愛知県豊橋市 1984年9月4日 Y 喉を縁取る黒線は不明瞭。眼先は褐色。胸や腹のオレンジ色味は薄く，背と同様の褐色。

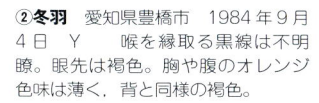

③**幼羽** 豊橋市 1984年7月17日 Y 冬羽に似るが，肩羽や翼の各羽の羽縁はバフ色のやや太めの線をなし，その内側には黒い細い線が見られる。

④**成鳥** 豊橋市 1993年6月9日 Y 翼下面は下雨覆は赤褐色で，風切は黒い。凹型の尾は黒く，外側尾羽は白い。

ツバメチドリ科

本州中部で見られる時期	1	2	3	4	5	6	7	8	9	10	11	12

◇ オオトウゾクカモメ

Catharacta maccormicki
South Polar Skua

TL 50-55cm
WS 130-140cm

チドリ目

①淡色型 埼玉県さいたま市 1998年6月29日 高瀬
太めのがっしりした体形をしている。嘴も太く，基部まで黒い。羽色は個体差があるが，後頸が白っぽい個体が多い。

特徴 ○全身が黒褐色。頭部から胸は灰褐色で他より淡い。
○太くて黒い嘴。
○太くてどっしりとした胴。
○飛翔時，翼上面，翼下面とも初列風切基部に白斑がある。
○頭から胸も背と同じ黒褐色をした暗色型の個体もいる。

鳴き声 グァー，グァー。

分布 南極大陸で繁殖し，非繁殖期は北半球に北上し，北太平洋・北大西洋西部で過ごす。日本では春から夏に北海道・本州北部の太平洋岸を北上していく姿が見られる。他の時期でも数は少ないが，同海上に残っている個体がいる。

生息場所 海上。

類似種 トウゾクカモメ暗色型→○体が小さく，胴は細く，頭も小さめ。○中央尾羽は長く伸びて，先端が広がっている。○羽色は黒味が強く，特に頭や頸がオオトウゾクカモメほど白っぽくない。○嘴の基部側が白っぽく見える。

大形カモメ幼鳥→○翼に白斑はない。○羽色はずっと淡い。○足はピンク色（オオトウゾクカモメは黒）。

②中間型 東京―苫小牧航路 福島沖 1998年6月21日 Y
体つきは太くてがっしりしている。初列風切基部の白斑は，上面，下面ともに見られる。

③東京―釧路航路福島沖 1999年4月30日 Y
羽色は灰色味の強いものや，頭や胸も背と同じ黒褐色をしたものもいる。概して後頸が他の部分より白っぽいものが多いようだ。

トウゾクカモメ科

| 本州北部で見られる時期 | 1 | 2 | 3 | 4 | 5 | 6 | 7 | 8 | 9 | 10 | 11 | 12 |

トウゾクカモメ

Stercorarius pomarinus
Pomarine Jaeger, Pomarine Skua

TL 46-51cm
WS 125-138cm

チドリ目

①**淡色型夏羽** 静岡県沼津市 1986年6月 Y
羽色は変異が多いが、体下面が白く胸に黒褐色の帯をもつ淡色型が多い。中央尾羽は長く、先端がスプーンのようにふくれる。初列風切基部には白斑がある。

②**冬羽** 東京―釧路航路宮城県沖 1990年1月14日 Y 嘴はクロトウゾクカモメやシロハラトウゾクカモメより太く、基部と先端の色の差が鮮明。翼上面は初列風切の羽軸3〜8本が白い。

③**冬羽** 東京―釧路航路宮城県沖 1990年1月14日 Y 中央尾羽は夏羽ほど長くならず、脇・上尾筒・下尾筒に横縞がある。ただし、個体変異が大きく、幼鳥もよく似ているので注意が必要。

④**幼鳥** 愛知県田原市 2005年12月29日 Y 若い個体は全身が褐色となっている。色は黒褐色から黄褐色まで個体差があり、胸から腹にかけて横縞模様が入るが、その入り方も個体差が大きい。

特徴 ○眼先から頭上が黒い。
○頬から後頸は淡黄色。
○体上面は黒褐色。
○体下面は白く、胸に黒褐色の帯があることが多い（ないものもある）。
○尾は黒く、中央尾羽は長く伸び、先端がスプーンのようにふくれる。
○飛翔時、翼上面、翼下面とも初列風切基部に白斑がある。
○嘴は淡紅色または淡青灰色で、先端は黒。嘴の基部は遠めには白っぽく見える。
○全身が黒褐色をした暗色型もいる。
○幼鳥は羽色は褐色で、脇や翼下面に黒褐色の横斑がある。中央尾羽は短く、少しとがる程度。

鳴き声 グェーッ、グェーッまたはヴィー、ヴィー。

分布 ユーラシアおよび北アメリカの北極圏で繁殖し、非繁殖期は南下し、南半球に渡る。日本では旅鳥または冬鳥として、主に北海道・本州・伊豆諸島・小笠原諸島の海上で見られる。東京―北海道航路では冬季に多く見られる。

生息場所 外洋。天候が荒れると内湾や港に入ることがある。

類似種 クロトウゾクカモメ→
○体はやや細い。○中央尾羽の先端がとがっている（トウゾクカモメも個体や年齢によってはとがるものもいるので注意）。
○嘴はやや細く、短い。基部と先端の色のコントラストも不鮮明で、遠めには全て黒く見える（幼鳥では基部が青灰色に見えるときがあるが、トウゾクカモメと比べると先端部との色の差ははっきりしない）。○翼の幅がやや狭い。○頭がやや小さめ。
○幼鳥では翼下面の三日月形の白斑は1つ（トウゾクカモメはだいたい2つある）で、上尾筒や翼下面の縞模様は遠めでははっきりしないことで区別。

シロハラトウゾクカモメ→
○体は小さく、細め。○中央尾羽は先がとがり、かなり長く突き出ている。○嘴はより細く、先端から基部まで一様に黒く見える（幼鳥では先端と基部の色のコントラストがある）。
○翼の白斑はないか、あっても小さい（幼鳥は白斑があるが、小さく、2つはない）。
○体上面は灰色味を帯びて淡く見える。○頭は小さい。○飛翔時、ボディビルダーのように胸を張っている。翼は幅が狭い。

トウゾクカモメ科

| 本州沖合で見られる時期 | 1 | 2 | 3 | 4 | 5 | 6 | 7 | 8 | 9 | 10 | 11 | 12 |

◇ クロトウゾクカモメ

Stercorarius parasiticus
Parasitic Jaeger, Parasitic Skua

TL 41-46cm
WS 110-125cm

チドリ目

①**夏羽** 愛知県岡崎市 2004年5月11日 Y 嘴はトウゾクカモメより細く，先端と基部の色の差は不明瞭。頭はやや小さく，体つきもほっそりしている。

②**夏羽** 愛知県岡崎市 2004年5月11日 Y 中央尾羽は先がとがり，突き出ている。翼上面の初列風切の羽軸は3～8本が白い。

③**淡色型夏羽から冬羽に換羽中** 茨城県神栖市 1991年9月16日 私市 翼下面も初列風切の基部に三日月状の白斑がある。飛翔時，体のまん中が一番ふくらんで見え，中央より前に重心のあるトウゾクカモメとは異なる。

特徴 ○眼先から頭上が黒い。
○頬から後頸は淡黄色。
○体上面は黒褐色。
○体下面は白く，胸は淡褐色味がかるものが多い。
○中央尾羽の先はとがり，他の尾羽より長く突き出る。
○翼下面に三日月形の白斑が1つある。翼上面は初列風切の羽軸が白い。
○嘴は黒い。
○羽色や模様は個体差がかなりある。全身が黒褐色をした暗色型もいる。
○幼鳥は羽色が褐色で，翼下面・脇・上尾筒・下尾筒に黒褐色の横斑がある。中央尾羽は少し出る程度。

鳴き声 グァー，グァーまたはピュウ，ピュウ。

分布 ユーラシアおよび北アメリカの北部で繁殖。非繁殖期は海洋上で過ごし，南半球まで渡るものもいる。日本では旅鳥として北海道・本州・伊豆諸島・小笠原諸島の海上で見られる。

生息場所 外洋。天候が荒れると内湾や港に入ることもある。

類似種 トウゾクカモメ→
○体はやや大きく，太め。○中央尾羽の先はスプーン状に丸まっている（個体や年齢によってはとがるものもいる）。○嘴は太くて長め。基部は淡紅色あるいは淡青灰色で，先端の黒とのコントラストが明瞭。○翼の幅が広い。○頭はやや大きい。○幼鳥では翼下面に三日月状の白斑がだいたい2つあること，上尾筒・下尾筒・翼下面の縞模様が明瞭なことで区別。

シロハラトウゾクカモメ→
○体は小さく，より細め。○中央尾羽はより長く，他の尾羽の2倍以上の長さ。○翼の幅は狭い。○嘴はより小さい。○体上面に灰色味があり，淡く見える。○飛翔時，ボディビルダーのように胸を張っている（クロトウゾクカモメでは体のまん中が最もふくらむ）。○翼下面に白斑はない（幼鳥の場合はあっても小さい）。○翼上面の初列風切に，羽軸の白い羽は2～3本しかない（クロトウゾクカモメでは3～8本ある）。

本州沖合で見られる時期	1	2	3	4	5	6	7	8	9	10	11	12

◇ シロハラトウゾクカモメ *Stercorarius longicaudus* Long-tailed Jaeger, Long-tailed Skua

TL 48-53cm　WS 105-117cm

チドリ目

①**夏羽**　北海道紋別市　1993年7月23日　私市　中央尾羽は他の尾羽の2倍以上の長さがある。体上面の色はトウゾクカモメやクロトウゾクカモメほど黒味はなく、頬の黄色味も強い。

②**夏羽**　静岡県沼津市　1996年5月18日　五百沢　翼上面の初列風切の白い羽軸は外側の2〜3本のみであまり目立たない。嘴は黒く、トウゾクカモメ類の中で最も細い。

③**夏羽**　愛知県碧南市　1982年8月下旬　Y　翼下面は夏羽ではほぼ一様に黒灰色で、白斑はない。幼鳥では初列風切基部に白斑が見られるが、トウゾクカモメに比べると小さい。

特徴　○眼先から頭上が黒い。
○頬から後頸は淡黄色。
○体上面は灰褐色。
○中央尾羽は長く突き出ていて先は細くとがる。
○嘴は小さく黒い。
○翼上面の初列風切に，羽軸の白い羽は2〜3本。
○翼下面は一様に灰黒色で，白斑はない。
○羽色や模様は個体差がある。全身黒褐色の暗色型もいるが、トウゾクカモメやクロトウゾクカモメに比べると見る機会は少ない。
○幼鳥も羽色の濃淡は個体差があるが，褐色または灰褐色で，頭部や腹は白っぽく見えるものが多い。翼下面・上尾筒・下尾筒には黒褐色の縞模様がある。

鳴き声　ピュー，ピュー，ピュー，ピュー。

分布　ユーラシアおよび北アメリカの極北部で繁殖し，非繁殖期は海洋上で生活。南緯50°ぐらいまで渡っていく。

生息場所　外洋。天候が荒れると内湾や港に入ることもある。

類似種　**クロトウゾクカモメ**→
○体がやや大きい。
○中央尾羽は短く，他の尾羽の2倍以下の長さ。
○翼の幅がやや広い。
○体上面の黒味が強い。
○翼下面に三日月形の白斑がある。○翼上面の初列風切に，羽軸の白い羽は3〜8本ある。
○飛翔時，胸と腹の中央あたりが最もふくらんで見える。
○淡色型の場合，額付近は白っぽい（シロハラトウゾクカモメでは眼先と同様に黒い）。
○幼鳥の嘴は，先端側の黒色部と基部側の青灰色部の長さの比が1：2ぐらい（シロハラトウゾクカモメは1：1）。

トウゾクカモメ科

本州沖合で見られる時期	1	2	3	4	5	6	7	8	9	10	11	12

チドリ目 カモメ科

△ **オオズグロカモメ** *Larus ichthyaetus*
Pallas's Gull, Great Black-headed Gull
TL 57-72cm　WS 155-170cm

①冬羽から夏羽に換羽中　熊本県八代市　1993年2月4日　Y
周囲にいるセグロカモメよりも一回り大きいことがわかる。額のラインがなだらかで、後頭が最も高い。

②冬羽から夏羽に換羽中　熊本県八代市　2004年1月2日　小山
若い個体は全身が褐色となっている。色は黒褐色から黄褐色まで個体差があり、胸から腹にかけて横縞模様が入るが、その入り方も個体差が大きい。

特徴
○黒い頭部。
○嘴は黄色く、先端は赤くて中に黒帯がある。
○背と翼上面は青灰色。
○飛翔時、初列風切は白く、先端近くに黒斑がある。
○黄色い足。
○白い尾。
○冬羽は頭は白く、眼の付近と頬にわずかに黒斑がある。嘴先端の赤色部はなく、黒帯のみある。

鳴き声
アアー。

分布
黒海およびカスピ海周辺からモンゴルで繁殖し、紅海・ペルシア湾岸からインド沿岸に渡って越冬。日本では数少ない冬鳥として九州沿岸に渡来する。

生息場所
干潟・内湾。

類似種
頭が黒い大形のカモメ類は本種だけなので、夏羽は見間違うことはない。冬羽では次の種に似る。

セグロカモメ→
○体が一回り小さい。
○額が高い（オオズグロカモメは後頭が一番高い）。
○顔に黒斑はない。
○嘴はやや細く、通常は黒帯はない。
○足は短く、ピンク色（黄色の個体もいる）。
○飛翔時、翼は幅広で短めで、翼先端の黒色部はより大きい。

③夏羽　カザフスタン、アラコル湖　1998年6月　ブラッドショー
初列風切先端付近に黒斑と白斑があるが、黒斑はセグロカモメに比べると小さい。

九州で見られる時期　1　2　3　4　5　6　7　8　9　10　11　12

✕ アメリカズグロカモメ

Larus pipixcan
Franklin's Gull
TL 32-38cm
WS 85-95cm

チドリ目 カモメ科

特徴 ○頭部は黒く，眼の周囲のみ白い。
○赤い嘴。
○背と翼は濃青灰色。
○暗赤色の足。
○白い尾。
○飛翔時，翼上面の外側初列風切は黒く，先端はわずかに白い。
○冬羽では頭部は白く，眼の周辺と後頭だけ黒い。嘴は黒く，先端だけが赤い。足も黒味が増す。

鳴き声 クッ，クッまたはカー。

分布 カナダ南部およびアメリカ合衆国北部の内陸部で繁殖し，冬は北アメリカ南部および南アメリカの太平洋岸に渡る。日本では迷鳥としてこれまで秋田・神奈川・愛知・京都・大阪で記録されている。

生息場所 海岸・湖沼・河川。

類似種 ユリカモメ→
○体がやや大きめ。
○嘴はより細く，先がとがっている。○静止時，翼先端の白斑は小さく目立たない。
○背や翼の色は淡い。
○冬羽では頭の黒色部は頬に小さくあるだけで，嘴は全て赤い。

ズグロカモメ→
○体がやや小さめ。
○嘴は短く，夏羽，冬羽とも全て黒い。
○体上面の色はずっと淡い。
○飛翔時，翼上面の黒斑は外側初列風切の先端にわずかにあるだけ。
○冬羽では頭の黒色部は頬と眼の上方に小さくあるだけ。

ゴビズキンカモメ→
○体がずっと大きい。
○体上面の色は淡い。
○夏羽では頭の黒色部は後頭までには至らず，嘴に黒帯はない。
○冬羽では頭に黒斑はない（夏羽から冬羽に換羽中のときはアメリカズグロカモメの冬羽のような黒斑がある場合もある）。

①**第2回冬羽** 京都市　1984年1月29日　Y
冬羽は眼の周辺から後頭のみ黒いが，夏羽は頭全体が黒くなる。体上面の色はユリカモメやズグロカモメよりも濃い。

②**第2回冬羽（下から2羽目，他はユリカモメ）** 京都市　1984年1月29日　Y
ユリカモメに比べ，外側初列風切先端の黒色部が広い。足の色も黒味が強い。

| 見られる時期 | 1 | 2 | 3 | 4 | 5 | 6 | 7 | 8 | 9 | 10 | 11 | 12 |

チドリ目 カモメ科

× ボナパルトカモメ

Larus philadelphia
Bonaparte's Gull

TL 28-30cm
WS 90-100cm

特徴 ○頭部は黒く，眼の上下に白い縁取り。
○細くて黒い嘴。
○体上面は淡青灰色。
○赤い足。
○飛翔時，翼上面は初列風切の先端のみ黒。翼前縁と外側は白い。下面は初列風切先端に線状に黒色部があるほかは，全面灰白色。
○冬羽では頭は白く，頬に黒斑がある。

鳴き声 キャッ，キャッ。

分布 アラスカからカナダで繁殖し，アメリカ合衆国・メキシコ・西インド諸島で越冬。日本では迷鳥として北海道・茨城・神奈川で記録がある。

生息場所 干潟・海岸近くの湖沼。

類似種　ユリカモメ→
○体が一回り大きい。
○嘴はやや太く，赤い。
○飛翔時，翼下面には初列風切に大きな黒斑がある。
○夏羽では頭部は褐色味を帯びる黒色。

ズグロカモメ→
○嘴は短くて太い。○頭の丸味が強く，頸は短い。
○静止時，翼の先端の白斑が大きい。○飛翔時，翼下面の初列風切に大きな黒色部がある。○夏羽では頭の黒色部は後頭にも及ぶ。

①**夏羽**　カナダ，マニトバ州チャーチル　1988年7月2日　榛葉　夏羽は頭部が黒くなり，ユリカモメ夏羽に似るが，ユリカモメのように褐色味は帯びない。嘴は黒く，赤味は帯びない。

②**第1回冬羽**　川崎市　1985年12月28日　私市　幼鳥は雨覆に黒褐色の斑が見られる。成鳥冬羽ではこの斑は見られない。ユリカモメの第1回冬羽に似るが，嘴はより細くて黒く，足はピンク色。

③**第1回冬羽**　川崎市　1985年12月28日　私市　飛翔時，翼下面は白く，翼上面後縁には初列風切から次列風切に黒線がある。この個体は第1回冬羽のため，他に雨覆に黒褐色の帯と尾に黒帯が見られる。

見られる時期: 4, 5, 12

× チャガシラカモメ

Larus brunnicephalus
Brown-headed Gull

TL 41-43cm
WS 105-115cm

チドリ目 カモメ科

特徴 ○頭部は褐色味を帯びた黒色で，眼の上下に白斑がある。
○体上面は淡青灰色。
○少し太めの暗赤色の嘴。先端部は黒く見える。○虹彩は白く見える。
○赤色の足。○静止時，翼先端は黒く，白斑は見られない。
○飛翔時，翼先端は黒色部が広がっていて，初列風切のP10とP9の先端付近にそれぞれ白斑が入る。
○冬羽では頭部は白く，頬と眼の前縁のみ黒斑が入る。

鳴き声 ユリカモメよりしわがれたギィー，ギィー。

分布 アラル海から中国西部にかけてのチベット高原で繁殖し，インドから中国南部にかけての沿岸部・スリランカで越冬する。日本では迷鳥として2002年5月に千葉県銚子から茨城県波崎にかけて夏羽の成鳥1羽が記録されたほか，1996年12月に沖縄県漫湖でも観察例がある。

生息場所 干潟・湖沼・河口部。

類似種 ユリカモメ→
○嘴が細い。○虹彩が黒っぽく見える。
○飛翔時，翼上面の先端は初列風切の先端のみが黒く，それ以外は白っぽい。

ゴビズキンカモメ→○少し大きい。
○飛翔時，翼はやや短めで，翼先端が少し丸みをもっている。○静止時，翼先端の黒色部に白斑が見られる。○虹彩は黒っぽい。○嘴はより短く見える。○夏羽では眼の周囲の白斑がより大きい。

①**夏羽** タイ バンプー 2006年3月19日 松村 夏羽では頭部は少し褐色味を帯びた黒色で，眼の上下に白斑がある。眼が白くなっている。

②**冬羽** バンプー 2006年3月19日 松村 頭部は白くなり，黒色部は眼の前方と頬に小さくあるだけ。この個体は嘴の色が朱色に見え，眼の白みが弱く見えるので第2回冬羽の可能性もある。

③**夏羽** バンプー 2006年3月19日 松村 翼先端の黒色部はユリカモメより広がっている。初列風切P10とP9に白いミラーが見られる。

④**夏羽** 茨城県神栖市 2002年5月30日 楠窪 ユリカモメに比べ，がっしりとした体型で，嘴は太くなっている。

見られる時期	1	2	3	4	5	6	7	8	9	10	11	12

◎ ユリカモメ

Larus ridibundus
Black-headed Gull

TL 37-43cm
WS 94-110cm

チドリ目 カモメ科

特徴 ○頭部は褐色味を帯びる黒で、眼の上下に白い縁取りがある。
○体上面は淡青灰色。
○細くて暗赤色の嘴。
○赤い足。
○静止時、翼先端は黒く、白斑はほとんど見られない。
○飛翔時、翼上面は初列風切の先端のみ黒。翼前縁と外側は白い。翼下面は初列風切に大きな黒斑がある。
○冬羽では頭は白く、頬に黒斑がある。嘴は赤く、先端のみ黒い。

鳴き声 ギィー、ギィーまたはギューッ、ギューッ。

分布 ユーラシア北部・イギリス・アイスランドで繁殖し、冬は南下して越冬。ユーラシアやアフリカの赤道近くまで渡る個体もいる。北アメリカ東海岸

①**夏羽** 愛知県田原市 1987年4月28日 Y 頭部は褐色味のある黒。眼の上下にある白い縁取りも目立つ。嘴や足の色は冬羽より黒味がかる赤。

②**冬羽** 東京都あきる野市 1992年1月 Yo 頭部が白く、頬と眼の上方にうっすらと黒斑がある。嘴と足は赤い。

③**第1回冬羽** 愛知県豊橋市 1995年1月27日 Y 雨覆や三列風切に黒褐色の斑がある。尾の先端付近には黒帯がある。嘴と足はオレンジ色。

| 本州中部で見られる時期 | 1 | 2 | 3 | 4 | 5 | 6 | 7 | 8 | 9 | 10 | 11 | 12 |

チドリ目 カモメ科

に渡るものもある。日本には冬鳥として渡来し，北海道から南西諸島まで広く見られる。

生息場所 内湾・河川・湖沼。

類似種　ズグロカモメ→
○体が小さい。
○頭は丸味が強く，頸は短め。
○嘴は太くて短く，黒い。
○静止時，翼先端の黒色部の中に大きな白斑がある。○飛翔時，翼下面の黒斑の幅が狭い。○夏羽では頭の黒色部は褐色味がなく，後頭にまで至る。

ボナパルトカモメ→
○体が一回り小さい。
○嘴はより細く，黒い（ユリカモメ夏羽は遠距離では嘴が黒く見えるので注意）。○足はピンク色。○飛翔時，翼下面は初列風切先端以外は白い。○夏羽では頭の黒色部に褐色味はない。

④**冬羽**　豊橋市　1987年2月21日　Y　飛翔時，翼上面は初列風切先端に黒斑がある。外側初列風切は白く，他の淡青灰色の部分と分かれて見える。

⑤**冬羽**　石川県羽咋市　1998年1月17日　Y　翼下面の初列風切には大きな黒斑がある。外側初列風切には白色部がある。成鳥の尾羽は全面白い。

⑥**第1回冬羽**　豊橋市　1981年2月21日　Y　翼上面の後縁は初列風切から次列風切にかけて黒帯が続く。雨覆に黒褐色の帯や斑の見られるものも多いが，その大きさは個体差がある。尾の先端には黒帯がある。

④

⑤

⑥

チドリ目 カモメ科

✕ ハシボソカモメ

Larus genei
Slender-billed Gull

TL 42-44cm
WS 102-110cm

特徴 ○頭部は白く，額は出っ張らずなだらかに傾斜する。
○胸と腹は淡いピンク色を帯びる。
○体上面は淡青灰色。
○嘴は細長く，赤い。
○虹彩は白や黄白色など淡色系のものが多い（黒く見える個体もいる）。
○赤い足。
○静止時，翼先端は黒く，白斑はない。
○飛翔時，翼上面は初列風切先端のみ黒。翼外側は白い。翼下面は初列風切に大きな黒斑がある。

鳴き声 アーッ。

分布 地中海西部から中央アジア・ペルシア湾沿岸・パキスタンで繁殖，地中海と紅海およびペルシア湾沿岸で越冬する。日本では1984年以降福岡県で記録されているだけの迷鳥。

生息場所 海岸・河口。

類似種 ユリカモメ冬羽→
○頭に丸味があり，額はやや出ている。
○嘴はやや短い。
○頸も短め。
○虹彩は暗色。
○腹のピンク色味は弱いか，ない。

①**冬羽** 福岡市 1991年12月30日 Y 冬羽はユリカモメに似るが，額は出っ張らず，なだらか。嘴はより長い。虹彩は白っぽく見えるものが多い。

②**冬羽** 福岡市 1988年1月15日 Y 飛翔時，翼上面，翼下面ともユリカモメに似る。ただし，翼下面の外側初列風切の白色部は，基部がユリカモメより幅広い。腹のピンク色味はより強く，頸や尾はより長く見える。

③**冬羽** 福岡市 1990年12月15日 Y 足は鮮やかな赤色である。

◇ ズグロカモメ

Larus saundersi
Saunders's Gull

TL 29-32cm
WS 87-91cm

チドリ目 カモメ科

特徴 ○頭部は黒く，眼の周囲に白斑がある。
○体上面は淡青灰色。
○太くて短い黒い嘴。
○暗赤色の足。
○静止時，翼先端に白と黒の斑がある。
○飛翔時，翼上面は初列風切先端のみが黒。翼下面は初列風切に大きな黒斑がある。
○冬羽では頭も白くなり，頬と頭頂に黒斑がある。

鳴き声 キィッ，キィッ。

分布 中国東北部とモンゴルで繁殖し，中国南部・台湾・韓国・ベトナム北部で越冬。日本には冬鳥として飛来。九州や沖縄ではよく見られるが，他では少ない。記録は日本全国である。

生息場所 干潟・河口。

類似種 ユリカモメ→
○体が大きい。
○嘴は細くて長く赤い。
○静止時，翼先端は黒く，白斑はほとんど見られない。○飛翔時，翼下面の黒斑の幅が広い。
○夏羽では頭の黒色部は褐色味があり，後頭までには至らない。

①**夏羽** 愛知県田原市 1990年3月19日 Y ユリカモメよりも嘴は太くて短く，黒い。夏羽では頭部は黒く，眼の周囲に白斑がある。

②**冬羽** 福岡市 1993年12月30日 Y 冬羽の頭は白く，頬・頭頂・眼の前にわずかに黒斑がある。足の赤は黒みを帯びる。

③**第1回冬羽** 福岡市 1992年3月22日 Y 冬羽に似るが，雨覆や三列風切に褐色味がある。静止時の初列風切先端には白斑がなく，尾羽の先端付近には黒帯がある。

④**冬羽** 愛知県汐川干潟 1990年12月6日 Y 翼上面は外側初列風切の先端に小さく黒斑がある他は，全体が白っぽく見える。翼下面は外側初列風切の黒斑が目立つ。ただし，下面の黒斑はユリカモメよりは小さい。

| 本州中部で見られる時期 | 1 | 2 | 3 | 4 | 5 | 6 | 7 | 8 | 9 | 10 | 11 | 12 |

セグロカモメ群の分類について

セグロカモメ類は，古くから分類学者にとっては生物の種を考える格好の材料であった。分類学者が着目したセグロカモメ類はまとめて，欧米では「Larus argentatus-cachinnns-fuscus complex」または「Herring Gull Group」，「Herring Gull Assemblage」などと呼ばれている。ここでは，これらに該当する語として「セグロカモメ群」を用いることとする。

なお，カモメ類の文献には「Large White-headed Gulls」及び「Assemblage of Large White-headed Gulls」という用語もよく見かけるが，これらの語はここで説明するセグロカモメ群に含まれるタクソン（分類学的単位のこと。複数形はタクサ。他の個体群と識別できる形質を共有する複数の生物で構成される個体群または，個体群の集まりをいう。種や亜種さらには地理的個体群，また属，科，目などさまざまな分類階級で用いられる）以外にシロカモメ・ワシカモメ・オオセグロカモメなど大形で頭部の白いカモメ属の鳥全てが含まれる。

セグロカモメ群は，繁殖地ごとに翼（上背）の色の濃淡・翼先端のパターン・足の色などいくつかの形態上の違いがあり，この地理的個体群をここでは各タクソンに分けて，以下のタクソン名を用いて説明する。なお，各タクソンの生息地を（　）内に示しておく。

☆*argentatus*（スカンジナビア半島・フィンランド・バルト海周辺・白海周辺で繁殖）

☆*argenteus*（オランダ・フランス北部・イギリス・アイルランド・アイスランドで繁殖）

☆*fuscus*（ボスニア湾・バルト海周辺，コラ半島で繁殖）

☆*intermedius*（ノルウェー中部及び南部・デンマークで繁殖）

☆*graellsii*（イギリス・アイルランド・フェロー諸島で繁殖）

☆*heuglini*（ロシアのコラ半島からギダーン半島，おそらくエニセイ川北西部までで繁殖）

☆*taimyrensis*（ロシアのエニセイ低地からタイミル半島にかけて繁殖）

☆*vegae*（シベリア北東部で繁殖）

☆*birulai*（ロシアのタイミル半島西部からヤクーティア北西部で繁殖）

☆*mongolicus*（アルタイ南東部からモンゴル北東部・中国北東部で繁殖。ハンカ湖で繁殖するものもこのタクソンであるといわれている）

☆*smithsonianus*（北アメリカ北部で繁殖）

☆*cachinnans*（黒海からカザフスタンにかけて繁殖）

☆*armenicus*（アルメニア・グルジア・トルコの高原の湖中の島で繁殖。おそらくイラン北西部でも繁殖）

☆*barabensis*（ウラルからオムスク地域までのシベリア南西部とカザフスタン北部のステップ中の湖で繁殖）

☆*michahellis*（フランスからイベリア・モロッコの大西洋岸，地中海沿岸・ルーマニア東部の黒海沿岸で繁殖）

☆*atlantis*（アゾレス諸島で繁殖）

問題はこれらのタクソンがどの種や亜種の階級に分類されるかである。かつてセグロカモメ群は輪状種（環状種ともいう）の代表例として多くの分類学や進化学のテキストで取り上げられてきた。これは，翼が暗色で足が黄色いヨーロッパのニシセグロカモメ Larus fuscusまたはその祖先の個体群が，分布域を北極海に沿ってシベリア，北アメリカそしてまたヨーロッパと輪を描くように東進して拡大するうちに徐々に色の薄い個体群を形成し，翼が淡色で足がピンク色のセグロカモメ L. argentatusに移行していったというものである。分布域の輪の始端と終端が接した所（西ヨーロッパ北西部）ではほぼ完全に生殖的に隔離した別種としてふるまっているが，そこに至るまでは一連の地理的，形態的中間型が連続している。このようなものを輪状種という。この説では，セグロカモメ群の中に種分化の途中段階ではっきり区別できないものが存在することになる。*taimyrensis*のようにセグロカモメ L. argentatus, ニシセグロカモメ L. fuscusのどちらに含めればいいのか判定に苦しむ個体群の存在はこのように説明されてきた。

ところが，その後研究が進むと，この輪状種説とは矛盾する結果が得られてきた。たとえば，ミトコンドリアDNAの分析から輪状種説では密接な関係でなくてはいけない北アメリカの*smithsonianus*とヨーロッパの*argentatus*, *argenteus*が実は遺伝的には少し離れていて，*smithsonianus*はむしろ*vegae*や，形態的にはセグロカモメ群とは明らかに異なっているシロカモメ L. hyperboreusやカリフォルニアカモメ L. californicusなどとより近い関係にあることもわかってきた。この他にもセグロカモメ群のタクソンは，発生起源が異なるいくつかの系統のものが混ざっている可能性が高い結果が次々と出てきた。このため，最近はセグロカモメ群の輪状種説については否定的な見解をとる学

者が多くなった。ただし，遺伝子データの研究も，タクソンによってはサンプル数やサンプル個体の識別の問題を抱えていたり，核DNAの分析による研究がまだ十分に行われていないことや，そしてそもそも遺伝子のどの程度の違いで種や亜種に分けるのか，などの問題点がある。

このような事情からかつての輪状種説のころから現在においてもセグロカモメ群の分類はさまざまな考え方が存在する。今のところ，各タクソンがどのように分類されているのか，その代表的なものを表に示しておく。本書の分類はDickinson (2003) のものに近い。なお，日本鳥類目録改訂第6版では日本で記録されているものとして **vegae** の

みを認めており，これを亜種セグロカモメ L. argentatus vegae と扱っている。本書284-285ページで扱っているセグロカモメの写真も全て **vegae** である。しかし，カモメ類に関心を寄せる観察者の増加に伴い vegae 以外のタクソンと思われるものが国内で多く観察されるようになってきた。本書でも初版ではこの現状から **vegae** の他に **taimyrensis** を **heuglini** とまとめてニシセグロカモメ（の亜種）L. fuscus heuglini として，**mongolicus** をキアシセグロカモメの亜種 L. cachinnans mongolicus として扱って紹介した。今回は vegae 以外の日本で記録されているタクソンに関してはここで簡単に紹介することとする。

セグロカモメ群の分類

タクソン名	Yésou, P., 2002.	Dickinson, E. C., 2003.	Collinson et al. 2008
argenteus	L.argentatus argenteus	L.argentatus argenteus	L.argentatus argenteus
argentatus	L.argentatus argentatus	L.argentatus argentatus	L.argentatus argentatus
graellsii	L.fuscus graellsii	L.fuscus graellsii	L.fuscus graellsii
fuscus	L.fuscus fuscus	L.fuscus fuscus	L.fuscus fuscus
intermedius	L.fuscus intermedius	L.fuscus intermedius	L.fuscus intermedius
heuglini	L.heuglini	L.fuscus heuglini	L.fuscus heuglini
taimyrensis	(L.vegae vegae に含める)	(L.fuscus heuglini に含める)	L.fuscus taimyrensis
birulai	(L.vegae vegae に含める)	(L.argentatus vegae に含める)	(L.smithsonianus vegae に含める)
vegae	L.vegae vegae	L.argentatus vegae	L.smithsonianus vegae
mongolicus	L.vegae mongolicus	L.cachinnans mongolicus	L.smithsonianus mongolicus
smithsonianus	L.smithsonianus	L.argentatus smithsonianus	L.smithsonianus smithsonianus
cachinnans	L.cachinnans	L.cachinnans cachinnans	L.cachinnans
barabensis	L.barabensis	L.cachinnans barabensis	L.fuscus barabensis
armenicus	L.armenicus	L.armenicus	L.armenicus
atlantis	L.michahellis atlantis	L.cachinnans atlantis	L.michahellis atlantis
michahellis	L.michahellis michahellis	L.cachinnans michahellis	L.michahellis michahellis

mongolicus（モウコセグロカモメ，英名 Mongolian Gull）

このタクソンは，かつては広義のセグロカモメの一亜種 L.argentatus mongolicus とされていたが，最近はキアシセグロカモメの亜種 L.cachinnans mongolicus として扱われたり，vegae とともに L.argentatus から分けて狭義のセグロカモメ L.vegae とし，その中の一亜種 L. v. mongolicus としたり，smithsonianus も含めた狭義のセグロカモメ L. smithsonianus の一亜種 L. s. mongolicus としたり，また，このタクソンのみで L. mongolicus という種としたりとさまざまな扱いをされている。最近のミトコンドリアDNAの分析結果ではオオセグロカモメと遺伝的には最も近縁であることが明らかになり，さらに分類上の扱いが変わる可能性もある。セグロカモメ群の中では遺伝的には cachinnans よりは vegae の方に近い。mongolicus

の形態について研究した Yésou の2001年の論文などを参考にその特徴をあげると，次のようになる。
① 通常，7枚の外側初列風切先端部に黒色部がある（6〜9枚の範囲で変異があるが，両翼とも7枚の羽に黒色部のあるものは調査個体の74%と最も多かった）。ただし，vegae も36%が両翼とも7枚の羽に，10%が左右のどちらか片方が7枚，もう片方が6枚に黒色部が見られたとのことである。
② 通常，最外初列風切（P10）の先端近くに幅5〜25mmの黒いサブターミナル斑があり，これによって最先端の白色部と白いミラーとが分けられている（このサブターミナル斑は cachinnans では通常存在しない）。
③ 通常，最外初列風切（P10）にある内側舌状斑は淡灰色（vegae や birulai ではもう少し暗色である。ただし，mongolicus にも同じ色合いの個体がいる）。

モウコセグロカモメ成鳥冬羽　茨城県神栖市　2006年4月9日　桐原　体上面の色はvegaeと同じ位。足はより長めで、下嘴の赤い斑は会合線までに達しないものが多い。足の色は個体差が大きい。

モウコセグロカモメ第1回冬羽（右の個体。左はvegae第1回冬羽。）　千葉県銚子市　2007年3月21日　桐原　vegaeよりも体全体が白みが強く見える。特に頭部の白さが目立つ。

④翼下面の色が淡灰色（cachinnansでは白色である）。
⑤足の色は黄色から淡黄色・肉色・ピンクまで変異がある。
⑥成鳥冬羽では、頭部は白く暗色の縦斑はごくわずかに入るだけで、vegaeやtaimyrensisに比べると頭部がかなり白く見える。
⑦幼羽・第1回冬羽はvegaeに比べ全体的に体が白っぽく見え、背や翼の黒褐色の斑がくっきりとして見えるものが多い。また、尾羽の黒帯はvegaeよりも細い。

Yesouは、2001年までは上記の特徴の違いが見られることや、他のタクソンと生殖的隔離がなされていることからmongolicusを独立種と扱うことを主張していたが、vegaeとの間には形質に重複がかなり見られるため（たとえばvegaeも外側初列風切の黒色部が、両翼とも7枚あるものが36%、片方が7枚もう片方の翼が6枚にあるものが10%存在する）、2002年にはさらなる研究が実施されるまでセグロカモメの亜種 L.vegae mongolicusとして考えるのが良いと慎重な姿勢に転じている。なお、vegaeとmongolicusを同種にまとめた場合の種セグロカモメL.vegaeの英名はEast Siberian Gullとなる。

taimyrensis（タイミルセグロカモメ，英名Taimyr Herring Gull）

最も扱いが難しいタクソンで、広義のセグロカモメの一亜種 *L. argentatus taimyrensis*と分類されたり、ニシセグロカモメの一亜種 *L. fuscus taimyrensis*と扱われたり、*heuglini*と共にホイグリンカモメを独立種 *L. heuglini* とし、その一亜種 *L. h. taimyrensis*としたり、さらにはタクソン*heuglini*または*vegae*の変異の範疇にあるとしてそれらに含め、*taimyrensis*を無効名とする考えもある。Yésouは、2002年の論文で*taimyrensis*の特徴が*vegae*と重複していることから*taimyrensis*を無効タクソンとし、もし引用することがあるのなら'*taimyrensis*'と逆コンマの間に置いて示すべきことを主張している。このタクソンは次の特徴をもつ。

①体上面は*vegae*よりは濃く、*heuglini*よりは薄い青灰色。ただし、変異が大きく、*vegae*と同等の薄い色の個体からウミネコと同じくらいの暗色の個体までいる。

タイミルセグロカモメ成鳥　鹿児島県川内市　1993年1月29日　Y　頭はセグロカモメよりやや小さめで、丸味が強い。嘴はより細めで、下嘴角の赤色斑は少し大きい。足は黄色。

タイミルセグロカモメ成鳥（左）とセグロカモメ*vegae*（右）　愛知県豊橋市　1996年4月13日　Y　セグロカモメに比べ、上面の色が暗く、翼先端はより細長く、尾端を大きく越えて突き出ている。

②足の色は黄色，または淡いオレンジ色。
③静止時，翼先端が vegae よりも細長く，尾端をより長く突き出ていることが多い。
④嘴先端のふくらみが vegae より小さく，下嘴の赤斑が vegae より大きいものが多い。
⑤冬羽では頭部・頸部に入る灰褐色の小斑は vegae より少なく，より細くて小さいことが多い。小斑の分布状態も vegae では頭部・頸部全体に渡っていることが多いが，taimyrensis では後頭部・後頸部に偏って分布する傾向がある。
⑥第1回冬羽では，外側初列風切と内側初列風切の色の濃淡差が，vegae ほどない。このため，飛翔時，vegae では翼上面の内側初列風切の部分が白く抜けたように見えるが，taimyrensis ではこの部分がもっと暗色に見える。

なお，taimyrensis よりも繁殖域が東になる birulai は，日本に飛来していると考えられるが，体上面の色や足の色などの特徴が taimyrensis と vegae との中間的なものになり，特に vegae とは重複することが多いため，その中に含めて無効名とすることが多い。また，taimyrensis よりも体上面が暗い色となっている heuglini と思われる個体も日本で冬季観察されている。これら birulai, taimyrensis, heuglini と考えられる特徴をした個体は特に九州でよく観察されている。

smithsonianus（アメリカセグロカモメ，英名 American Herring Gull）

かつては広義のセグロカモメの一亜種 *L. argentatus smithsonianus* として扱われてきたが，ミトコンドリアDNAの分析によるとヨーロッパ産の *argentatus*, *argenteus* とはあまり近縁ではなく，むしろ分布域が重なっているか近い，*vegae*, カリフォルニアカモメやアイスランドカモメ，カナダカモメ，シロカモメとより近縁であるという結果が出ている。また，*vegae* とは *argentatus*, *argenteus* よりは近い関係にあるものの，形態の違いが見られることや，*smithsoniatus* の約90％が *vegae* に見られなかったハプロタイプ（DNAの目的部位の塩基配列の型のこと）をもっていたことなどから，やはり別種にするのがよいと考え，最近では Yésou が2002年の論文で示したように，このタクソンのみでアメリカセグロカモメ *L. smithsonianus*（英名 American Herring Gull）という種として扱うことも多くなっている。しかし，一方で形態的違いには重複が多く，標徴的な違いになっておらず，遺伝的違いも最小限で亜種レベルの違いでしかないとして，*vegae* や *mongolicus* をまとめた狭義のセグロカモメ *L. smithsonianus*（英名 American Herring Gull）の一亜種 *L. s. smithsonianus* と考える研究者もいる。

このタクソンの特徴は，
①概してがっしりとした体型をしており，シロカモメのようななだらかにスロープした額・どっぷりとした胸・大きくて頑強そうな嘴をしている個体が多い。ただし，体の大きさ・体型に関しては他のタクソン同様に個体差が大きい。
②体上面はヨーロッパ産の *argenteus* と同等の明るさの淡青灰色。*vegae* より色は淡い。ただし，変異が見られ，北アメリカでは南に生息する個体ほどより暗色になる傾向があるという。
③眼は黄白色。*vegae* より眼は明るく見えるものが多い。
④囲眼輪は黄色味がかったオレンジ色，またはオレンジ色。
⑤足の色はピンク。
⑥幼羽・第1回冬羽では，*vegae* に比べ全体的に体色が暗くなっている。特に胸から腹に暗褐色部が広がっている点が異なる。また，尾の黒帯の幅が *vegae* よりも広く，尾のほぼ全体が黒く見える。腰にも黒褐色の横縞模様が密に入っていて，*vegae* よりも暗色に見える。

smithsonianus は，日本では冬鳥として主に北海道から本州東部にかけて出現するが，数は少ない。

アメリカセグロカモメ成鳥 千葉県銚子市 2008年3月2日 桐原 体上面の青灰色は *vegae* や *mongolicus* よりも薄いものが多い。眼もこれらより白みが強いため，鋭い顔つきに見える。

アメリカセグロカモメ第3回冬羽 千葉県銚子市 2007年3月21日 桐原 成鳥と同様に体上面や眼の色は他のタクソンに比べ薄い。ただし，シロカモメと *vegae* の交雑個体もこれらの特徴が重なるので，識別の際には翼先端の黒色部の色や模様も確認する必要がある。

セグロカモメ

Larus argentatus
Herring Gull

TL 55-67cm
WS 135-150cm

チドリ目 カモメ科

特徴 ○頭部と体下面は白。
○体上面は青灰色。
○嘴は黄色で，下嘴先端付近に赤い斑がある。
○静止時，翼先端は黒く，中に白斑がある。
○足はピンク色（黄色のものもいる）。
○冬羽では頭から頸にかけて褐色の小斑が密に入る。

鳴き声 クワーッまたはアォッ。

分布 ユーラシアおよび北アメリカ北部で繁殖し，ヨーロッパ・中国・北アメリカの沿岸部で越冬。日本では冬鳥として北海道から南西諸島まで広く飛来する。

生息場所 海岸・港・河口。

類似種 キアシセグロカモメ→
○足は黄色（ピンク色に近いものもいるので注意）。○嘴はセグロカモメほど先端がふくらんで見えない。○額が高く，頭頂の丸味が弱いので，頭部が四角形気味に見える。○冬羽でも頭は白く，褐色の斑はない。○若い個体ではセグロカモメより体が白っぽく，特に三列風切は白い部分が多く，中に入る褐色の斑がくっきりとしている。

ニシセグロカモメ→○体がやや小さい（同大のセグロカモメもいるので注意）。○体上面の色は黒味が強い（セグロカモメと同等の濃さ

①**冬羽** 愛知県田原市 1996年4月12日 Y 背は青灰色で，ユリカモメやシロカモメより濃く，ウミネコよりは淡い。冬羽では頭から頸に淡褐色の小斑が密にある。

②**第3回冬羽** 愛知県田原市 1996年3月29日 Y 体上面は成鳥とほぼ同じ青灰色で，雨覆や三列風切に多少褐色部がある。初列風切先端の黒色部には白斑はないか，あっても小さい。嘴は淡いピンク色で，先端付近は黒い。

③**第2回冬羽** 北海道根室市 1987年3月9日 Y 背や肩羽は成鳥と同じ青灰色だが，翼の雨覆と三列風切はやや褐色味を帯びた白で褐色の斑がある。嘴は淡いピンク色で先端は黒い。

| 本州中部で見られる時期 | 1 | 2 | 3 | 4 | 5 | 6 | 7 | 8 | 9 | 10 | 11 | 12 |

のものもいるので注意）。○静止時、翼先端はより長く尾端より突き出る。○足は黄色。○頭はやや小さく丸味がある。○嘴はやや細く短い。○冬羽では頭部の斑は少ない。○若い個体では背や雨覆に明瞭な鱗模様があり、三列風切の黒色が強い。
オオセグロカモメ→○嘴はより大きく、特に先端のふくらみが大きい。○体上面の色は黒味が強い。○飛翔時、初列風切先端の黒色部と他の部分とのコントラストが弱い。○若い個体では尾羽がほぼ一様に黒褐色（セグロカモメは基部が白っぽい）。

チドリ目 カモメ科

④**第1回冬羽** 根室市 1989年12月28日 Y　全身が褐色味を帯びた白で、体上面の各羽には黒褐色の軸斑がある。虹彩は褐色。尾は黒褐色で、基部は白っぽい。嘴は淡いピンク色。

⑤**冬羽** 千葉県銚子市 2006年3月11日 桐原　外側初列風切と初列風切先端に黒色部があり、中に白斑がある。成鳥の尾は全面白い。

⑥**夏羽** 愛知県豊橋市 1996年4月13日 Y　翼下面はほとんどが白く、外側初列風切と初列風切先端のみ黒い。この黒色部の大きさは個体差が大きい。

⑦**第1回冬羽** 千葉県銚子市 2004年12月23日 桐原　オオセグロカモメに比べ、初列風切の色が黒く、尾羽の黒帯は幅が少し狭い。

チドリ目 カモメ科

◎ オオセグロカモメ

Larus schistisagus
Slaty-backed Gull

TL 55-67cm
WS 132-148cm

特徴 ○頭部と体下面は白い。
○体上面は黒灰色。
○嘴は太くて黄色。下嘴先端付近に赤い斑がある。
○静止時、翼先端は黒く、中に白斑がある。
○ピンク色の足。
○冬羽では頭から頸に灰褐色の斑がある。
鳴き声 クワオまたはミャーオ。クァーウ、クァウ、クァウ、クァ、ァ、ァ、ァと長く鳴くこともある。
分布 カムチャツカからウスリーにかけての沿岸・コマンドル諸島・千島・サハリン・北海道・東北地方北部で繁殖。冬も繁殖地周辺にとどまるものが多いが、中国南部や本州から南西諸島にかけて南下するものもいる。
生息場所 海岸・港・海岸近くの湖沼。
類似種 セグロカモメ→○背は青灰色で、淡い。○嘴、特に下嘴先端が細い。○飛翔時、翼上面は翼先端の黒と他の部分とのコントラストが明瞭。○翼下面は、翼先端の黒色部がより大きい。○若い鳥では尾羽の基部が白く、先は黒褐色（オオセグロカモメでは全体が黒褐色）。
ニシセグロカモメ→○体は小さく、細め。○嘴は細い。○頭は小さめで丸味がある。○静止時、翼先端が尾端から突き出る量が大きい。○足は淡黄色。
ウミネコ→○体はずっと小さく、細め。○嘴に黒い帯がある。○足は黄色。○尾に黒帯がある。

①**夏羽** 北海道霧多布岬 1985年7月5日 Y 体上面の色は日本で見られる大形カモメ類の中で最も暗色。夏羽では頭部は全て白くなっている。

②**第2回冬羽** 北海道根室市 1997年1月2日 Y 背や肩羽は灰黒色の羽と褐色の羽とが混じる。雨覆や三列風切は褐色の軸斑があり、羽縁は淡褐色。嘴は淡いピンク色で先端は黒い。

③**第1回夏羽** 北海道斜里町 1998年8月18日 Y 体色は退色して白っぽく見える。初列風切の黒褐色部はもっと淡く、シロカモメのように見える個体もいる。嘴は黒く、基部付近に淡いピンク色が入るものもいる。

本州中部で見られる時期: 1 2 3 4 5 6 7 8 9 10 **11 12**

チドリ目 カモメ科

④**第1回冬羽** 北海道浜中町 1997年1月 Yo 全身が灰褐色味を帯びるが，頭部は他よりも白っぽい。肩羽や雨覆の黒褐色の斑はセグロカモメに比べ淡く，ぼんやりしていることが多いが，両種とも変異が大きい。初列風切の色もセグロカモメよりは淡く，羽縁に淡色の線が見られることが多い。

⑤**成鳥冬羽** 北海道網走市 1997年12月28日 Y
上面の色が濃いため，初列風切の黒色部との濃淡差はあまり感じられない。翼後縁の白帯はセグロカモメよりも幅広い。

⑥**成鳥夏羽** 北海道羅臼町 1991年2月21日 Y
翼下面の初列風切の黒色部はセグロカモメよりも小さいが，初列風切から次列風切まで続く灰黒色部は逆に大きい。

⑦**第3回冬羽** 北海道森町 1994年2月19日 Y
第3回冬羽は成鳥に似るが，嘴は淡いピンク色で先端は黒い。尾にはまだ黒帯の入るものが多い。

⑧**第1回冬羽** 千葉県銚子市 2007年1月27日 桐原
第1回冬羽は全身褐色味がかる。飛翔時も翼上面の全面がほぼ一様な褐色味を帯びていて，セグロカモメ第1回冬羽のような風切と他の部分の濃淡差は感じられない。尾羽の黒褐色部はセグロカモメよりも幅広い。

287

チドリ目 カモメ科

○ ワシカモメ

Larus glaucescens
Glaucous-winged Gull
TL 61-68cm
WS 132-137cm

特徴 ○頭部と体下面は白。
○体上面は淡青灰色。
○嘴は太く，特に下嘴先端のふくらみが大きい。色は黄色く，下嘴先端付近に赤斑がある。
○翼先端は背と同じ濃さの青灰色。
○ピンク色の足。
○虹彩は暗色（まれに淡黄色の個体もいる）。
○飛翔時，翼は他のカモメ類より幅広で短め。
○冬羽では頭から胸にかけてもやっとした灰褐色の斑が入る。

鳴き声 ニャーオまたはクァ，クァ。

分布 シベリア東部・カムチャツカ・コマンドル諸島・アラスカ西海岸で繁殖。冬は繁殖地付近に留まるものもいるが，やや南下する。日本では冬鳥として主に本州北部以北に飛来。

生息場所 海岸・港。岩礁海岸を好む傾向がある。

類似種 セグロカモメ→○嘴は細い。
○翼先端は黒い。
○虹彩は淡色のものが多い。
○幼鳥では，翼先端は黒褐色で背の色よりも黒味が強い（ワシカモメは灰褐色で，背の色とほぼ同じ色合い）。

シロカモメ→
○体上面はより淡い青灰色。
○翼先端は白い。
○下嘴のふくらみは小さい。
○虹彩は淡色。
○幼鳥では，羽色がより淡く，嘴は先端側1/3が黒く，残りはピンク色（ワシカモメ幼鳥では全て黒い）。

オオセグロカモメ幼鳥→幼鳥に似るが，○羽色の褐色味がやや強い。
○初列風切は褐色でワシカモメよりやや濃い（同じくらいのものもいるので注意）。
○飛翔時，尾は上尾筒より濃い褐色（ワシカモメでは濃淡差が少ない）。

①**夏羽** 北海道根室市 1993年2月12日 Y 嘴はカモメ類の中では太く，特に先端のふくらみが目立つ。翼先端の色は背と同じ青灰色。夏羽では頭部は純白で，斑はない。本種の虹彩は暗色のものが多い。

②**第4回冬羽** 北海道広尾町 1996年12月26日 Y 成鳥に似るが，嘴先端には赤斑の他に黒斑も見られるので，第4回冬羽と思われる。

③**冬羽** 北海道網走市 1997年12月28日 Y 冬羽では頭部から胸にかけて灰褐色を帯びる。眼は他の大形カモメよりも小さく感じられる。

| 本州で見られる時期 | 1 | 2 | 3 | 4 | 5 | 6 | 7 | 8 | 9 | 10 | 11 | 12 |

チドリ目

カモメ科

④**第2回冬羽** 広尾町 1996年12月26日 Y
全身がほぼ一様な灰褐色。背や肩羽には青灰色の羽が出る。雨覆はほとんど無斑。初列風切の色は他の上面の部分と同じ色合い。

⑤**第1回冬羽** 千葉県銚子市 1998年1月17日 私市　全身が灰褐色だが、第2回冬羽と異なり、雨覆には褐色の細かい斑が見られる。初列風切は灰褐色で、セグロカモメやカナダカモメより淡く、シロカモメよりは濃い。

⑥**冬羽** 北海道羅臼町 1991年2月21日 Y
翼下面に黒斑はなく、初列風切先端に青灰色の斑が小さく見える。

⑦**第4回冬羽** 網走市 1997年12月28日 Y
外側初列風切先端は背や翼の他の部分よりはやや色が濃いが、野外では翼上面は一様に淡青灰色に見える。

⑧**第1回冬羽** 銚子市 1998年3月8日 私市　オオセグロカモメやセグロカモメの第1回夏羽に比べ、灰色味が強く、上面が一様に見える。尾羽も一様に灰褐色で、黒帯は見られない。

チドリ目 カモメ科

× アイスランドカモメ
Larus glaucoides Iceland Gull
TL 52-60cm
WS 140-150cm

①**第1回冬羽**（左手前） 千葉県銚子市 1994年2月15日 岡林 シロカモメや、オオセグロカモメ（右の2羽）より体が一回り小さい。大形カモメ類の中では頭が小振りで丸味が強く、白い翼先端部は細長くなっている。

②**第1回冬羽** 銚子市 1994年2月15日 岡林 嘴は大形カモメ類にしては細くて短い。シロカモメに比べ、眼は大きく見える。この個体は雨覆や肩羽に淡褐色の斑があり、眼が黒味を帯びているため第1回冬羽と考えられる。

特徴 ○頭から体下面は白。
○ドーム状に丸い頭。
○体上面はかなり淡い青灰色。
○翼先端は白く、尾端よりかなり突出している。
○嘴はやや細く短め。黄色で、下嘴先端付近に赤斑がある。
○ピンク色でやや短めの足。
○冬羽は頭から頸に灰褐色の斑がある。

分布 グリーンランド・カナダ北東部・バフィン島で繁殖し、北アメリカ北東部・アイスランド・イギリス・スカンジナビア半島で越冬。日本には冬季まれに飛来し、これまで北海道や本州中部以北で記録がある。

生息場所 海岸・港。

類似種 シロカモメ→○体が大きく、どっしりとして見える。○嘴は太くて長い。○頭は大きめで、頭頂の丸味は弱い。○静止時、翼先端が尾端を突出する量は小さい。○若い鳥では嘴の先端側1/3が黒く、基部側2/3がピンク色で、境界はくっきりとしている（アイスランドカモメはほとんど黒か、基部側がピンク色をしていても、黒色部との境は不明瞭）。

カナダカモメ→○翼先端は黒い。
○背の色はやや濃い。

③**第1回冬羽** 銚子市 1994年2月15日 岡林 初列風切は上面、下面ともに白い。ただし、カナダ北東部の島々で繁殖する亜種 *L. g. kumlieni* は、初列風切上面に灰色の斑が入り、その形状がカナダカモメに似るため注意する必要がある。写真①〜③はすべて同一個体で、亜種 *L. g. glaucoides* と考えられる。

見られる時期	1	2	3	4	5	6	7	8	9	10	11	12

△ カナダカモメ

Larus thayeri
Thayer's Gull

TL 56-63cm
WS 130-148cm

チドリ目 カモメ科

特徴 ○頭部と体下面は白。○体上面はセグロカモメより淡く，シロカモメより濃い淡青灰色。○嘴は黄色く，大形カモメにしては細くて短め。下嘴先端付近に赤い斑がある。○丸味のある頭頂。○やや短めの赤味の強いピンク色の足。○翼上面の翼端の黒色部が小さく，初列風切1枚1枚がはっきり分かれて見える。○翼下面は初列風切後縁に小さい黒色部がある。○冬羽では頭から胸にぼんやりとした灰褐色の斑がある。

分布 カナダ北部・グリーンランド北西部で繁殖し，カナダからアメリカ合衆国の太平洋岸で越冬。日本ではこれまでに茨城・千葉・神奈川で記録されている。千葉県銚子市では毎年数羽が越冬する。

生息場所 海岸・港。

類似種 セグロカモメ→○体がやや大きめ（同大のものもいる）。○頭は大きめで，頭頂の丸味は弱い。○嘴はやや太くて長い。○足はより長く，ピンク色はやや淡い。○飛翔時，翼上面の翼先の黒色部は大きい（カナダカモメと同じような黒色部をしている個体もいるので注意）。○翼下面の黒色部も通常は大きい。○冬羽では頭部の灰褐色の斑は点状。

③**第1回冬羽** 銚子市 1988年3月20日 私市 セグロカモメ第1回冬羽に似るが，頭が小ぶりで嘴も細い。初列風切の色はセグロカモメよりやや淡く，その縁が淡色のV字形に見える斑をなす。飛翔時，上面の色合いはほぼ全面同じで，セグロカモメのように風切や尾の先端の色との濃淡差は感じられない。

①**冬羽** カナダ，バンクーバー 1994年3月6日 Y セグロカモメよりやや小さく，嘴は細くて短め。虹彩は暗色系のものが多いが，黄色いものもいる。上面の色はセグロカモメより淡い。冬羽の頭から胸にはもやっとした灰褐色の斑があり，セグロカモメのようなはっきりした点状斑ではない。

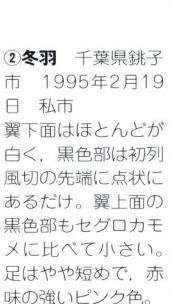

②**冬羽** 千葉県銚子市 1995年2月19日 私市 翼下面はほとんどが白く，黒色部は初列風切の先端に点状にあるだけ。翼上面の黒色部もセグロカモメに比べて小さい。足はやや短めで，赤味の強いピンク色。

見られる時期	1	2	3	4	5	6	7	8	9	10	11	12

シロカモメ

Larus hyperboreus
Glaucous Gull

TL 64-77cm
WS 150-165cm

チドリ目 カモメ科

特徴 ○頭部と体下面は白。
○体上面はかなり淡い青灰色。
○翼先端は白。
○嘴は黄色く，下嘴先端に赤斑がある。
○ピンク色の足。
○虹彩は淡黄色。
○冬羽では頭から胸にかけて灰褐色の斑がある。

鳴き声 ミャーオーまたはクワーッ。

分布 ユーラシア大陸および北アメリカの北極圏・グリーンランド・アイスランドで繁殖し，冬は南下する。日本には冬鳥として本州北部以北に飛来。本州中部以南ではまれ。

生息場所 海岸・港。

類似種 アイスランドカモメ→
○体が小さい。○頭は小さめで，ドーム状に丸い。○嘴は細く短い。
○静止時，翼端が尾端から突出する量はずっと大きい。○幼羽では嘴は全て黒い。基部がピンク色を帯びていたとしても，先端部の黒色との境は明瞭に区切られていない。

オオセグロカモメ幼鳥→
退色して，翼端が白っぽくなるとシロカモメ幼鳥に似るが，
○嘴は全て黒いか，基部がピンク色を帯びていてもごくわずか（シロカモメでは基部側2/3はピンク色）。
○飛翔時，上尾筒よりも尾の色が濃い（シロカモメではほぼ同じ色）。
○下嘴先端がより大きくふくらんでいる。

①**夏羽** 北海道根室市 1982年12月30日 Y 大形のカモメで，セグロカモメやワシカモメよりも大きいものが多い。夏羽は頭部は純白で，無斑。

②**冬羽** 北海道網走市 1997年12月28日 Y 初列風切は白く，体上面の青灰色はセグロカモメやカナダカモメよりも淡い。冬羽は頭から胸にかけて灰褐色のぼやっとした斑がある。

③**第3回冬羽** 根室市 1982年12月30日 Y 成鳥冬羽に似るが，嘴はピンク色で先端は黒い。雨覆・三列風切・尾に多少褐色斑が見られるものも多い。

| 本州北部で見られる時期 | 1 | 2 | 3 | 4 | 5 | 6 | 7 | 8 | 9 | 10 | 11 | 12 |

チドリ目 カモメ科

④**第1回冬羽** 根室市 1982年12月30日 Y
肩羽・雨覆・三列風切には淡褐色の小斑がある。全身の色は淡く褐色味を帯びる。嘴はピンク色で先端側1/3が黒く，その境は明確に区切られる。眼は暗色。退色が進むと全身が白くなる個体もいる。

⑤**第4回冬羽** 北海道別海町 1989年12月28日 Y 第4回冬羽や成鳥では，翼下面は全面純白で無斑。第4回冬羽は成鳥と似るが，嘴の赤色斑の前に小さな黒色斑が見られる。

⑥**第2回冬羽** 静岡県御前崎市 1996年4月14日 Y 第1回冬羽に似るが，嘴の黒色部とピンク色部の境がはっきりと区切られていない。眼は淡色になるものが多い。背や肩羽の一部には成鳥のような淡青灰色の羽が混じり出す。

⑦**第3回冬羽（上）と第1回冬羽（下）** 網走市 1997年12月28日 Y
全年齢を通じて，体色は他の大形カモメよりも白く見える。特に初列風切は背や雨覆の色よりも淡く，無斑である点で，他の大形カモメと異なる。

293

チドリ目 カモメ科

◎ **カモメ** *Larus canus* Mew Gull TL 40-46cm WS 110-125cm

特徴 ○頭から体下面は白い。
○体上面は青灰色。
○翼先端は黒く、中に白斑がある。
○嘴は細くて黄色。先端付近にぼんやりとした黒斑がある個体もいる。
○黄緑色の足。
○白い尾。
○冬羽では頭から頸にかけて灰褐色の小斑がある。

鳴き声 キャッキャッキャーまたはギュッギュッ。

分布 ユーラシア北部・イギリス・アラスカ・カナダ西部で繁殖し、ヨーロッパ・ペルシア湾一帯・東アジア・北アメリカ西海岸で越冬。日本には冬鳥として九州以北に飛来。西日本では多い。

生息場所 海岸・河口・港。

類似種 セグロカモメ→
○体が一回り大きく、体つきががっしりしている。
○嘴は太い。○足はピンク色。

ウミネコ→
○やや大きめの体。
○上面の色は濃い。
○嘴は太く、赤と黒の模様がある。
○尾に黒帯がある。

①**夏羽** 愛知県豊橋市 1984年3月30日 Y
セグロカモメやウミネコより頭は小さめで、嘴は細い。足は黄緑色。夏羽は頭は白くて無斑。

②**冬羽** 石川県羽咋市 1996年4月5日 Y 冬羽では頭から頸に灰褐色の小斑がある。嘴の先端に黒い小斑のある個体も多い。日本に渡来する亜種カモメ *L. c. kamtschatschensis* は、北アメリカ産の亜種コカモメ *L. c. brachyrhynchus* よりも嘴が長く、体は大きい。コカモメらしい個体も時折日本で観察される。

③**第2回冬羽** 羽咋市 1998年1月17日 Y 雨覆には淡褐色の羽が混じり、翼先端の白斑は1、2個しかないか、ほとんど目立たない。嘴の先端付近には黒斑がある。

| 本州中部で見られる時期 | 1 | 2 | 3 | 4 | 5 | 6 | 7 | 8 | 9 | 10 | 11 | 12 |

④**第1回夏羽** 羽咋市 1996年4月5日 Y
雨覆は退色して白く見える。初列風切は黒褐色で，羽縁は淡色だが，白斑は見られない。嘴は淡いピンク色で，先端は黒い。足は淡いピンク色。

⑤**第1回冬羽** 茨城県神栖市 1991年1月26日 私市
体下面も含めて全身が褐色味を帯びる。ただし，褐色部の入り方や濃淡は個体差がある。嘴はピンク色で先端は黒い。足はピンク色。

⑥**冬羽** 愛知県田原市 1996年3月20日 Y
外側初列風切は黒く，先端に白斑がある。特に最外側2枚の羽（P9-10）の白斑が大きい。この個体は亜種カモメだが，亜種コカモメでは外から3枚目の羽（P8）の先端の白斑はなく，かわって黒色部と青灰色部の間に白斑がある。

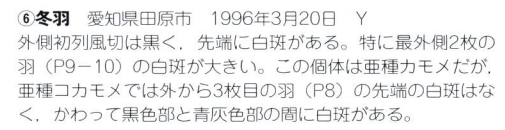

⑦**第2回冬羽** 羽咋市 1997年4月20日 Y
初列風切は褐色味を帯び，白斑はP10だけか，P9-10にあるだけ。雨覆は淡褐色に見える。尾羽の先端付近にも黒色の斑がある。

⑧**第1回冬羽** 豊橋市 1986年4月2日 Y
初列風切の白斑は見られない。次列風切には黒褐色の帯がある。尾は白く，先端には太い黒帯がある。

295

ウミネコ

Larus crassirostris
Black-tailed Gull
TL 44-47cm
WS 126-128cm

チドリ目 カモメ科

①**夏羽** 山形県飛島　1985年5月8日　Y
嘴は黄色く，先端には赤と黒の斑がある。上面はセグロカモメやカモメよりも暗い黒灰色。夏羽では頭部は白く，無斑。眼瞼の赤色が冬羽よりも目立つ。

②**第3回夏羽から成鳥冬羽に換羽中**
愛知県豊橋市　1998年9月21日　Y
頭部は灰褐色味がかる。嘴の基部は黄緑色を帯び，夏羽に比べ，色が鈍く見える。

③**第2回冬羽**　千葉県銚子市　1998年3月8日　私市
完全な成鳥羽になるには通常4年かかる。第2回冬羽では，背と肩羽は成鳥同様だが，雨覆には灰褐色の羽が見られる。後頭から後頸は灰褐色を帯びる。嘴は黄白色で，先端は黒い。尾羽は一様に黒い。

特徴　○頭から体下面は白い。
○体上面は黒灰色。
○翼先端は黒い。
○嘴は黄色く，先端に赤と黒の斑がある。
○黄色い足。
○尾は白く，先端近くに幅広い黒帯がある。
○冬羽では後頭が褐色味がかる。

鳴き声　ミャーオまたはアーオ。

分布　サハリン・南千島・ウスリー・朝鮮・中国南部で繁殖。冬季は少し南下する。日本では北海道・本州・九州の沿岸および周辺の島々・伊豆諸島で繁殖し，冬季は繁殖地周辺にとどまるものと，南下するものとがある。

生息場所　海岸・港・河口。

類似種　**カモメ**→○体がやや小さい。○体上面の色はやや淡い。○嘴は細く，斑は通常ないか，あってもぼんやりとして目立たない。○尾は全面白い。
ニシセグロカモメ→○体が大きい。○嘴には黒斑はない。○尾は全面白い。
オオセグロカモメ→○体がずっと大きく，がっしりしている。○嘴は太く，黒斑はない。○足はピンク色。○飛翔時，初列風切先端の白斑が目立つ（ウミネコではないか，あってもとても小さい）。○尾は全面白い。

| 本州中部で見られる時期 | 1 | 2 | 3 | 4 | 5 | 6 | 7 | 8 | 9 | 10 | 11 | 12 |

チドリ目 カモメ科

④**第1回夏羽から第2回冬羽に換羽中** 豊橋市 1996年8月6日 Y　第1回夏羽では全体が淡褐色味を帯びている。嘴は淡いピンク色で先端は黒い。足もピンク色。

⑤**第1回冬羽から第1回夏羽に換羽中** 茨城県神栖市 1990年3月10日 私市
第1回冬羽は第1回夏羽よりも全身の褐色味が強い。虹彩は暗色で，嘴と足のピンク色は第1回夏羽よりも濃い。

⑥**幼羽** 北海道斜里町 1998年8月18日 Y
幼羽は全身が黒褐色。体上面には黒褐色の鱗状の斑が見られる。虹彩は黒い。

⑦**夏羽** 飛島 1989年4月29日 Y
成鳥の尾は白く，先端付近に幅広い黒帯がある。日本産のカモメで成鳥の尾に黒帯があるのは本種だけである。

⑧**第3回夏羽** 北海道天売島 1987年7月 Y
成鳥羽に似るが，外側初列風切の先端の白斑はなく，次列風切に黒色斑が残っている。尾の黒帯は成鳥よりも幅広い。

チドリ目 カモメ科

✕ クロワカモメ

Larus delawarensis
Ring-billed Gull

TL 43-47cm
WS 112-127cm

特徴 ○頭から体下面は白い。
○淡黄色の虹彩。
○嘴はやや太めで，黄色。先端付近に幅広い黒帯がある。
○体上面は淡青灰色。
○明るい黄色の足。
○白い尾。
○冬羽では頭から頸にかけて灰褐色のごま塩状の小斑が入る。

鳴き声 クァウ。

分布 カナダ中部からアメリカ合衆国北部で繁殖し，冬季はアメリカ合衆国南部・メキシコ・大アンティル諸島にまで渡る。

生息場所 海岸・河口・港

類似種 カモメ→
○嘴がやや細く，先端部に黒帯は無いか，あっても細かったり点状で，太い帯状ではない。
○体上面の青灰色が濃い（中には同じぐらいのものもいる。また，光線状態で判断がつきにくいこともあるので注意を要する）。
○虹彩の色は暗色に見えるものが多い（同じぐらいの淡黄色のものもいるので注意）。

ウミネコ→
○嘴には黒帯だけでなく，赤い斑もついている。
○体上面の黒味が強い。
○尾には黒帯がある。

①**冬羽** 茨城県波崎港 2002年3月5日 Y
嘴はカモメより太く，先端付近に幅の広い黒帯が上嘴から下嘴にかけて存在する。虹彩の色はカモメより明るい。

②**冬羽** 茨城県波崎港 2002年3月4日 Y 初列風切最外側2枚（P10とP9）にはカモメ同様に白斑（ミラー）が見られるが小さい。特にP9の白斑が小さくなっている。

③**冬羽** 茨城県波崎港 2002年3月5日 Y 背や翼上面の青灰色はカモメよりは薄くなっている。ただし，光線状態で判断がつきにくいこともある。また，両種とも色の濃淡の個体差が大きいので注意しなければならない。

| 本州中部で見られる時期 | 1 | 2 | 3 | 4 | 5 | 6 | 7 | 8 | 9 | 10 | 11 | 12 |

× ゴビズキンカモメ

Larus relictus
Relict Gull
TL 44cm

チドリ目 カモメ科

特徴 ○頭は黒く，眼の上下に白斑がある。
○嘴は太くて短く，暗赤色。
○胸から腹は白い。
○体上面は淡青灰色。
○翼先端は黒く，中に白斑がある。
○足は赤い。
○冬羽は頭が白い。

分布 中央アジアの湖沼で繁殖し，韓国からベトナムで越冬する。日本では迷鳥として神奈川（1985年1月）・大阪（1984年9～10月）で記録されている。

生息場所 河口・湖沼。

類似種 ユリカモメ→
○体が小さく，ほっそりしている。○嘴は細く長い。○飛翔時，翼上面は初列風切の黒色部は小さく，先端にあるのみ。○夏羽では眼の上下の白斑の幅が狭い。

①神奈川県相模川河口　1985年1月2日　石江進
本種の各段階ごとの羽衣はまだ不明な点が多い。この個体はおそらく第1回冬羽と思われる。ユリカモメに比べ，嘴は太くて短い。

②相模川河口　1985年1月2日　石江進
雨覆・次列風切・三列風切に褐色斑が，尾の先端に黒帯があることから，第1回冬羽と考えられる。成鳥羽ではこれらの斑や帯は見られない。

③相模川河口　1985年1月2日　石江進
カモメ第2回冬羽に似るが，内側初列風切から次列風切の黒褐色帯や，尾の黒帯がはっきりしている。カモメ第2回冬羽ではこれらの帯は不完全なことが多い。

見られる時期	1	2	3	4	5	6	7	8	9	10	11	12

チドリ目 カモメ科

× ワライカモメ

Larus atricilla
Laughing Gull

TL 36-41cm
WS 98-110 cm

①**冬羽** 愛知県豊橋市 2000年9月10日 Y 冬羽では頭部は白く，眼の周辺と頬・後頭部に淡黒色の斑がうっすらと入る。アメリカズグロカモメと異なり，後頸・側胸には灰色味を帯びている。

②**冬羽** 豊橋市 2000年9月10日 Y 翼下面は少し灰色味がかった白で，外側初列風切は黒色になっている。足は暗赤色だが，遠めでは黒く見える。

③**冬羽** 東京都大田区京浜島 2002年9月16日 野口 翼上面は大部分は暗青灰色で，外側初列風切に黒色部がある。翼後縁は白く，外側初列風切の最先端部には小さな白斑がある。この個体はまだ，外側3枚の初列風切が伸びきっていない。

④**夏羽** 愛知県一色町 2008年7月15日 Y 夏羽では頭部が黒くなり，目の周囲に白斑がある。嘴は赤くなる。

特徴 ○頭部は黒く，眼の上下に白い縁取り状の斑がある。
○暗赤色で長めの嘴。
○体上面は暗青灰色。
○静止時，翼が長く後方へ伸びて見える。翼先端は黒く，小さな白斑が入る。
○飛翔時，翼上面の外側初列風切は黒く，先端だけわずかに白い。
○暗赤色で長めの足。
○冬羽では頭部は白っぽくなり，眼の周囲・頬・後頭部に淡黒色の斑が入る。後頸・側胸には灰色みがかかり，嘴・足は黒味が増す。

鳴き声 笑っているようにハッ，ハッ，ハッ。

分布 北アメリカの東海岸地域・西インド諸島・ベネズエラからスリナムのかけての海岸地域で繁殖し，冬は北アメリカ南部からペルー・チリ・ブラジル北部にまで渡る。日本では迷鳥としてこれまで茨城・千葉・東京・神奈川・愛知及び硫黄列島硫黄島で記録されている。

生息場所 海岸。

類似種 アメリカズグロカモメ→○体はやや小さく，静止時，翼の尾端からの突出度は小さい。○嘴が短い。○足が短い。○冬羽では，後頸・側胸も白く，灰色味を帯びない。

見られる時期	1	2	3	4	5	6	7	8	9	10	11	12

◯ ミツユビカモメ

Rissa tridactyla
Black-legged Kittiwake

TL 38-40cm
WS 91-97cm

チドリ目 カモメ科

特徴 ◯頭から体下面は白い。
◯体上面は青灰色。
◯翼端は黒。
◯黄色い嘴。
◯黒くて短い足。
◯浅い凹形の白い尾。
◯飛翔時，翼上面，翼下面ともに初列風切先端は三角形に黒い。
◯冬羽では後頭に黒斑がある。
◯幼鳥は飛翔時，翼上面に黒いM字斑が，尾端には黒帯がある。

鳴き声 キュッまたはクィッ。

分布 ユーラシア・北アメリカ・グリーンランドの海岸部で繁殖し，北太平洋・北大西洋・北極海の外洋で越冬。日本では冬鳥として九州以北に飛来。北海道では夏でも見られる。

生息場所 外洋に面した海辺。内湾にはめったに入らない。

類似種 アカアシミツユビカモメ→◯体がやや小さい。
◯頭の丸味が強く，特に額が出っ張っている。
◯嘴は短く，先端の上縁部の曲がりが大きい。◯足が赤い。
◯体上面の色は濃い。

①**冬羽** 千葉県銚子市 1989年3月6日 Y ミツユビカモメ属 *Rissa* はカモメ属 *Larus* のカモメよりも足が短い。後趾は小さく，痕跡的である。冬羽は頬付近や後頭部に黒斑があるが，夏羽の頭部は純白で無斑。

②**第1回夏羽** 銚子市 1984年3月上旬 Y 第1回冬羽に似るが，羽毛が摩耗，退色して黒色部がやや淡くなる。嘴は黄色く，先端は黒い。

③**冬羽** 銚子市 1984年3月上旬 Y 飛翔時，翼先端には三角形の黒色部が見られる。これは下面からも見える。尾は浅い凹尾。

④**第1回冬羽** 銚子市 1987年3月7日 私市 幼鳥の飛翔時には外側初列風切と雨覆の黒斑がくっついて，M字状の黒線を形成する。尾の先端にも黒帯がある。第1回冬羽では嘴は全て黒い。

本州中部で見られる時期	1	2	3	4	5	6	7	8	9	10	11	12

301

× アカアシミツユビカモメ

Rissa brevirostris
Red-legged Kittiwake
TL 36-38cm
WS 90cm

チドリ目 カモメ科

特徴 ○頭から体下面は白い。
○体上面はやや濃い青灰色。
○翼端は黒。
○嘴は短くて黄色い。
○赤い足。
○浅い凹形の白い尾。
○高く盛り上がった額。
○飛翔時，翼上面，翼下面とも初列風切先端は三角形に黒い。
○冬羽は頬に黒斑がある。

鳴き声 ミツユビカモメに似た声で，やや高く鳴くという。

分布 プリビロフ諸島・コマンドル諸島・アリューシャン列島で繁殖し，冬はベーリング海からアラスカ湾にかけてで過ごす。日本ではまれな冬鳥として，北海道・茨城・千葉で記録されている。

生息場所 外洋に面した海辺。

類似種 ミツユビカモメ→
○体がやや大きい。
○額の盛り上がりは弱い。
○嘴は長く，上嘴上縁の曲がりは小さい。
○足は黒い。
○体上面の色は淡い。

①**夏羽** アメリカ，アラスカ州セントポール島　1993年6月22日　私市　後ろに写っているミツユビカモメに比べ，嘴は短く，より丸味がある。体上面の色はより濃く，足は短くて赤い。

②**第1回冬羽から第1回夏羽に換羽中**　千葉県銚子市　1987年2月11日　鈴木恒治
雨覆は淡灰褐色で，小雨覆には褐色の斑がある。足はオレンジ色で，成鳥のような赤味はない。嘴は黄色いが先端は黒い。

③**第1回冬羽から第1回夏羽に換羽中**　茨城県神栖市　1987年4月14日　鈴木恒治　本種は幼羽・第1回冬羽・第1回夏羽でも尾は全面白く，他のカモメ類の若い鳥のような黒帯はない。

①

②

③

302

| 見られる時期 | 1 | 2 | 3 | 4 | 5 | 6 | 7 | 8 | 9 | 10 | 11 | 12 |

✕ ゾウゲカモメ

Pagophila eburnea
Ivory Gull

TL 40-43cm
WS 108-118cm

チドリ目 カモメ科

特徴 ○全身が白い。
○青灰色で，先端が黄色い嘴。
○黒くて短い足。
○幼鳥は顔が黒っぽく，翼や尾の先端に黒斑が散在する。
鳴き声 ギューイまたはクリー。
分布 グリーンランド・スピッツベルゲン諸島・北極海の島々で繁殖。冬はやや南下する。日本では迷鳥として，これまで北海道・青森・千葉で記録されている。
生息場所 海岸・外洋・港。
類似種 特になし。

①**冬羽** 北海道紋別市 1989年12月14日 大館
成鳥は夏羽，冬羽ともに全身が白い。嘴は青灰色で先端は黄色。冬羽では夏羽よりも嘴の色がやや淡くなる。

③**第1回冬羽** 斜里町 1996年1月21日 川崎
初列風切や雨覆に小さな黒斑が点在しているのがわかる。尾の先端にも黒帯がある。

④**第1回冬羽** 斜里町 1996年1月21日 川崎
第1回冬羽の黒斑は個体によって，その入り方が異なる。多いものでは，脇や背にも黒斑がある。嘴も全部黒いものがいる。

②**第1回冬羽** 北海道斜里町 1996年1月21日 川崎
顔が黒く，翼や尾羽にも黒斑が点在する。嘴の色は成鳥に比べ汚れた感じ。

見られる時期 | 1 | 2 | 3 | 4 | 5 | 6 | 7 | 8 | 9 | 10 | 11 | 12

303

ヒメクビワカモメ

Rhodostethia rosea
Ross's Gull

TL 29-32cm
WS 82-92cm

チドリ目 カモメ科

①夏羽　カナダ，マニトバ州チャーチル　1994年6月28日　私市
丸い頭と，黒い小さな嘴が特徴。夏羽は後頭から喉に黒い輪がかかり，頭部から体下面の白色部はピンク色味がかる。

②冬羽　北海道根室市　2000年1月4日　Y
冬羽には頭部の黒い輪はない。眼の周囲や頬にはうっすらと黒い斑が入る。頭から体下面のピンク色味は夏羽ほど強くはない。

③第1回冬羽　千葉県谷津干潟　1999年11月28日　Y　冬羽に似るが，雨覆や三列風切には黒褐色の斑がある。尾の先端付近にも黒斑がある。足は褐色または黒味がかったピンク色。

特徴　○頭は白く，後頭から喉を黒い輪が囲む。
○胸から腹はピンク色を帯びた白。
○体上面は淡青灰色。
○嘴は黒くて，短い。
○赤い足。
○くさび形をした白い尾。
○飛翔時，翼上面は全面青灰色で，黒斑はない。翼下面は暗灰色。
○冬羽では顔の黒い輪はなく，頭から体下面のピンク色はかなり淡い。

鳴き声　クワッ，クワッ。

分布　シベリア北東部・グリーンランド・カナダ北部で繁殖し，冬もあまり南下せず，北極海周辺で過ごす。日本では北海道東部の海岸に数少ない冬鳥として飛来。青森県でも記録がある。

生息場所　海岸。

類似種　冬羽は次の種に似る。

ヒメカモメ冬羽→○体はより小さい。○嘴は細く，やや長い。○翼は短めで，先端は丸味がある。○飛翔時，翼下面の色はより暗め。○静止時の翼先端は白い（ヒメクビワカモメは灰色）。○尾は円尾。

| 北海道東部で見られる時期 | 1 | 2 | 3 | 4 | 5 | 6 | 7 | 8 | 9 | 10 | 11 | 12 |

チドリ目 カモメ科

④**夏羽** ロシア，コリマ川 1996年6月 高田　翼上面は一様に淡青灰色で，無斑。最外初列風切の外弁のみが黒い。翼下面は暗灰色。尾はくさび形。

⑤**冬羽** 根室市 2000年1月4日 Y　水に浮かぶ餌を捕る時は，水面近くを飛翔しながら巧みにつまみとることが多い。

⑥**冬羽** 稚内市 1991年2月 大沢　翼の後縁は白い。冬羽でも体下面にピンク色味があるので，他のカモメ類と区別できる。

⑦**第1回冬羽** 斜里町 1995年12月4日 川崎　幼羽や第1回冬羽では飛翔時，翼上面に黒色のM字模様が出る。尾の先端にも黒帯がある。

⑧**幼羽** 茨城県神栖市 2000年1月16日 Y　頭上や頸・背・肩羽に黒及び黒褐色の幼羽が残っている。

305

チドリ目 カモメ科

○ ハジロクロハラアジサシ

Chlidonias leucopterus
White-winged Tern
TL 23-27cm
WS 58-67cm

①**夏羽** 愛知県豊橋市 1996年5月26日 Y
頭から腹は黒く，翼は灰色。雨覆は白い。足は赤く，嘴は遠くからだと黒く見える。尾は白くて短い。

②**第1回夏羽** 愛知県御津町 1991年8月17日 Y
頭から腹は白く，後頭と眼の後方に黒斑がある。眼の後方の黒斑は，眼の位置より下方にまで及ぶ。コアジサシに比べ足が長いため，地上に降りているとき，腰高に見える。

③**幼羽から第1回冬羽に換羽中** 沖縄県大宜味村 1991年9月18日 Y 背に褐色の羽がある。翼の各羽にも褐色の小斑がある。翼のつけ根付近の側胸にハシグロクロハラアジサシのような黒斑のある個体もいるが，色は褐色味を帯びることが多い。

特徴 ○頭・胸・腹・背は黒い。
○翼上面の雨覆は白く，風切は灰色。
○翼下面の雨覆は黒，風切は灰色。
○白い腰と下尾筒。
○白くて切れ込みの浅い凹形の短い尾。
○暗赤色の細くて短めの嘴（遠目には黒く見える）。
○赤い足。
○冬羽では頭・胸・腹は白，背と翼は灰色で，後頭と眼の後方に黒斑がある。翼下面は全面白い。

鳴き声 キーまたはギリッ，ギリッ。

分布 ヨーロッパ南東部から中央アジア・中国東北部で繁殖し，アフリカ・東南アジア・インド・オーストラリアで越冬する。日本では旅鳥として全国で広く記録されているが，飛来数は少ない。近年，記録数が増えている。

生息場所 干潟・埋立地の水たまり・湖沼。

類似種 ハシグロクロハラアジサシ
→○嘴はより細く，先端はより鋭くとがる。
○腰と尾は灰色。
○足は黒味がより強い。
○夏羽では翼下面は全面白く，翼上面は雨覆も灰黒色。
○冬羽や幼鳥では翼上面や背の色がより黒味を帯び，翼のつけ根に黒い斑がある（ハジロクロハラアジサシでも翼のつけ根に斑があるものがいるが，色は褐色味がかる）。

クロハラアジサシ冬羽・幼鳥→
○体がやや大きい。
○嘴は太くて，やや長い。
○腰と尾は淡灰色。
○眼の後方の黒斑は眼と同等の高さにあり，ハジロクロハラアジサシのように眼より下には大きく出ない。

コアジサシ冬羽・幼鳥→
○体がやや小さい。
○翼の幅は狭い。
○嘴は長い。
○足は短い。○眼の後方の黒斑は眼より下にはあまり出ない。

本州中部で見られる時期	1	2	3	4	5	6	7	8	9	10	11	12
					5	6	7	8	9	10		

チドリ目 カモメ科

④ **夏羽** 豊橋市 1996年5月30日 Y
夏羽の飛翔時，上面は頭と背の黒と，腰と尾の白のコントラストが鮮やか。翼はかなり白っぽい。

⑤ **夏羽から冬羽に換羽中** 静岡県大井川町 1985年8月中旬 Y
夏羽の翼下面は，下雨覆は黒く，風切は灰色。下尾筒と尾は白い。尾の切れ込みはコアジサシに比べ，浅い。

⑥ **冬羽** 御津町 1990年8月17日 Y
冬羽では，下雨覆は白い。腰は白いが，尾は少し灰色味がかって見える。

⑦ **幼羽から第1回冬羽に換羽中** 沖縄県石垣島 1996年9月19日 五百沢　冬羽に似るが，背は褐色味を帯び，灰色の翼とは区切られている。腰は白く，クロハラアジサシやハシグロクロハラアジサシの幼羽とは異なる。

307

✕ ハシグロクロハラアジサシ

Chlidonias niger
Black Tern
TL 23-28cm
WS 57-65cm

チドリ目 カモメ科

①**第1回夏羽** 茨城県神栖市 1993年8月2日 加藤忠良
クロハラアジサシ類中、最も細くて先がとがった嘴をもつ。背や翼の灰黒色は最も黒味が強い。

②**夏羽** 千葉県銚子市 1999年7月4日 深川
夏羽は頭から腹が黒くなる。飛翔時、翼上面および背から尾は一様な黒灰色をしている。

③**第1回夏羽** 神栖市 1993年8月2日 私市 腰や尾は黒味の強い灰色で、背や翼とほぼ同じような色合いに見える。第1回夏羽は顔から腹が白く、翼の前縁には黒斑がある。

④**夏羽から冬羽に換羽中** 千葉県船橋市 2007年8月15日 桐原 顔や胸に白い冬羽が見られる。夏羽の翼の灰黒色と顔から腹にかけて黒色の明暗の違いは、ハジロクロハラアジサシ夏羽と異なり、はっきりしていない。

特徴 ○頭・胸・腹は黒い。
○背と翼上面は灰黒色。
○白い下尾筒。
○灰色の腰と尾。尾は浅い凹尾。
○黒くて細い嘴。先端は鋭くとがる。
○黒い足。近くで見るとやや赤味を帯びていることがわかる。
○冬羽では頭と体下面は白く、体上面は灰色。頭頂から後頭と、眼の後方に大きな黒斑がある。

鳴き声 キッ、キッまたはキー、キー。

分布 ヨーロッパから西シベリア・北アメリカ中部で繁殖し、アフリカ・中央アメリカ・南アメリカ北部で越冬。日本ではまれな旅鳥として本州・四国・沖縄島で記録がある。

生息場所 干潟・埋立地の水たまり・湖沼。

類似種 ハジロクロハラアジサシ→○嘴はやや太く、先端のとがりも弱い。○腰と尾は白い。○足は赤味が強い。
○夏羽では翼上面が白っぽく、下雨覆は黒い。○冬羽と幼鳥では翼上面と背の色は淡い。翼のつけ根に黒斑はないか、あっても褐色味がかっている。

○ クロハラアジサシ

Chlidonias hybrida
Whiskered Tern

TL 23-29cm
WS 64-70cm

チドリ目 カモメ科

特徴 ○頭上は黒い。
○頬は白い。
○胸・腹・背は灰黒色。
○翼は灰色。
○腰と尾は淡灰色。
○暗赤色の嘴。
○赤い足。
○冬羽では頭から腹は白く，後頭と眼の後方に黒斑がある。背や翼はより淡く，嘴と足は黒い。

鳴き声 キョッ，キョッまたはケー，ケー。

分布 ヨーロッパ南部から中央アジア・アフリカ・南アジア・中国東北部・オーストラリアで繁殖。北方のものは南下して越冬。日本では旅鳥として各地に渡来するが，数は少ない。南西諸島ではよく見られる。

生息場所 干潟・埋立地の水たまり・湖沼。

類似種 冬羽と幼鳥は次の種の冬羽・幼鳥に似る。

ハジロクロハラアジサシ→○体がやや小さく，頭が小ぶり。
○嘴は細くて短い。
○腰と尾は白い。○眼の後方の黒斑が眼より下にまで伸びている。

アジサシ→○体が大きい。○翼は幅が狭く，より長い。○嘴は長く，先端のとがり具合が強い。○尾は長く，切れ込みが深い。○足はより短い。

①**夏羽** 愛知県豊橋市 1995年7月30日 Y
頭上は黒く，頬から後頭が白い。背や腹は灰黒色で，ハジロクロハラアジサシやハシグロクロハラアジサシほどの黒味はない。

②**第1回冬羽** 茨城県浮島 1990年3月11日 私市
顔から腹は白く，眼の後方から後頭に黒斑がある。この黒斑は眼より下の位置には下がらない。第1回冬羽では雨覆に褐色斑がある。

④**幼羽から第1回冬羽に換羽中** 沖縄県大宜味村 2000年9月23日 Y 背や肩羽に褐色の幼羽がある。翼の羽にも先端部に小さく黒や褐色の斑が見られる。

③**夏羽** 沖縄県石垣市 2001年4月7日 Y
他のクロハラアジサシ類に比べ，翼は幅広く見える。ハジロクロハラアジサシ夏羽と異なり，下雨覆は白く，腰と尾は灰色。

本州中部で見られる時期	1	2	3	4	5	6	7	8	9	10	11	12

309

チドリ目 カモメ科

△ **ハシブトアジサシ** *Gelochelidon nilotica* Gull-billed Tern TL 33-43cm WS 85-103cm

①**夏羽** 鹿児島県奄美大島 1995年6月29日 上野
夏羽は頭上が黒く，アジサシ夏羽に似る。体上面の色はアジサシより白く見える。

②**冬羽** 三重県松阪市 1998年10月31日 山田
完全な冬羽では頭上は白い。嘴は太くて黒い。アジサシ類にしては足が長く，地上に降りている姿勢が腰高に見える。カニ類を好んで食べることも特徴。

③**夏羽から冬羽に換羽中** 鹿児島県加治木町 1995年10月1日 所崎
眼の周辺と頬を除くと頭は白くなる。この写真の個体はいずれも夏羽から冬羽に換羽中のもの。

本州中部で見られる時期 | 1 | 2 | 3 | 4 | 5 | 6 | 7 | 8 | 9 | 10 | 11 | 12

チドリ目　カモメ科

特徴　○黒い頭上。
○体下面は白い。
○体上面は淡灰色。
○太くて黒い嘴。
○黒くてやや長めの足。
○白くて切れ込みの浅い凹形の尾。
○冬羽では全身が白く，眼の後方にわずかに黒斑がある。

鳴き声　クワッ，クワッ。

分布　ヨーロッパ南部から中央アジア・中国東部・オーストラリア・北アメリカ南部・南アメリカ北部で繁殖。非繁殖期はユーラシア南部・アフリカ・オーストラリア・北アメリカ南部から南アメリカにかけて広く分布。日本ではまれな旅鳥として，本州・四国・九州・南西諸島で記録がある。

生息場所　干潟・河口。

類似種　アジサシ夏羽→
○やや小さめの体。
○嘴は細く，やや長め。
○羽色は灰色味が強い。
○翼の幅は狭い。
○足は短い。
○尾は長く，切れ込みは深い。

④**夏羽**　奄美大島　1995年6月29日　上野
翼はアジサシより広く見える。尾はアジサシより短く，切れ込みもやや浅くなっている。夏羽は頭上が黒い。

⑤**冬羽**　愛知県豊橋市　1999年10月2日　Y
翼下面は白く，初列風切先端のみが黒い。この黒色部はアジサシより幅広く見える。冬羽は頭上が白い。

⑥**第1回冬羽？**　鹿児島県南さつま市　1995年10月8日　所崎　若い個体は下嘴基部がオレンジ色。翼に灰褐色の斑も見られる。

④

⑤

⑥

311

チドリ目 カモメ科

△ **オニアジサシ**　*Hydroprogne caspia*　Caspian Tern　TL 48-56cm　WS 130-145cm

①**夏羽**　オーストラリア，クイーンズランド州ケアンズ　1992年12月4日　Y
強大な赤い嘴がよく目立つ。夏羽は眼の位置より上の頭部が黒い。

②**冬羽**　ケアンズ　1992年12月7日　Y
頭部の黒色部の中に白い羽が混じって、ごま塩状になる。眼よりもやや下の位置にも黒色の斑がある。

③**第1回冬羽**　和歌山市　1994年11月19日　石井
冬羽に似るが、雨覆・次列風切・三列風切に褐色の斑が見られる。

特徴　○セグロカモメ大の大きな体。
○頭上は黒い。
○体下面は白。
○体上面は淡灰色。
○太くて長めの赤い嘴。
○白くて浅い凹形の尾。
○黒い足。
○冬羽では頭上はごま塩状の模様となる。

鳴き声　カー、カーまたはクッ、クッ。

分布　ヨーロッパ・中央アジア・中近東・アフリカ・北アメリカ・オーストラリアで繁殖する。日本ではまれな旅鳥または冬鳥として、本州・四国・九州・南西諸島で記録されている。

生息場所　干潟・河口・湖沼。

類似種 オオアジサシ→○体が一回り小さい。○嘴は黄色で、やや細い。○背や翼上面は暗灰色。○飛翔時、翼下面のほとんどが白い（オニアジサシは初列風切が黒っぽい）。

④**幼鳥**　沖縄県宮古島　1998年4月14日　私市　翼下面の初列風切は黒い。尾はオオアジサシより短く、切れ込みも浅い。先端に黒い帯がある。

見られる時期　| 1 | 2 | 3 | 4 | 5 | 6 | 7 | 8 | 9 | 10 | 11 | 12 |

◇ オオアジサシ

Thalasseus bergii
Greater Crested Tern

TL 43-53cm
WS 125-130cm

チドリ目 カモメ科

特徴 ○カモメ大の大きな体。
○頭上は黒く，後頭にぼさぼさした冠羽がある。
○体下面は白。
○体上面は暗灰色。
○凹形の暗灰色の尾。
○細くて長い黄色の嘴。
○黒い足。
○冬羽は額と前頭が白い。

鳴き声 クリー，クリー。

分布 アフリカ南東部・中東・東南アジア・オーストラリアの海岸や島で繁殖し，非繁殖期は周辺の海域に分散する。日本では小笠原群島・先島諸島・尖閣諸島に夏鳥として飛来。繁殖が確認されているのは，小笠原西之島と尖閣諸島の北小島。本州・四国・伊豆諸島でもまれに記録される。

生息場所 干潟・河口・港・海上。

類似種 オニアジサシ→○体が一回り大きい。○嘴は太くて赤い。○体上面の色は淡い。○飛翔時，翼下面の初列風切は黒っぽい。○尾の切れ込みは浅い。

ベンガルアジサシ→○体が一回り小さい。○嘴はオレンジ色で，細くて短め。○体上面の色は淡い。○夏羽では額も黒い。○頭は小さく，オオアジサシほど角ばらない。○足はより短い。

①**夏羽** 茨城県神栖市 1989年8月5日 私市
頭上は黒く，後頭に冠羽がある。嘴は長くて黄色い。体上面の色は，オニアジサシやアジサシよりも暗い。

②**冬羽** 兵庫県姫路市 1998年10月4日 石井
冬羽では額と前頭は白くなり，後頭のみが黒い。

③**幼羽から第1回冬羽に換羽中** 姫路市 1998年10月4日 石井
幼鳥は背や翼の各羽に黒褐色の斑が見られる。頭頂の黒色部にも白斑が入る。

④**成鳥** 沖縄県石垣島 1995年7月24日 五百沢 翼下面はほとんどが白。初列風切の後縁が黒っぽく見えるが，黒色部はオニアジサシのように風切基部までは至らない。

先島諸島で見られる時期	1	2	3	4	5	6	7	8	9	10	11	12

313

チドリ目 カモメ科

× ベンガルアジサシ

Thalasseus bengalensis
Lesser Crested Tern

TL 35-43cm
WS 88-105cm

特徴 ○先のとがったオレンジ色の嘴。
○頭上は黒い。
○後頭に短い冠羽があり、ぼさぼさしている。
○灰色の体上面。
○灰白色の凹尾。
○足は黒い。
○冬羽は額と頭頂が白く、嘴は黄色味を帯びたオレンジ色。

鳴き声 クリーッ。

分布 紅海・ペルシア湾沿岸・リビア北部・スラウェシ・ニューギニア・オーストラリア北部で繁殖し、冬季はアフリカ・南アジア・東南アジアからオーストラリア北部の海域で見られる。日本では迷鳥として、1998年7月に静岡県富士川河口で1羽が記録されている。

生息場所 海岸。

類似種 オオアジサシ→
○一回り大きめの体。○嘴は黄色く、やや太い。○体上面の色はより濃い灰色。○夏羽では嘴と頭の黒色部の間を白色部が区切っている。○体に対する頭の大きさがより大きい。○足はより長い。

①**夏羽** 静岡県富士川河口 1998年7月25日 渡辺修治
頭上が黒く、後頭には短い冠羽があるためぼさぼさしているように見える。嘴はオレンジ色。

②**夏羽** 富士川河口 1998年7月25日 渡辺修治
オオアジサシの夏羽とは異なり、頭の黒色部は嘴のところまでつながっている。大きさはアジサシ(右の個体)とオオアジサシの中間くらい。

③**夏羽** 富士川河口 1998年7月25日 中野
翼下面はほとんどが白い。ただし、外側初列風切5-7枚目の先端は黒灰色。足はオオアジサシよりは短め。

| 見られる時期 | 1 | 2 | 3 | 4 | 5 | 6 | 7 | 8 | 9 | 10 | 11 | 12 |

◇ ベニアジサシ

Sterna dougallii
Roseate Tern

TL 33-43cm
WS 72-80cm

チドリ目 カモメ科

①**幼羽（左）と夏羽**　沖縄県名護市　1996年8月26日　笠野
嘴と足は鮮やかな赤。嘴はアジサシよりも細長い。静止時，尾は翼先端よりも外へ突き出ている。

特徴　○頭上は黒い。
○喉から体下面は白い。
○体上面は淡青灰色。
○尾は白くて長い燕尾。静止時，尾端は翼端よりかなり外へ出る。
○細くて長い嘴。基部は赤く，先端は黒い（ほとんど黒いもの，ほとんど赤いものもいる）。
○赤い足。
○飛翔時，翼下面は白い。
○冬羽は額から前頭は白く，嘴は黒，足は褐色。

鳴き声　キィーまたはキッ，キッ。

分布　イギリス・デンマーク・アフリカ・インド洋の島々・中国南岸・東南アジア・オーストラリア・北アメリカ東岸・カリブ海の島々で繁殖。北方のものは冬は南下する。日本では奄美列島以南の南西諸島および福岡県有明海の人工島に夏鳥として飛来し，繁殖。本州・四国・九州でもまれに記録される。

生息場所　離島の岩礁・外洋。干潟や埋立地の水たまりに入ることもある。

類似種　アジサシ（亜種**アカアシアジサシ**）→○体がやや大きめ。
○羽色はいくぶん濃い。
○嘴はやや短め。○尾は短く，静止時，尾端は翼端を越えない。
○外側尾羽の外弁は黒い。
○翼は長く，飛翔時，翼下面の初列風切後縁に黒帯がある。

②**夏羽**　沖縄県本部町　1986年7月6日　Y　翼上面はほぼ一様に淡青灰色。アジサシよりも白っぽく見える。翼はやや短く見える。

③**夏羽**　沖縄県石垣島　1984年7月7日　Y
翼下面もほぼ一様に白く，アジサシやキョクアジサシのような初列風切後縁の黒帯は出ない。このように初列風切先端に黒っぽい斑がある個体も見られる。嘴の先半分も黒い。

| 沖縄諸島で見られる時期 | 1 | 2 | 3 | 4 | 5 | 6 | 7 | 8 | 9 | 10 | 11 | 12 |

チドリ目 カモメ科

× **キョクアジサシ**　*Sterna paradisaea*　Arctic Tern　TL 33-36cm　WS 76-85cm

①**成鳥夏羽**　静岡県富士川河口　2003年6月12日　Y　夏羽は頭上が黒く，嘴と足は赤くなる。アジサシに比べ，体下面の灰色が暗く見える。

②**成鳥夏羽**　富士川河口　2003年6月12日　Y　尾と腰は白い。体に対する尾の長さは，ベニアジサシより短く，アジサシよりは長く見える。

③**成鳥夏羽**　茨城県神栖市　1989年8月10日　鈴木恒治　成鳥夏羽は額も黒い。嘴と足は赤くなる。飛翔時，翼下面の風切はアジサシと異なり透けるように白く，初列風切後縁の黒帯は直線状。

本州中部で見られる時期	1	2	3	4	5	6	7	8	9	10	11	12

チドリ目　カモメ科

特徴　○頭上は黒い。
○喉から頬は白い。
○体上面と体下面は灰色。
○白くて長めの燕尾。静止時，尾端は翼端をやや越える。
○細くて短めの赤い嘴。
○赤くて短い足。
○飛翔時，翼下面は白く，初列風切後縁に直線状の黒帯がある。
○冬羽は額から前頭は白く，体下面も白い。足と嘴は暗赤色，または黒。

鳴き声　ギィール，ギィールまたはギィー。

分布　ユーラシア北部・北アメリカ北部・グリーンランドで繁殖し，冬は南半球の南極圏にまで渡る。日本では数少ない旅鳥として，茨城・千葉・神奈川で夏に記録されている。

生息場所　海岸・河口。

類似種　アジサシ→○頭の丸味は弱く，特に額がなだらか。○嘴はやや長い。○足は長い。○尾はやや短く，静止時，尾端は翼端を越えない。○飛翔時，翼下面はキョクアジサシほど白くはなく，初列風切後縁の黒帯は太く，その縁はぎざぎざになっている。○第1回夏羽では，眼の周囲の黒色部はやや小さい。

ベニアジサシ→○体がやや小さい。○羽色はずっと淡い。○嘴は細くて長い。○尾はより長め。○翼は短めで，翼下面に黒帯はない。はばたきも速い。○足は長い。○頭の丸味は弱い。

クロハラアジサシ→○体が小さい。○体下面の色はより黒味がかる。○翼の幅は広い。○尾はかなり短く，切れ込みは浅い。○足は長い。

④**第1回夏羽**　千葉県船橋市　1992年8月14日　Y
第1回夏羽は冬羽に似て額は白く，眼から後頭が黒い。小雨覆には黒い羽が見られる。嘴と足は黒く見える。

⑤**第1回夏羽**　船橋市　1992年8月14日　Y　後方の2羽のアジサシに比べ，嘴と足が短いことがわかる。頭の形も丸味が強い。

317

チドリ目 カモメ科

◎ アジサシ

Sterna hirundo
Common Tern

TL 32-39cm
WS 72-83cm

特徴 ○頭上は黒い。
○喉から頬が白い。
○体上面は灰色。
○体下面は淡灰色。
○黒くて細い嘴。
○黒褐色または暗赤色の足。
○燕尾の白い尾。外側尾羽の外弁は黒い。
○飛翔時、翼下面の初列風切先端にやや太めの黒線がある。
○冬羽では額から前頭は白く、体下面も白い。

鳴き声 キィ、キィ、キィまたはギリッ、ギリッ。

分布 ユーラシア中部以北・北アメリカ東部で繁殖し、アフリカ西部・インド・東南アジア・オーストラリア・南アメリカで越冬。日本では旅鳥として春と秋に全国の海岸で見られる。近年、富山・群馬・東京で少数が繁殖することが確認された。

生息場所 干潟・海岸。内陸の湖沼に入ることもある。

類似種 ベニアジサシ→
○体上面の色が淡い（亜種アカアシアジサシよりも淡い）。
○嘴はより細く長め。○尾が長く、静止時、尾端は翼端より外へ突き出る（アジサシでは翼端の方が外に出るか、ほぼ同じ位置にある）。
○飛翔時、翼下面の初列風切後縁に黒線はない。外側尾羽の外弁も白い。

①**亜種アジサシ成鳥夏羽** 愛知県豊橋市 2004年8月12日 Y
夏羽は頭上が黒い。亜種アジサシは、嘴と足が黒い個体が多い。

②**亜種アジサシ成鳥夏羽** 愛知県一色町 1983年8月10日 Y
亜種アジサシの中にも足の赤い個体もいる。よく別亜種アカアシアジサシと間違われるが、体上面の色は灰色味が強い。

③**亜種アジサシ成鳥冬羽** 愛知県御津町 1991年8月21日 Y
冬羽では額は白く、小雨覆に黒色の羽がある。

| 本州中部で見られる時期 | 1 | 2 | 3 | 4 | 5 | 6 | 7 | 8 | 9 | 10 | 11 | 12 |

チドリ目　カモメ科

④ **亜種アジサシ幼羽**　御津町　1991年8月21日　Y
冬羽に似るが，背・肩羽・翼に淡褐色の斑が見られる。足はオレンジ色で，嘴にもオレンジ色部があるものも多い。

⑤ **亜種アカアシアジサシ**　東京都江東区中央防波堤　1997年7月6日　土橋
亜種アジサシに比べ，体色が淡い。嘴と足は鮮やかな赤。

⑥ **亜種アジサシ成鳥夏羽**　愛知県田原市　1985年5月11日　Y
飛翔時，翼下面の初列風切後縁には黒帯が出るが，キョクアジサシのように直線状ではなく，ぎざぎざしている。風切の色はキョクアジサシやベニアジサシに比べやや暗く見える。

キョクアジサシ→
○頭の丸味が強い。
○嘴はやや短い。
○足が短い。
○尾はやや長く，静止時，尾端は翼端を少し越えて出る。
○飛翔時，翼下面の初列風切後縁の黒線はより細く，直線状に明瞭に見える。○第1回夏羽では眼の周囲の黒色部が大きく，特に眼の下の黒色部が大きい。

ハシブトアジサシ夏羽→
○体がやや大きめ。
○嘴は太い。○羽色は淡い。
○足は長い。
○翼は幅が広い。
○尾は短く，切れ込みは浅い。

コアジサシ冬羽→
○体がずっと小さい。○体上面の色は淡い。○尾はやや短い。

野外で区別可能な亜種　日本に普通に渡来するのは亜種**アジサシ** *S. h. longipennis*。ほかに亜種**アカアシアジサシ** *S. h. minussensis* もまれに飛来。亜種アカアシアジサシの特徴は，○足が赤い。
○嘴は赤くて先が黒い。
○亜種アジサシよりも体上面の色は淡く，体下面は白い。

319

◇ エリグロアジサシ　*Sterna sumatrana*　Black-naped Tern

TL 30-32cm
WS 64cm

チドリ目　カモメ科

特徴　○全身が白い。○眼から後頭に黒い帯がある。○細くて黒い嘴。○黒い足。○長くて白い尾。静止時，尾端は翼端を越える。○翼は上面・下面ともに白い。

鳴き声　グイッ，グイッまたはキッ，キッ。

分布　インド洋の島々・東南アジア・太平洋南西部の島々・オーストラリア北部で繁殖。日本では夏鳥として奄美列島以南の南西諸島に飛来し，繁殖。本州・四国・九州でもまれに記録される。

生息場所　岩礁海岸・干潟・港。

類似種　コアジサシ冬羽→○体が小さい。○体上面は灰色。○尾は短く，静止時，尾端は翼端を越えない。○頸は短い。○飛翔時，外側初列風切1～3枚が黒い。
ベニアジサシ冬羽→○体がやや大きい。○体上面は淡青灰色で，エリグロアジサシほど白くない。○後頭の黒色斑はより大きく，頭頂付近にまで及ぶ。

①**夏羽**　沖縄県本部町　1986年7月6日　Y
上面の色はやや灰色味を帯びるが，ほぼ全身が白く見え，眼から後頭の黒色部が際立って見える。

②**夏羽**　本部町　1991年7月6日　Y
飛翔時，尾は長く，翼上面は一様に白く見える。

③**夏羽**　沖縄県南城市　1991年7月8日　Y
翼下面も一様に白く，無斑。同じ場所で見ることの多いベニアジサシよりも白く見える。

沖縄諸島で見られる時期　1　2　3　4　5　6　7　8　9　10　11　12

△ マミジロアジサシ

Sterna anaethetus
Bridled Tern

TL 35-38cm
WS 76-81cm

チドリ目 カモメ科

特徴 ○額から眉斑が白い。
○頭頂・後頭・過眼線が黒い。
○喉・側頸・体下面は白い。
○体上面は黒褐色。
○頭と背を後頸の白色部が区切る。
○尾は切れ込みの深い燕尾で，黒褐色。
○黒い嘴。
○黒い足。

鳴き声 クラー，またはウェプ，ウェプ。

分布 太平洋・大西洋・インド洋の熱帯および亜熱帯の島々・オーストラリア北部で繁殖。非繁殖期は周辺の外洋に生息。日本では夏鳥として宮古島および石垣島の周辺の岩礁・仲御神島で繁殖。北海道・本州・硫黄列島で記録されたこともある。

生息場所 海洋の島・海岸。

類似種 セグロアジサシ→
○体上面はより黒味がかる。
○白い眉斑は眼の後方まで伸びない。
○後頭の黒色部は背の黒色部とつながる。
○翼はより長い。

ナンヨウマミジロアジサシ→
○体上面の色は暗灰色と，やや淡い。
○尾の切れ込みがより深い。

①**夏羽** 沖縄県宮古島 1996年7月20日 Y
額から眉斑が白い。この白色部はセグロアジサシとは異なり，眼の後方まで伸びる。

②**夏羽** 宮古島 2006年8月12日 桐原 頭部の黒色部と背の黒褐色部は後頸の白色部により区切られる。尾は長い。

③**夏羽** 宮古島 1984年7月上旬 Y 翼はセグロアジサシより短い。翼下面は，下雨覆は白く，風切は黒っぽく見えるが，境界は不明瞭。

先島諸島で見られる時期	1	2	3	4	5	6	7	8	9	10	11	12

321

チドリ目 カモメ科

◇ セグロアジサシ

Sterna fuscata
Sooty Tern

TL 36-45cm
WS 82-94cm

① **夏羽** 沖縄県竹富町　1998年7月17日　五百沢
頭部の黒色部は背の黒色部とつながっている。額の白色部は眼の後方にまでは伸びない。

② **夏羽** 竹富町　1994年7月17日　Y
翼下面の風切の暗色部はマミジロアジサシよりも大きく，つけ根付近にまで及ぶ。下雨覆の白色部とのコントラストも明瞭で，その境界がはっきりしている。

③ **幼羽から第1回冬羽に換羽中**　千葉県銚子市　1989年8月　Y
顔から胸は黒褐色。背・肩羽・翼には白斑がある。

④ **幼羽から第1回冬羽に換羽中**　銚子市　1989年8月　Y　幼羽では下雨覆にも褐色の羽があるので，風切とのコントラストは成鳥ほど明瞭ではない。尾も成鳥に比べ，短い。

特徴　○額が白い。
○頭頂・後頭・過眼線は黒い。
○喉・側頸・体下面は白い。
○体上面は黒く，後頭の黒色部とつながる。
○尾は切れ込みの深い燕尾で，黒い。
○黒い嘴。
○黒い足。

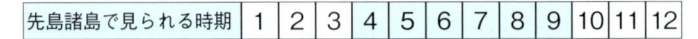

鳴き声　ジュウ，ジュウまたはギー，ギー。

分布　太平洋・大西洋・インド洋の熱帯および亜熱帯の島々・オーストラリア北岸で繁殖し，非繁殖期は周辺の外洋に生息。日本では夏鳥として小笠原群島・南鳥島・仲御神島で繁殖。本州・四国・九州・伊豆諸島でもまれに記録される。

生息場所　海洋の島・海岸。

類似種　マミジロアジサシ→
○体上面はやや淡い。
○白い眉斑は眼の後方まで伸びる。○後頭の黒色部は，後頸の白色部によって背の黒褐色と分けられる。
○翼は短い。

322 | 先島諸島で見られる時期 | 1 | 2 | 3 | 4 | 5 | 6 | 7 | 8 | 9 | 10 | 11 | 12 |

△ **コシジロアジサシ**　*Sterna aleutica*　TL 32-34cm
Aleutian Tern　WS 75-80cm

チドリ目　カモメ科

特徴　○白い額。
○頭頂から後頭と、過眼線が黒い。
○喉と頬は白い。
○体上面は暗灰色。
○体下面は灰色。
○腰と尾は白い。
○黒い嘴。
○黒くて短い足。
○静止時、尾端は翼端を越えない。

鳴き声　チィッ。

分布　サハリン・カムチャッカ・アラスカ沿岸で繁殖し、非繁殖期は南下すると考えられるが越冬地は不明。フィリピンで数羽が確認されている。日本では旅鳥としてごくまれに飛来。北海道・本州で記録がある。

生息場所　海岸・河口。

類似種　**アジサシ夏羽→**
○額は黒い。
○体上面の色はやや淡い。
○外側尾羽の外弁は黒い。

ナンヨウマミジロアジサシ→
○腰と尾は暗灰色。
○額から続く眉斑は眼の後方にまで及ぶ。
○体上面の色はより黒味がかる。
○体下面は白い。○尾は長く、静止時、尾端は翼端を越える。

①**夏羽**　北海道根室市　1980年8月25日　大久保
アジサシに似るが、額から眉が白い。嘴の元から黒い過眼線も走っている。

②**幼羽**　根室市　1980年8月25日　大久保
背や翼に黒灰色と黄褐色の斑が入り、側胸も黄褐色を帯びる。下嘴や足はオレンジ色。アジサシの幼羽に似るが、背や翼の黒味が強い。

③**夏羽**　埼玉県本庄市　1995年5月21日　小茂田
飛翔時、翼上面や背はほぼ一様に暗灰色。腰と尾は白い。

④**夏羽**　千葉県旭市　2004年6月13日　桐原　翼
下面は灰色で、初列風切の後縁は黒色の帯がある。次列風切の後縁も暗色帯が見られ、キョクアジサシのように白くはない。

| 見られる時期 | 1 | 2 | 3 | 4 | 5 | 6 | 7 | 8 | 9 | 10 | 11 | 12 |

チドリ目 カモメ科

◎ コアジサシ

Sterna albifrons
Little Tern

TL 22-28cm
WS 47-55cm

①**夏羽** 愛知県御津町 1992年6月25日 Y
嘴は黄色く，足はオレンジ色。額から眼にかけて白色部がある。

特徴 ○額は白い。
○頭頂から後頭と，過眼線は黒い。
○体上面は青灰色。
○喉・側頸・体下面は白。
○嘴は黄色く，先端は黒い。
○橙黄色の足。
○腰と尾は白い。
○冬羽では額の白色部は頭頂まで広がり，嘴は黒，足は褐色（遠目には黒く見える）。

鳴き声 キリッ，キリッまたはキィッ，キィッ。

分布 ヨーロッパ・ロシア西部・中東・インド・東アジア・東南アジア・オーストラリア・アフリカ・北アメリカ中部から南アメリカ北部で繁殖。北方のものは南方に渡って越冬。日本では夏鳥として本州以南に渡来し，繁殖。北海道や小笠原群島でも記録がある。

生息場所 埋立地・砂浜・河川の中州で繁殖。海岸・干潟・河川・湖沼で採餌や休息をする。

類似種 冬羽は次の種に似る。

アジサシ冬羽→
○体がずっと大きい。○尾は長く，切れ込みもより深い。○体上面の色はやや濃い。○翼は長い。

エリグロアジサシ→
○体が大きい。
○体上面の色はずっと淡い。
○後頸の黒色部は小さい。○飛翔時，翼は全面白い。○頸はやや長い。

ハジロクロハラアジサシ冬羽→
○体がやや大きい。○翼の幅が広い。○嘴は短い。○足は長い。○眼の後方の黒斑は眼より下にまで下がる。

②**冬羽** 御津町 1986年8月22日 Y
夏羽よりも額の白色部が大きく，嘴と足は黒い。過眼線も嘴まで届かない。

③**幼羽** 愛知県豊橋市 1980年9月2日 Y 冬羽に似るが，背や翼に褐色のV字斑や小斑がある。足や嘴の基部がオレンジ色をしているものも多い。

④**夏羽** 豊橋市 2004年5月25日 Y
飛翔時，翼上面は青灰色，下面は白い。外側初列風切1-3枚は黒っぽい。腰と尾は白い。

| 本州中部で見られる時期 | 1 | 2 | 3 | 4 | 5 | 6 | 7 | 8 | 9 | 10 | 11 | 12 |

◇ クロアジサシ

Anous stolidus
Brown Noddy

TL 38-45cm
WS 75-86cm

チドリ目 カモメ科

特徴 ○全身が黒褐色。
○額から前頭は白く, 後頭は灰褐色。
○嘴は細くて黒い。
○黒い足。
○尾は先が2つに分かれたくさび形。
○静止時, 尾端と翼端はほぼ同位置。
鳴き声 アッ, アッ, アッまたはクゥワー。
分布 太平洋・大西洋・インド洋の熱帯および亜熱帯の島々で繁殖。非繁殖期は周辺の外洋に生息。日本では夏鳥として, 小笠原群島・硫黄島・南鳥島・宮古島・仲御神島で繁殖。まれに, 北海道・本州・九州・伊豆諸島で記録される。
生息場所 離島の岩礁・外洋。
類似種 ヒメクロアジサシ→
○体が小さい。○嘴はより細く長い。
○羽色はより黒味がかる。
○頭上の白色部は後頭近くまで伸びている。○静止時, 尾端は翼端を越えない。
アナドリ→○体がずっと小さい。
○頭に白色部はない。
○嘴は短く, 先はとがっていない。
○淡褐色の翼帯ははっきりしている。

①沖縄県宮古島 1996年7月21日 Y 全身黒褐色で, 額から前頭が白く, 後頭は灰褐色。眼の上下に白斑がある。

③宮古島 1984年7月上旬 Y
体下面は一様に黒褐色。尾をすぼめて飛ぶときは, 先が分かれていることが確認できない。

②北マリアナ諸島サイパン島 1995年6月24日 Y
尾は先が2つに分かれたくさび形をしている。飛翔時, 翼上面には淡褐色の翼帯がぼんやりと見られる。ヒメクロアジサシではほぼ一様に暗黒褐色に見える。

| 先島諸島で見られる時期 | 1 | 2 | 3 | 4 | 5 | 6 | 7 | 8 | 9 | 10 | 11 | 12 |

ヒメクロアジサシ

Anous minutus
Black Noddy

TL 35-39cm
WS 66-72cm

チドリ目 カモメ科

①**成鳥** 沖縄県南城市 1993年8月3日 本若　クロアジサシに似るが，嘴はより細長く，頭の白色部はより後方へ広がっている。クロアジサシは主に地上に巣をつくるのに対し，本種は樹上に営巣する。

②**成鳥（左）とクロアジサシ** 沖縄県宮古島 1998年7月20日 五百沢　右のクロアジサシに比べ，体が一回り小さく，体形がほっそりしている。クロアジサシの群れに混じって見られることが多い。

③**宮古島** 1999年7月2日 五百沢　翼は上面，下面ともに暗黒褐色。上面にはクロアジサシのような淡褐色の翼帯は見られない。

特徴　○全身が暗黒褐色。
○額と頭頂が白く，後頭は灰色。
○嘴は細長くて，黒い。
○黒または褐色の足。
○尾は先が2つに分かれたくさび形。
○静止時，尾端は翼端を越えない。
鳴き声　ケラーまたはクリクリクリッ。
分布　太平洋および大西洋の熱帯および亜熱帯の島で繁殖。非繁殖期は周辺の外洋に生息。日本では迷鳥として，小笠原群島・硫黄島・南鳥島・琉球諸島で記録がある。
生息場所　海洋の島・外洋。
類似種　クロアジサシ→○体が大きい。○嘴はやや太く短い。○羽色は褐色味が強い。○頭の白色部は狭く，額から前頭まで。○静止時，尾端と翼端の位置はほぼ同じ。

見られる時期	1	2	3	4	5	6	7	8	9	10	11	12

△ **シロアジサシ** *Gygis alba* White Tern TL 25-30cm WS 76-80cm

チドリ目 カモメ科

特徴 ○全身白い。
○嘴は基部が青く、先は黒い。少し上方に反る。
○眼の周囲に小さな黒斑がある。
○尾は短く、浅い凹尾。外側から2番目の尾羽が最も長い。
○足は黒から灰青色までさまざま。蹼は黄白色。

鳴き声 ジュク、ジュク、ジュク。

分布 太平洋・大西洋・インド洋の熱帯および亜熱帯の島で繁殖。非繁殖期は周辺の外洋に生息。日本ではかつて南鳥島で繁殖していたが、今では迷鳥。北海道・本州・小笠原群島・硫黄島・南西諸島で記録がある。

生息場所 海洋の島・外洋。

類似種 特になし。

①**成鳥** 北マリアナ諸島ロタ島 1997年7月6日 Y 全身白く、眼の周囲にのみ小さな黒斑がある。嘴は少し上方に反り、基部は青い。

②**幼羽** ロタ島 1997年7月6日 Y
幼羽は背や翼に褐色の羽がある。眼の後方にも黒褐色の斑がある。

③**成鳥** ロタ島 1997年7月5日 Y 尾は浅い凹尾だが、多くのアジサシ類と異なり、最外側尾羽は短く、外から2番目の尾羽が最も長い。飛翔時は上面も下面も全て白い。

④**成鳥** ロタ島 1997年7月6日 Y 岩棚に産卵することもあるが、木の横枝に営巣することが多く、繁殖地ではよく木に止まっている姿が見られる。

| 見られる時期 | 1 | 2 | 3 | 4 | 5 | 6 | 7 | 8 | 9 | 10 | 11 | 12 |

× ヒメウミスズメ

Alle alle
Little Auk, Dovekie

TL 17-20cm
WS 34-38cm

チドリ目 / ウミスズメ科

特徴 ○頭から胸と体上面は暗黒褐色。
○体下面は白。
○肩羽後列に白斑がある。
○次列風切先端は白い。
○嘴は太くて短く，黒い。
○翼下面は黒く見える。
○冬羽は喉から胸と側頸が白い。

鳴き声 ピッチィッ。

分布 北極圏の島々・グリーンランド・アイスランド・バフィン島・アラスカ北西部で繁殖し，冬季は一部がヨーロッパ北部・北アメリカ北東部・ベーリング海北部に渡る。日本では迷鳥として，これまで沖縄島（1992年1月）・静岡県奥駿河湾（1996年5月）で記録されている。

生息場所 海上。

類似種 ウミガラス→
○体がずっと大きい。
○嘴と頸は細長い。
○肩羽に白斑は入らない。
○下雨覆は白い。

ウミスズメ冬羽→
○体が大きい。○嘴は細く，先端は白く見える。
○体上面は暗青灰色で，ヒメウミスズメほど黒味はない。
○翼や肩羽に白斑はない。
○翼下面は白く見える。

①**夏羽** 静岡県沼津市 1996年5月19日 五百沢
丸い頭と太くて短い嘴をしている。夏羽は頭から胸が暗黒褐色。

②**夏羽** 沼津市 1996年5月19日 五百沢
夏羽の羽色は，ウミガラスによく似ているが，体はずっと小さい。頸や嘴もずっと短く，体形は異なる。

③**夏羽** 沼津市 1996年5月19日 五百沢
飛翔時，翼上面と翼下面はともに黒褐色。次列風切の後縁に白帯がある。

見られる時期 1 2 3 4 **5** 6 7 8 9 10 11 12

◇ ウミガラス

Uria aalge
Common Murre

TL 38-43cm
WS 64-71cm

チドリ目

ウミスズメ科

特徴 ○頭部・頸・体上面は黒褐色。
○胸・腹・下尾筒は白い。
○黒い嘴。
○次列風切先端は白い。
○黒くて短い足。
○冬羽は顔の下半分と前頸が白く，眼の後方に細い黒線がある。

鳴き声 ウルルルーンまたはグァァァァァ。

分布 北太平洋および北大西洋の沿岸で繁殖。冬季はやや南下する。日本では北海道天売島で繁殖し，冬季は本州北部以北の海上で見られる。北海道の海上では夏季でも少数が見られる。

生息場所 離島の岩壁で繁殖。海上で生活し，港や湾内に入ることもある。

類似種 ハシブトウミガラス→ ○嘴はやや太く，上嘴基部に白線がある。
○頭や体上面の色は黒味がより強い。
○腹から頸に向かって白色部が三角形状にくい込む。
○冬羽では眼の後方も黒い。

ケイマフリ冬羽→ 冬羽と似るが，○体が小さい。
○眼の周囲が白い。
○次列風切先端は白くない。
○足は赤い。

①**夏羽** 北海道天売島 1987年6月30日 Y
陸上では体を直立させているため，ペンギン類のように見える。頭と体上面は黒褐色，体下面は白い。

②**冬羽** 北海道斜里町 1997年12月27日 Y
冬羽は頬・喉・前頸が白くなり，眼の後方から頬に細い黒線がある。

③**夏羽** 天売島 1987年6月30日 Y 次列風切先端が白く，白線となる。この白線は翼をたたんでいるときもよく目立つ。足は体のかなり後方に位置している。

| 北海道で見られる時期 | 1 | 2 | 3 | 4 | 5 | 6 | 7 | 8 | 9 | 10 | 11 | 12 |

329

チドリ目 ウミスズメ科

◇ ハシブトウミガラス

Uria lomvia
Brunnich's Murre

TL 39-43cm
WS 65-73cm

特徴 ○頭部・頸・体上面は暗黒褐色。
○胸・腹・下尾筒は白。胸の白色部は頸に向かって三角形状にくい込む。
○黒くてやや太めの嘴。上嘴基部に白線がある。
○次列風切先端は白い。
○黒くて短い足。
○冬羽は喉と前頸が白くなる。

鳴き声 クアアアアア またはクアクアクアアアア。ウミガラスより高めで, 濁らない。

分布 北太平洋および北大西洋の沿岸で繁殖し, その周辺の海域に生息。冬季はやや南下する。日本では冬鳥として本州北部以北の海上で見られる。

生息場所 外洋・内湾・港。

類似種 ウミガラス→
○嘴はやや細く, 白線はない。○頭から体上面の色は褐色味が強く見える。
○胸の白色部は頸の黒色部にくい込まない。
○冬羽では顔の白色部が広く, 眼の後方に黒線がある。

①夏羽 アメリカ, アラスカ州セントポール島 1993年6月22日 私市
ウミガラスに似るが, 嘴は太く, 白線が入る。胸の白色部は頸の黒色部に三角形状にくい込む。

②冬羽 北海道根室市 1996年12月31日 私市
喉が白っぽくなるが, ウミガラス冬羽のように眼の後方まで白くならず, 細い黒線も入らず。写真の個体よりも喉の白味が強い個体も多い。

③冬羽 岩手県洋野町 1997年12月22日 Y
ウミガラス同様に本種も次列風切後縁に白線が見られる。下雨覆は白く見える。

北海道海上で見られる時期	1	2	3	4	5	6	7	8	9	10	11	12

△ ウミバト

Cepphus columba
Pigeon Guillemot

TL 30-37cm
WS 58cm

チドリ目
ウミスズメ科

特徴 ○全身が暗黒褐色。
○雨覆は白く，中に黒い横線が入る（白色部の大きさは個体差があり，ほとんどないものもいる）。
○黒い嘴。
○赤い足。
○飛翔時，翼下面は全面暗色に見える。
○冬羽では頭から体下面が白くなり，背は灰色味が強くなる。眼の周囲には黒斑がある。

鳴き声 ピーピー。

生息場所 海上・内湾。

分布 千島・カムチャツカ半島・チュコト半島・北アメリカ太平洋岸北部で繁殖し，周辺の海域に生息。日本では数の少ない冬鳥として本州北部以北の海上に飛来する。

類似種 ケイマフリ→
○眼の周囲と嘴のつけ根付近に白斑がある。
○羽色は褐色味が強い。
○翼に白斑はない。
○冬羽では前頭や背が黒褐色。

① 夏羽 ロシア，北千島ライコケ島 1996年7月 青木 夏羽は全身が暗黒褐色で，雨覆にのみ白色部が見られる。

② 夏羽 ライコケ島 1996年7月 青木 翼の白色部の大きさは個体差があり，このようにわずかしかないものもいる。地上にいるときや飛翔時，水に潜る瞬間には赤い足を見ることができる。

③ 冬羽から夏羽に換羽中 北海道霧多布 2001年3月22日 片岡
冬羽は頭から体下面が白い。この個体は頭部に黒い夏羽が見られる。翼の白斑がこの個体には見られない。

④ 冬羽から夏羽に換羽中 北海道霧多布 2001年3月17日 片岡 頭部が夏羽に替わってきている。この個体は翼の白斑がついている。

| 北海道で見られる時期 | 1 | 2 | 3 | 4 | 5 | 6 | 7 | 8 | 9 | 10 | 11 | 12 |

◇ ケイマフリ

Cepphus carbo
Spectacled Guillemot

TL 37-38cm
WS 65.5-69cm

チドリ目 ウミスズメ科

特徴 ○全身が黒褐色。
○眼の周囲がまが玉状に白い。
○嘴の基部に上下2つの白斑がある。
○黒くて先のとがった嘴。
○赤い足。
○飛翔時，翼下面は全面暗色に見える。
○冬羽では喉・前頸・体下面が白い。

鳴き声 ピッピッピッまたはチッチッチッ。

分布 オホーツク海沿岸・サハリン・千島・朝鮮半島で繁殖し，周辺の海上で生活。日本では北海道天売島・積丹半島・知床半島や東北地方で繁殖。冬季は本州北部以北の海上に分布。

生息場所 海岸の断崖で繁殖し，海上で生活する。冬は内湾や湾内に入ることもある。

類似種 ウミバト→
○羽色はより黒味が強い。
○雨覆に白斑または白帯がある。
○眼の周囲に白斑はない。○冬羽では頭から頸がほとんど白く，背も灰色。

ウミガラス冬羽→ ○体が大きい。
○眼の後方に1本の黒線がある。
○次列風切先端は白く，泳いでいても目立つ。○足は黒い。

ハシブトウミガラス冬羽→ ○体が大きい。○眼の周囲に白斑はない。
○嘴はやや太く，白い線が入る。
○次列風切先端は白く，泳いでいても目立つ。○足は黒い。

マダラウミスズメ冬羽→
○体がずっと小さい。
○眼の周囲の白斑は小さい。
○肩羽に白斑がある（ほとんど見られない個体もいる）。○足は黄褐色。

①**夏羽** 青森県東通村 1997年6月20日 Y 全身が黒褐色で，眼の周辺と嘴の基部に白色部がある。足は鮮やかな赤。ウミバトに比べ，嘴は長い。

②**冬羽** 北海道網走市 2000年12月27日 Y 眼の周囲や嘴基部付近の白斑は小さく，喉や体下面は白い。

③**夏羽** 北海道天売島 1987年7月3日 Y 飛翔時，翼上面は一様に黒褐色。翼下面は上面より淡い黒褐色。赤い足がよく目立つ。

北海道で見られる時期	1	2	3	4	5	6	7	8	9	10	11	12

マダラウミスズメ

Brachyramphus marmoratus
Marbled Murrelet

TL 24-26cm
WS 43cm

チドリ目
ウミスズメ科

特徴 ○頭上と体上面は黒褐色。
○体下面は白く、褐色の鱗模様がある。
○細くて黒い嘴。
○肩羽は白っぽく見える。
○飛翔時、翼下面は暗色に見える（下雨覆はやや淡く見える）。
○冬羽は頭・後頸・体上面が灰黒色、喉から体下面は白い。肩羽には白斑があることが多いが、ほとんど見られない個体もいる。

鳴き声 フィーフィー。

分布 カムチャツカ・千島・北アメリカ西岸で繁殖し、付近の海上で見られる。冬季は南下する。日本では夏季は北海道東部の海上で見られ、藻琴山では繁殖が確認されている。冬季は本州北部以北の沿岸で見られ、九州・久米島・伊豆諸島でも記録がある。

生息場所 海上。巣は高齢の針葉樹林につくり、海岸から数十kmも離れた所に営巣することもある。

類似種 コバシウミスズメ
(*B. brevirostris*, Kittlitz's Murrelet。日本での正式な記録はまだない）→
○嘴はずっと短い。○飛翔時、翼下面は全面が黒く見える。○冬羽では顔はほとんど白く、頭上のみ灰黒色。

ウミスズメ冬羽→
○嘴は短く、先端は白い。
○喉上部は黒い。
○肩羽に白斑はない。
○翼下面は白っぽく見える。

カンムリウミスズメ冬羽→
○嘴はやや短くて太い。色は青灰色。
○肩羽に白斑はない。
○翼下面は白い。

①**冬羽** 静岡県沼津市 2000年12月8日 Y
顔や体上面の黒褐色と、下面の白色が明瞭に分かれている。肩羽には白斑があるが、遠くからだとよくわからないこともある。嘴はウミスズメより長い。

②**冬羽** 静岡県沼津市 2000年12月8日 Y
日本で見られる亜種 *B. m. perdix* は、北アメリカ産の亜種 *B. m. marmoratus* に比べ、体が大きく、嘴はより長い。下雨覆も *marmoratus* では全面黒褐色なのに対し、*perdix* では白い羽もある。最近では *perdix* を別種 *B. perdix*, Long-billed Murrelet とすることも多い。

③**幼羽** 根室市 1984年9月21日 茂田
ウミスズメと異なり、喉は白い。幼羽は肩羽の白斑が小さくて、不明瞭。胸や腹には淡褐色の斑が見られる。

| 北海道東部で見られる時期 | 1 | 2 | 3 | 4 | 5 | 6 | 7 | 8 | 9 | 10 | 11 | 12 |

ウミスズメ

Synthliboramphus antiquus
Ancient Murrelet

TL 24-27cm
WS 40-43cm

チドリ目 ウミスズメ科

①夏羽　静岡県沼津市　1996年5月19日　五百沢
嘴が短く，先端の黄白色が目立つ。夏羽は眼の上方後部に白線があり，喉は黒い。背は暗青灰色。

②冬羽　宮城県門川町　2000年12月8日　Y
冬羽は眼の上方の白線がないか，あっても小さい。喉も白味を帯びる。

③夏羽　東京－釧路航路　1998年3月14日　Y　飛翔時，翼上面は遠目では黒く見え，翼下面は白く見える。

特徴　○頭は黒く，眼の上方に白線がある。
○体上面は暗青灰色。
○体下面は白い。
○嘴は短く，基部は黒く，先端は黄白色。
○翼下面は白っぽい。
○冬羽では喉はほとんど白く，眼の上方の白線はない。
鳴き声　チッ，チッ。
分布　千島・サハリン・沿海州・アリューシャン列島・アラスカ南岸で繁殖。日本では北海道天売島・岩手県三貫島で繁殖。冬季は北海道・本州・伊豆諸島・九州北部それぞれの沿岸で見られる。北海道沿岸では夏季も見られる。
生息場所　海上。
類似種　カンムリウミスズメ→
○後頭は白く，黒い冠羽がある。
○嘴はやや細長く青灰色。
○夏羽では，顔の黒色部に側胸の白色部はくい込まない。

マダラウミスズメ冬羽→
○嘴は細長く，黒い。
○肩羽に白斑がある（ほとんどないものもいる）。○喉は白い。
○翼下面は暗色に見える。
コウミスズメ冬羽→
○体がずっと小さい。
○嘴は黒い。
○肩羽に白斑がある（ほとんど目立たないものもいる）。
○虹彩は黄白色（ウミスズメでは黒い）。

北海道東部で見られる時期	1	2	3	4	5	6	7	8	9	10	11	12

◇ カンムリウミスズメ

Synthliboramphus wumizusume
Japanese Murrelet
TL 24-26cm

チドリ目

ウミスズメ科

特徴 ○顔と頭頂は黒く，後頭は白い。
○後頭に黒い冠羽がある。
○胸と体下面は白。
○体上面は暗青灰色。
○嘴はやや細めで，青灰色。
○飛翔時，翼下面は白い。
○冬羽では喉は白く，後頭は黒く，冠羽はない。ウミスズメの冬羽によく似る。

鳴き声 チッ，チッ，チ，チまたはピィー，ピッ，ピッ，ピッ。

生息場所 海上。離島で繁殖する。

分布 韓国南部・本州・四国・九州・伊豆諸島周辺の離島で繁殖し，冬季も周辺の海上で生活する。

類似種 ウミスズメ→
○嘴は短くてやや太い。先端は白く見える。
○後頭は黒く，冠羽はない。
○夏羽では，側胸の白色部が頬の方にくい込んで見える。

マダラウミスズメ冬羽→
○嘴はより細長く，黒い。
○肩羽に白斑がある。
○翼下面は暗色に見える。

①**夏羽** 福岡市 1998年4月28日 五百沢
嘴はウミスズメよりも長く，色は青灰色。眼の上方の白色部は後頭まで達する。頭頂は黒く，後頭に小さな冠羽が見られる。

②**夏羽** 宮崎県門川町 2001年2月10日 Y
頭部には3～5cmの黒い冠羽があるが，立てていないとわかりにくい。側胸の白色部はウミスズメのように頬の方に向かって食い込まない。

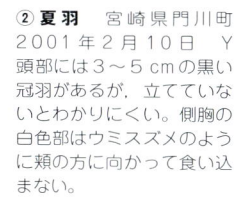

③**夏羽** 門川町 2001年2月10日 Y 翼上面はほぼ一様に暗青灰色。翼下面は白く見える。

| 伊豆諸島で見られる時期 | 1 | 2 | 3 | 4 | 5 | 6 | 7 | 8 | 9 | 10 | 11 | 12 |

|チドリ目| ◇ **エトロフウミスズメ** | *Aethia cristatella* Crested Auklet | TL 23-25cm WS 40-50cm |

ウミスズメ科

①夏羽　ロシア，北千島ライコケ島　1996年7月　青木
夏羽は嘴が鮮やかなオレンジ色で，基部が上方に大きく曲がる。額にある冠羽は長く，前方にカールしている。

②冬羽　北海道羅臼町　1991年2月21日　Y
嘴が暗色になり，基部の曲がりは見られない。額の冠羽は夏羽に比べると短くなる。この個体は冬羽にしては長めの冠羽をしている。

③冬羽　羅臼町　1991年2月21日　Y　冬羽でも腹は黒褐色。冬季は北海道沖を通る船に乗ると数十〜数百羽の群れで行動する本種をよく見る。

特徴　○全身が黒褐色。
○額に前方にカールした冠羽がある。
○眼の後方に白い飾り羽がある。
○嘴は太くて短く，オレンジ色。
○飛翔時，翼下面は暗灰色。
○冬羽は冠羽が短い。

鳴き声　チッ，チッ。

分布　チュコト半島・アリューシャン列島・カムチャツカ・千島・サハリンで繁殖し，付近の海上に生息。日本では冬鳥として本州北部以北の海上に飛来。

生息場所　海上。

類似種　**シラヒゲウミスズメ**
→○体が小さい。
○顔の白い飾り羽は3条ある。
○下尾筒は白い。
○冠羽の房は細い。

ウミオウム→○胸・腹・下尾筒は白い。○冠羽はない。
○嘴はより太く，下嘴下縁の曲がりが大きい。

北海道で見られる時期	1	2	3	4	5	6	7	8	9	10	11	12

× シラヒゲウミスズメ

Aethia pygmaea
Whiskered Auklet

TL 17-18cm
WS 36cm

チドリ目
ウミスズメ科

特徴 ○全身が黒褐色。
○眼の前から2すじ，眼の後方から1すじ，白い飾り羽群が出る。
○額から前方にカールした冠羽が出る。
○嘴は太くて短く，赤い。
○下尾筒は白い。
○飛翔時，翼下面は暗色。
○冬羽は飾り羽が不明瞭となり，冠羽も短い。

分布 カムチャツカ・千島・アリューシャン列島で繁殖。日本ではまれな冬鳥として北海道・本州北部で記録がある。

生息場所 海上。

類似種 **エトロフウミスズメ**→○体がより大きい。○顔の飾り羽は眼の後方から出る1条のみ。○下尾筒も黒褐色。○冠羽の房は太い。
コウミスズメ→○体がより小さい。○冠羽はない。○喉・胸・腹は白い。○顔の飾り羽は眼の後方からの1本のみ。

①**夏羽** ロシア，北千島ライコケ島 1996年7月 青木
眼の前方で「く」の字形に曲がった2条の白線と，眼の後方から1条の白線が見られる。額には前方にカールした黒褐色の冠羽がある。

トキの話

18世紀中頃までは北海道南部から九州北部にかけて広く分布していたトキは，その後激減し，1981年新潟県佐渡にいた最後の5羽が保護増殖のために捕獲され，野生個体はいなくなった。捕獲されたものも繁殖までいたらず，2003年に最後の個体が死亡し，日本産トキは絶滅した。しかし，佐渡のトキ保護センターでは中国から借り受けた個体による人工増殖に成功し，2007年時には100羽以上にまで増加した。2008年に，これらのうち10羽が佐渡で野性復帰に向けて野に放たれた。

鳴き声 クワッ，クワッまたはクワー，クワー
分布 20世紀初頭まではロシアのウスリー地方，アムール地方，中国東北部～中部，朝鮮半島，日本に分布していたが，現在は野生個体が生息しているのは中国陳西省洋県だけである。
生息場所 沼沢地・山の緩やかな斜面に作られた棚田で採食し，低山帯の森林で繁殖する。

①中国陳西省洋県 2000年1月 津田
嘴は細長く，下に大きく曲がる。色は黒いが，先端部は赤くなっている。顔は赤い皮膚が裸出しており，後頭部には長い冠羽がある。

◇ コウミスズメ

Aethia pusilla
Least Auklet

TL 12-15cm
WS 33-36cm

特徴 ○顔と体上面は黒褐色。
○額には白斑が散在し、眼の後方に細い白線が1本ある。
○肩羽に白線が入る（大きさは個体差があり、ほとんど目立たないものもいる）。
○白い喉。
○体下面は白く、黒褐色のまだら模様があるが、入り方は個体差が大きい。
○嘴は小さく、黒っぽい。至近距離では先端が赤いことがわかる。
○飛翔時、翼下面は白っぽく見える。
○冬羽は体下面が白く、眼の後方の白線はない。

鳴き声 ビビビまたはビービー。

分布 アラスカ湾沿岸・アリューシャン列島・カムチャツカ周辺・千島で繁殖。日本には冬鳥として、本州北部以北の海上に飛来。

生息場所 海上。

類似種 マダラウミスズメ冬羽→○体がずっと大きい。○嘴は長い。○虹彩は黒い（コウミスズメは白い）。○翼下面は暗色に見える。

ヒメウミスズメ冬羽→○体が大きい。○体上面はより黒味が強い。○虹彩は黒い。○翼下面は黒く見える。○次列風切先端は白い。

シラヒゲウミスズメ→○体がやや大きい。○冠羽がある。○喉・胸・腹は一様に灰黒褐色。○顔には細い白線が3すじある。○翼下面は暗色に見える。

①**夏羽** アメリカ、アラスカ州セントポール島 1993年6月22日 私市
スズメ大の小形のウミスズメ類。夏羽では眼の後方に一条の白線があり、胸や腹に黒褐色の斑がある。ただし、胸や腹の斑は個体によって入り方が異なる。

②**冬羽** 北海道羅臼町 1986年2月17日 Y
冬羽は喉や体下面は白く、黒褐色の斑は見られない。飛翔時、翼下面は白っぽく見える。

③**冬羽** 東京一釧路航路釧路沖 1990年1月4日 私市
飛翔時、翼上面は一様に黒褐色で、肩羽に白い線が入る。この白線は至近距離でないとわからないことが多い。

北海道で見られる時期	1	2	3	4	5	6	7	8	9	10	11	12

△ ウミオウム

Aethia psittacula
Parakeet Auklet

TL 23-25cm
WS 44-48cm

チドリ目

ウミスズメ科

特徴 ○頭部と体上面は黒褐色。○眼の後方から白い飾り羽が出る。○嘴は扁平で下嘴下縁の曲がりが大きい。色は赤い。○体下面は白い。○虹彩は白い。○翼下面は黒褐色。○冬羽は喉が白い。

鳴き声 ピーピー。

分布 アリューシャン列島・アラスカ西岸・チュコト半島・千島北部・カムチャッカ周辺で繁殖。冬季はやや南下する。日本では数の少ない冬鳥として本州北部以北の海上に飛来。

生息場所 海上。

類似種 エトロフウミスズメ→○体下面は一様に黒褐色。○額に冠羽がある。○下嘴下縁の曲がりはウミオウムほど大きくない。
シラヒゲウミスズメ→○体が小さい。○顔の白い飾り羽の線は3本。○額に冠羽がある。○嘴は細い。○胸と脇は黒褐色。

①**夏羽** アメリカ．アラスカ州セントポール島　1991年6月　高田
嘴が上下に扁平で，下嘴下縁が上方に大きく曲がっている。夏羽では嘴は鮮やかな赤。胸から腹は白い。

②**夏羽** セントポール島　1993年6月22日　私市
眼の後方から1条の白い線が出ている。この線は夏羽でははっきりして目立つが，冬羽や幼羽ではやや不鮮明になる。

③**冬羽** 東京―釧路航路釧路沖　1990年1月4日　私市　冬羽は喉が白く，嘴の赤も鮮やかさがなくなる。エトロフウミスズメのように大群になることはなく，単独か2．3羽でいることが多い。

| 北海道で見られる時期 | 1 | 2 | 3 | 4 | 5 | 6 | 7 | 8 | 9 | 10 | 11 | 12 |

チドリ目 ウミスズメ科

○ ウトウ

Cerorhinca monocerata
Rhinoceros Auklet

TL 35-38cm
WS 56-63cm

特徴 ○頭部と体上面は黒褐色。
○顔に2本の白い飾り羽の線がある。
○嘴はオレンジ色で太く，上嘴基部から角状の突起が出る。
○体下面は淡褐色で，腹は白い。
○足は太くて短く，黄白色。
○翼下面は黒褐色。
○冬羽では嘴の突起は小さく，顔の白線は目立たない。

鳴き声 ウォー，ウォーまたはググッ，ググッ。

分布 サハリン・千島・アリューシャン列島・アラスカ・北アメリカ西岸で繁殖。日本では北海道や本州北部の属島で繁殖し，冬季は本州中部以北の海上で見られる。九州や伊豆諸島の海上で見られることもある。

生息場所 海上。離島で繁殖する。

類似種 エトピリカ冬羽→○嘴幅はより広い。○体下面も上面同様の黒褐色。○足はオレンジ色。

① **夏羽** 北海道天売島 1987年6月27日 Y
顔の2条の白い飾り羽の線が目立つ。北海道の天売島や大黒島，岩手県の椿島などが集団繁殖地として知られている。

③ **夏羽** 北海道知床半島 1998年7月 石川
他のウミスズメ類に比べ頭が大きいため，海上に浮いているときはシルエットでも識別できる。

② **夏羽** 天売島 1990年6月27日 Y
嘴は黄色く，上嘴基部には夏羽で1cmほどの角状の突起が見られる。この突起は冬羽では小さくなり，ほとんどわからなくなる。

④ **夏羽** 北海道標津沖 2001年7月28日 桐原　飛翔時，翼は上面，下面ともに一様に黒褐色。腹は白い。

| 北海道で見られる時期 | 1 | 2 | 3 | 4 | 5 | 6 | 7 | 8 | 9 | 10 | 11 | 12 |

△ ツノメドリ

Fratercula corniculata
Horned Puffin

TL 36-41cm
WS 56-58cm

チドリ目 ウミスズメ科

特徴 ○顔は白く，眼の上部に黒い角質の飾りと，眼の後方に細い黒線がある。
○頭上・後頭・頸・体上面は黒い。
○胸と体下面は白。
○嘴は縦に扁平で大きく，色は黄色。先端はオレンジ色。
○オレンジ色の足。
○翼下面は黒い。
○冬羽では顔は黒味を帯び，嘴は基部が少し小さくなり，色は汚黄色。眼の上の飾りはない。

鳴き声 オルルルー，オルルルー。

分布 千島・サハリン・オホーツク海およびベーリング海の沿岸・アリューシャン列島で繁殖し，周辺の海域に生息。日本では冬季，本州北部以北の海上に飛来するが，数は少ない。北海道では夏季に見られることもある。択捉島や色丹島では繁殖記録がある。

生息場所 海上。

類似種 冬羽は次の種に似る。**エトピリカ冬羽**→○体下面は黒い。○嘴は大部分がオレンジ色。○顔の淡色部の境は不明瞭。
ウトウ冬羽→○嘴は細い。○胸から腹は灰褐色の混じる白。○顔は褐色。○足は淡黄色。

①**夏羽** アメリカ，アラスカ州セントポール島 1993年6月22日 私市 上下に扁平な大きな嘴と，白い顔，眼の上の黒い角状の飾りが特徴。本種やエトピリカの嘴基部には嘴を開閉するときに伸び縮みするオレンジ色の「花飾り」がある。

DNA分析による系統分類

　鳥類の分類は，これまで外部および内部の形態の違いを規準にしてきた。しかし，形態は生活環境の影響を受けやすく，形態が似ていることが必ずしも正しい類縁関係を示すとは限らないという問題があった。このため，最近では環境の影響を受けにくい，体を構成する化学物質の分析による手法で分類を行う研究がなされるようになってきた（分子生物学的手法）。特に，遺伝子の本体であるDNAの塩基配列の分析による系統分類は，現在，最も注目を浴びている。

　鳥類のDNAは細胞核の核DNAと，細胞内小器官のミトコンドリアにあるミトコンドリアDNA（以下，mtDNA）があるが，よく用いられるのはmtDNAである。なぜなら，核DNAは両親から遺伝するため染色体の組換えが複雑になるが，mtDNAは今のところ鳥類では母からしか遺伝しない（母系遺伝）ことになっており，組換えが比較的単純で分析しやすい。さらにmtDNAは核DNAより塩基の置換速度が速く，近縁種間で配列の違いを比較するのに適しているのである。

　DNAを用いて系統解析を行う場合，現在はすべての配列を調べるのではなく，限られた領域の配列で行っている。mtDNAの場合，チトクロームbという酵素タンパク質の遺伝情報をコードしたチトクロームb（Cyt. b）領域や，細胞内小器官リボゾームを構成するRNA（リボ核酸）の遺伝情報をコードする12SリボゾームRNA（12SrRNA）領域，遺伝情報をコードしていないコントロール領域などがよく用いられる。領域によって塩基の置換率が異なり，調べる対象によって使い分けたり，複数の領域を組み合わせて解析する。概して塩基の置換速度が速いコントロール領域は，亜種・個体群レベルの研究に利用され，遅い12SrRNA領域は属や科などの系統解析に，両者の中間的な速度のCyt. b領域は種・亜種レベルの系統解析に利用されている。

北海道で見られる時期	1	2	3	4	5	6	7	8	9	10	11	12

チドリ目 ウミスズメ科

△ エトピリカ

Lunda cirrhata
Tufted Puffin

TL 36-41cm
WS 66cm

特徴 ○顔は白く，眼の後方から黄白色の房状の飾り羽が垂れる。
○頭上と体下面は黒褐色。
○嘴は縦に扁平で大きい。色はオレンジ色で，基部は黄緑色。
○オレンジ色の足。
○翼下面は黒い。
○冬羽は顔の白色部は淡褐色で，飾り羽はない。嘴はやや細い。

鳴き声 クルルルル。

分布 千島・オホーツク海およびベーリング海の沿岸部・アリューシャン列島で繁殖。日本では北海道大黒島・霧多布・モユルリ島で繁殖し，冬季は本州北部以北の海上で見られるが数は少ない。

生息場所 海上。海岸や離島の急斜面の草地で繁殖する。

類似種 冬羽は次の種に似る。
ツノメドリ冬羽→○体下面は白い。○嘴は黄褐色で，先端はオレンジ色。○顔の淡色部と黒色部の境は明瞭。
ウトウ冬羽→○嘴はエトピリカよりは細い。
○体下面は白っぽい。
○足は淡黄色。

①**夏羽** 北海道浜中町 1985年7月5日 Y
白い顔と眼の後方から垂れる黄白色の房状の飾り羽，美しい扁平な嘴が特徴。

②**第1回冬羽** 北海道根室市 1997年12月 青木
全身が黒褐色となる。眼の周辺付近は淡褐色。この個体はまだ若いため，嘴の上下のふくらみがまだ弱い。

③**夏羽** 浜中町 1985年7月5日 Y
飛翔時，翼は上面，下面ともに黒い。北海道では繁殖数が年々減少している。

| 北海道東部で見られる時期 | 1 | 2 | 3 | 4 | 5 | 6 | 7 | 8 | 9 | 10 | 11 | 12 |

342

外来種

コクチョウ カモ目カモ科
Cygnus atratus
Black Swan
TL 115-140 cm

特徴 ○全身黒い。○嘴は赤く，先端付近に白い帯がある。○眼先の皮膚は裸出し，嘴につながる。○飛翔時，初列風切が白い。
分布 オーストラリアに分布。日本では公園や庭園等でよく飼われており，逃げ出したものが野外で記録されることがある。
生息場所 沼・潟湖・河口・入り江。
類似種 特になし。

コクチョウ 千葉県谷津干潟 1985年11月23日 私市
全身黒く，嘴は赤い。頸はハクチョウ類の中で最も細長く見える。

ガチョウ（ツールーズ）
カモ目カモ科 *Anser anser* var. *domesticus*
Toulouse Goose 体重 11-13.5 kg

特徴 ○羽色はハイイロガンに似る。○体ははるかに大きく，大形のものはハイイロガンの約3倍の体重がある。○嘴と足はオレンジ色。
鳴き声 グァ。
分布 ハイイロガンをもとにヨーロッパで作出された家禽。公園の池などでよく飼われている。
生息場所 池。
類似種 **ハイイロガン**→○日本に飛来する亜種は，嘴と足はピンク色。○より太った体形で，泳いでいるときには尻がせり上がって見える。
その他 ヨーロッパで作出されたガチョウの品種には，ほかに**エムデン** Embden Goose がある。エムデンは全身が純白，嘴と足はオレンジ色。

ガチョウ 埼玉県こども自然公園 1999年11月下旬 味田
さまざまな羽色のものがつくり出されている。写真のものは純粋なツールーズではないかもしれない。原種のハイイロガンよりも体は大きく，止まっているときはより体をたてている。

シナガチョウ カモ目カモ科
Anser cygnoides var. *domesticus*
Domestic Chinese Goose 体重 4.5-5.5 kg

特徴 ○羽色はサカツラガンに似てやや淡い。○体形はでっぷりしていて，特に下腹が大きく，泳いでいるときに尻がせり上がって見える。○嘴は黒く，太め。○額の皮膚の裸出部はこぶ状に出っ張る。○全身が白いものもいる。
鳴き声 ガハン，ガガガガ。
分布 サカツラガンをもとに中国北部で作出された家禽。各地の公園の池などでよく飼われている。
生息場所 池。
類似種 **サカツラガン**→○額にこぶ状の裸出部はない。○嘴はより細くて長い。○泳いでいるとき，尻はせり上がって見えない。

シナガチョウ 愛知県豊橋市 1998年1月16日 Y 左側の個体は原種のサカツラガンとよく似た羽色をしている。本種だけでなく，家禽は右側の個体のような白色型をはじめ，さまざまな羽色のものが作り出されている。

343

外来種

エジプトガン

カモ目カモ科
Alopochen aegyptiaca
Egyptian Goose　TL 71-73 cm

特徴　○頭と体下面は灰褐色。○眼の周囲と頸下半分は栗褐色。○腹に大きな栗色の斑がある。○嘴と足はピンク色。○飛翔時、翼上面は雨覆が白く、大雨覆に黒い横線が走る。

分布　サハラ砂漠以南のアフリカに分布。日本では動物園などから逃げ出したものが記録されることがある。

生息場所　池・湖沼。

類似種　特になし。

エジプトガン　タンザニア，ンゴロンゴロ 1999年1月1日 私市　眼の周囲が円形に栗褐色になっているのが特徴。嘴と足はピンク色。

バリケン カモ目カモ科

Cairina moschata var. *domestica*　Muscovy
体重3.5-5 kg，原種はTL 66-84 cm

特徴　○全身緑色光沢のある黒。全身が白いもの，灰色のもの，この3色がさまざまな割合で混じるものもいる。○眼の周囲と額は赤い皮膚が裸出し，突起がある。○嘴の付け根にとさか状の肉瘤がある。○嘴は淡いピンク色。黒が混じるものもいる。○足は短くて淡いオレンジ色。○雌は雄より小さく，とさか状の肉瘤がない。

分布　中央アメリカ・南アメリカに分布するノバリケン *Cairina moschata*, Muscovy Duck を家禽化したもの。食用に飼育されており，逃げ出したものが各地で観察されることがある。

生息場所　池。

類似種　特になし。

バリケン　愛知県豊橋市 1998年1月21日 Y　嘴の基部から眼にかけて赤い皮膚が露出しているのが特徴。タイワンアヒル，フランスガモなどの別名もあるが，原種バリケンは中央アメリカ・南アメリカに分布。アヒルとの雑種ドバンも食用として飼育されている。

アメリカオシ♂
カナダ，ブリティッシュコロンビア州バンクーバー　1996年3月29日　桐原　オシドリと異なり，眼の周囲は暗緑色。「銀杏羽」もない。

アメリカオシ♀
ブリティッシュコロンビア州バンクーバー　1996年4月1日　桐原　オシドリ♀に比べ，眼の周囲の白色部は幅が広い。嘴の先端は黒い。

アメリカオシ

カモ目カモ科
Aix sponsa　Wood Duck
TL 43-51 cm

特徴　○頭は扁平で暗緑色。後頭に紫色・緑色・藍色を帯びる長い冠羽がある。○冠羽の先端に達する白線が，嘴の基部から1本，眼の後ろから1本伸びる。○嘴の下に半月形の白線。○胸は赤褐色で白斑が点在する。○側胸に黒と白の帯が1本ずつある。○赤・白・黒の嘴。○雌は全身灰褐色で，嘴は灰黒色。眼の周囲と喉が白い。

鳴き声　ウイーッ。

分布　北アメリカ中部および南部・中央アメリカで繁殖。北方のものは冬季南へ移動する。日本では飼い鳥が逃げ出したものが各地で記録される。

生息場所　公園の池。

類似種　オシドリ→○眼の周囲は黄白色と淡いオレンジ色。○銀杏羽がある。○側胸の黒と白の線は各2本ずつ。○雌は眼の周囲の白色部が小さいこと，頭が大きめで額が盛り上がること，嘴の先端が白い（アメリカオシでは黒い）ことで区別。

344

参考文献

Alström, P., Colston, P. and Lewington, I. 1991. *A Field Guide to the Rare Birds of Britain and Europe.* Harper Collins, London.

奄美野鳥の会 1997. 図鑑 奄美の野鳥. 奄美野鳥の会, 名瀬.

Beaman, M. 1994. *Palearctic Birds : A Checklist of the Birds of Europe, North Africa and Asia north of the foothills of the Himalayas.* Harrier Publications, Stonyhurst.

Beaman, M. and Madge S. 1998. *The Handbook of Bird Identification for Europe and the Western Palearctic.* Princeton University Press, Princeton.

Brazil, M. A. 1991. *The Birds of Japan.* Christopher Helm, London.

Brooke, M. 2004. *Albatrosses and Petrels across the World.* Oxford University Press, New York.

Buzun,V.A. 2002. Descriptive update on gull taxonomy： 'West Siberian Gull'. *British Birds* 95：216-232.

Chandler, R. J. 1989. *The Macmillan Field Guide to North Atlantic Shorebirds.* The Macmillan Press Ltd., London and Basingstoke.

Collinson, M. 2001. Genetic relationships among the different races of Herring Gull,Yellow-legged Gull and Lesser Black-baced Gull. *British Birds* 94：523-528.

Collinson, M. 2006. Splitting headaches? Recent taxonomic change affecting the British and Western Palearctic lists. *British Birds* 99：306-323.

Collinson, M., Parkin, D.T., Knox, A.J., Sangster, G. and Svensson, L. 2008. Species boundaries in the Herring and Lesser Black-backed gull complex. *British Birds* 101：340-363.

Crochet, P., Lebreton, J., & Bonhomme, F. 2002. Systematics of large white-headed gulls:patterns of mitochondrial DNA variation in Western European taxa. *Auk* 119：603-620.

Delin, H. and Svensson, L. 1988. *Photographic Guide to the Birds of Britain and Europe.* Hamlyn, London.

del Hoyo, J., Elliott, A. and Sargatal, J.(eds.) 1992-1996. *Handbook of the Birds of the World,* vols. *1-3.* Lynx Edicions, Barcelona.

Dickinson, E. C.（ed.）2003. *The Howard & Moore Complete Checklist of the Birds of the World.* 3rd Edition. Priceton University Press, New Jersey.

Dubois, P. J. 1997. Identification of North American Herring Gull. *British Birds* 90：314-324.

Enticotto, J. and Tipling, D. 1997. *Photographic Handbook of the Seabirds of the World.* New Holland, London.

Farrand, J. Jr. 1988. *Eastern Birds : An Audubon Handbook.* McGraw-Hill Book Company, New York.

Farrand, J. Jr. 1988. *Western Birds : An Audubon Handbook.* McGraw-Hill Book Company, New York.

Garner, M. 1997 Identification of Yellow-legged Gulls in Britain. *British Birds* 90：25-62.

Gaston, A. J. and Jones, I. L. 1998. *Birds Family of the World, The Auks.* Oxford University Press, Oxford.

Gill F. and Wright M. 2006. *Birds of the World.* Christopher Helm, London.

Gooders, J. and Boyer, T. 1986. *Ducks of Britain and the Northern Hemisphere.* Dragon's World, Limpsfield and London.

Grant, P. J. 1986. *Gulls : a guide to identification.* Second edition. T & A D Poyser, Calton.

Hancock, J. and Kushlan, J. 1984. *The Herons Handbook.* Harper & Row Publishers, New York.

Harris, A., Shirihai, H. and Christie, D. 1996. *The Macmillan Birder's Guide to European and Middle Eastern Birds.* Macmillan, London and Basingstoke.

Harris, A., Tucker, L. and Vinicombe, K. 1989. *The Macmillan Field Guide to Bird Identification.* The Macmillan Press Ltd., London and Basingstoke.

Harrison, P. 1985. *Seabirds : an identification guide.* Revised edition. Croom Helm, London.

Harrison, P. 1987. *Seabirds of the World : A Photographic Guide.* Christopher Helm, London.

橋本宣弘．2007．日本におけるミズカキチドリ *Charadrius semipalmatus* の初記録．山階鳥類学雑誌 39：27-30.

Hayman, P., Marchant, J. and Prater, T. 1986. *Shorebirds, An Identification Guide to the Waders of the World.* Christopher Helm, London.

Heather, B. and Robertson, H. 1997. *The Field Guide to the Birds of New Zealand.* Oxford University Press, Oxford.

日高敏隆（監修）1997．日本動物大百科 第4巻 鳥類I．平凡社，東京．

北海道新聞社（編）1997．最新版 北海道の野鳥．北海道新聞社，札幌．

Howell, S. N. G. and Dunn, J. 2007. *Gulls of the Americas.* Houghton Mifflin, New York.

今泉吉典．1966．動物の分類．第一法規，東京．

今泉吉典．1998．哺乳動物進化論．Newton Press, 東京．

Jonsson, L. 1992. *Birds of Europe with North Africa and the Middle East.* Christopher Helm, London.

蒲谷鶴彦 1996．CD Books 日本野鳥大鑑 鳴き声333 上．小学館，東京．

梶田学．1999．DNAを利用した鳥類の系統解析と分類．日本鳥学会誌48：5-45.

叶内拓哉・安部直哉・上田秀雄 1998．山溪ハンディ図鑑7 日本の野鳥．山と溪谷社，東京．

Kaufman, K. 1990. *A Field Guide to Advanced Birding.* Houghton Mifflin, Boston.

Kear, J. 2005. *Ducks, Geese and Swans.* Oxford University Press, New York.

Kennerley, P. R., Hoogendoorn, W. & Chalmers, M. L. 1995. Identification and systematics of large white-headed gulls in Hong Kong. *Hong Kong Bird Report* 1994：127-156.

清棲幸保 1965．増補新訂版 日本鳥類大図鑑 II．講談社，東京．

小池裕子・松井正文（編）．2003．保全遺伝学．東京大学出版会，東京．

高知新聞社　1995．四国の野鳥．高知新聞社，高知．

黒田長久（編・監修）1984．決定版 生物大図鑑 鳥類．世界文化社，東京．

黒田長久・森岡弘之（監修）1985．世界の動物 分類と飼育．第8巻 コウノトリ目＋フラミンゴ目．東京動物園協会，東京．

黒田長久・森岡弘之（監修）1989．世界の動物 分類と飼育．第10巻 II ツル目．東京動物園協会，東京．

Leader, P. J., & Carey, G. J. 2003 Identification of Pintail Snipe and Swinhoe's Snipe *British Birds* 96：178-198.

馬渡峻輔．1994．動物分類学の論理．東京大学出版会，東京．

馬渡峻輔．2006．動物分類学30講．朝倉書店，東京．

Maclean, N., Collinson, M. and Newell, C. G．2005. Taxonomy for birders．*British Birds* 98：512-537.

McGowan, R. Y. & Kitchener, A. C. 2001. Historical and taxonomic review of the Iceland Gull *Larus glaucoides* complex．*British Birds* 94：191-195.

箕輪義隆．2007．海鳥識別ハンドブック．文一総合出版，東京．

Mullarney, K., Svensson, L., Zetterström, D. and Grant, P. J. 1999．*Collins Birds Guide*．Harper Collins, London.

National Geographic Society 1999．*Field Guide to the Birds of North America*．Third edition．National Geographic, Washington, D. C.

日本鳥学会　1974．日本鳥類目録 改訂第5版．学習研究社，東京．

日本鳥学会目録編集委員会　1997．日本産鳥類リスト．*Jpn. J. Ornithol.* 46 (1)：59 - 91.

日本鳥類保護連盟　1988．鳥 630図鑑．日本鳥類保護連盟，東京．

O'Brien, M., Crossley, R. and Karlson, K. 2006．*The Shorebird Guide*．Houghton Mifflin, New York.

Ogilvie, M. and Young, S. 1998．*Photographic Handbook of the Wildfowl of the World*．New Holland, London.

沖縄野鳥研究会（編）1993．改訂 沖縄県の野鳥．沖縄出版，浦添．

Olsen, K. M. and Larsson, H. 1995．*Terns of Europe and North America*．Christopher Helm, London.

Olsen, K. M. and Larsson, H. 1997．*Skuas and Jaegers : A Guide to the Skuas and Jaegers of the World*．Pica Press, Sussex.

Onley, D. and Scofield, P. 2007. Albatrosses, Petrels and Shearwaters of the World. Christopher Helm, London.

大関義明・楠窪のり子．2005．千葉県銚子市，茨城県波崎町におけるチャガシラカモメ *Larus brunnicephalus*．日本鳥学会誌 54：53-55.

Panov, E. N. & Monzikov, D. G. 2000. Status of the form *barabensis* within the '*Larus argentatus-cachinnans-fuscus* complex'．*British Birds* 93：227-241.

Paulson, D. 2005．*Shorebirds of North America*．Princeton University Press. New Jersey.

Pizzey, G. and Knight, F. 1997．*The Field Guide to the Birds of Australia*．Augus & Robertson, Sydney.

Porter, R. F., Christensen, S. and Schiermacher-Hansen, P. 1996．*Field Guide to the Birds of the Middle East*．T. & A D Poyser, London.

Pratt, H. D., Bruner, P. L. and Berrett, D. G. 1987．*A Field Guide to the Birds of Hawaii and the Tropical Pacific*．Princeton University Press, Princeton.

Rosair, D. and Cottridge, D. 1995．*Photographic Guide to the Waders of the World*．Hamlyn, London.

Sangster, G., Collinson ,M., Helbig, A. J., Knox, A. G., Parkin, D. T. & Prater, T. 2001. The taxonomic status of Green-winged Teal．*British Birds* 94：218-226.

Snow, D. W. and Perrins, C. M. 1998．*The Birds of the Western Palearctic,* Concise Edition, Vol. 1．Oxford University Press, Oxford.

Sonobe, K. (ed.) 1993．*A Field Guide to the Waterbirds of Asia*．Wild Bird Society of Japan, Tokyo.

高野伸二　1989．フィールドガイド 日本の野鳥．増補版．日本野鳥の会，東京．

Taylor, B. and van Perlo, B. 1998．*Rails : A Guide to the Rails, Crakes, Gallinules and Coots of the World*．Pica Press, Sussex.

丁長青（編）．2007．トキの研究．新樹社，東京．

氏原巨雄・氏原道昭　1992．BIRDERスペシャル カモメ識別ガイド．文一総合出版，東京．

浦 達也．2007．オオジシギの雄と雌の体の違い（性的二型）．日本野鳥の会札幌支部報カッコウ7月号：8-9.

Vaurie, C. 1965．*The Birds of the Palearctic Fauna*．Non-Passeriformes. Witherby, London.

Viney, C., Phillipps, K. and Lam, C.-Y. 1994．*Birds of Hong Kong and South China*．Government Publications Centre of Hong Kong, Hong Kong.

山岸哲・樋口広芳（編）．2002．これからの鳥類学．裳華房，東京．

山岸哲・森岡弘之・樋口広芳（監修）．2004．鳥類学辞典．昭和堂，京都．

山階芳麿　1941．日本の鳥類と其の生態 2．岩波書店，東京．

山階芳麿　1986．世界鳥類和名辞典．大学書林，東京．

山階鳥類研究所標識研究室　1988．鳥類標識マニュアル（識別編 No. 5）．山階鳥類研究所標識研究室，我孫子．

Yésou, P. 2001. Phenotypic variation and systematics of Mongolian Gull. *Dutch Birding* 23：65-82.

Yésou, P. 2002. Systematics of *Larus argentatus-cachinnans-fuscus* complex revisited. *Dutch Birding* 24：271-298.

和名索引

凡　例
◎写真を掲載したページを示す。種の和名は太字，亜種の和名は細字で示した。種和名と亜種和名が同じ場合は太字で示した。
◎写真を収録せず，解説で触れているのみの種または亜種は，収録ページを斜体で示した。
◎掲載ページの前に「山」とあるものは，その種または亜種が『日本の鳥 550 山野の鳥』に収録されている（解説で触れているのみの場合もある）ことを示す。

■ ア ■
アイスランドカモメ ……290
アオアシシギ …………235
アオゲラ…………………山116
アオサギ ………………94
アオジ……………………山291
アオシギ ………………259
アオショウビン………山104
アオツラカツオドリ ……63
アオハクガン……………*110*
アオバズク ……………山98
アオバト ………………山78
アオハライソヒヨドリ …山195
アカアシアジサシ ………*319*
アカアシカツオドリ ……64
アカアシシギ …………232
アカアシチョウゲンボウ…山59
アカアシミズナギドリ …44
アカアシミツユビカモメ 302
アカウソ …………………山318
アカエリカイツブリ ……26
アカエリヒレアシシギ …265
アカオネッタイチョウ …58
アカガシラカラスバト……山72
アカガシラサギ …………80
アカゲラ…………………山120
アカコッコ ……………山203
アカショウビン ………山106
アカツクシガモ ………118
アカノドカルガモ ……123
アカハシハジロ ………136
アカハジロ ……………142
アカハラ…………………山204
アカハラダカ …………山26
アカヒゲ ………………山177
アカマシコ ……………山312
アカモズ ………………山164

アカヤマドリ …………山67
アジサシ ………………318
アシナガウミツバメ ……51
アシナガシギ …………223
アトリ …………………山304
アナドリ …………………40
アネハヅル ……………169
アビ ………………………18
アホウドリ ………………28
アマサギ …………………84
アマツバメ ……………山103
アマミヒヨドリ…………山*158*
アマミヤマシギ ………254
アミメ …………………山*355*
アメリカイソシギ ………244
アメリカウズラシギ ……213
アメリカオオハシシギ …228
アメリカオグロシギ ……246
アメリカオシ ……………*120*
アメリカコガモ …………*125*
アメリカコハクチョウ …*116*
アメリカシマクイナ ……*177*
アメリカズグロカモメ …273
アメリカヒドリ …………132
アメリカヒバリシギ ……*208*
アメリカヒレアシシギ …266
アメリカホシハジロ ……138
アメリカムナグロ ………197
アラナミキンクロ ………150
アリスイ ………………山114

イイジマムシクイ ……山243
イエスズメ ……………山323
イカル……………………山321
イカルチドリ …………190
イシガキシジュウカラ …山265
イシガキヒヨドリ………山158

イスカ……………………山316
イソシギ …………………243
イソタヒバリ……………山*154*
イソヒヨドリ……………山195
イナダヨシキリ…………山225
イナバヒタキ……………山190
イヌワシ ………………山42
イワツバメ ……………山136
イワバホオジロ ………山276
イワヒバリ ……………山172
イワミセキレイ ………山138
インドガン ………………107
インドハッカ……………山358

ウィルソンアメリカムシクイ 山271
ウグイス ………………山219
ウスアカヒゲ……………山*177*
ウスアカヤマドリ ……山67
ウスアミメ ……………山*355*
ウズラ …………………山65
ウズラシギ ………………214
ウソ ……………………山318
ウタツグミ ………………213
ウチヤマセンニュウ …山223
ウトウ ……………………340
ウミアイサ ………………158
ウミウ ……………………65
ウミオウム ………………339
ウミガラス ………………329
ウミスズメ ………………334
ウミネコ …………………296
ウミバト …………………331

エジプトガン ……………344
エゾアカゲラ……………山121
エゾオオアカゲラ ……山*119*
エゾセンニュウ ………山220

347

和名索引

エゾビタキ …………山254	オオヒシクイ……………108	カムチャッカケアシノスリ……山32
エゾフクロウ ………………山97	オオホシハジロ ……………139	カモメ ………………294
エゾムシクイ …………山241	オオマガン ……………*105*	カヤクグリ ……………山174
エゾライチョウ ………山63	オオマシコ ……………山310	カラアカハラ ………山200
エトピリカ ……………342	オオミズナギドリ ………41	カラアカモズ ……………山165
エトロフウミスズメ ……336	オオメダイチドリ ……193	カラシラサギ ……………92
エナガ ……………山258	オオモズ ……………山166	カラスバト ……………山72
エリグロアジサシ ……320	オオヨシキリ …………山228	カラフトアオアシシギ …239
エリマキシギ …………226	オオヨシゴイ ………74	カラフトウグイス ………山*218*
	オオルリ ……………山252	カラフトムシクイ ……山238
オウゴンチョウ ………山358	オオワシ ……………山23	カラフトムジセッカ …山236
オウゴンヒワ ……………山*271*	オガサワラカワラヒワ …山303	カラフトワシ ……………山39
オウチュウ ……………山336	オガサワラノスリ ………山35	カラムクドリ ……………山330
オオアカゲラ ……………山119	オガサワラヒヨドリ ……山158	カリガネ ……………106
オオアカハラ ……………山205	オカヨシガモ ……………128	カルガモ ………………122
オオアジサシ ……………313	オガワコマドリ …………山180	カワアイサ ……………162
オオカラモズ ……………山167	オグロシギ ……………245	カワウ ………………66
オオカワラヒワ …………山303	オサハシブトガラス ……山348	カワガラス ……………山170
オオキアシシギ …………236	オシドリ ……………120	カワセミ ……………山108
オオキンランチョウ ……山*357*	オジロトウネン …………210	カワラバト ……………山*350*
オオクイナ ……………173	オジロビタキ ……………山251	カワラヒワ ……………山302
オオグンカンドリ ………70	オジロワシ ……………山22	カワリシロハラミズナギドリ 35
オオコノハズク ………山94	オナガ ……………山341	カンムリウミスズメ ……335
オオジシギ ……………258	オナガガモ ……………130	カンムリオウチュウ …山338
オオジュリン ……………山289	オナガミズナギドリ ……42	カンムリカイツブリ ……27
オオシロハラミズナギドリ 36	オニアジサシ ……………312	カンムリカッコウ ……山85
オオズグロカモメ ………272	オバシギ ……………220	カンムリワシ ……………山46
オーストラリアセイタカシギ ……263	オリイモズ ……………山163	
オーストンウミツバメ …56		キアオジ ……………山273
オーストンオオアカゲラ ……山119	■ カ ■	キアシシギ ……………242
オーストンヤマガラ ……山263	カイツブリ ……………23	キアシセグロカモメ ……*284*
オオセグロカモメ ………286	カオグロガビチョウ …山352	キガシラシトド ………山299
オオセッカ ……………山217	カケス ……………山339	キガシラセキレイ ……山139
オオソリハシシギ ………247	カササギ ……………山342	キクイタダキ ……………山244
オオダイサギ ……………87	カシラダカ ……………山282	キジ ……………山68
オオタカ ……………山24	カシラダカ ……………山282	キジバト ……………山74
オオチドリ ……………194	カタグロトビ ……………山20	キセキレイ ……………山142
オオトウゾクカモメ ……268	カタシロワシ ……………山44	キタタキ ……………山*118*
オオトラツグミ …………山198	ガチョウ（エムデン）…*343*	キタツメナガセキレイ …山141
オオノスリ ……………山38	ガチョウ（ツールーズ） 343	キタホオジロガモ ………155
オオハクチョウ …………115	カツオドリ ……………62	キタヤナギムシクイ …山231
オオハシシギ ……………229	カッコウ ……………山82	キバシリ ……………山267
オオハッカ ……………山360	カナダカモメ ……………291	キバラムシクイ ………山234
オオハム ……………19	カナダガン ……………102	キビタキ ……………山248
オオバン ……………182	カナダヅル ……………166	キマユツメナガセキレイ …山140
オオバンケン ……………山*86*	カバイロハッカ ………山358	キマユホオジロ ………山279
	ガビチョウ ……………山352	

348

キマユムシクイ ……… 山237	ケイマフリ ……………… 332	コスズガモ ……………… 145
キュウシュウエナガ …… 山*258*	ケリ ……………………… 199	コチドリ ………………… 189
キュウシュウゴジュウカラ … 山*266*	ケワタガモ ……………… 147	コチョウゲンボウ ……… 山58
キュウシュウフクロウ …… 山97		コトラツグミ …………… 山*198*
キョウジョシギ ………… 202	コアオアシシギ ………… 234	コノドジロムシクイ … 山230
キョクアジサシ ………… 316	コアカゲラ ……………… 山124	コノハズク ……………… 山92
キリアイ ………………… 225	コアジサシ ……………… 324	コハクチョウ …………… 116
キレンジャク …………… 山168	コアホウドリ …………… 31	コバシウミスズメ ……… *333*
キンクロハジロ ………… 143	コイカル ………………… 山320	コバシギンザンマシコ … 山313
ギンザンマシコ ………… 山313	ゴイサギ ………………… 82	コバシチドリ …………… 195
キンバト ………………… 山77	コウカンチョウ ………… 山353	ゴビズキンカモメ ……… 299
キンパラ ………………… 山356	コウノトリ ……………… 97	コヒバリ ………………… 山128
ギンパラ ………………… 山356	コウミスズメ …………… 338	コブハクチョウ ………… 113
ギンムクドリ …………… 山327	コウライアイサ ………… 159	コベニヒワ ……………… 山307
キンメフクロウ ………… 山95	コウライウグイス ……… 山334	コホオアカ ……………… 山281
キンランチョウ ………… 山357	コウライキジ …………… 山69	コマドリ ………………… 山176
	コウライバト …………… 山*71*	ゴマフスズメ …………… 山297
クイナ …………………… 170	コウライクイナ ………… 174	コマミジロタヒバリ …… 山149
クサシギ ………………… 237	コウラウン ……………… 山351	コミズナギドリ ………… *45, 46*
クサチヒメドリ ………… 山300	コオバシギ ……………… 219	コミミズク ……………… 山90
クビワオオシロハラミズナギドリ … 36	コオリガモ ……………… 154	コムクドリ ……………… 山329
クビワキンクロ ………… 140	コガモ …………………… 124	コメボソムシクイ ……… 山*239*
クビワコウテンシ ……… 山126	コカモメ ………………… *294*	コモンシギ ……………… 224
クマゲラ ………………… 山118	コカワラヒワ …………… 山303	コヨシキリ ……………… 山226
クマタカ ………………… 山40	コガラ …………………… 山261	コルリ …………………… 山181
クロアシアホウドリ …… 32	コキアシシギ …………… 233	
クロアジサシ …………… 325	コクガン ………………… 103	■ サ ■
クロアミメ ……………… 山*355*	コクチョウ ……………… 343	サカツラガン …………… 112
クロウタドリ …………… 山202	コクマルガラス ………… 山345	ササゴイ ………………… 81
クロウミツバメ ………… 57	コグンカンドリ ………… 71	サシバ …………………… 山36
クロガモ ………………… 148	コゲラ …………………… 山122	サドカケス ……………… 山*339*
クロコシジロウミツバメ … 55	コケワタガモ …………… 146	サバクヒタキ …………… 山193
クロサギ ………………… 93	コサギ …………………… 90	サバンナシトド ………… 山300
クロジ …………………… 山293	コサメビタキ …………… 山255	サメイロワシ …………… 山*43*
クロジョウビタキ ……… 山184	コシアカツバメ ………… 山135	サメビタキ ……………… 山253
クロズキンアメリカムシクイ … *271*	コシギ …………………… 260	サルハマシギ …………… 218
クロツグミ ……………… 山201	ゴシキヒワ ……………… 山305	サンカノゴイ …………… 72
クロツラヘラサギ ……… 100	コシジロアジサシ ……… 323	サンコウチョウ ………… 山257
クロヅル ………………… 163	コシジロイソヒヨドリ 山194	サンショウクイ ………… 山156
クロトウゾクカモメ …… 270	コシジロウミツバメ …… 53	
クロトキ ………………… 101	コシジロキンパラ ……… 山354	シコクヤマドリ ………… 山*67*
クロノビタキ …………… 山188	コシジロヤマドリ ……… 山*67*	シジュウカラ …………… 山264
クロハゲワシ …………… 山45	コシャクシギ …………… 252	シジュウカラガン ……… 102
クロハラアジサシ ……… 309	ゴジュウカラ …………… 山266	シナガチョウ …………… 343
	コジュケイ ……………… 山64	シノリガモ ……………… 151
ケアシノスリ …………… 山32	コジュリン ……………… 山292	シベリアアオジ ………… 山291

349

シベリアイワツバメ…山136,137	ズアオホオジロ………山277	タマシギ ……………185
シベリアオオハシシギ …230	ズアカアオバト ………山79	ダルマエナガ…………山216
シベリアジュリン……山288	ズグロカモメ ………279	タンチョウ …………164
シベリアセンニュウ …山221	ズグロチャキンチョウ 山286	
シベリアツメナガセキレイ 山141	ズグロミゾゴイ ………79	チゴハヤブサ …………山55
シベリアハクセキレイ …山144	スズガモ ……………144	チゴモズ………………山160
シベリアムクドリ……山328	スズメ ………………山325	チシマウガラス ………69
シマアオジ……………山284	セイタカシギ ………262	チシマシギ …………215
シマアカモズ…………山165	セキセイインコ………山350	チフチャフ …………山232
シマアジ ……………133	セグロアジサシ ……322	チャキンチョウ………山287
シマエナガ …………山258	セグロカッコウ ………山81	チュウサギ …………88
シマキンパラ ………山355	セグロカモメ ………284	チュウジシギ ………257
シマクイナ …………177	セグロサバクヒタキ…山192	チュウシャクシギ ……250
シマゴマ ……………山178	セグロセキレイ ……山147	チュウダイサギ ………86
シマセンニュウ ……山222	セグロミズナギドリ …49	チュウヒ ……………山52
シマノジコ …………山285	セジロタヒバリ………山152	チョウゲンボウ ………山61
シマフクロウ …………山88	セスジコヨシキリ……山227	チョウセンウグイス …山218
シメ …………………山322	セッカ ………………山245	チョウセンエナガ……山*258*
ジャワハッカ…………山360	セレベスコノハズク …山93	チョウセンダルマエナガ …山216
ジャワアナツバメ……山*100*	センダイムシクイ……山242	チョウセンハシブトガラス…山*348*
ジュウイチ …………山80		チョウセンメジロ……山268
ショウドウツバメ……山131	ゾウゲカモメ ………303	
ジョウビタキ…………山183	ソウシチョウ ………山352	ツクシガモ …………119
シラオネッタイチョウ …59	ソウゲンワシ ………山43	ツグミ ………………山210
シラガホオジロ………山274	ソデグロヅル ………168	ツツドリ ……………山83
シラコバト …………山73	ソリハシシギ ………240	ツノメドリ …………341
シラヒゲウミスズメ …337	ソリハシセイタカシギ…261	ツバメ ………………山132
シロアジサシ ………327		ツバメチドリ ………267
シロエリオオハム ……20	■ タ ■	ツミ …………………山28
シロエリヒタキ………山246	ダイサギ ……………86	ツメナガセキレイ……山140
シロオオタカ …………山25	ダイシャクシギ………248	ツメナガホオジロ……山296
シロガシラ …………山157	ダイゼン ……………198	ツリスガラ …………山259
シロカモメ …………292	ダイトウノスリ………山35	ツルクイナ …………179
シロチドリ …………191	ダイトウヒヨドリ……山*158*	ツルシギ ……………231
シロハヤブサ ………山54	ダイトウメジロ………山*269*	
シロハラ ……………山206	タイワンウグイス……山*218*	テンニンチョウ………山357
シロハラクイナ ……178	タイワンズアカアオバト …山79	
シロハラゴジュウカラ …山266	タイワンハクセキレイ …山144	トウゾクカモメ ……269
シロハラチュウシャクシギ 248	タイワンヒヨドリ……山158	トウネン ……………206
シロハラトウゾクカモメ 271	タカサゴクロサギ ……73	トキ ……………*101*, 337
シロハラホオジロ……山278	タカサゴモズ…………山161	ドバト ………………山350
シロハラミズナギドリ …37	タカブシギ …………238	トビ …………………山21
シロビタイジョウビタキ 山185	タゲリ ………………200	トモエガモ …………126
シロフクロウ …………山87	タシギ ………………255	トラツグミ …………山198
	タネコマドリ ………山176	トラフズク …………山89
ズアオアトリ…………山301	タヒバリ ……………山154	

■ ナ ■

ナキイスカ ……………山317
ナキハクチョウ …………114
ナベコウ ………………98
ナベヅル ………………165
ナミエオオアカゲラ ……山119
ナンヨウショウビン …山107
ナンヨウマミジロアジサシ
　　　　…………321, 323

ニシイワツバメ ………山136
ニシオオヨシキリ ……山228
ニシコクマルガラス …山344
ニシセグロカモメ …284,286
ニシタヒバリ …………山154
ニシヒメアマツバメ …山102
ニュウナイスズメ ……山324

ネパールハクセキレイ …山144

ノガン …………………183
ノグチゲラ ……………山115
ノゴマ …………………山179
ノジコ …………………山290
ノスリ …………………山34
ノドアカツグミ ………山208
ノドアカホオジロ ……山276
ノドグロツグミ ………山208
ノハラツグミ …………山209
ノバリケン ……………344
ノビタキ ………………山186

■ ハ ■

ハイイロミツバメ ……52
ハイイロオウチュウ …山337
ハイイロガン …………104
ハイイロチュウヒ ……山48
ハイイロヒレアシシギ …264
ハイイロペリカン ………61
ハイイロミズナギドリ …45
ハイタカ ………………山30
ハギマシコ ……………山309
ハクガン ………………110
ハクセキレイ …………山144
ハグロシロハラミズナギドリ 38
ハシグロアビ ……………21

ハシグロクロハラアジサシ 308
ハシグロヒタキ ………山191
ハシジロアビ ……………22
ハシナガウグイス ……山218
ハシビロガモ …………135
ハシブトアカゲラ ……山121
ハシブトアジサシ ………310
ハシブトウミガラス ……330
ハシブトオオヨシキリ山229
ハシブトガラ …………山260
ハシブトガラス ………山348
ハシブトヒヨドリ ……山158
ハシボソカモメ ………278
ハシボソガラス ………山347
ハシボソミズナギドリ …46
ハジロカイツブリ ………24
ハジロクロハラアジサシ 306
ハジロコチドリ …………187
ハジロミズナギドリ ……34
ハチクイ ………………山111
ハチクマ ………………山18
ハチジョウツグミ ……山210
ハッカチョウ …………山359
ハマシギ ………………216
ハマヒバリ ……………山130
ハヤブサ ………………山56
バライロムクドリ ……山332
ハリオアマツバメ ……山101
ハリオシギ ……………256
ハリオハチクイ ………山111
バリケン ………………344
ハリモモチュウシャク …251
ハワイシロハラミズナギドリ 36
ハワイセグロミズナギドリ…50
バン ……………………180
バンケン ………………山86
ハンエリヒタキ ………山246

ヒガラ …………………山262
ヒクイナ ………………176
ヒゲガラ ………………山215
ヒシクイ ………………108
ヒドリガモ ……………129
ヒバリ …………………山129
ヒバリシギ ……………208
ヒマラヤアマツバメ …山100

ヒメアマツバメ ………山102
ヒメイソヒヨ …………山196
ヒメウ ……………………68
ヒメウズラシギ …………212
ヒメウミスズメ …………328
ヒメカモメ ………………304
ヒメクイナ ………………175
ヒメクビワガビチョウ　山85
ヒメクビワカモメ ………304
ヒメクロアジサシ ………326
ヒメクロウミツバメ ……54
ヒメコウテンシ ………山127
ヒメシジュウカラガン …102
ヒメシロハラミズナギドリ…39
ヒメチョウゲンボウ …山60
ヒメハジロ ………………156
ヒメハマシギ ……………201
ヒメヒシクイ ……………109
ヒメモリバト …………山71
ヒヨドリ ………………山158
ヒレンジャク …………山169
ビロードキンクロ ………149
ビンズイ ………………山151

フクロウ ………………山96
ブッポウソウ …………山112
フタオビヤナギムシクイ…山240
フルマカモメ ……………33

ヘキチョウ ……………山355
ベニアジサシ ……………315
ベニスズメ ……………山353
ベニバト ………………山76
ベニバラウソ …………山319
ベニビタイキンランチョウ山357
ベニヒワ ………………山306
ベニマシコ ……………山314
ヘラサギ …………………99
ヘラシギ …………………222
ベンガルアジサシ ………314

ホイグリンカモメ ……280,281
ホウロクシギ ……………249
ホオアカ ………………山280
ホオアカカエデチョウ山354
ホオコウチョウ ………山354

ホオジロ……………山275	ミヤマビタキ…………山256	ヨーロッパコノハズク 山*92*
ホオジロガモ……………152	ミヤマホオジロ………山283	ヨーロッパコマドリ…山175
ホオジロハクセキレイ…山144	ミユビシギ………………221	ヨーロッパチュウヒ …山49
ホシガラス……………山343		ヨーロッパトウネン……204
ホシハジロ………………137	ムギマキ………………山250	ヨーロッパハチクマ …山*18*
ホシムクドリ…………山331	ムクドリ………………山333	ヨーロッパビンズイ…山150
ホトトギス ……………山84	ムジセッカ……………山235	ヨシガモ…………………127
ボナパルトカモメ ……274	ムナグロ…………………196	ヨシゴイ……………………76
ホンセイインコ………山351	ムナグロヘキチョウ…山355	ヨタカ……………………山99
ホントウアカヒゲ………山177	ムネアカタヒバリ……山153	ヨナクニカラスバト ……山*72*
	ムラサキサギ ……………96	
■ マ ■		■ ラ ■
マガモ……………………121	メグロ…………………山270	ライチョウ ………………山62
マガン……………………105	メジロ…………………山269	
マキノセンニュウ……山224	メジロガモ………………141	リュウキュウアカショウビン…山106
マキバタヒバリ………山155	メダイチドリ……………192	リュウキュウウグイス …山*218*
マダラウミスズメ………333	メボソムシクイ………山239	リュウキュウキジバト……山74
マダラシロハラミズナギドリ *38*	メリケンキアシシギ……241	リュウキュウキビタキ …山249
マダラチュウヒ ………山50	メンガタハクセキレイ…山144, 146	リュウキュウコノハズク …山93
マダラヒタキ…………山246		リュウキュウサンショウクイ 山156
マナヅル…………………167	モウコセグロカモメ ……281	リュウキュウツバメ…山134
マヒワ…………………山308	モズ……………………山162	リュウキュウツミ ……山29
マミジロ………………山197	モミヤマフクロウ ………山97	リュウキュウハシブトガラス…山348
マミジロアジサシ………321	モモイロペリカン ………60	リュウキュウヒクイナ……176
マミジロキビタキ……山247	モリツバメ……………山335	リュウキュウヒヨドリ…山*158*
マミジロクイナ…………*175*	モリムシクイ……………233	リュウキュウメジロ……山269
マミジロタヒバリ……山148		リュウキュウヨシゴイ …75
マミジロツメナガセキレイ…山140	■ ヤ ■	
マミチャジナイ………山207	ヤイロチョウ…………山125	ルリカケス……………山340
マンシュウダルマエナガ …山216	ヤツガシラ……………山113	ルリビタキ……………山182
	ヤドリギツグミ………山214	
ミカヅキシマアジ ………134	ヤクシマカケス…………山*339*	レンカク……………………184
ミカドガン………………111	ヤナギムシクイ………山240	レンジャクノジコ……山272
ミコアイサ………………157	ヤブサメ………………山218	
ミサゴ…………………山17	ヤマガラ………………山263	■ ワ ■
ミゾゴイ……………………78	ヤマゲラ………………山117	ワカケホンセイインコ……山351
ミソサザイ……………山171	ヤマザキヒタキ………山189	ワキアカツグミ………山212
ミツユビカモメ…………301	ヤマシギ…………………253	ワシミミズク …………山*88*
ミドリカラスモドキ…山326	ヤマショウビン………山105	ワシカモメ………………288
ミナミオナガミズナギドリ…43	ヤマセミ………………山110	ワタリアホウドリ ………30
ミフウズラ……………山70	ヤマドリ…………………山66	ワタリガラス…………山349
ミミカイツブリ …………25	ヤマヒバリ……………山173	ワライカモメ……………300
ミヤコドリ………………186	ヤンバルクイナ…………172	
ミヤマカケス…………山339		
ミヤマガラス…………山346	ユキホオジロ…………山294	
ミヤマシトド…………山298	ユリカモメ………………276	

学名索引

凡 例

◎写真を掲載したページを示す。
◎写真を収録せず，解説で触れているのみの種または亜種は，収録ページを斜体で示した。
◎掲載ページの前に☆印の付いているものは，その種または亜種が『日本の鳥 550 山野の鳥』に収録されている（解説で触れているのみの場合もある）ことを示す。

■ A ■

Accipiter gentilis ☆24
   gentilis albidus ☆25
   gentilis fujiyamae ☆25
   gularis ☆28
   gularis gularis ☆29
   gularis iwasakii ☆29
   nisus ☆30
   soloensis ☆26
Acridotheres cristatellus ☆359
   grandis ☆*360*
   javanicus ☆360
   tristis ☆358
Acrocephalus aedon ☆229
   agricola ☆225
   arundinaceus ☆228
   bistrigiceps ☆226
   orientalis ☆228
   sorghophilus ☆227
Actitis hypoleucos ☆243
   macularius 244
Aegithalos caudatus ☆258
   caudatus japonicus ☆258
   caudatus kiusiuensis ☆*258*
   caudatus magnus ☆258
   caudatus trivirgatus ☆258
Aegolius funereus ☆95
Aegypius monachus ☆45
Aethia cristatella 336
   psittacula 339
   pusilla 338
   pygmaea 337
Aix galericulata ☆120
   sponsa 344
Alauda arvensis ☆129
Alcedo atthis ☆108

Alle alle 328
Alopochen aegyptiaca 344
Amandava amandava ☆353
Amaurornis phoenicurus 178
Anas acuta 130
   americana 132
   clypeata 135
   crecca 124
   crecca carolinensis 124
   crecca crecca 124
   discors 134
   falcata 127
   formosa 126
   luzonica *123*
   penelope 129
   platyrhynchos 121
   poecilorhyncha 122
   querquedula 133
   strepera 128
Anous minutus 326
   stolidus 325
Anser albifrons 105
   albifrons frontalis 105
   albifrons gambelli *105*
   anser 104
   anser var. *domesticus* 343
   caerulescens 110
   canagicus 111
   cygnoides 108
   cygnoides var. *domesticus* 343
   erythropus 106
   fabalis 108
   fabalis curtus *109*
   fabalis middendorffii *109*
   fabalis serrirostris *109*
   indicus 107

Anthropoides virgo 169
Anthus cervinus ☆153
   godlewskii ☆149
   gustavi ☆152
   hodgsoni ☆151
   novaeseelandiae ☆148
   petrosus ☆*154*
   pratensis ☆155
   rubescens ☆154
   spinoletta ☆154
   trivialis ☆150
Aplonis panayensis ☆326
Apalopteron familiare ☆270
Apus affinis ☆102
   nipalensis ☆*102*
   pacificus ☆103
Aquila chrysaetos ☆42
   clanga ☆39
   heliaca ☆44
   hipalensis ☆43
   rapax ☆43
Ardea cinerea 94
   purpurea 96
Ardeola bacchus 80
Arenaria interpres 202
Artamus leucorhynchus ☆335
Asio flammeus ☆90
   otus ☆89
Aythya affinis 145
   americana 138
   baeri 142
   collaris 140
   ferina 137
   fuligula 143
   marila 144
   nyroca 141

353

valisineria ·············139

■ B ■

Bambusicola thoracica ···☆ 64
Bombycilla garrulus ······☆ 168
　japonica ············☆ 169
Botaurus stellaris ············72
Brachyramphus brevirostris 333
　marmoratus ··············333
　marmoratus marmoratus 333
　marmoratus perdix ········333
　perdix ··················333
Branta bernicla ············103
　canadensis ··············102
　canadensis canadensis ···102
　canadensis leucopareia ···102
　canadensis minima ········102
Bubulcus ibis ··············84
Bucephala albeola ·········156
　clangula ················152
　islandica ················155
Bulweria bulwerii ···········40
Butastur indicus ·········☆ 36
Buteo buteo ·············☆ 34
　buteo japonicus ········☆ 35
　buteo oshiroi ···········☆ 35
　buteo toyoshimai ········☆ 35
　hemilasius ·············☆ 38
　lagopus ················☆ 32
　lagopus kamtschatkensis ☆ 32
　lagopus menzbieri ······☆ 32
Butorides striatus ···········81

■ C ■

Cairina moschata ············*344*
　moschata var. *domestica* ···*344*
Calandrella cheleensis ···☆ 128
　cinerea ·················☆ 127
Calcarius lapponicus ·····☆ 296
Calidris acuminata ·········214
　alpina ···················216
　bairdii ···················212
　canutus ·················219
　ferruginea ···············218

fuscicollis ············*211*
mauri ················201
melanotos ············213
minuta ················204
ptilocnemis ············215
ruficollis ··············206
subminuta ············208
temminckii ············210
tenuirostris ············220
Calonectris leucomelas ········41
Caprimulgus indicus ······☆ 99
Carduelis carduelis ······☆ 305
　flammea ···············☆ 306
　hornemanni ············☆ 307
　sinica ··················☆ 302
　sinica kawarahiba ······☆ 303
　sinica kittlitzi ··········☆ 303
　sinica minor ············☆ 303
　spinus ·················☆ 308
　tristis ··················☆ *271*
Carpodacus erythrinus ····☆ 312
　roseus ·················☆ 310
Catharacta maccormicki ···268
Centropus bengalensis ······☆ 86
　sinensis ················☆ 86
Cepphus carbo ············332
　columba ················331
Cerorhinca monocerata ···340
Certhia familiaris ·········☆ 267
Ceryle lugubris ············☆ 110
Cettia diphone ···········☆ 219
　diphone borealis ·······☆ 218
　diphone cantans ········☆ 218
　diphone canturians ·····☆ *218*
　diphone diphone ········☆ 218
　diphone riukiuensis ····☆ *218*
　diphone sakhalinensis ···☆ *218*
Chalcophaps indica ········☆ 77
Charadrius alexandrinus ···191
　asiaticus ················194
　asiaticus asiaticus ········*194*
　asiaticus veredus ·········194
　dubius ·················189

hiaticula ················187
leschenaultii ············193
mongolus ··············192
placidus ···············190
semipalmatus ···········*188*
veredus ···············194
Chlidonias hybridus ········309
　leucopterus ············306
　niger ···················308
Ciconia boyciana ···········97
　nigra ····················98
Cinclus pallasii ············☆ 170
Circus aeruginosus ········☆ 49
　cyaneus ················☆ 48
　melanoleucos ···········☆ 50
　spilonotus ··············☆ 52
Cisticola juncidis ··········☆ 245
Clamator coromandus ······☆ 85
Clangula hyemalis ··········154
Coccothraustes coccothraustes ☆ 322
Collocalia brevirostris ·····☆ 100
　fuciphaga ··············☆ *100*
Columba janthina ·········☆ 72
　janthina janthina ········☆ 72
　janthina nitens ··········☆ 72
　janthina stejnegeri ······☆ 72
　livia ···················☆ *350*
　livia var. *domestica* ······☆ 350
　oenas ··················☆ 71
　rupestris ···············☆ *71*
Corvus corax ············☆ 349
　corone ·················☆ 347
　dauuricus ···············☆ 345
　frugilegus ···············☆ 346
　macrorhynchos ···········☆ 348
　macrorhynchos connectens ☆ 348
　macrorhynchos japonensis ☆ 348
　macrorhynchos mandshuricus ☆ *348*
　macrorhynchos osai ·····☆ 348
　monedula ···············☆ 344
Coturnicops exquisitus ······177
　noveboracensis ··········177
Coturnix japonica ·········☆ 65

Crocethia alba ·········221	*alba alba* ·········86	*Eudromias morinellus* ·····195
Cuculus canorus ·········☆82	*alba modesta* ·········86	*Euplectes afer* ·········☆358
fugax ·········☆80	*eulophotes* ·········92	*franciscanus* ·········☆357
micropterus ·········☆81	*garzetta* ·········90	*hordeaceus* ·········☆357
poliocephalus ·········☆84	*intermedia* ·········88	*orix* ·········☆357
saturatus ·········☆83	*sacra* ·········93	*Eurynorhynchus pygmeus* ···222
Cyanopica cyana ·········☆341	*Elanus caeruleus* ·········☆20	*Eurystomus orientalis* ·····☆112
Cyanoptila cyanomelana ☆252	*Emberiza aureola* ·········☆284	
Cygnus atratus ·········326	*bruniceps* ·········☆287	■ F ■
buccinator ·········114	*buchanani* ·········☆276	*Falco amurensis* ·········☆59
columbianus ·········116	*caesia* ·········☆276	*columbarius* ·········☆58
columbianus columbianus 116	*chrysophrys* ·········☆279	*naumanni* ·········☆60
columbianus jankowskyi ···116	*cioides* ·········☆275	*peregrinus* ·········☆56
cygnus ·········115	*citrinella* ·········☆273	*rusticolus* ·········☆54
olor ·········113	*elegans* ·········☆283	*subbuteo* ·········☆55
	fucata ·········☆280	*tinnunculus* ·········☆61
■ D ■	*hortulana* ·········☆277	*Ficedula albicollis* ·········☆246
Delichon dasypus ·········☆136	*leucocephalos* ·········☆274	*hypoleuca* ·········☆246
urbica ·········☆136	*melanocephala* ·········☆286	*mugimaki* ·········☆250
urbica dasypus ·········☆136	*pallasi* ·········☆288	*narcissina* ·········☆248
urbica lagopoda ·········☆136	*pusilla* ·········☆281	*narcissina narcissina* ···☆248
Dendrocopos kizuki ·········☆122	*rustica* ·········☆282	*narcissina owstoni* ·····☆248
leucotos ·········☆119	*rutila* ·········☆285	*parva* ·········☆251
leucotos namiyei ·········☆*119*	*schoeniclus* ·········☆289	*parva albicilla* ·········☆251
leucotos owstoni ·········☆119	*spodocephala* ·········☆291	*parva parva* ·········☆251
leucotos stejnegeri ·········☆119	*spodocephala personata* ☆291	*semitorquata* ·········☆246
leucotos subcirris ·········☆*119*	*spodocephala spodocephala* ☆291	*zanthopygia* ·········☆247
major ·········☆120	*sulphurata* ·········☆290	*Fratercula corniculata* ·····341
major brevirostris ·········☆121	*tristrami* ·········☆278	*Fregata ariel* ·········71
major hondoensis ·········☆121	*variabilis* ·········☆293	*minor* ·········70
major japonicus ·········☆121	*yessoensis* ·········☆292	*Fringilla coelebs* ·········☆301
minor ·········☆124	*Eophona migratoria* ·········☆320	*montifringilla* ·········☆304
Dendronanthus indicus ·········☆138	*personata* ·········☆321	*Fulica atra* ·········182
Dicrurus hottentottus ·········☆338	*Eremophila alpestris* ·····☆130	*Fulmarus glacialis* ·········33
leucophaeus ·········☆337	*Erithacus akahige* ·········☆176	
macrocercus ·········☆336	*akahige akahige* ·········☆176	■ G ■
Diomedea albatrus ·········28	*akahige tanensis* ·········☆176	*Gallicrex cinerea* ·········179
exulans ·········30	*komadori* ·········☆177	*Gallinago gallinago* ·········244
immutabilis ·········31	*komadori komadori* ···☆177	*gallinago delicata* ·········255
nigripes ·········32	*komadori namiyei* ·····☆177	*gallinago gallinago* ·········255
Dryocopus martius ·········☆118	*komadori subrufus* ·····☆*177*	*hardwickii* ·········258
■ E ■	*rubecula* ·········☆175	*megala* ·········257
Egretta alba ·········86	*Estrilda melpoda* ·········☆354	*solitaria* ·········259

stenura ·········256	*himantopus himantopus* ···262	*Larus argentatus* ··········284
Gallinula chloropus ·······180	*himantopus leucocephalus* 262	*atricilla* ················300
Gallirallus okinawae ········172	*Hirundapus caudacutus* ···☆ 101	*cachinnans* ·············269
Garrulax canorus ········☆ 352	*Hirundo daurica* ········☆ 135	*brunnicephalus* ·······275
canorus taewanus ······☆ 352	*rustica* ···············☆ 132	*canus* ···············294
monileger ··············☆ 85	*tahitica* ··············☆ 134	*canus brachyrhynchus* ···294
perspicillatus ··········☆ 352	*Histrionicus histrionicus* ······151	*canus kamtschatschensis*···294
Garrulus glandarius ·······☆ 339	*Hydrophasianus chirurgus* ···184	*crassirostris* ············296
glandarius brandtii ····☆ 339	*Hydroprogne caspia* ········312	*delawarensis* ···········298
glandarius japonicus ····☆ 339	*Hypsipetes amaurotis* ······☆ 158	*fuscus* ···············268
glandarius orii ········☆ *339*	*amaurotis amaurotis* ···☆ 158	*fuscus heuglini* ·········268
glandarius tokugawae ···☆ *339*	*amaurotis borodinonis* ☆ *158*	*fuscus taimyrensis* ·······268
lidthi ·················☆ 340	*amaurotis magnirostris* ☆ *158*	*genei* ················278
Gavia adamsii ············22	*amaurotis nagamichii*···☆ 158	*glaucescens*·············288
arctica ················19	*amaurotis ogawae* ·····☆ *158*	*glaucoides* ············290
pacifica ···············20	*amaurotis pryeri*·······☆ *158*	*glaucoides glaucoides* ·····290
stellata ················18	*amaurotis squameiceps* ☆ 158	*glaucoides kumlieni* ····290
Gelochelidon nilotica ·······310	*amaurotis stejnegeri* ···☆ 158	*hyperboreus* ···········292
Glareola maldivarum ·······267		*ichthyaetus* ············272
Gorsachius goisagi ········78	■ I ■	*philadelphia* ············274
melanolophus ···········79	*Ixobrychus cinnamomeus* ······75	*pipixcan* ·············273
Grus canadensis ·········166	*eurhythmus* ············74	*relictus* ················299
grus···················163	*flavicollis* ··············73	*ridibundus* ············276
japonensis ·············164	*sinensis* ···············76	*saundersi* ··············279
leucogeranus ···········168		*schistisagus*·············286
monacha ···············165	■ J ■	*thayeri* ···············291
vipio ·················167	*Jynx torquilla*···············☆ 114	*Leiothrix lutea* ··········☆ 352
Gygis alba ··············327		*Leucosticte arctoa* ········☆ 309
	■ K ■	*Limicola falcinellus* ········225
■ H ■	*Ketupa blakistoni* ··········☆ 88	*Limnodromus griseus* ·······228
Haematopus ostralegus ······186		*scolopaceus* ···········229
Halcyon chloris ··········☆ 107	■ L ■	*semipalmatus* ··········230
chloris collaris ········☆ 107	*Lagopus mutus*···········☆ 62	*Limosa haemastica* 246
coromanda ············☆ 106	*Lanius bucephalus* ·······☆ 162	*lapponica* ·············247
coromanda bangsi ·····☆ 106	*cristatus* ············☆ 164	*limosa* ···············245
coromanda major ·····☆ 106	*cristatus cristatus* ·····☆ 165	*Locustella certhiola* ·····☆ 221
pileata ···············☆ 105	*cristatus lucionensis* ···☆ 165	*fasciolata* ············☆ 220
smyrnensis ············☆ 104	*cristatus superciliosus* ☆ 165	*lanceolata* ···········☆ 224
Haliaeetus albicilla ·······☆ 22	*excubitor* ···········☆ 166	*ochotensis* ··········☆ 222
pelagicus ·············☆ 23	*isabellinus* ···········☆ 163	*pleskei* ·············☆ 223
Heteroscelus brevipes········242	*schach* ···············☆ 161	*pryeri* ···············☆ 217
incanus ···············241	*sphenocercus* ········☆ 167	*Lonchura maja* ·········☆ 355
Himantopus himantopus······262	*tigrinus* ··············☆ 160	*malacca* ··············☆ 356

malacca atricapilla ☆ 356	*alba leucopsis* ☆ 144	*Otis tarda* 183
malacca deignani ☆ 356	*alba lugens* ☆ 144	*Otus elegans* ☆ 93
malacca ferruginosa ☆ 355	*alba ocularis* ☆ 144	*lempiji* ☆ 94
malacca jagori ☆ 356	*alba personata* ☆ 144	*manadensis* ☆ 93
malacca malacca ☆ 356	*cinerea* ☆ 142	*scops* ☆ 92
punctulata ☆ 355	*citreola* ☆ 139	*sunia* ☆ 92, 93
punctulata fretensis ☆ 355	*flava* ☆ 140	
punctulata nisoria ☆ 355	*flava macronyx* ☆ 141	■ P ■
punctulata punctulata ☆ 355	*flava plexa* ☆ 141	*Pagophila eburnea* 303
punctulata topela ☆ 355	*flava simillima* ☆ 140	*Pandion haliaetus* ☆ 17
striata ☆ 354	*flava taivana* ☆ 140	*Panurus biarmicus* ☆ 215
Loxia curvirostra ☆ 316	*grandis* ☆ 147	*Paradoxornis webbianus* ☆ 216
leucoptera ☆ 317	*Muscicapa dauurica* ☆ 255	*webbianus fulvicauda* ☆ 216
Lunda cirrhata 342	*ferruginea* ☆ 256	*webbianus mantschuricus* ☆ 216
Luscinia calliope ☆ 179	*griseisticta* ☆ 254	*Paroaria coronata* ☆ 353
cyane ☆ 181	*sibirica* ☆ 253	*Parus ater* ☆ 262
sibilans ☆ 178		*major* ☆ 264
svecica ☆ 180	■ N ■	*major minor* ☆ 265
Lymnocryptes minimus 260	*Netta rufina* 136	*major nigriloris* ☆ 265
	Ninox scutulata ☆ 98	*montanus* ☆ 261
■ M ■	*Nucifraga caryocatactes* ☆ 343	*palustris* ☆ 260
Melanitta fusca 149	*Numenius arquata* 248	*varius* ☆ 263
nigra 148	*arquata orientalis* 248	*varius owstoni* ☆ 263
perspicillata 150	*madagascariensis* 249	*varius varius* ☆ 263
Melanocorypha bimaculata ☆ 126	*minutus* 252	*Passer domesticus* ☆ 323
Melophus lathami ☆ 272	*phaeopus* 250	*montanus* ☆ 325
Melopsittacus undulatus ☆ 350	*tahitiensis* 251	*rutilans* ☆ 324
Mergus albellus 157	*Nyctea scandiaca* ☆ 87	*Passerculus sandwichensis* ☆ 300
merganser 162	*Nycticorax nycticorax* 82	*Passerella iliaca* ☆ 297
serrator 158		*iliaca unalaschcensis* ☆ 297
squamatus 159	■ O ■	*Pelecanus crispus* 61
Merops ornatus ☆ 111	*Oceanites oceanicus* 47	*onocrotalus* 60
superciliosus ☆ *111*	*Oceanodroma castro* 55	*Pericrocotus divaricatus* ☆ 156
Micropalama himantopus 223	*furcata* 52	*divaricatus divaricatus* ☆ 156
Milvus migrans ☆ 21	*leucorhoa* 53	*divaricatus tegimae* ☆ 156
Monticola gularis ☆ 196	*matsudairae* 57	*Pernis apivorus* ☆ 18
saxatilis ☆ 194	*monorhis* 54	*ptilorhyncus* ☆ 18
solitarius ☆ 195	*tristrami* 56	*Phaethon lepturus* 59
solitarius pandoo ☆ 195	*Oenanthe deserti* ☆ 193	*rubricauda* 58
solitarius philippensis ☆ 195	*isabellina* ☆ 190	*Phalacrocorax capillatus* 65
Motacilla alba ☆ 144	*oenanthe* ☆ 191	*carbo* 66
alba alboides ☆ 144	*pleschanka* ☆ 192	*pelagicus* 68
alba baicalensis ☆ 144	*Oriolus chinensis* ☆ 334	*urile* 69

Phalaropus fulicarius ······· 264
   lobatus ················· 265
   tricolor ················ 266
Phasianus colchicus ······· ☆ 68
   colchicus karpowi ····· ☆ 68
   soemmerringii ·········· ☆ 66
   soemmerringii ijimae ··· ☆ 67
   soemmerringii intermedius ☆ 67
   soemmerringii scintillans ☆ 66
   soemmerringii soemmerringii ☆ 67
   soemmerringii subrufus ☆ 67
   versicolor ·············· ☆ 69
Philomachus pugnax ········ 226
Phoenicurus auroreus ···· ☆ 183
   ochruros ················ ☆ 184
   phoenicurus ············ ☆ 185
Phylloscopus affinis ······ ☆ 234
   borealis ················ ☆ 239
   borealis borealis ······· ☆ 239
   borealis xanthodryas ··· ☆ 239
   borealoides ············· ☆ 241
   collybita ··············· ☆ 232
   coronatus ·············· ☆ 242
   fuscatus ················ ☆ 235
   ijimae ················· ☆ 243
   inornatus ·············· ☆ 237
   plumbeitarsas ·········· ☆ 240
   proregulus ············· ☆ 238
   schwarzi ················ ☆ 236
   sibilatrix ·············· ☆ 233
   trochilus ··············· ☆ 231
   trochiloides ············ ☆ 240
   trochiloides plumbeitarsus ☆ 340
Pica pica ················· ☆ 342
Picus awokera ············ ☆ 116
   canus ·················· ☆ 117
Pinicola enucleator ······· ☆ 313
   enucleator kamtschatkensis ☆ 313
   enucleator sakhalinensis ☆ 313
Pitta brachyura ············ ☆ 125
Platalea leucorodia ········· 99
   minor ···················· 100
Plectrophenax nivalis ····· ☆ 294

Pluvialis dominica ········ 197
   fulva ···················· 196
   squatarola ··············· 191
Podiceps auritus ············ 25
   cristatus ················ 27
   grisegena ················ 26
   nigricollis ··············· 24
Polysticta stelleri ········· 146
Porzana fusca ·············· 176
   fusca erythrothorax ······ 176
   fusca phaeopyga ·········· 176
   paykullii ················ 174
   pusilla ·················· 175
Prunella collaris ········· ☆ 172
   montanella ·············· ☆ 173
   rubida ·················· ☆ 174
Psittacula krameri ········ ☆ 351
   krameri manillensis ···· ☆ 351
Pterodroma externa ········· 36
   externa cervicalis ········ 36
   externa externa ··········· 36
   hypoleuca ················· 37
   longirostris ·············· 39
   neglecta ·················· 35
   nigripennis ··············· 38
   solandri ·················· 34
Puffinus assimilis 48
Puffinus bulleri ············ 43
   carneipes ················· 44
   griseus ··················· 45
   lherminieri ··············· 49
   pacificus ················· 42
   puffinus ·················· 47
   tenuirostris ·············· 46
Pycnonotus jocosus ········ ☆ 351
   sinensis ················ ☆ 157
Pyrrhula pyrrhula ········· ☆ 318
   pyrrhula cassinii ······· ☆ 319
   pyrrhula griseiventris ··· ☆ 318
   pyrrhula rosacea ········ ☆ 318

■ R ■

Rallina eurizonoides ········ 173

Rallus aquaticus ············ 170
Recurvirostra avosetta ····· 261
Regulus regulus ··········· ☆ 244
Remiz pendulinus ········· ☆ 259
Rhodostethia rosea ········· 304
Riparia riparia ············ ☆ 131
Rissa brevirostris ·········· 302
   tridactyla ··············· 301
Rostratula benghalensis ····· 185

■ S ■

Sapheopipo noguchii ······ ☆ 115
Saxicola caprata ·········· ☆ 188
   ferrea ·················· ☆ 189
   torquata ················ ☆ 186
Scolopax mira ·············· 254
   rusticola ················ 253
Sitta europaea ············ ☆ 266
   europaea amurensis ···· ☆ 266
   europaea asiatica ······ ☆ 266
   europaea roseilia ······ ☆ 266
Somateria spectabilis ········ 147
Sphenurus formosae ······· ☆ 79
   formosae australis ····· ☆ 79
   formosae formosae ····· ☆ 79
   sieboldii ················ ☆ 78
Spilornis cheela ··········· ☆ 46
Spizaetus nipalensis ········ ☆ 40
Stercorarius longicaudus ··· 271
   parasiticus ·············· 270
   pomarinus ··············· 269
Sterna albifrons ············ 324
   aleutica ················· 323
   anaethetus ··············· 321
   dougallii ················ 315
   fuscata ·················· 322
   hirundo ·················· 318
   hirundo longipennis ······ 318
   hirundo minussensis ······ 318
   paradisaea ··············· 316
   sumatrana ··············· 320
Streptopelia decaocto ······ ☆ 73
   orientalis ··············· ☆ 74

orientalis orientalis ☆74
orientalis stimpsoni ☆74
tranquebarica ☆76
Strix uralensis ☆96
　uralensis fuscescens ☆97
　uralensis hondoensis ☆97
　uralensis japonica ☆97
　uralensis momiyamae ☆97
Sturnus cineraceus ☆333
　philippensis ☆329
　roseus ☆332
　sericeus ☆327
　sinensis ☆330
　sturninus ☆328
　vulgaris ☆331
Sula dactylatra 63
　leucogaster 62
　sula 64
Sylvia curruca ☆230
Synthliboramphus antiquus 334
　wumizusume 335

■ T ■

Tachybaptus ruficollis 23
Tadorna ferruginea 118
　tadorna 119
Tarsiger cyanurus ☆182
Terpsiphone atrocaudata ☆257
Tetrastes bonasia ☆63
Thalasseus bengalensis 298
　bergii 313
Threskiornis melanocephalus 101
Tringa erythropus 231
　flavipes 233
　glareola 238
　guttifer 239
　melanoleuca 236
　nebularia 235
　ochropus 237
　stagnatilis 234
　totanus 232
Troglodytes troglodytes ☆171
Tryngites subruficollis 224

Turdus cardis ☆201
　celaenops ☆203
　chrysolaus ☆204
　chrysolaus chrysolaus ☆205
　chrysolaus orii ☆205
　hortulorum ☆200
　iliacus ☆212
　merula ☆202
　naumanni ☆210
　naumanni eunomus ☆210
　naumanni naumanni ☆210
　obscurus ☆207
　pallidus ☆206
　philomelos ☆213
　pilaris ☆209
　ruficollis ☆208
　ruficollis atrogularis ☆208
　ruficollis ruficollis ☆208
　sibiricus ☆197
　viscivorus ☆214
Turnix suscitator ☆70

■ U ■

Upupa epops ☆113
Uragus sibiricus ☆314
Uria aalge 329
　lomvia 330
Urosphena squameiceps ☆218

■ V ■

Vanellus cinereus 199
　vanellus 200
Vidua macroura ☆357

■ W ■

Wilsonia citrina ☆*271*
　pusilla ☆271

■ X ■

Xenus cinereus 240

■ Z ■

Zonotrichia atricapilla ☆299
　leucophrys ☆298
Zoothera dauma ☆198
　dauma amami ☆198
　dauma aureus ☆198
　dauma horsfieldi ☆*198*
Zosterops erythropleurus ☆268
　japonicus ☆269
　japonicus daitoensis ☆269
　japonicus japonicus ☆269
　japonicus loochooensis ☆269

359

英名索引

凡例

◎写真を掲載したページを示す。
◎写真を収録せず，解説で触れているのみの種または亜種は，収録ページを斜体で示した。
◎掲載ページの前に☆印の付いているものは，その種または亜種が『日本の鳥550 山野の鳥』に収録されている（解説で触れているのみの場合もある）ことを示す。

■ A ■

Accentor, Alpine ☆172
　Japanese ☆174
　Siberian ☆173
Albatross, Black-footed 32
　Laysan 31
　Short-tailed 28
　Wandering 30
Auk, Little 328
Auklet, Crested 336
　Least 338
　Parakeet 339
　Rhinoceros 340
　Whiskered 337
Avadavat, Red ☆353
Avocet, Pied 261

■ B ■

Bamboo Partridge, Chinese ☆64
Bee-eater, Blue-tailed ☆*111*
　Rainbow ☆111
Bishop, Black-winged Red ☆*357*
　Nouthern Red ☆357
　Southern Red ☆*357*
　Yellow-crowned ☆358
Bittern, Black 73
　Cinnamon 75
　Great 72
　Schrenck's 74
　Yellow 76
Blackbird, Common ☆202
Bluetail, Red-flanked ☆182
Bluethroat ☆180
Booby, Brown 62
　Masked 63
　Red-footed 64

Brambling ☆304
Brant 103
Budgerigar ☆350
Bufflehead 156
Bulbul, Brown-eared ☆158
　Chinese ☆157
　Crested ☆351
Bullfinch ☆318
Bunting, Black-faced ☆291
　Black-headed ☆286
　Chestnut ☆285
　Chestnut-eared ☆280
　Crested ☆272
　Common Reed ☆289
　Cretzschmar's ☆*276*
　Grey ☆293
　Grey-necked ☆276
　Japanese Reed ☆292
　Japanese Yellow ☆290
　Little ☆281
　Meadow ☆275
　Ortolan ☆277
　Pallas's Reed ☆288
　Pine ☆274
　Red-headed ☆287
　Rustic ☆282
　Snow ☆294
　Tristram's ☆278
　Yellow-breasted ☆284
　Yellow-browed ☆279
　Yellow-throated ☆283
Bushchat, Grey ☆189
Bustard, Great 183
Button-quail, Barred ☆70
Buzzard, Common ☆34
　Crested Honey ☆18

European Honey ☆*18*
Grey-faced ☆36
Honey ☆18
Rough-legged ☆32
Upland ☆38

■ C ■

Canvasback 139
Cardinal, Red-crested ☆353
Chaffinch, Common ☆301
Chiffchaff ☆232
Cisticola, Zitting ☆245
Coot, Eurasian 182
Cormorant, Great 66
　Pelagic 68
　Red-faced 69
　Temminck's 65
Coucal, Greater ☆86
　Lesser ☆86
Crake, Baillon's 175
　Band-bellied 174
　Ruddy-breasted 176
　Slaty-legged 173
Crane, Common 163
　Demoiselle 169
　Hooded 165
　Japanese 164
　Red-crowned 164
　Sandhill 166
　Siberian 168
　White-naped 167
Crossbill, Common ☆316
　Two-barred ☆317
Crow, Carrion ☆347
　Large-billed ☆348
Cuckoo, Chestnut-winged ☆85

Common ☆82	■ E ■	Gallinule, Common 180
Hodgson's Hawk ☆80	Eagle, Crested Serpent ☆46	Garganey 133
Indian ☆81	Golden ☆42	Godwit, Bar-tailed 247
Lesser ☆84	Greater Spotted ☆39	Black-tailed 245
Oriental ☆83	Imperial ☆44	Goldcrest ☆244
Curlew, Bristle-thighed 251	Mountain Hawk ☆40	Goldeneye, Barrow's 155
Eurasian 248	Steller's Sea ☆23	Common 152
Far Eastern 249	Stepp ☆43	Goldfinch ☆305
Little 252	Tawny ☆43	Goldfinch, American ☆*271*
	White-tailed ☆22	Goosander 162
■ D ■	Egret, Cattle 84	Goose, Atlantic Canada 102
Dipper, Brown ☆170	Chinese 92	Bar-headed 107
Diver, Black-throated 19	Great 86	Bean 108
Pacific 20	Intermediate 88	Brent 103
Red-throated 18	Little 90	Canada 102
Yellow-billed 21	Pacific Reef 93	Domestic Chinese 343
Dollarbird ☆112	Eider, King 147	Egyptian 344
Dotterel, Eurasian 195	Steller's 146	Embden *343*
Dove, Emerald ☆77		Emperor 111
Eurasian Collared ☆73	■ F ■	Greater White-fronted 105
Oriental Turtle ☆74	Falcon, Amur ☆59	Greylag 104
Red Turtle ☆76	Peregrine ☆56	Lesser White-fronted 102
Rock ☆*350*	Fieldfare ☆209	Snow 110
Stock ☆71	Finch, Rosy ☆309	Swan 112
Dovekie 328	Flycatcher, Asian Brown ☆255	Toulouse 343
Dowitcher, Asian 230	Blue-and-white ☆252	Goshawk, Chinese ☆26
Long-billed 220	Collared ☆*246*	Northern ☆24
Short-billed 229	Dark-sided ☆253	Grebe, Black-necked 24
Drongo, Ashy ☆337	European Pied ☆246	Great Crested 27
Black ☆336	Ferruginous ☆256	Horned 25
Spangled ☆338	Grey-streaked ☆254	Little 23
Duck, Falcated 127	Japanese Paradise ☆257	Red-necked 26
Ferruginous 141	Mugimaki ☆250	Greenfinch, Grey-capped ☆302
Harlequin 151	Narcissus ☆248	Oriental ☆302
Long-tailed 154	Red-breasted ☆251	Greenshank, Common 235
Mandarin 120	Semi-collared ☆*246*	Nordmann's 239
Muscovy *344*	Yellow-rumped ☆247	Grosbeak, Japanese ☆321
Ring-necked 140	Frigatebird, Great 70	Pine ☆313
Spot-billed 122	Lesser 71	Yellow-billed ☆320
Tufted 143	Fulmar, Northern 33	Grouse, Hazel ☆63
Wood 344		Guillemot, Pigeon 331
Dunlin 216	■ G ■	Spectacled 332
	Gadwall 128	Gull, Black-headed 276

361

Black-tailed ……296	Pomarine ……269	House ……☆136
Bonaparte's……274	Jay, Eurasian ……☆339	Sand ……☆131
Franklin's ……273	Lidth's ……☆340	Merganser, Common ……162
Glaucous……292		Red-breasted ……158
Glaucous-winged ……288	■ K ■	Scaly-sided ……159
Great Black-headed ……272	Kestrel, Common……☆61	Merlin ……☆58
Herring ……284	Lesser ……☆60	Minivet, Ashy ……☆156
Iceland ……290	Kingfisher ……☆108	Moorhen, Common ……180
Ivory ……303	Kingfisher, Black-capped ☆105	Munia, Black-headed ……☆356
Mew ……294	Collared ……☆107	Spotted ……☆355
Pallas's ……272	Crested ……☆110	White-headed ……☆355
Relict ……299	Ruddy ……☆106	White-rumped ……☆354
Ross's……304	White-breasted ……☆104	Murre, Brunnich's ……330
Saunders's ……279	Kite, Black ……☆21	Common ……329
Slaty-backed ……286	Black-winged ……☆20	Murrelet, Ancient ……334
Slender-billed ……278	Kittiwake, Black-legged ……301	Japanese ……335
Thayer's ……291	Red-legged ……302	Kittlitz's ……*333*
Gyrfalcon……☆54	Knot, Great……220	Long-billed ……333
	Red ……219	Marbled ……333
■ H ■		Myna, Common……☆358
Harrier, Eastern Marsh……☆52	■ L ■	Crested ……☆359
Hen ……☆48	Lapwing, Grey-headed ……199	Great ……☆*360*
Pied ……☆50	Northern ……200	White-vented ……☆360
Westen Marsh ……☆49	Lark, Asian Short-toed ……☆128	
Hawfinch ……☆322	Bimaculated ……☆126	■ N ■
Heron, Chinese Pond ……80	Horned ……☆130	Needletail, White-throated ☆101
Grey ……94	Red-capped ……☆127	Night Heron, Black-crowned 82
Purple ……96	Laughing Thrush,	Japanese ……78
Striated ……81	Lesser-nacklaced ……☆*85*	Malayan ……79
Hobby, Eurasian ……☆55	Spectacled ……☆352	Nightjar, Grey ……☆99
Honeyeater, Bonin ……☆270	Longspur, Lapland……☆296	Noddy, Black ……326
Hoopoe, Eurasian ……☆113	Loon, Black-throated ……19	Brown……325
Hwamei ……☆352	Great Northern ……21	Nutcracker ……☆343
	Pacific ……20	Nuthatch, Eurasian ……☆266
■ I ■	Red-throated ……18	
Ibis, Black-headed ……101	Yellow-billed ……22	■ O ■
		Oldsquaw ……154
■ J ■	■ M ■	Oriole, Black-naped ……☆334
Jacana, Pheasant-tailed ……184	Magpie, Azure-winged ……☆341	Osprey ……☆17
Jackdaw, Daurian ……☆345	Common ……☆342	Owl, Blakiston's Fish ……☆88
Western ……☆344	Mallard ……121	Brown Hawk ……☆98
Jaeger, Long-tailed ……271	Martin, Asian House ……☆136	Celebes Scops ……☆*93*
Parasitic ……270	Common House ……☆*136*	Collared Scops ……☆94

Eurasian Scops ············☆ 92	Richard's ············☆ 148	Robin, European ········☆ 175
Long-eared ············☆ 89	Rock ············☆ *154*	Japanese············☆ 176
Oriental Scops ······☆ 92, 93	Tree ············☆ 150	Pekin ············☆ 352
Ryukyu Scops ············☆ 93	Water ············☆ 154	Rufous-tailed ········☆ 178
Scops ············☆ 92	Pitta, Fairy ············☆ 125	Ryukyu ············☆ 177
Short-eared ············☆ 90	Plover, American Golden ···197	Siberian Blue ········☆ 181
Snowy ············☆ 87	Caspian ············194	Rook ············☆ 346
Tengmalm's············☆ 95	Common Ringed ········187	Rosefinch, Common ······☆ 312
Ural ············☆ 96	Greater Sand ············193	Long-tailed············☆ 314
Oystercatcher, Eurasian ······186	Grey ············198	Pallas's ············☆ 310
	Kentish ············191	Rubythroat, Siberian ·····☆ 179
	Lesser Sand ············192	Ruff ············226
■ P ■	Little Ringed ············189	
Painted-snipe, Greater ······185	Long-billed ············190	■ S ■
Parakeet, Rose-ringed ···☆ 351	Oriental ············194	Sanderling ············221
Parrotbill, Vinous-throated ☆ 216	Pacific Golden ············196	Sandpiper, Baird's ········212
Pelican, Dalmatian ········61	Pochard, Baer's ············142	Broad-billed ············225
Great White ············60	Common············137	Buff-breasted ············224
Petrel, Black-winged ·······38	Red-crested············136	Common············243
Bonin ············37	Pratincole, Oriental············267	Curlew ············218
Bulwer's ············40	Ptarmigan, Rock ·········☆ 62	Green ············237
Kermadec············35	Puffin, Horned ············341	Marsh ············234
Providence ············34	Tufted············342	Pectoral ············213
Stejneger's ············39		Rock ············215
White-necked ············36	■ Q ■	Sharp-tailed ············214
Phalarope, Grey ············264	Quail, Japanese ············☆ 65	Spoon-billed ············222
Red············264		Stilt ············223
Red-necked············265	■ R ■	Terek ············240
Wilson's ············266	Rail, Okimawa ············172	Western ············201
Pheasant, Common ·······☆ 68	Swinhoe's ············177	Wood ············238
Copper ············☆ 66	Water ············170	Scaup, Greater ············144
Green ············☆ 69	Yellow ············177	Lesser ············145
Pigeon, Feral ············☆ 350	Raven, Common ········349	Scoter, Common············148
Hill ············☆ *71*	Redhead ············138	Surf············145
Japanese Wood ······☆ 72	Redpoll, Arctic ·········☆ 307	Velvet ············149
Whistling Green ······☆ 79	Common ············☆ 306	Shearwater, Audubon's ······49
White-belled Green ·····☆ 78	Redshank, Common ········232	Buller's············43
Pintail, Northern············130	Spotted ············231	Flesh-footed ············44
Pipit, Blyth's ············☆ 149	Redstart, Black ············☆ 184	Short-tailed ············46
Buff-bellied ············☆ 154	Common ············☆ 185	Sooty ············45
Meadow············☆ 155	Daurian ············☆ 183	Streaked ············41
Olive-backed ············☆ 151	Redwing ············☆ 212	Wedge-tailed ············42
Pechora ············☆ 152	Reedling, Bearded ········☆ 215	Shelduck, Common ········119
Red-throated ············☆ 153		

Ruddy ·····118	Long-toed ·····208	Lesser Crested ·····314
Shoveler, Northern ·····135	Red-necked ·····206	Little ·····324
Shrike, Brown ☆164	Temminck's ·····210	Roseate ·····315
Bull-headed ☆162	Stonechat, Common ☆186	Sooty ·····322
Chinese Grey ☆167	Pied ☆188	Whiskered ·····309
Great Grey ☆166	Stork, Black ·····98	White ·····327
Isabelline ☆163	Oriental ·····97	White-winged ·····306
Long-tailed ☆161	Storm-petrel, Fork-tailed ·····52	Thrush, Blue Rock ☆195
Tiger ☆160	Leach's ·····53	Brown-headed ☆204
Siskin, Eurasian ☆308	Madeiran ·····55	Dark-throated ☆208
Skua, Long-tailed ·····271	Matsudaira's ·····57	Dusky ☆210
Parasitic ·····270	Swinhoe's ·····54	Eyebrowed ☆207
Pomarine ·····269	Tristram's ·····56	Grey-backed ☆200
South Polar ·····268	Wilson's ·····51	Izu ☆203
Skylark, Eurasian ☆129	Swallow, Barn ☆132	Japanese ☆201
Smew ·····157	Pacific ☆134	Mistle ☆214
Snipe, Common ·····255	Red-rumped ☆135	Pale ☆206
Jack ·····260	Swan, Black ·····343	Rufous-tailed Rock ☆194
Latham's ·····258	Mute ·····113	Scaly ☆198
Pintail ·····256	Trumpeter ·····114	Siberian ☆197
Solitary ·····259	Tundra ·····116	Song ☆213
Swinhoe's ·····257	Whooper ·····115	White-throated Rock ☆196
Sparrow, Eurasian Tree ☆325	Swift, Fork-tailed ☆103	Tit, Coal ☆262
Fox ☆297	House ☆102	Great ☆264
Golden-crowned ☆299	Little ☆102	Long-tailed ☆258
House ☆323	Swiftlet, Edible-nest ☆*100*	Marsh ☆260
Russet ☆324	Himalayan ☆100	Penduline ☆259
Savannah ☆300		Varied ☆263
White-crowned ☆298	■ T ■	Willow ☆261
Sparrowhawk, Eurasian ☆30	Tattler, Grey-tailed ·····242	Treecreeper, Eurasian ☆267
Japanese ☆28	Wandering ·····241	Tropicbird, Red-tailed ·····58
Spoonbill, Black-faced ·····100	Teal, Baikal ·····126	White-tailed ·····59
Eurasian ·····99	Blue-winged ·····134	Turnstone, Ruddy ·····202
Starling, Asian Glossy ☆326	Common ·····124	
Chestnut-cheeked ☆329	Tern, Aleutian ·····323	■ V ■
Common ☆331	Arctic ·····316	Vulture, Eurasian Black ☆45
Purple-backed ☆328	Black ·····308	
Red-billed ☆327	Black-naped ·····320	■ W ■
Rose-coloured ☆332	Bridled ·····321	Wagtail, Citrine ☆139
White-cheeked ☆333	Caspian ·····312	Forest ·····138
White-shouldered ☆330	Common ·····318	Grey ☆142
Stilt, Black-Winged ·····262	Greater Crested ·····313	Japanese ☆147
Stint, Little ·····204	Gull-billed ·····310	White ☆144

Yellow ☆140
Warbler, Arctic ☆239
　Asian Stubtail ☆218
　Black-browed Reed ☆226
　Dusky ☆235
　Eastern Crowned ☆242
　Gray's Grasshopper ☆220
　Great Reed ☆228
　Greenish ☆240
　Hooded ☆*271*
　Ijima's Leaf ☆243
　Japanese Bush ☆219
　Japanese Swamp ☆217
　Lanceolated ☆224
　Middendorff's Grasshopper
　　☆222
　Oriental Reed ☆228
　Paddyfield ☆225
　Pallas's Grasshopper ☆221
　Pallas's Leaf ☆238
　Radde's ☆236
　Sakhalin Leaf ☆241
　Streaked Read ☆227
　Styan's Grasshopper ☆223
　Thick-billed ☆229
　Tickell's Leaf ☆234
　Two-barred Greenish ☆*240*
　Willow ☆231
　Wilson's ☆271
　Wood ☆233
　Yellow-browed ☆237
Watercock 179
Waterhen, White-breasted 178
Waxbill, Orange-cheeked ☆354
Waxwing, Bohemian ☆168
　Japanese ☆169
Wheatear, Desert ☆193
　Isabelline ☆190
　Northern ☆191
　Pied ☆192
Whimbrel 250
White-eye, Chestnut-flanked ☆268
　Japanese ☆269

Whitethroat, Lesser ☆230
Whydah, Pin-tailed ☆357
Wigeon, American 132
　Eurasian 129
Woodcock, Amami 254
　Eurasian 253
Woodpecker, Black ☆118
　Great Spotted ☆120
　Grey-headed ☆117
　Japanese Green ☆116
　Japanese Pygmy ☆122
　Lesser Spotted ☆124
　Okinawa ☆115
　White-backed ☆119
Woodswallow, White-breasted
　☆335
Wren, Winter ☆171
Wryneck, Eurasian ☆114

■ Y ■

Yellowhammer ☆273
Yellowlegs, Greater 236
　Lesser 233

写真提供者一覧

青木則幸（あおき　のりゆき）
五百沢日丸（いおざわ　ひまる）
石井照昭（いしい　てるあき）
石江　進（いしえ　すすむ）
石川明夫（いしかわ　あきお）
上野信一郎（うえの　しんいちろう）
NPO法人　小笠原自然文化研究所（おがさわらしぜんぶんかけんきゅうじょ）
蛯名純一（えびな　じゅんいち）
大久保茂徳（おおくぼ　しげのり）
大沢八州男（おおさわ　やすお）
大関義明（おおぜき　よしあき）
大館和広（おおだて　かずひろ）
岡林　猛（おかばやし　たけし）
岡部海都（おかべ　ひろと）
（株）沖縄環境保全研究所（おきなわかんきょうほぜんけんきゅうじょ）
小澤重雄（おざわ　しげお）
マーク・カーター（Mark Carter）
笠野英明（かさの　ひであき）
片岡義廣（かたおか　よしひろ）
加藤忠良（かとう　ただよし）
加藤陽一（かとう　よういち）
金田彦太郎（かねだ　ひこたろう）
金田昌士（かねだ　まさし）
川崎康弘（かわさき　やすひろ）
川田　隆（かわた　たかし）
私市一康（きさいち　かずやす）
桐原政志（きりはら　まさし）
楠窪のり子（くすくぼ　のりこ）
久保田幸雄（くぼた　ゆきを）
栗原築波（くりはら　つくば）
アルセーニー・クレチマル（Arseni Krechmar）
桑原和之（くわばら　かずゆき）
小茂田英彦（こもだ　ひでひこ）
小山慎司（こやま　しんじ）
佐々木　宏（ささき　ひろし）
佐藤理夫（さとう　みちお）
茂田良光（しげた　よしみつ）
篠原善彦（しのはら　よしひこ）
清水博之（しみず　ひろゆき）
新城　久（しんじょう　ひさし）
榛葉忠雄（しんば　ただお）
杉山時雄（すぎやま　ときお）
鈴木茂也（すずき　しげや）
鈴木恒治（すずき　つねじ）
関下　斉（せきした　ひとし）
高嶌成仁（たかしま　なるひと）
高瀬一也（たかせ　かずや）
高田　勝（たかだ　まさる）
田代靖子（たしろ　やすこ）
田村　満（たむら　みつる）
津田堅之介（つだ　けんのすけ）
鶴添泰蔵（つるぞえ　たいぞう）
所崎　聡（ところざき　さとし）
土橋信夫（どばし　のぶお）
仲川　孝（なかがわ　たかし）
中野栄明（なかの　ひであき）
野口好博（のぐち　よしひろ）
野呂一則（のろ　かずのり）
橋本幸三（はしもと　こうぞう）
原　祐子（はら　ゆうこ）
比嘉邦昭（ひが　くにあき）
平田寛重（ひらた　ひろしげ）
深川正夫（ふかがわ　まさお）
クリス・ブラッドショー（Chris Bradshaw）
本間隆平（ほんま　りゅうへい）
松戸信彦（まつど　のぶひこ）
松村伸夫（まつむら　のぶお）
真野　徹（まの　とおる）
味ībō明枝（みた　あきえ）
宮　彰男（みや　あきお）
本橋弘邦（もとはし　ひろくに）
本若博次（もとわか　ひろじ）
森岡照明（もりおか　てるあき）
山田史比古（やまだ　ふみひこ）
山本　晃（やまもと　あきら）
山本芳夫（やまもと　よしお）
渡辺修治（わたなべ　しゅうじ）
渡辺朝一（わたなべ　ともかず）
渡辺靖夫（わたなべ　やすお）
（五十音順，敬称略）

解説
桐原政志（きりはら　まさし）
1962年神奈川県生まれ。高校教諭。
千葉県，特に谷津干潟と幕張埋立地を中心に野鳥観察を続けている。最近では，鳥だけでなく，野鳥観察をする人の観察（バーダーウォッチング）にも凝っている。
（財）日本野鳥の会，千葉県野鳥の会，日本鳥学会，千葉県生物学会，（財）日本自然保護協会会員。
千葉市在住。

写真
山形則男（やまがた　のりお）
1938年福島県生まれ。兼業写真家。
長年，地元渥美半島の汐川干潟で自然保護活動や野鳥撮影を行っていたが，1980年代後半から9月中旬～11月中旬は伊良湖岬で渡り鳥調査と撮影。近年は，タカ類を中心に観察と撮影に明け暮れている。悩みの種は，諸事情で遠出がしにくいこと・・・。
愛知県豊橋市在住。
主な著書
『新訂 ワシタカ類飛翔ハンドブック』（文一総合出版）

『野鳥ガイドブック』（共著，永岡書店）
『図鑑 日本のワシタカ類』（共著，文一総合出版）
その他多くの雑誌・書籍に写真提供。

吉野俊幸（よしの　としゆき）
1953年東京都生まれ。
9年間造園業に従事した後，1981年よりフリーの野鳥写真家。
日本写真家協会，（財）日本野鳥の会会員。
長野県南牧村在住。
主な著書
『かわせみのさかなとり』（童心社）
『カッコウ』（偕成社）
『鳥の組曲』（山と渓谷社）
『野鳥風色』（文一総合出版）
『八ヶ岳通信 山麓の野鳥』（文一総合出版）
『ヤマケイポケットガイド7　野鳥』（山と渓谷社）
『日本の野鳥図鑑① 野山の鳥』（共著，偕成社）
CDブックス『1 鳥・高原の調べ　2 山の調べ』（山と渓谷社）
CD-ROM『バードランドの子守唄』（インターリミテッドロジック）

日本の鳥　550　水辺の鳥　増補改訂版

2000年2月15日　初版第1刷発行
2009年5月30日　増補改訂版　第1刷発行

解説／桐原政志
写真／山形則男・吉野俊幸
　　© Masashi Kirihara, Norio Yamagata, Toshiyuki Yoshino　2000

発行者／斉藤　博
発行所／㈱式会社 文一総合出版
　〒162-0812　東京都新宿区西五軒町2-5　川上ビル
　　電話／03-3235-7341　ファクシミリ／03-3269-1402
　　郵便振替／00120-5-42149

製版・印刷／奥村印刷株式会社
カバーデザイン／オクムラグラフィックアーツ
定価はカバーに表示してあります。
乱丁，落丁はお取り替えいたします。
ISBN 978-4-8299-0142-7　Printed in Japan

ネイチャーガイド
日本の鳥550 山野の鳥

五百沢日丸 解説
山形則男・吉野俊幸ほか 写真
A5判　384ページ　定価3,360円

スズメ目やタカ目など、主に山野に生息する312種（外来種20種含む）を収録。本書と同じく雌雄や成幼鳥、夏冬羽、亜種など1種に複数の写真を使用。箇条書きの解説と識別点を中心とした写真キャプションは観察に最適。山野と水辺2冊で計600種を収録する、国内最大級の野鳥写真図鑑。

増補改訂版

ポケット図鑑 日本の鳥300

叶内拓哉 写真・文
A6判　320ページ　定価1,050円

日本の主な野鳥300種をピックアップ。それぞれの特徴がよくわかる写真を大きく掲載、簡潔な解説でわかりやすく示す。ポケットにすっぽり入るコンパクトサイズにもかかわらず、雌雄の違いまできちんとわかる。

声が聞こえる！野鳥図鑑

SoundReader SR300 / U-SPEAK 対応

上田秀雄 鳴き声・文　叶内拓哉 写真
新書判　264ページ　定価2,100円

鳥の姿と声の両方の識別に活用できる本格的な野鳥図鑑の改訂版が登場。新たに掲載種50種類を追加し、約250種類を収録。音声はサウンドリーダーとU-SPEAKの両コードを掲載。
※音声再生機は別売りです。

文一総合出版のハンドブックシリーズ

新書判・100ページ以下の手軽なサイズに内容をしっかり盛り込んだハンディ図鑑。初心者からベテランまで、自然を愛する幅広い方のご支持をいただいています。

海鳥識別 ハンドブック
箕輪義隆 著　80ページ　定価1,470円

シギ・チドリ類 ハンドブック
氏原巨雄・氏原道昭 著　68ページ　定価1,260円

カモ ハンドブック
叶内拓哉 著　68ページ　定価1,050円

野鳥の羽 ハンドブック
高田勝・叶内拓哉 著　96ページ　定価1,470円

文一総合出版　ホームページ http://www.bun-ichi.co.jp/　〒162-00812 東京都新宿区西五軒町2-5 川上ビル
Tel: 03-3235-7341　Fax: 03-3269-1402　E-mail: bunichi@bun-ichi.co.jp

●掲載商品のお求めはお近くの書店または小社ホームページ、お電話、ファックスでどうぞ。●表示価格は5%税込です。

世界地図（アジア・ヨーロッパ・アフリカ）

- 北極海
- グリーンランド
- アイスランド島
- スカンジナビア半島
- タイミル半島
- オビ川
- エニセイ川
- レナ川
- バイカル湖
- オホーツク海
- アムール川
- ウスリー川
- 大西洋
- 黒海
- アラル海
- バルハシ湖
- ハンカ湖
- 日本海
- 地中海
- カスピ海
- 黄河
- 東シナ海
- ペルシャ湾
- インダス川
- 長江（揚子江）
- 紅海
- アラビア半島
- インド半島
- ナイル川
- アラビア海
- インドシナ半島
- ニューギニア
- セイシェル諸島
- マダガスカル島
- インド洋
- タスマニア島

① マデイラ諸島
② カナリア諸島
③ コマンドル諸島
④ カムチャッカ半島
⑤ サハリン
⑥ 千島列島
⑦ 朝鮮半島
⑧ 小笠原諸島
⑨ 南西諸島
⑩ 台湾
⑪ フィリピン諸島
⑫ スラウェシ島（セレベス島）
⑬ カリマンタン島（ボルネオ）
⑭ マレー半島